Die Technologie der Cyanverbindungen.

Von

Dr. Wilhelm Bertelsmann,

Chemiker.

Mit 27 in den Text gedruckten Abbildungen.

München und Berlin.

Druck und Verlag von R. Oldenbourg.

1906.

Herrn Geheimen Hofrat Professor

DR. H. BUNTE,

meinem hochverehrten Lehrer,

dankbar zugeeignet.

Vorwort.

Die Industrie der Cyanverbindungen hat seit den neunziger Jahren des vorigen Jahrhunderts tiefgreifende Umwälzungen erfahren. Bis dahin hatte man sich damit begnügt, die Cyanprodukte anfänglich aus tierischen Abfällen, später aus der ausgebrauchten Eisenreinigungsmasse der Gaswerke zu erzeugen. Als aber die Cyanidprozesse zur Auslaugung des Goldes aus seinen Erzen mehr und mehr in Aufnahme kamen, da reichten die aus den genannten Materialien gewonnenen Mengen nicht mehr aus, den bedeutend gewachsenen Bedarf zu decken, und auch an ihre Reinheit wurden Anforderungen gestellt, denen sie nicht ohne weiteres genügen konnten. Man mußte neue Mittel und Wege ersinnen, um den gesteigerten Ansprüchen an Qualität und Quantität der Ware gerecht zu werden.

Der rastlosen Arbeit vieler Forscher ist es auch gelungen, zum Teil unter Benutzung alter, fast vergessener Untersuchungen, in überraschend kurzer Zeit Verfahren zu schaffen, welche, auf wissenschaftlicher Grundlage ruhend, die Erzeugung beliebiger Mengen reiner Cyanprodukte im rationellen Betriebe ermöglichen, wobei man sich allerdings ganz anderer Rohmaterialien als vordem bedient. Anstatt die Ferrocyanverbindungen aus der stark schwefelhaltigen Reinigungsmasse zu isolieren, gewinnt man sie heute durch Absorption des Cyanwasserstoffs aus dem Leuchtgase auf nassem Wege direkt in reiner Form, und Cyanalkalien stellt man nicht mehr nach Liebig und Erlenmeyer aus Ferrocyanalkalien dar, sondern erzeugt sie auf synthetischem Wege aus Ammoniak und aus dem Stickstoff der Luft. So ist die Cyanindustrie binnen einem Jahrzehnt von Grund aus umgestaltet worden und hat sich gleichzeitig

zu einem wichtigen und lebenskräftigen Zweige der chemischen
Industrie entwickelt.

Infolge dieser schnellen Entwicklung besitzt unsere Literatur
bis heute noch keine zusammenfassende Darstellung der modernen
Cyanindustrie. Diejenigen größeren Abhandlungen, welche sich mit
den technischen Cyanprodukten beschäftigen, entstammen sämtlich
früheren Jahren und behandeln fast ausschließlich die alten Methoden
zur Verarbeitung tierischer Abfälle und zur Gewinnung von Ferrocyanverbindungen aus Gasreinigungsmasse. Was über die Forschungen
der Neuzeit und ihre Erfolge bekannt geworden ist, findet sich nur
in wissenschaftlichen und technischen Zeitschriften sowie in der
Patentliteratur, und zwar derart verstreut, daß es vieler Mühe bedarf,
will man ein klares Bild über den heutigen Stand der Cyanindustrie
gewinnen.

Nun hat die Forschung seit einiger Zeit einen gewissen Abschluß erreicht; fast auf jedem der betretenen Wege ist man zu
einem technisch brauchbaren Verfahren gelangt und beschäftigt sich
zurzeit mehr mit der praktischen Durchbildung des Erreichten, als
mit der Ausarbeitung neuer Methoden. Da erschien es denn lohnend
und nützlich, eine Sammlung und Sichtung der vorhandenen Ver-
öffentlichungen vorzunehmen. Dieser interessanten Arbeit habe ich
mich unterzogen, und es ist daraus das vorliegende Buch entstanden.
Dasselbe soll ein Bild über die Chemie und Analyse der Cyanverbindungen geben und die Entwicklung sowie den heutigen Stand
der Fabrikation und Verwendung der technischen Cyanprodukte
zeigen; um auch die wirtschaftliche Lage der Cyanindustrie zu beleuchten, sind in einem besonderen Abschnitte noch die Produktions-,
Verbrauchs- und Preisverhältnisse der wichtigsten technischen Cyanverbindungen seit Einführung der Cyanidprozesse zur Goldgewinnung
behandelt worden. Die Arbeit macht keinen Anspruch darauf, dem
Fabrikanten als Leitfaden zu dienen und ihm neue Fingerzeige zu
geben, sondern soll lediglich den obengenannten Zweck erfüllen.
In diesem Sinne lege ich den Fachgenossen das Buch vor und bitte
sie, es freundlich aufnehmen zu wollen.

Die im Text angeführte Literatur habe ich, soweit möglich, im
Original studiert, was besonders für die wichtigeren Arbeiten, die
Beschreibung moderner Verfahren und ihre Bewährung im prakti-

schen Betriebe zutrifft. Bei Artikeln und Patentbeschreibungen von geringerer Wichtigkeit begnügte ich mich dagegen oft mit der Benutzung von Referaten, welche von unseren vorzüglichen Sammelwerken, wie Fischers Jahresberichten der chemischen Technologie, dem Chemischen Centralblatt und anderen in mustergültiger Weise geboten werden. Außerdem wurde ich bei der Beschreibung einiger mir aus eigener Anschauung unbekannter Verfahren von mehreren Firmen freundlichst unterstützt, und andere überließen mir in liebenswürdigster Weise Zeichnungen zur Illustration des Textes, worauf an den betreffenden Stellen hingewiesen ist. Ich will nicht versäumen, auch hier meiner Dankbarkeit für diese gütige Hilfe Ausdruck zu verleihen.

Tegel bei Berlin, im Januar 1906.

Bertelsmann.

Inhaltsverzeichnis.

Erster Teil.   Seite

I. Die Chemie der Cyanverbindungen   1

1. Cyan   3
2. Cyanwasserstoff   9
3. Cyanmetalle 14
    a) Cyanammonium 16
    b) Cyannatrium 16
    c) Cyankalium 17
    d) Cyancalcium 19
    e) Cyanstrontium 19
    f) Cyanbarium 19
    g) Cyanzink 20
    h) Cyanquecksilber 21
    i) Cyankupfer 21
    k) Cyansilber 22
    l) Cyangold 22
4. Cyaneisenverbindungen 22
    a) Eisencyanür 23
    b) Ferrocyanwasserstoffsäure 23
    c) Ferrocyankalium 24
    d) Ferrocyannatrium 26
    e) Ferrocyanammonium 26
    f) Erdalkaliferrocyanide 27
    g) Ferricyanwasserstoffsäure 27
    h) Ferricyankalium 27
    i) Eisencyanürcyanide 29
    k) Nitroprussidwasserstoff 32
    l) Carbonylferrocyanwasserstoff 33
5. Substitutionsprodukte des Cyanwasserstoffs 35
    a) Chlorcyan 35
    b) Bromcyan 35
    c) Jodcyan 36
    d) Cyanamid 36
6. Die Cyansäure und ihre Salze 37
    a) Cyansäure 37
    b) Kaliumcyanat 38

Seite

7. Schwefelcyanverbindungen 38
   a) Rhodanwasserstoffsäure. . . . . , . . 39
   b) Metallrhodanide 39
   c) Rhodanammonium 40
   d) Rhodankalium 40

II. Die Analyse der Cyanverbindungen 41

1. Qualitative Analyse . . . . ; 41
   a) Cyanwasserstoff 41
   b) Cyanmetalle 42
   c) Ferrocyanide 44
   d) Ferricyanide 45
   e) Cyanate 45
   f) Rhodanide 45
2. Quantitative Analyse 46
   a) Cyanwasserstoff 46
   b) Cyanmetalle 47
   c) Ferrocyanide 49
   d) Ferricyanide 52
   e) Cyanate 53
   f) Rhodanide 55
   g) Bestimmungen der Cyanverbindungen nebeneinander und neben
      Halogen- und Schwefelmetallen 57

Zweiter Teil.
Die Fabrikation der Cyanverbindungen 60

1. Die Fabrikation von Cyanverbindungen aus tierischen Abfällen 66
   a) Die Rohmaterialien 67
   b) Die Erzeugung des Rohcyankaliums 70
   c) Die Verarbeitung der Schmelze. 74
   d) Die Ausbeute bei der Blutlaugensalzfabrikation 78
   e) Verbesserungsvorschläge 79
2. Die Fabrikation von Cyanverbindungen aus atmosphärischem Stickstoff . 81
   a) Die technischen Verfahren 85
3. Die Fabrikation von Cyanverbindungen aus Ammoniak 104
   a) Cyanidsynthesen mit Hilfe von Kohlenstoff und anorganischen Basen 104
   b) Cyanidsynthesen ohne Anwendung anorganischer Basen 121
   c) Cyanidsynthese mit Hilfe von Alkalimetallen 131
   d) Synthesen von Cyanverbindungen aus Ammoniak und Schwefel-
      kohlenstoff 139
4. Darstellung von Cyaniden aus anderen Stickstoffverbindungen 147
5. Die Gewinnung von Cyanverbindungen bei der Steinkohlendestillation . 155
   A) Die Entstehung der Cyanverbindungen bei der Kohlenvergasung . 155
   B) Die Art und Verteilung der Cyanverbindungen in den Destillations-
      produkten 169
   C) Die Bestimmung der Cyanverbindungen im Gaswasser 175
   D) Die Gewinnung der Cyanverbindungen aus dem Gaswasser . . . 177

Seite

E) Die Absorption des Cyanwasserstoffs in der trockenen Reinigung 181

a) Die Absorption mittels Kalkhydrat 182

b) Absorption des Cyanwasserstoffs mittels eisenoxydhaltiger Massen 184

c) Die frische Gasreinigungsmasse 186

d) Der Reinigungsprozeß 188

e) Die ausgebrauchte Reinigungsmasse 198

f) Die Analyse der ausgebrauchten Gasreinigungsmasse . . . 201

g) Die Verarbeitung der ausgebrauchten Gasreinigungsmasse . 212

h) Die fabrikmäßige Verarbeitung 216

F) Die Absorption des Cyanwasserstoffs auf nassem Wege 221

a) Absorption des Cyanwasserstoffs in Form von Ferrocyanverbindungen 222

b) Absorption des Cyanwasserstoffs in Form von Rhodanverbindungen 248

c) Absorption des Cyanwasserstoffs in Form von Cyaniden . . 250

6. Die Verarbeitung der Rhodansalze 251

a) Darstellung von Ferrocyaniden aus Rhodanverbindungen . . . 251

b) Darstellung von Cyaniden aus Rhodansalzen 254

7. Die Darstellung von Cyaniden aus Ferrocyaniden 259

a) Direkte Darstellung von Alkalimetallcyaniden 259

b) Darstellung von Alkalimetallcyaniden mit Hilfe anderer Cyanide oder Cyanwasserstoff 264

8. Reinigung der Cyanide 267

a) Reinigung durch Zerlegung 268

b) Eigentliche Reinigungsverfahren 269

9. Die Fabrikation des Ferricyankaliums 271

10. Die Fabrikation der Cyanfarbstoffe 277

a) Das Berlinerblau und seine Abarten 278

b) Turnbullsblau 283

c) Braune Farbstoffe 283

Dritter Teil.

I. Die Cyanverbindungen in der Industrie und im Gewerbe . . 284

1. Der Cyanwasserstoff 285

2. Cyanmetalle und Halogencyanide 286

3. Die Eisencyanverbindungen 300

4. Die Rhodanverbindungen 303

II. Die Cyanverbindungen im Handel 305

Verzeichnis der Abbildungen.

Seite

Fig. 1. Apparatur zur Cyanbestimmung nach Feld 51

» 2. Verkohlungsofen für tierische Abfälle 68

» 3. Flammofen für die Cyanschmelze 71

» 4. Muffelofen für die Cyanschmelze 73

» 5. ⎫ Cyanofen nach Siepermann ⎧ Längsschnitt 107
» 6. ⎭   ⎩ Querschnitt) 108

» 7. Cyanofen nach Beilby 113

» 8. Cyanabsorptionsapparat nach Brunnquell 125

» 9. ⎫   ⎧ Längsschnitt 127
» 10. ⎬ Cyanofen nach Schulte und Sapp ⎨ Querschnitt P—Q 127
» 11. ⎭   ⎩ Querschnitt R—S 127

» 12. ⎫   ⎧ Längsschnitt 133
» 13. ⎬ Natriumamidofen nach ⎨ Schnitt durch die Retorte nach I—II 133
» 14. ⎭   Castner   ⎩ Schnitt durch die Retorte nach III—IV 133

» 15. Cyanofen nach Castner 135

» 16. ⎫   ⎧ Längsschnitt 152
» 17. ⎬ Cyanisierungsofen für Schlempe-⎨ Querschnitt 153
» 18. ⎭   gase nach Bueb   ⎩ Schnitt durch das Kanalsystem 153

» 19. Cyanwäscher nach Holmes (Längsschnitt) 226

·» 20. Cyanwäscher nach Holmes (Ansicht) 227

» 21. ⎫   ⎧ Längsschnitt 235
» 22. ⎬   ⎪ Seitenansicht 236
» 23. ⎬ Cyanwäscher nach Bueb ⎨ Ansicht von oben 236
» 24. ⎭   ⎩ Stirnansicht 237

» 25. ⎫   ⎧ Grundriß 238
» 26. ⎬ Cyanfabrik nach Bueb ⎨ Querschnitt 239
» 27. ⎭   ⎩ Längsschnitt 239

I. Die Chemie der Cyanverbindungen.

Unter der Bezeichnung Cyanverbindungen faßt man diejenigen Körper zusammen, welche sich vom Cyan C_2N_2 ableiten lassen und die Atomgruppe CN als typischen Bestandteil enthalten. Ihre einfachsten Repräsentanten sowohl als auch das Cyan selbst können synthetisch aus Kohlenstoff und Stickstoff unter dem Einflusse hoher Temperaturen oder elektrischer Funken dargestellt werden; bei diesen Vorgängen haben wir den seltenen Fall, daß der sonst so indifferente Stickstoff als solcher in chemische Aktion tritt.

Die Atomgruppe CN enthält den Stickstoff als dreiwertiges Element und daher kommt dem Cyan die Formel $N \equiv C -$ zu. Es besitzt also eine freie Valenz am Kohlenstoff und kann wie alle derartigen Gruppen nicht in freiem Zustand existieren. Wird es aus seinen Verbindungen in Freiheit gesetzt, so schließen sich zwei oder mehrere Cyangruppen zusammen, um als Dicyan C_2N_2, oder als Paracyan, $(CN)_x$, in die Erscheinung zu treten.

Das Cyan spielt in seinen Derivaten die Rolle eines einwertigen Elementes und läßt sich ohne Zerfall von einer Verbindung in die andere überführen. Sein Verhalten ähnelt sehr dem der Halogene, besonders dem des Chlors, und die meisten seiner Verbindungen sind den Chlorverbindungen analog. Das Cyan ist aber weniger chemisch aktiv gemäß seinem endothermischen Charakter, die Cyanverbindungen zerfallen daher auch weit leichter wie die Verbindungen des Chlors.

Mit Wasserstoff vereinigt sich das Cyan zu Cyanwasserstoff, HCN, der dem Chlorwasserstoff sehr ähnlich ist und wie dieser mit Metallen salzartige Verbindungen eingeht, die als Cyanide bezeichnet werden. Diese Cyanide neigen gerade so wie die Chloride, jedoch in weit stärkerem Maße, dazu, Doppelsalze zu bilden. Einige Gruppen der letzteren besitzen so charakteristische Eigenschaften, daß man gezwungen ist, sie als Salze eigentümlicher Metallcyanwasserstoffsäuren aufzufassen. Für diese Ansicht kann man eine Bestätigung in der Möglichkeit finden, eine Cyangruppe in den Metallcyanwasserstoffsäuren durch die Carbonylgruppe, CO, oder durch die Nitrosogruppe, NO, zu substituieren.

Der unterchlorigen Säure, ClOH, entspricht die Cyansäure, (CN)OH; sie liefert wie diese Salze, die Cyanate, welche jedoch wesentlich beständiger als die Hypochlorite sind. Analoga zu den höheren Säuren des Chlors existieren nicht.

Durch Ersatz des Sauerstoffs in der Cyansäure und ihren Salzen gegen Schwefel entsteht eine neue Klasse von Cyanverbindungen, die sich von der Sulfocyansäure oder dem Rhodanwasserstoff, (CN)SH, ableiten. Sie bilden sich unter geeigneten Bedingungen sehr leicht und sind, mit Ausnahme des Rhodanwasserstoffs selbst, recht beständig.

Auch die Halogene vereinigen sich mit dem Cyan und liefern dabei Körper des Typus (CN)R, von denen das Bromcyanid neuerdings einige Bedeutung in technischer Hinsicht gewonnen hat. Die Halogencyanide gehen mit Ammoniak leicht in das Cyanamid ($CN NH_2$) über, welches als Zwischenprodukt des wichtigsten, synthetischen Cyanidprozesses großes Interesse beansprucht.

Durch Ersatz des Wasserstoffs der genannten Cyanverbindungen gegen Alkoholreste entstehen ferner noch solche rein organischer Natur. Bei diesen macht sich jedoch der Charakter des Cyans als heterogene Atomgruppe geltend, insofern als jede dieser Verbindungen in zwei isomeren Formen existiert.

Lagern sich nämlich die Alkylreste an den Kohlenstoff der Cyangruppe an, so bilden sich Substanzen, denen die Grundformel $N \equiv C - R$ zukommt, da sie bei der Verseifung in Ammoniak und die entsprechenden Säuren gespalten werden. Man bezeichnet sie als wirkliche Alkylcyanide oder Nitrile, deren einfachsten Repräsentanten der Cyanwasserstoff darstellt. Dieser Auffassung gemäß spaltet sich der Cyanwasserstoff als Nitril der Ameisensäure bei der Verseifung in Ammoniak und Ameisensäure nach der Gleichung:

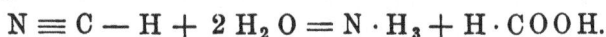

$$N \equiv C - H + 2 H_2 O = N \cdot H_3 + H \cdot COOH.$$

Der Alkylrest kann aber auch an Stickstoff gebunden sein und liefert dann Körper der Grundformel $C \equiv N - R$ oder $= C = N - R$ oder nach Nef $C = N - R$, die als Isocyanide, Isonitrile oder

Carbylamine bekannt sind und beim Verseifen in Ameisensäure und die um ein Kohlenstoffatom ärmeren Amine zerfallen.

Auch von der Cyansäure leiten sich zwei Klassen solcher isomeren Verbindungen ab, die wirklichen Cyansäureester oder Cyanätholine $N \equiv C - O - R$ und die Isocyansäureester $O = C = N - R$.

Das gleiche gilt für die Substitutionsprodukte des Rhodanwasserstoffs, die Sulfocyanalkylester $N \equiv C - S - R$ und die Senföle $S = C = N - R$.

Bei den Cyaniden und Cyanaten der Metalle konnten solche Isomerien bisher nicht einwandfrei nachgewiesen werden, doch deuten gewisse Eigentümlichkeiten im Verhalten des Cyansilbers und Kaliumcyanates darauf hin, daß auch bei den unorganischen Cyanverbindungen spontane Umlagerungen in die Isoformen möglich sind.

Manche der genannten Verbindungen, so das Dicyan, der Cyanwasserstoff, die Cyansäure, der Rhodanwasserstoff und viele andere neigen überdies stark zur Polymerisation.

Aus dem Gesagten geht hervor, daß die Zahl der Cyanverbindungen sehr groß ist. Die meisten von ihnen haben jedoch lediglich ein Interesse in wissenschaftlicher Beziehung.

Für die Industrie kommen vorwiegend die Cyanmetalle, Rhodanmetalle und Metallcyanate, gelegentlich auch die Halogencyanide und der Cyanwasserstoff in Frage. Sie allein resp. Glieder dieser Gruppen werden in großem Maßstabe erzeugt und gewerblich verwendet. Daher wollen wir uns vornehmlich mit ihnen beschäftigen und der übrigen Cyanverbindungen nur gedenken, soweit es zur Besprechung der erstgenannten notwendig ist.

1. Cyan.

Formel $C_2 N_2$. Molekulargewicht 52,16.

Das Dicyan, gewöhnlich einfach als Cyan bezeichnet, ist als Konstitution.

Dinitril der Oxalsäure $\begin{matrix} CO\,OH \\ | \\ CO\,OH \end{matrix}$ aufzufassen und besitzt daher die

Strukturformel $\begin{matrix} C \equiv N \\ | \\ C \equiv N \end{matrix}$. Es kommt in der Natur nicht in freiem

Zustande vor, findet sich aber in den Gasen der Hochöfen, die manchmal $1\,\%$ und mehr davon enthalten. Auch im Leuchtgase konnte es nachgewiesen werden.

1*

Es wurde im Jahre 1814 von Gay-Lussac entdeckt und von diesem zuerst aus Quecksilbercyanid dargestellt.

Bildung.   Zur Erzeugung des Cyans aus seinen Elementen läßt man nach Morren[1]) zwischen Kohlenspitzen, die sich in einer Stickstoffatmosphäre befinden, Induktionsfunken überspringen. Hierbei wird viel Wärme gebunden (Berthelot[2]). Ferner entsteht es, wenn man Ammoniumoxalat oder Oxamid mit wasserentziehenden Mitteln, z. B. Phosphorsäureanhydrid $P_2 O_5$, behandelt:

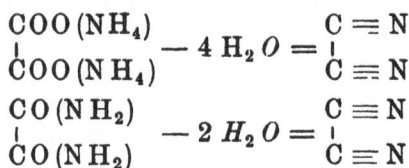

$$\begin{array}{l} COO(NH_4) \\ | \qquad\qquad -4\,H_2O = \\ COO(NH_4) \end{array} \begin{array}{l} C \equiv N \\ | \\ C \equiv N \end{array}$$

$$\begin{array}{l} CO(NH_2) \\ | \qquad\qquad -2\,H_2O = \\ CO(NH_2) \end{array} \begin{array}{l} C \equiv N \\ | \\ C \equiv N \end{array}$$

Diese Bildungsweise ist ein Beweis dafür, daß Dicyan das Oxalsäurenitril (Äthandinitril) repräsentiert. Zur Ausführung des Versuches schreibt Henry[3]) vor, fünf Moleküle sorgfältig getrockneten Oxamids mit zwei Molekülen Phosphorpentoxyd gut zu mischen und das Gemenge langsam in einer Glasretorte zu erhitzen.

Darstellung.   Um das Cyan auf trockenem Wege darzustellen, erhitzt man nach Gay-Lussac[4]) gut getrocknetes Quecksilbercyanid in einer Retorte auf hohe Temperatur

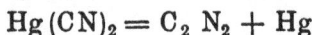

$$Hg(CN)_2 = C_2 N_2 + Hg$$

und fängt das entstandene Gas über Quecksilber auf. Ein Teil des Dicyans geht hierbei in festes Paracyan über. Die Bildungswärme des Quecksilbercyanids ist jedoch ziemlich groß und man muß daher auch viel Wärme zu seiner Zerlegung aufwenden. Der Prozeß läßt sich aber bedeutend erleichtern, wenn dem Quecksilbercyanid ein Molekül Quecksilberchlorid beigemischt wird:

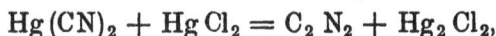

$$Hg(CN)_2 + HgCl_2 = C_2 N_2 + Hg_2 Cl_2,$$

denn die nach vorstehender Formel erfolgende Umsetzung ist nach Thomsen[5]) mit einer geringen Wärmeentwicklung verbunden, und man braucht aus diesem Grunde das Gemisch nur schwach zu erhitzen. Dem Quecksilbercyanid analog verhalten sich die Cyanide des Silbers und Goldes.

---

[1]) Jahresberichte über die Fortschritte der Chemie 1859, 34.
[2]) Bulletin de la société chimique de Paris 32, 385.
[3]) Berichte der Deutschen chemischen Gesellschaft II, 307.
[4]) Gilberts Annalen (1816) 53, 139.
[5]) Thomsen, Thermochemische Untersuchungen 4, 390.

Nach Kemp[1]) kann man Cyan auch aus Ferrocyankalium herstellen. Man trocknet letzteres scharf, mischt es innig mit völlig trockenem Quecksilberchlorid und erhitzt das Gemenge in einer Retorte:

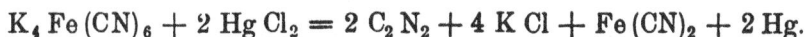

$$K_4 Fe(CN)_6 + 2 HgCl_2 = 2 C_2N_2 + 4 KCl + Fe(CN)_2 + 2 Hg.$$

Aus Cyankalium gewinnt man das Cyan auf nassem Wege. Jacquemin[2]) schreibt dafür vor, eine konzentrierte, wässerige Lösung von einem Teil Cyankalium allmählich in eine Lösung von zwei Teilen Kupfersulfat in vier Teilen Wasser zu gießen. Die Temperatur des Gemisches steigt dabei um 40° C, doch muß man später die Reaktion durch Erhitzen vollenden. Zunächst fällt unlösliches Kupfercyanid, $Cu(CN)_2$, aus, das dann in Cyan und Kupfercyanür, $Cu_2(CN)_2$, zerlegt wird:

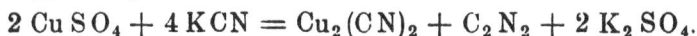

$$2 CuSO_4 + 4 KCN = Cu_2(CN)_2 + C_2N_2 + 2 K_2SO_4.$$

Das Kupfercyanür wird abfiltriert, gewaschen und darauf mit einer Eisenchloridlösung vom spezifischen Gewichte 1,26 in geringem Überschuß erhitzt:

$$Cu_2(CN)_2 + 2 FeCl_3 = C_2N_2 + Cu_2Cl_2 + 2 FeCl_2.$$

Wendet man mehr Eisenchlorid an, so bildet sich Kupferchlorid $CuCl_2$. Statt des Eisenchlorides kann man auch Mangansuperoxyd und Essigsäure anwenden, in der Lösung bleiben dann die Azetate des Kupfers und Mangans zurück. War das verwendete Cyankalium nicht völlig rein, so enthält das gebildete Cyan Kohlendioxyd.

Das Cyan ist ein farbloses, giftiges Gas von stechendem Geruch, Eigenschaften. der an Blausäure erinnert. Sein spezifisches Gewicht beträgt (auf Luft = 1 bezogen) nach Gay-Lussac 1,8064, nach Thomsen 1,80395.

1 Raumteil Wasser löst bei 20° C 4,5 Raumteile Cyan, 1 Raumteil Alkohol 23 Raumteile Cyan. Eisessig absorbiert nach Jacquemin sein 80 faches Volumen. Selbst in Quecksilber ist Cyan etwas löslich (Amagat[3]). Nach Hunter[4]) nimmt Kokosnußkohle für jeden Raumteil 113,7 Raumteile Cyan auf.

Kühlt man das Cyan bei Atmosphärendruck auf — 20,7 ° C ab oder komprimiert es bei 15° C auf 3,3 Atmosphären, so verdichtet es sich zu einer wasserhellen, leicht beweglichen Flüssigkeit vom

[1]) Journal für praktische Chemie **31**, 63.
[2]) Comptes rendus des séances de l'academie des sciences **100**, 1005, sowie Annales de chimie et de physique (6) **6**, 140.
[3]) Jahresber. ü. d. Fortschr. d. Ch. 1869, 70.
[4]) Ebenda 1871, 56.

spezifischen Gewichte 0,866 bei 17,2° C (Faraday). Sein Brechungsexponent beträgt nach Bleekrode[1]) bei 18° C für die
D-Linie 1,325, für Sonnenlicht 1,327, nach Brewster 1,316. Für
die Dampfspannung fand Bunsen folgende Werte:

Temperatur in Celsiusgraden	Dampfspannung in Atmosphären
— 20,7	1,00
20,0	1,05
15,0	1,45
10,0	1,85
5,0	2,30
± 0,0	2,70
+ 5,0	3,20
10,0	3,80
15,0	4,40
20,0	5,00

Das flüssige Cyan ist nicht imstande, die Elektrizität zu leiten.
Es erstarrt bei entsprechender Abkühlung zu einer durchsichtigen,
kristallinischen Masse, deren Schmelzpunkt nach Faraday bei
— 34,4° C liegt.

Zur Darstellung flüssigen Cyans schmilzt man Quecksilbercyanid
in ein starkwandiges, gebogenes Glasrohr ein und erhitzt es darin.
Das Cyan sammelt sich dann in dem einen Schenkel neben etwas
Quecksilber. Bequemer ist es nach Hunters Vorschlag Kokosnußkohle mit Cyan zu sättigen, in den längeren Schenkel eines gebogenen Glasrohrs einzuschmelzen und diesen dann im Wasserbade
zu erhitzen. Man erhält in dem anderen Schenkel auf diese Weise
völlig reines Cyan.

Verhalten.   Trockenes, reines Cyan läßt sich im gasförmigen und flüssigen
Zustande lange unzersetzt aufbewahren. Es zerfällt explosiv bei
Detonation von Knallquecksilber. Wesentlich langsamer geht die Zer-
setzung vor sich, wenn man das Gas durch glühende Röhren leitet
oder der Einwirkung elektrischer Funken unterwirft. Im elektrischen
Lichtbogen tritt der Zerfall viel rascher ein. Berthelot.[2])

Flüssiges Cyan verwandelt sich beim Erhitzen auf 500° C in
Paracyan.

---

[1]) Recueil des travaux chimiques des Pays-Bas 4, 77—80.
[2]) Compt. rend. 95, 955.

An der Luft entzündet verbrennt das Cyan mit pfirsichblüten-
farbener Flamme zu Kohlendioxyd und Stickstoff. Mischt man
gleiche Raumteile Cyan und Sauerstoff, so läßt sich das Gemenge
durch elektrische Funken entzünden und explodiert mit großer
Heftigkeit. Nach Dixon[1]) entsteht dabei Kohlenoxyd und Stickstoff. Wendet man mehr Sauerstoff an, so bildet sich in der Front
der Explosionswelle Kohlenoxyd, hinter derselben Kohlendioxyd.
Die Explosion ist dann weniger intensiv, jedoch von einer glänzen-
deren Flammenerscheinung begleitet.

Cyan-Sauerstoffgemische verbrennen im Kontakte mit erwärmtem
Platinschwamm nach Bunsen zu Kohlenoxyd und Stickstoff. Führt
man sie aber über erhitzten Platindraht, so verbrennen sie zu Kohlendioxyd und Stickoxyden (Faraday).

Nach Thomsen[2]) beträgt die molekulare Verbrennungswärme
bei 18° C 259,62 Kalorien und bei konstantem Druck 262,5 Kalorien,
die Bildungswärme aus amorpher Kohle daher — 68,5 Kalorien
(Berthelot).

Setzt man ein Gemisch von Cyan mit Wasserstoff der dunklen,
elektrischen Entladung aus oder erhitzt es auf 500 bis 550° C, so
entsteht nach Berthelot[3]) Cyanwasserstoff.

Wäßrige oder alkoholische Lösungen des Cyans sind wenig
haltbar. Es scheidet sich daraus bald Azulmsäure in braunen Flocken
ab, die Lösung enthält dann Oxalsäure, Ammoniak, Cyanwasserstoff,
Kohlensäure und Harnstoff. Nach Gianelli[4]) und Zettel[5])
werden die Lösungen durch Zusatz geringer Mengen von Mineralsäuren haltbarer. In stark sauren Lösungen tritt Oxamidbildung
ein. Alkalien befördern die Zersetzung des Cyans ganz bedeutend.
Metallisches Kalium und Natrium verbrennen in Cyangas schon
bei schwachem Erhitzen sehr lebhaft zu Cyanid. Zink, Kadmium
und Eisen gehen in einer Cyanatmosphäre bei ca. 300° C in die
entsprechenden Cyanide über. Führt man Cyangas aber über
glühendes Eisen, so tritt Zerfall in Kohle und Stickstoff ein (Gay-
Lussac).

Trockenes Chlorgas wirkt auf Cyan nicht ein, bei Gegenwart
von Feuchtigkeit scheidet sich im Sonnenlichte ein gelbes Öl ab,

---

[1]) Chemical News 73, 138, und Journal of Gaslighting 1896, Vol. 68, 460.
[2]) Thomsen, Thermochemische Untersuchungen 2, 387; 4, 127.
[3]) Compt. rend. 95, 955.
[4]) Jahresber. ü. d. Fortschr. d. Chem. 1856, 435.
[5]) Monatshefte für Chemie 14, 223.

das nach Serullas[1]) aus Tetrachlorkohlenstoff und Chlorstickstoff bestehen soll.

Führt man Cyangas über glühendes Kaliumkarbonat, so entsteht Cyankalium und Kaliumcyanat. Mit wäßrigen Alkalien bildet sich Azulmsäure, Kohlensäure, Blausäure, Oxalsäure, Ammoniak und Harnstoff. Zettel[2]) bestreitet übrigens das Auftreten von Oxalsäure in diesem Falle.

Starke, wäßrige Salzsäure führt das Cyan in der Kälte in Oxamid über (Schmidt, Glutz[3]). Eine gesättigte, alkoholische Chlorwasserstofflösung wirkt dagegen auf Cyan nach Volhard[4]) unter Bildung von Salmiak, Oxalsäureäther, Chloräthyl und Ameisensäureäther ein.

Nachweis. Zum Nachweise des Cyans in Gasen empfiehlt Kunz-Krause[5]) die Isopurpursäurereaktion. 2 ccm frisch bereiteter, konzentrierter, wäßriger Pikrinsäurelösung (1:86) werden mit 18 ccm Alkohol und 5 ccm 15 prozentiger, wäßriger Kalilauge gemischt und das zu prüfende Gas hindurchgeleitet. Bei Anwesenheit von Cyan tritt eine tief purpurrote, dann braune Färbung auf, die auf der Bildung von Isopurpursäure beruht.

Lüdeking[6]) fand, daß Titansäure, TiO_2, in der Boraxperle geschmolzen, in Cyantitanstickstoff überging, sobald die Heizflamme cyanhaltig war. Die Reaktion ist ebenfalls sehr charakteristisch, da der Cyantitanstickstoff, $3\,Ti_3\,N_2 \cdot Ti\,(CN)_2$ kupferrot gefärbt ist.

Paracyan. Bei der Darstellung des Cyans auf trockenem Wege aus Metallcyaniden, besonders Silbercyanid, geht stets ein Teil desselben in das polymere Paracyan $(CN)_x$ über. Dieses bildet sich auch, wenn man Azulmsäure, Cyanchlorid oder flüssiges Cyan auf höhere Temperaturen erhitzt.

Troost und Hautefeuille empfehlen zur Darstellung des Paracyans, Cyanquecksilber gut zu trocknen, in Glasröhren einzuschmelzen und ca. 24 Stunden lang auf 400° C zu erhitzen. Darauf erhöht man die Temperatur auf 444° C und führt einen Strom trocknen Cyans über das Reaktionsprodukt.

---

[1]) Berzelius' Jahresberichte 8, 93.
[2]) Monatshefte für Chemie 14, 223.
[3]) Berichte 1, 66.
[4]) Annalen der Chemie und Pharmazie 158, 18.
[5]) Zeitschrift für angewandte Chemie 14, 652.
[6]) Ann. Chem. Pharm. 247, 122.

Das Paracyan stellt eine lockere, braunschwarze Masse dar, die sich weder in Wasser, noch in Alkohol löst. Salpetersäure wirkt nicht darauf ein, in konzentrierter Schwefelsäure löst es sich jedoch auf. Mit Kalilauge bildet das Paracyan cyansaures Kalium.

Erhitzt man das Paracyan für sich allein oder in einer Stickstoff- oder Kohlendioxydatmosphäre auf 860° C, so verwandelt es sich völlig in Dicyan. Im Wasserstoffstrome geglüht, bildet es Cyanwasserstoff und Ammoniak unter Abscheidung von Kohle.

2. Cyanwasserstoff.

Formel HCN; Molekulargewicht $= 27,05$.

Der Cyanwasserstoff ist das Nitril der Ameisensäure, $H — COOH$, Konstitution und als solches kommt ihm die Formel $H — C \equiv N$ zu.

Er wurde 1782 von S c h e e l e entdeckt; da dieser ihn aus Berliner Geschichte. Blau dargestellt hatte, so nannte man den Körper B e r l i n e r - b l a u s ä u r e, hat jedoch bald darauf die einfachere Bezeichnung B l a u s ä u r e vorgezogen und beibehalten. S c h e e l e ermittelte auch die Zusammensetzung des Cyanwasserstoffs, die 1787 durch B e r - t h o l l e t bestätigt wurde. G a y - L u s s a c stellte dann 1811 die quantitative Zusammensetzung und den chemischen Charakter der Blausäure fest und erhielt sie 1815 zum ersten Male in flüssigem Zustande.

Die Blausäure findet sich fertig gebildet in manchen tropischen Vorkommen. Pflanzen, unter denen der javanische Baum P a n g i u m e d u l e Reinw. wohl den größten Gehalt davon aufzuweisen hat. G r e s h o f f[1] fand in den Blättern desselben 0,34 % und schätzte die Gesamtblausäuremenge eines Baumes auf 350 g. Eine sehr eingehende Studie über das Vorkommen von Cyanwasserstoff in Pangium edule verdanken wir T r e u b[2]. Javanische Aroideen, z. B. die Fruchtkolben von L a s i a z o l l i n g e r i, enthielten nach G r e s h o f f[1] 0,08 % Blausäure, in frischem M a n i o k oder C a s s a v a knollen von M a n i h o t u t i l i s - s i m a fand F r a n c i s[3] im Mittel 0,0275 % und in M a n i h o t a ï p i 0,0168 % HCN. In der Droge F o l. l a u r o c e r a s i konnten v. d. B o n e n k a m p u n d v. E l k[4] einen Blausäuregehalt von 0,057 bis 0,106 % nachweisen.

---

[1] Berichte 23, 3537.

[2] Annales du jardin botanique de Buitenzorg 13, 1—89, und Recueil 1895, 14, 276—280.

[3] The Analyst 1877, Nr. 13.

[4] Pharmazeutische Post 23, 259.

Der Cyanwasserstoff bildet sich aus Cyan und Wasserstoff unter dem Einflusse der dunklen elektrischen Entladung (Boillot[1]) oder durch Erhitzen des Gemisches auf 500 bis 550° C. Ferner entsteht er nach Berthelot[2]), wenn man Induktionsfunken durch ein Gemenge von Azetylen oder Benzol und Stickstoff schlagen läßt, auch kann man statt dessen nach Perkin[3]) ein Gemisch von Ammoniak und Ätherdampf anwenden.

Dewar[4]) gelang es 1879, Blausäure im Lichtbogen direkt aus den Elementen darzustellen. Er benutzte dabei röhrenförmige Kohlen und führte durch die positive Kohle Wasserstoff, durch die negative Luft in den Lichtbogen ein. In den abziehenden Gasen war neben Azetylen Blausäure nachzuweisen. Hoyermann[5]) änderte 1902 diesen Versuch dahin ab, daß er ein Gemisch von Ammoniak mit Azetylen oder Benzoldampf einführte. Bei dem Verhältnis von Azetylen zu Ammoniak wie 1 : 2 und bei 120 Amp. und 70 Volt fand eine Umsetzung von 60 bis 70% des Azetylens in Blausäure statt.

Gruskiewicz[6]) erzielte eine reichliche Blausäurebildung, wenn er elektrische Funken durch ein Gemisch von Kohlenoxyd, Wasserstoff und Stickstoff schlagen ließ. Als günstigstes Verhältnis fand er 52% CO, 31% N_2 und 17% H_2, auf das Volumen bezogen.

Führt man ein Gemisch von Chloroform und Ammoniak durch glühende Röhren oder erhitzt Chloroform mit alkoholischem Ammoniak, so entsteht Cyanwasserstoff neben Chlorammonium:

$$CHCl_3 + 5\,NH_3 = NH_4\,CN + 3\,NH_4\,Cl.$$

Das Gemenge muß nach Heintz[7]) in Glasröhren eingeschmolzen und auf 180 bis 190° C erhitzt werden. Nach Hofmann[8]) bildet sich schon beim Vermischen von Chloroform mit Ammoniak und Kalilauge Blausäure.

Methylamin, $CH_3 \cdot NH_2$, zerfällt nach Würtz[9]) beim Durchleiten durch glühende Röhren in Cyanwasserstoff, Ammoniak, Methan und Wasserstoff.

---

[1]) Jahresberichte 1873, 293.
[2]) Ann. Chem. Pharm. 150, 60.
[3]) Jahresberichte 1870, 399.
[4]) Chem. News 39, 282.
[5]) Chemiker-Zeitung 26, 70—71.
[6])´Zeitschrift für Elektrochemie 9, 82—85.
[7]) Berichte 100, 369.
[8]) Ann. Chem. Pharm. 144, 116.
[9]) Ann. chim. phys. (3) 30, 454.

Als Beweis für die Richtigkeit der Auffassung des Cyanwasserstoffs als Formonitril kann es gelten, daß derselbe bei der trocknen Destillation von Ammoniumformiat (Döbereiner[1]) entsteht:

$$H \cdot COONH_4 = H \cdot CN + 2 H_2 O$$

sowie bei der Behandlung von Formamid mit Phosphorpentoxyd:

$$H \cdot CO \cdot NH_2 - H_2 O = HCN.$$

Viele organische, stickstofffreie Verbindungen geben bei der Oxydation mit Salpetersäure Cyanwasserstoff, ferner entsteht letzterer nach Kuhlmann[2]), wenn man Alkoholdampf und Stickoxyd über rotglühenden Platinschwamm leitet.

Die Kerne der Pomaceen und die Früchte der Amygdaleen liefern bei der Mazeration geringe Mengen Blausäure. Die Bildung derselben beruht auf der Spaltung des in den Früchten enthaltenen Glucosids, Amygdalin $C_{20} H_{27} NO_{11}$ (entdeckt von Robiquet und Boutron-Charlars) unter dem Einflusse des Emulsins, eines ungeformten Fermentes. Diese Spaltung verläuft nach Liebig und Wöhler[3]) folgendermaßen:

$$C_{20} H_{27} NO_{11} + 2 H_2 O = HCN + C_6 H_5 \cdot CHO + 2 C_6 H_{12} O_6$$

also unter Bildung von Benzaldehyd und Traubenzucker.

Schließlich entsteht Cyanwasserstoff stets beim Schweelen oder trocknen Destillieren stickstoffhaltiger, organischer Substanzen pflanzlichen oder tierischen Ursprungs. Daher enthält z. B. der Tabaksrauch immer etwas Blausäure, wie schon Vogel und Le Bon und Noël[4]) zeigten. Habermann[5]) fand beim Verrauchen österreichischer Zigarren 0,0049 g Cyanwasserstoff auf 100 g (20 bis 25 Stück). Auch die Destillationsgase der Kohlen, besonders das Steinkohlen-Leuchtgas, enthalten stets gewisse Mengen Cyanwasserstoff, ein Vorkommen, das für die Industrie von großer Wichtigkeit ist.

Zur Darstellung der Blausäure zersetzt man Cyankalium mit Darstellung. verdünnter Schwefelsäure. Wade und Panting[6]) empfehlen, eine Mischung von gleichen Raumteilen konzentrierter Schwefelsäure und

---

[1]) Ann. Chem Pharm. 2, 90.
[2]) Ann. Chem. Pharm. 29, 284.
[3]) Ebenda 22, 1.
[4]) Compt. rend. 90, 1538.
[5]) Zeitschrift für physiologische Chemie 37, 1—17.
[6]) Proceedings of the Chemical Society 1897/98, Nr. 190, 49—50.

Wasser auf 98 %iges Stückcyankalium tropfen zu lassen. Der entweichende Cyanwasserstoff soll beinahe wasserfrei sein und in theoretischer Ausbeute gewonnen werden.

Aus Cyanquecksilber gewinnt man Cyanwasserstoff nach Gay-Lussac durch Zerlegen mit Schwefelwasserstoff, doch muß man das Gas dann noch über Bleikarbonat führen (Vauquelin), um es von unzerlegtem Schwefelwasserstoff zu befreien. Man kann das Cyanquecksilber auch mit Eisenfeile, Schwefelsäure und Wasser schütteln oder mit verdünnter Salzsäure destillieren, erhält dann aber wäßrige Blausäurelösungen. Statt des Quecksilbercyanids läßt sich auch Cyansilber anwenden mit Salzsäure von 1,129 spezifischem Gewicht. (Gmelin.)

Die üblichste Darstellungsmethode besteht in der Zersetzung von Ferrocyankalium mit verdünnter Schwefelsäure:

$$2\,K_4Fe(CN)_6 + 3\,H_2SO_4 = 6\,HCN + K_2Fe_2(CN)_6 + 3\,K_2SO_4.$$

Trautwein schreibt dafür vor, 15 Teile Ferrocyankalium mit 9 Teilen Schwefelsäure und 9 Teilen Wasser zu destillieren und die Dämpfe zur Entwässerung in ein mit Chlorcalciumlösung gefülltes Gefäß zu leiten. Die wasserfreie Blausäure schwimmt dann über der Chlorcalciumlösung. Wöhler empfiehlt, 10 Teile Ferrocyankalium, 7 Teile konzentrierte Schwefelsäure und 14 Teile Wasser anzuwenden. Um den Dämpfen etwa mitgerissene Spuren von Schwefelsäure zu entziehen, führt er sie zunächst über Cyankalium und dann erst über Chlorcalcium.

Eigenschaften.   Der wasserfreie Cyanwasserstoff ist eine klare, farblose Flüssigkeit von betäubendem, bittermandelartigem Geruch und außerordentlicher Giftigkeit. Nach Gréhant[1] genügt $^1/_{90909}$ des Blutgewichtes an Blausäure, um einen Hund zu töten. Die Vergiftungserscheinungen beginnen mit konvulsivischen Zuckungen, gehen dann in Empfindungslosigkeit über und enden nach wenigen Sekunden mit tödtlicher Erstarrung. Sie werden nach Lazarcski[2] durch Erregung der respiratorischen, vasomotorischen und herzhemmenden Centra des verlängerten Rückenmarkes mit darauffolgender Lähmung verursacht. Nach Schönbein[3] vernichtet das durch die Blausäure gebildete Cyanhämoglobin die katalytische Wirkung des Blutes. Becker[4] hat das Wesen der Blausäurevergiftung eingehend studiert.

---

[1] Zentralblatt für Physiologie 1889, 477.
[2] Jahresberichte der Anatomie und Physiologie 1881, 2, 118.
[3] Zeitschrift für Biologie 3, 140.
[4] Inaugural-Dissertation. Berlin 1893.

Als Gegenmittel gegen Blausäure empfiehlt Krohl[1]) Wasserstoffsuperoxyd und Merck[2]) bringt eine zwei- bis dreiprozentige Lösung desselben zu Magenausspülungen in den Handel. Da der Cyanwasserstoff im Organismus auf Kosten des Eiweißschwefels in Rhodanwasserstoff übergeht, so schlägt Lang[3]) vor, Natriumthiosulfatlösung subkutan zu injizieren, um diese Umwandlung zu beschleunigen.

Der Cyanwasserstoff siedet bei 26,5° C und erstarrt bei —15° C zu einer faserig-krystallinischen Masse. Richtet man einen Luftstrom auf die Oberfläche, so erstarrt er infolge der rapiden Verdunstung. Sein spezifisches Gewicht beträgt bei 7° = 0,70583, bei 18° = 0,6969 (Gay-Lussac). Der Brechungsexponent ist nach Bleekrode (l. c.) 1,254 für die D-Linie und 1,264 für Sonnenlicht bei 19° C. Blausäuredampf wiegt 0,9476 (Gay-Lussac). Die molekulare Verbrennungswärme beträgt bei 18° nach Thomsen 158,62, bei konstantem Druck 159,3 Kalorien (Berthelot). Die Blausäure ist mit Wasser, Alkohol und Äther in jedem Verhältnis mischbar. Beim Mischen mit Wasser tritt unter Temperaturabfall Volumenverminderung ein.

In reinem Zustande ist der Cyanwasserstoff recht beständig. Verhalten. Lescoeur und Rigaut[4]) bewahrten ihn ein Jahr lang unverändert auf. Durch ein Stückchen Cyankalium bräunte er sich schon in neun Stunden, nach neun Tagen war er völlig in eine feste, schwarze Masse verwandelt, aus der sich mit Äther oder Benzol eine in glänzenden, farblosen Blättchen kristallisierende Substanz extrahieren ließ. Bei dieser Umwandlung trat eine so starke Volumenvermehrung ein, daß manchmal die Gefäße zersprengt wurden. Nach Girard[5]) findet die Polymerisation, denn als solche faßt man den Prozeß auf, auch statt, wenn man Cyanwasserstoff in ein Rohr einschließt und mehrere Stunden auf 100° C erhitzt. Beim Erhitzen des Reaktionsproduktes an der Luft entweichen Cyanwasserstoff und Cyanammonium, während Kohlenstoff zurückbleibt.

Leitet man Blausäuredämpfe durch ein glühendes Porzellanrohr, so zerfallen sie in Wasserstoff, Cyan und Stickstoff. Der elektrische Funke bringt eine nur unvollständige Zersetzung hervor. Elektro-

---

[1]) Arbeiten des Pharmakologischen Instituts, Dorpat, 7, 131.
[2]) Zeitschrift für angewandte Chemie 14, 675
[3]) Archiv für experimentelle Pathologie und Pharmakologie 36, 75.
[4]) Compt. rend. 89, 310.
[5]) Jahresberichte 1876, 308.

lysiert man flüssige Blausäure mit Platinelektroden, so tritt am
negativen Pol Wasserstoff auf, während sich am positiven Pol Cyanplatin bildet (Davy).

An der Luft entzündet verbrennt Cyanwasserstoff mit blau-
violetter Flamme zu Kohlendioxyd, Wasser und Stickstoff. Explodiert
man ein Gemisch von Cyanwasserstoff mit Sauerstoff, so entstehen
außerdem noch Stickoxyde.

Trockene Gemische von Cyanwasserstoff und Chlor gehen am
Sonnenlicht in Chlorcyan $CN \cdot Cl$ über, bei Gegenwart von Feuchtigkeit bilden sich Kohlenoxyd, Kohlendioxyd, Salzsäure und Ammoniak.
Ist Alkohol zugegen, so entsteht Chloracetalcarbaminsäure $C_8H_5ClN_2O_4$.
Mit Halogenwasserstoffen vereinigt sich Cyanwasserstoff zu kristallinischen Additionsprodukten, die durch Wasser in Ammonium-
halogenid und Ameisensäure gespalten werden:

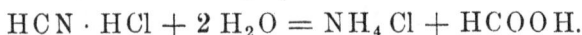

$$HCN \cdot HCl + 2\,H_2O = NH_4Cl + HCOOH.$$

Mit höchstkonzentrierter Chlorwasserstoffsäure bildet sich Formamid $HCO \cdot NH_2$.

Der Cyanwasserstoff ist eine schwache Säure und rötet Lackmus
nur vorübergehend. Mit Kalium- oder Natriummetall erhitzt, liefert
er die entsprechenden Cyanide, ebenfalls beim Erwärmen mit einigen
Metalloxyden in wäßriger Lösung oder Suspension. Karbonate ver-
mag er jedoch nur in Gegenwart einer Base unter Bildung von
Doppelcyaniden zu zerlegen, z. B.:

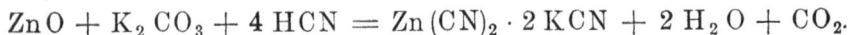

$$ZnO + K_2CO_3 + 4\,HCN = Zn(CN)_2 \cdot 2\,KCN + 2\,H_2O + CO_2.$$

Phenol und Borsäure treiben ihn aus Cyankalium teilweise aus.

Naszierender Wasserstoff führt den Cyanwasserstoff in Methylamin über:

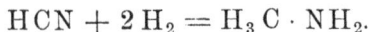

$$HCN + 2\,H_2 = H_3C \cdot NH_2.$$

Die gleiche Anlagerung findet statt, wenn man ein Gemisch von
Cyanwasserstoff mit Wasserstoff bei 110⁰ über Platinschwarz führt.
Wasserstoffsuperoxyd verwandelt den Cyanwasserstoff in Oxamid.

3. Cyanmetalle.

Konstitution.   Die Metallcyanide entstehen durch Ersatz des Wasserstoffatoms
im Cyanwasserstoff gegen Metall, letzteres ist daher stets an Kohlenstoff gebunden. Nur das Cyansilber macht hiervon eine Ausnahme,
insofern es manchmal zu spontanen Umlagerungen neigt, denn wenn
man es auf Alkyljodide einwirken läßt, bilden sich meistens Isonitrile
statt der zu erwartenden Alkylcyanide.

In der Natur kommen Cyanmetalle nicht vor, doch bilden sie Vorkommen sich infolge von Nebenreaktionen bei manchen technischen Prozessen. So findet man z. B. in der Sodaschmelze nach L e b l a n c Ferrocyannatrium, die Salze, welche aus den Gestellen der Hochöfen ausschwitzen, enthalten meistens Cyankalium und in den Hochofenschlacken kommt oft Stickstoff-Cyantitan vor.

Die Cyanide der Alkalimetalle, Erdalkalimetalle und des Queck- Eigenschaften silbers sind in Wasser löslich, diejenigen der anderen Metalle lösen sich nicht darin, dagegen mit großer Leichtigkeit in Cyanalkalilösungen unter Bildung von Doppelcyaniden.

Die Alkalimetallcyanide sind unter Luftabschluß unzersetzt schmelzbar, alle übrigen zerfallen bei Rotglut, und die Cyanide des Quecksilbers, Silbers und Goldes liefern dabei Dicyan.

Die einfachen Cyanide geben bei der Destillation mit Salzsäure Verhalten alles Cyan in Form von Cyanwasserstoff ab. Bei den Doppelcyaniden ist dies nicht durchgehend der Fall. Einige derselben, die Doppelcyanide des Eisens, Kobalts und Platins, verhalten sich wie Salze von Metallcyanwasserstoffsäuren und scheiden die letzteren beim Zusatz von Salzsäure ab.

Beim Erhitzen mit konzentrierter Schwefelsäure geben alle Metallcyanide die entsprechenden Sulfate neben Ammoniumsulfat und Kohlenoxyd.

Durch Kochen mit Quecksilberoxyd gehen sie in Quecksilbercyanid über. Beim Behandeln mit Silbernitrat- oder ammoniakalischer Silberlösung bildet sich Silbercyanid resp. Silbercyanid und Cyanammonium[1]), z. B.:

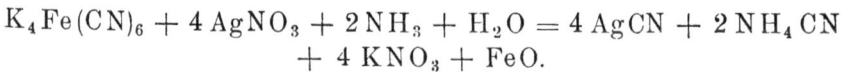

$$K_4 Fe(CN)_6 + 4\,AgNO_3 + 2\,NH_3 + H_2O = 4\,AgCN + 2\,NH_4\,CN + 4\,KNO_3 + FeO.$$

Erhitzt man Alkalimetall- oder Erdalkalimetallcyanide mit Magnesiumpulver auf Rotglut, so entstehen nach E i d m a n n[2]) Metallkarbide neben Magnesiumnitrid. Die Cyanide des Zinks, Kadmiums, Nickels, Kobalts, Bleis und Kupfers reagieren damit unter heftigem Erglühen und schwacher Explosion, wobei die entsprechenden Metalle, Kohle und Magnesiumnitrid sich bilden. Ebenso verhalten sich Silber- und Quecksilbercyanid, doch reagieren sie schon unterhalb Rotglut.

Alle Cyanide verpuffen heftig beim Glühen, wenn man sie vorher mit Kaliumnitrat oder Kaliumchlorat mischt.

---

[1]) Zeitschrift für analytische Chemie 1869, 38.
[2]) Journal für praktische Chemie (2) 59, 1—22.

Bildung.   a) **Cyanammonium**, $(NH_4)\,CN$, bildet sich, wenn man Ammoniakgas über glühende Kohlen leitet. (Langlois[1]). Ferner entsteht es nach Figuier[2]) aus Methan und Stickstoff unter dem Einflusse der dunklen, elektrischen Entladung.

Meusel[3]) konnte Cyanammonium in den Verbrennungsprodukten ammoniakhaltigen Leuchtgases nachweisen, wenn dieses mit stark rußender Flamme verbrannte. Der Bildung aus Chloroform und Ammoniak, sowie verschiedener anderer Bildungsweisen wurde schon unter »Cyanwasserstoff« gedacht.

Darstellung.   Zur Darstellung von Cyanammonium mischt man nach Berzelius Cyankalium mit Salmiak oder nach Bineau[4]) Quecksilbercyanid mit Salmiak und erhitzt das völlig trockene Gemenge in einer Glasretorte auf dem Wasserbade. Die übergehenden Dämpfe werden in einer mit Eis und Kochsalz gekühlten Vorlage aufgefangen. Bineau empfiehlt auch statt dessen, ein Gemisch von drei Teilen Ferrocyankalium und zwei Teilen Salmiak zu erhitzen:

$$K_4Fe\,(CN)_6 + 4\,N\,H_4\,Cl = 4\,N\,H_4 \cdot CN + 4\,KCl + Fe\,(CN)_2.$$

Eigenschaften.   Das Cyanammonium kristallisiert in farblosen Würfeln (Gay-Lussac) und enthält kein Kristallwasser. Sein Siedepunkt liegt bei 36^0 C, die Dampfdichte beträgt nach Bineau[5]) 0,79.

Es reagiert alkalisch, riecht nach Blausäure und Ammoniak und ist sehr giftig. In Wasser und Alkohol löst es sich leicht.

Verhalten.   Bei gewöhnlicher Temperatur zersetzt sich das Cyanammonium rasch in Ammoniak und Azulmsäure, durch Temperaturerhöhung kann man dies noch beschleunigen.

Der Dampf des Ammoniumcyanids läßt sich an der Luft entzünden. Chlor und Brom führen es in Halogencyan über.

Darstellung.   b) **Cyannatrium**, $Na\,CN$, stellt man nach Joannis[6]) dar durch Einleiten trockenen Blausäuredampfes in alkoholische Natronlauge. Rogers[7]) fällt Cyanquecksilber mit Schwefelnatrium nach quantitativen Verhältnissen, oder Cyanbariumlösung mit Natriumsulfat, filtriert und dampft im Vakuum zur Kristallisation ein.

[1]) Jahresberichte 22, 84.
[2]) Journ. Pharm. Chim. (6), 13, 314.
[3]) Journal für Gasbeleuchtung 1876, 6.
[4]) Ann. chim. phys. 67, 231.
[5]) Ann. Chem. Pharm. 32, 2300.
[6]) Ann. chim. phys. (5), 26, 484.
[7]) Phil. Mag. J. 4, 93.

Das Cyannatrium kristallisiert aus Wasser oder siedendem Eigenschaften 75 prozentigem Alkohol mit zwei Molekülen Kristallwasser. Aus kaltem Alkohol gewonnen enthält es nur ein Molekül Wasser.

c) **Cyankalium,** KCN. Wie schon erwähnt, findet sich in den Vorkommen. Ausschwitzungen der Hochöfen häufig Cyankalium neben Kaliumkarbonat und cyansaurem Kalium und verdankt seine Entstehung der Einwirkung von Kalisalzen auf stickstoffhaltige Kohle oder auf Kohlenstoff und Stickstoff. Hauptsächlich kommt es in solchen Hochöfen vor, die mit Steinkohlen betrieben werden und wurde darin von Clark[1]), Zincken und Bromeis[2]), Redtenbacher[3]) u. a. gefunden.

Es bildet sich, wenn man Stickstoff bei der Reduktionstemperatur Bildung. des Kaliumoxydes über ein Gemisch von Kohlenstoff und Kaliumkarbonat leitet, ebenso beim Schmelzen stickstoffhaltiger, organischer Substanzen, z. B. tierischer Abfälle, mit Kaliumkarbonat.

Zur Darstellung des Cyankaliums schmilzt man entwässertes Darstellung. Ferrocyankalium im eisernen Tiegel unter Luftabschluß nieder, bis kein Stickstoff mehr entweicht und eine Probe rein weiß erscheint. Die Zersetzung erfolgt dann nach folgender Formel:

$$K_4 Fe(CN)_6 = 4 KCN + FeC_2 + N_2.$$

Es wird dabei also ein Teil des Cyans zersetzt. Dieser läßt sich ebenfalls gewinnen, wenn man nach Liebig[4]) dem Ferrocyankalium auf acht Teile drei Teile Kaliumkarbonat zusetzt:

$$K_4 Fe(CN)_6 + K_2 CO_3 = 5 KCN + KO \cdot CN + Fe + CO_2.$$

Man erhält dann ein Molekül Kaliumcyanid mehr, während das zweite Cyanmolekül in Kaliumcyanat übergeht. Kommt es nicht darauf an, ob das Cyankalium Natriumcyanid enthält, so läßt sich alles Cyan in Cyanid überführen durch Schmelzen des Ferrocyankaliums mit metallischem Natrium nach Erlenmeyer[5]):

$$K_4 Fe(CN)_6 + 2 Na = 4 KCN + 2 NaCN + Fe.$$

Die Schmelzen behandelt man nach dem Erkalten mit siedendem 50% igem Alkohol, aus welchem das Cyankalium beim Erkalten als weißes Kristallpulver ausfällt.

---

[1]) Journal für praktische Chemie 11, 124.
[2]) Ebenda 25, 246.
[3]) Ann. Pharm. 47, 150.
[4]) Ann. Chem. Pharm. 41, 285.
[5]) Berichte 9, 1840.

Ganz reines Cyankalium erhält man nach Wiggers[1]) durch Einleiten von Blausäuredampf in eine Lösung von drei Teilen Kaliumhydroxyd in einem Teil Alkohol von 95%. Das Cyankalium fällt als weißes Kristallmehl aus, wird abfiltriert, mit Alkohol gewaschen und über konzentrierter Schwefelsäure getrocknet.

Loughlin[1]) empfiehlt zur Herstellung 97 bis 99%igen Cyankaliums, das Liebigsche Cyankalium mit Schwefelkohlenstoff zu extrahieren.

Eigenschaften.   Aus wäßrigen Lösungen kristallisiert Cyankalium in farblosen Oktaedern ohne Kristallwasser, aus der feuerflüssigen Schmelze scheidet es sich in Würfeln aus.

Sein spezifisches Gewicht beträgt nach Boedeker[2]) 1,52. Das Cyankalium ist in Wasser sehr leicht löslich und zerfließt an feuchter Luft. 95 prozentiger, siedender Alkohol löst in 80 Teilen einen Teil Cyankalium. Mit der Verdünnung des Alkohols wächst das Lösungsvermögen ganz bedeutend.

Das Cyankalium schmilzt bei dunkler Rotglut und wird bei Weißglut unzersetzt flüchtig. Es reagiert stark alkalisch und ist außerordentlich giftig. In sehr kleinen Mengen wirkt es nach Fröhner[3]) als Antipyreticum.

Verhalten.   An der Luft geht das feste Cyankalium unter Blausäureabgabe allmählich in Kaliumkarbonat über. In verschlossenen Gefäßen ist es sehr lange haltbar. Seine wäßrige Lösung zersetzt sich leicht und enthält dann nur ameisensaures Kalium, Kaliumkarbonat und Ammoniak.

Unter dem Einflusse des elektrischen Stromes bildet sich in wäßriger Lösung nach Schlagdenhauffen[4]) Kohlensäure, Ammoniak und Kaliumhydroxyd.

Oxydation des Cyankaliums mit Kaliumpermanganat führt zu salpetriger Säure, Salpetersäure, Ameisensäure, Oxalsäure und Harnstoff. Letzterer wird vorwiegend in schwefelsaurer Lösung gebildet.

Das Cyankalium ist besonders bei hohen Temperaturen ein ausgezeichnetes Reduktionsmittel für Metalloxyde u. dgl. Nach Eiloart[5]) reduziert es bei heller Rotglut Kohlendioxyd zu Kohlenoxyd und geht dabei in Cyanat über.

---

[1]) Zeitschrift für analytische Chemie 15, 448.
[2]) Jahresberichte 1860, 17.
[3]) Archiv für wissenschaftl. und prakt. Tierheilkunde 13, 103.
[4]) Jahresberichte 1863, 305.
[5]) Chem. News 54, 88.

Die wäßrige Lösung des Cyankaliums löst manche Metalle, z. B. Eisen und Zink, unter Wasserstoffentwicklung, die edlen Metalle, Gold und Silber, gehen nur bei Luftzutritt in Lösung.

Äquimolekulare Mengen von Cyankalium und Kaliumnitrit kristallisieren nach K. A. Hofmann[1]) aus konzentrierter, wäßriger Lösung über Schwefelsäure als Doppelsalz $KCN \cdot KNO_2 + \frac{1}{2} H_2O$. Dieses explodiert bei 400 bis 500° C mit großer Heftigkeit. Angezündet verbrennt es ruhig mit Flamme (v. Geunis[2]).

Leitet man in konzentrierte Cyankaliumlösung Schwefeldioxyd ein, so bildet sich nach Étard[3]) Kaliumcyanosulfit, $SO_2 \cdot KCN \cdot H_2O$, das in Nadeln kristallisiert.

d) **Cyancalcium**, $Ca(CN)_2$, kann durch Sättigen von Calciumoxyd- Darstellung. hydrat mit Cyanwasserstoff erhalten werden, man gewinnt es auch durch Glühen von Kaliumcalciumferrocyanür und Auslaugen des Reaktionsproduktes mit Wasser.

Es kristallisiert in Würfeln. Seine Lösung zersetzt sich sehr Eigenschaften leicht, besonders bei Gegenwart freien Cyanwasserstoffs. Beim Kochen derselben gehen Blausäure und Kohlendioxyd über, während Calciumkarbonat zurückbleibt. Im Vakuum über Schwefelsäure eingedunstet, scheidet die Lösung kleine Kristalle von der Zusammensetzung $Ca(CN)_2 \cdot 3\,CaO + 15\,H_2O$ ab, die beim Trocknen im Vakuum völlig in Cyanwasserstoff und Calciumhydrat zerfallen (Joannis[4]).

e) **Cyanstrontium**, $Sr(CN)_2 + 4\,H_2O$, ist dem Cyancalcium in seinem Verhalten sehr ähnlich. Es kristallisiert in orthorhombischen Prismen.

f) **Cyanbarium**, $Ba(CN)_2$, bildet sich nach Marguerite und Bildung. Sourdeval[5]) beim Überleiten von Luft über ein Gemisch von Baryt oder Bariumkarbonat und Kohle bei hoher Temperatur, ferner nach Berzelius beim Glühen von Bariumeisencyanür unter Luftabschluß.

Zu seiner Darstellung glüht man nach Schulz[6]) Kaliumbarium- Darstellung. eisencyanür bei Luftabschluß und laugt das Reaktionsprodukt mit Wasser aus.

---

[1]) Zeitschrift für anorganische Chemie 10, 259.
[2]) Recueil 19, 186.
[3]) Compt. rend. 88, 649; Bull. soc. chim. 34, 95.
[4]) Ann. chim. phys. (5) 26, 496.
[5]) Jahresberichte 1860, 224.
[6]) Ebenda 1856, 436.

Wasserhaltiges Bariumcyanid, $Ba(CN)_2 + 2H_2O$ gewinnt, man durch Einwirkung wasserfreier Blausäure auf kristallisiertes Bariumhydroxyd und Verdunsten der erhaltenen Lösung im Vakuum über Schwefelsäure und Kaliumhydrat. (Joannis[1]).

Eigenschaften. Das Bariumcyanid ist viel beständiger als die anderen Cyanerdalkalimetalle. Seine wasserhaltigen Kristalle verlieren über Schwefelsäure im Vakuum ein Molekül Wasser. Das zweite Molekül kann man durch Trocknen im Luftstrom bei 75 bis 100° C entfernen.

In 10 Teilen Wasser lösen sich 8 Teile, in 10 Teilen 70%igen Alkohols 1,4 Teile Cyanbarium bei 14° C.

Wenn man es im Wasserdampfstrome auf 300° C erhitzt, so gibt es allen Stickstoff in Form von Ammoniak ab.

Bildung. g) **Cyanzink,** $Zn(CN)_2$. Die meisten stickstoffhaltigen, organischen Substanzen geben nach Aufschläger[2]) beim Erhitzen mit Zinkstaub bis zur beginnenden Rotglut Zinkcyanid. Cyanwasserstoff führt Zinkoxyd, auch wenn es vorher geglüht wurde, in Cyanzink über.

Darstellung. Zur Darstellung des Zinkcyanids fällt man nach Wöhler[3]) Zinkacetatlösung durch Einleiten von Blausäuredampf.

Eigenschaften. Das Cyanzink ist ein geschmackloses, schneeweißes Pulver, das sich weder in Wasser noch in Alkohol löst. Nach Joannis kann man es bei sehr langsamer Bildung in glänzenden, orthorhombischen Prismen erhalten. Es zersetzt sich erst bei starkem Glühen.

Doppelsalze. In Alkalien ist das Cyanzink leicht löslich. Verdünnte Kalilauge z. B. wirkt nach Sharwood[4]) folgender Gleichung gemäß:

$$4\,KOH + 2\,ZnCy_2 = K_2\,ZnCy_4 + K_2\,ZnO_2 + 2\,H_2O.$$

Cyanalkalimetalle lösen das Cyanzink ebenfalls sehr leicht und bilden mit ihm Doppelsalze. So entsteht beim Verdunsten einer Lösung von Cyanzink in Cyanammonium ein in farblosen, rhombischen Säulen kristallisierendes Doppelsalz, das an der Luft schnell verwittert und beim Glühen unter Abgabe von Ammoniak und Blausäure in Zinkoxyd übergeht.

Das Natriumdoppelsalz, $NaCN \cdot Zn(CN)_2 + 2\tfrac{1}{2}H_2O$, ist sehr leicht in Wasser löslich und kristallisiert in glänzenden Blättchen, die erst bei 200° C ihr Kristallwasser verlieren.

---

[1]) Ann. chim. phys. (5) **26**, 489.
[2]) Monatshefte für Chemie **13**, 268.
[3]) Berzelius' Jahresberichte **20**, 152.
[4]) Engineering and Mining Journal **77**, 845.

Viel schwerer löslich ist das schon erwähnte Cyankalium-Cyanzink, $2 KCN \cdot Zn(CN)_2$. Es kristallisiert in regulären Oktaedern. 100 Teile Wasser lösen nach Sharwood (l. c.) bei 20^0 C 11 Teile dieses Doppelsalzes.

h) **Cyanquecksilber,** $Hg(CN)_2$, entsteht beim Kochen von Berliner Darstellung. Blau mit Quecksilberoxyd. Man stellt es durch Lösen von Quecksilberoxyd in überschüssiger Blausäure dar.

Es kristallisiert in farblosen, quadratischen Säulen und ist außer- Eigenschaften ordentlich giftig. Sein spezifisches Gewicht beträgt nach Schröder[1] 3,990 bis 4,011. Es löst sich leicht in Wasser, schwerer in verdünntem Alkohol und ist in absolutem Alkohol fast unlöslich.

Beim Erhitzen auf Temperaturen oberhalb 320^0 C gibt es Queck- Verhalten. silber ab, über 400^0 C zerfällt es in Quecksilber und Cyangas (siehe S. 4).

Alkalien greifen das Cyanquecksilber in wäßriger Lösung nicht an. Das trockene Salz gibt bei der Destillation mit konzentrierter Salzsäure Cyanwasserstoff und Quecksilberchlorid, während letzteres in verdünnter, wäßriger Lösung durch Blausäure völlig in Cyanquecksilber verwandelt wird.

Das Quecksilbercyanid bildet sehr leicht kristallisierte Doppelverbindungen mit einer großen Anzahl der verschiedensten Salze.

i) **Cyankupfer.** Von den beiden Oxydationsstufen des Kupfers liefert nur das Oxydul eine wohl charakterisierte, beständige Cyanverbindung, das Kupfercyanür, $Cu_2(CN)_2$.

Dieses läßt sich durch Fällen einer Kupfersulfatlösung mit Darstellung. Cyankalium bei Gegenwart von schwefliger Säure oder durch Fällen von Kupferchlorürlösung mit Alkalicyanid darstellen.

Nach Sittenet[2] entsteht es auch aus Ammoniak und Kupferacetat. Man schließt 15 g neutralen Kupferacetats mit 30 g Salmiakgeist von 21^0 Bé in ein Rohr ein und erhitzt zwei Stunden lang im Schießofen auf 180 bis 185^0 C. Die Lösung ist dann fast farblos und enthält Kupfercyanür neben metallischem Kupfer und Kupferkarbonat.

Das Kupfercyanür ist farblos, in Wasser und verdünnten Mineral- Eigenschaften säuren unlöslich, löst sich aber leicht in Cyankalium und Ammoniak farblos zu Doppelsalzen auf. Aus der Lösung des Kaliumkupfercyanürs wird durch Schwefelwasserstoff kein Schwefelkupfer gefällt, vielmehr löst sich frisch gefälltes Kupfersulfid in Cyankaliumlösung.

---

[1] Berichte 13, 1073.
[2] Bull. soc. chim. (3) 21, 261.

Darstellung.

k) **Cyansilber,** $AgCN$, wird durch Fällen von Silberlösungen mit Cyanwasserstoff oder Cyanalkalimetall dargestellt. Es scheidet sich dabei als weißer, käsiger Niederschlag aus, der sich im Gegensatz zu Chlorsilber am Lichte nicht verändert. Nach Bloxam[1]) geht es beim Kochen mit Kaliumkarbonatlösung in nadelförmige Kristalle über.

Eigenschaften.

Sein spezifisches Gewicht ist 3,943 bis 3,988. In Wasser und verdünnten Säuren löst es sich nicht, ist aber in Cyanalkalien und Ammoniak leicht löslich.

Verhalten.

Das feste Cyansilber zerfällt beim Glühen in Silber, Cyangas und Paracyan.

Konzentrierte Salzsäure führt es in Chlorsilber und Cyanwasserstoff über, Schwefelwasserstoff in Schwefelsilber und Cyanwasserstoff. Beim Erhitzen des Cyansilbers mit Kochsalz- oder Quecksilberchloridlösungen entsteht Chlorsilber und das entsprechende Cyanid.

Aus den Lösungen des Cyansilbers in Ammoniak oder Cyanalkalimetallen o. dgl. lassen sich gut kristallisierte Doppelsalze gewinnen.

l) **Cyangold** existiert in zwei Formen, als Goldcyanür, $AuCN$, und als Goldcyanid, $Au(CN)_3$.

Das Goldcyanür entsteht beim Erwärmen von Kaliumgoldcyanür mit Salzsäure, die Lösung wird auf dem Wasserbade zur Trockne verdampft und der Rückstand mit Wasser gewaschen. Es ist ein zitronengelbes Kristallpulver, das sich nicht in Wasser oder Mineralsäuren, leicht dagegen in Ammoniak und Cyankalium löst. Beim Glühen zerfällt es in Cyangas und metallisches Gold.

Von den Doppelsalzen des Goldes ist das Kaliumgoldcyanür, $KCN \cdot AuCN$, wohl das wichtigste. Es bildet sich, wenn man fein verteiltes Gold in Cyankaliumlösung auflöst. Es kristallisiert in farblosen, rhombischen Oktaedern und löst sich in 7 Teilen kalten resp. $1/2$ Teil siedenden Wassers.

Das Goldcyanid, $Au(CN)_3 \cdot HCN + 1\frac{1}{2}H_2O$, bildet sich beim Behandeln des Kaliumdoppelcyanides mit Kieselfluorwasserstoffsäure.

4. Cyaneisenverbindungen.

Das Eisen liefert zwei Reihen von Cyanverbindungen, die sich von seinen Oxydationsstufen, dem Eisenoxydul, FeO, und dem Eisenoxyd, Fe_2O_3, ableiten lassen. Von den Grundsubstanzen dieser Reihen ist nur das Eisencyanür bis jetzt dargestellt worden, während man die Existenz des Cyanides, $Fe_2(CN)_6$, in freiem Zustande noch nicht einwandfrei nachgewiesen hat.

---

[1]) Jahresberichte 1884, 475.

a) Das **Eisencyanür**, $Fe(CN)_2$, bildet sich, wenn man Eisenoxydul- Bildung. sulfatlösung mit der berechneten Menge Cyanalkalilösung fällt. Es ist ein weißer, amorpher Körper, der sich an der Luft außerordentlich leicht unter Blaufärbung oxydiert.

Es löst sich leicht in Kali- oder Natronlauge, Ammoniak, den Verhalten. Lösungen der entsprechenden Karbonate und anderer basischer Körper. Aus diesen Lösungen kann man durch Kristallisation wohl charakterisierte Doppelcyanide gewinnen, die sich vor den bisher erwähnten durch ihre große Beständigkeit auszeichnen. In diesen Doppelsalzen ist das Eisen maskiert, es läßt sich also durch die üblichen Reagentien nicht nachweisen. Erst nach Zerstörung der Verbindung, z. B. durch Glühen, tritt das Eisen wieder als solches in Erscheinung.

Die Bindung des Eisens in diesen sog. Ferrocyanver- Ferrocyan-bindungen ist so fest, daß bei Zusatz konzentrierter Salzsäure zu verbindungen. der konzentrierten Lösung der Salze das Cyan in Verbindung mit dem Eisen als Ferrocyanwasserstoffsäure abgeschieden wird. Kocht man Ferrocyansalze mit verdünnter Salz- oder Schwefelsäure, so wird nur ein Teil des Cyanwasserstoffs frei, das Eisen bleibt stets an Cyan gebunden.

Bei der Oxydation der Ferrocyansalze mit Chlor, Blei- oder Ferricyan-Mangansuperoxyd o. dgl. bilden sich die Eisencyanverbindungen, verbindungen. welche dem dreiwertigen Eisen entsprechen und als Ferricyan-verbindungen bezeichnet werden. Durch geeignete Reduktionsmittel lassen sie sich wieder zu Ferrocyanverbindungen reduzieren.

Nur die Ferro- und Ferricyanide der Alkali-, Erdalkalimetalle und des Magnesiums sind in Wasser löslich, diejenigen der übrigen Metalle lösen sich nicht darin. Viele der Cyaneisen-Doppelsalze zeichnen sich durch eine lebhafte Färbung aus.

b) **Ferrocyanwasserstoffsäure**, $H_4Fe(CN)_6$, wird aus einer kalt- Darstellung. gesättigten Lösung von Ferrocyankalium abgeschieden, wenn man das gleiche Volumen rauchender Salzsäure in kleinen Mengen allmählich hinzufügt. Nach Liebig[1]) löst man den gewaschenen und getrockneten Niederschlag in Alkohol und schichtet Äther darüber. Die Säure kristallisiert dann in Blättchen aus. Browning[2]) empfiehlt, die Säure wiederholt in absolutem Alkohol zu lösen, mit trocknem Äther zu fällen und sie schließlich im Wasserstoffstrome bei 80 bis 90° C zu trocknen. Man erhält sie dann völlig rein als schneeweiße Masse, die sich an der Luft nicht verändert.

---

[1]) Ann. Chem. Pharm. 88, 127.
[2]) Journ. Chem. Soc. 77, 1233.

Eigenschaften.   Die Ferrocyanwasserstoffsäure ist eine starke, vierbasische Säure. Ihre Neutralisationswärme gegen Kaliumhydroxyd bestimmten Chrétien und Guinchant[1]) zu 57,9 Kalorien pro Molekül bei 12° C. 100 Teile Wasser lösen bei 14° 15 Teile der Säure.

Verhalten.   In völlig wasserfreiem Zustande nimmt die Ferrocyanwasserstoff-säure unter Schwellung trocknen Äther auf und bildet damit die lockere Verbindung $H_4 Fe(CN)_6 \cdot 2 (C_2H_5)_2 O$ (Etard und Bémont[2]); Browning l. c.). Diese gibt den Äther an der Luft vollständig wieder ab.

Beim Erhitzen der trocknen Säure auf 440° C (Temperatur des Schwefeldampfes) bildet sich unter Cyanwasserstoffabgabe Hydro-diferropentacyanid:

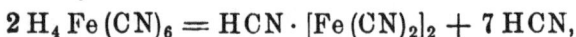

$$2 H_4 Fe(CN)_6 = HCN \cdot [Fe(CN)_2]_2 + 7 HCN,$$

das an der Luft unter Aufnahme von Wasser und Sauerstoff blau wird (Etard und Bémont l. c.).

Bringt man die Säure im Barometervakuum zum Sieden und wäscht das Reaktionsprodukt mit Wasser und Äther, so erhält man zitronengelbe Kristalle:

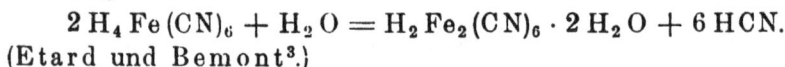

$$2 H_4 Fe(CN)_6 + H_2 O = H_2 Fe_2(CN)_6 \cdot 2 H_2 O + 6 HCN.$$

(Etard und Bemont[3].)

Beim vorsichtigen Erwärmen an der Luft gibt Ferrocyanwasser-stoff Blausäure ab und wird blau (Browning). Längeres Erhitzen auf 100° C bewirkt vollständigen Zerfall, wobei Eisenoxyd Fe_2O_3 zurückbleibt.

Beim Erhitzen mit luftfreiem Wasser spaltet sich die Säure in Cyanwasserstoff und Eisencyanür, $Fe(CN)_2$, ebenso beim Erhitzen im Wasserstoffstrom auf 300° C. Das gebildete Eisencyanür ist noch bei 430° beständig, bei höherer Temperatur geht es in Eisenkarbid, FeC_2, und Stickstoff über.

Bildung.   c) **Ferrocyankalium**, $K_4 Fe(CN)_6 + 3 H_2O$, gelbes Blutlaugen-salz, ist wohl eine der bekanntesten und am meisten verwendeten Eisencyanverbindungen. Es bildet sich beim Lösen von metallischem Eisen in Cyankaliumlösung unter Wasserstoffentwicklung, ebenso beim Lösen von Eisenoxydulhydrat oder frisch gefälltem Schwefeleisen darin.

Darstellung.   Zu seiner Darstellung schmilzt man Kaliumkarbonat in eisernen Gefäßen bei Gegenwart von Eisen und trägt tierische Abfälle, Horn,

---

[1]) Compt. rend. **137**, 65.
[2]) Ebenda **99**, 972.
[3]) Ebenda **99**, 1024.

Leder o. dgl., in die Schmelze ein. Es bildet sich dabei Cyankalium und cyansaures Kalium, und erst beim Auslaugen mit Wasser tritt die Umsetzung zu Ferrocyankalium ein (Liebig[1]).

Neuerdings hat man diese Art der Gewinnung jedoch fast völlig verlassen und stellt das Salz dar, indem man Cyanwasserstoff durch Suspensionen von Eisenoxydulhydrat oder Karbonat in Potaschelösung absorbiert oder Eisenferrocyanverbindungen mit Kalilauge zerlegt.

Das Ferrocyankalium kristallisiert monoklin in großen, zitronen- Eigenschafte gelben Kristallindividuen, die sich leicht in biegsame Lamellen spalten lassen. Sein spezifisches Gewicht beträgt nach Thomsen 1,833, nach Schiff 1,860. In kaltem Wasser löst es sich im Verhältnis 1 : 4, in siedendem Wasser 1 : 1. Das spezifische Gewicht der wäßrigen Lösungen bestimmte Schiff[2]) bei 15° C zu folgenden Werten:

In 100 Teilen der Lösung		Spezifisches Gewicht	In 100 Teilen der Lösung		Spezifisches Gewicht
$K_4 Fe (CN)_6$ $+ 3 H_2 O$	$K_4 Fe (CN)_6$		$K_4 Fe (CN)_6$ $+ 3 H_2 O$	$K_4 Fe (CN)_6$	
1	0,872	1,0058	11	9,592	1,0669
2	1,744	1,0116	12	10,464	1,0734
3	2,618	1,0175	13	11,336	1,0800
4	3,488	1,0234	14	12,208	1,0866
5	4,360	1,0295	15	13,080	1,0932
6	5,232	1,0356	16	13,952	1,0999
7	6,104	1,0417	17	14,824	1,1067
8	6,976	1,0479	18	15,696	1,1136
9	7,848	1,0542	19	16,568	1,1205
10	8,720	1,0605	20	17,440	1,1275

Die kaltgesättigte, wäßrige Lösung enthält 25,88% $K_4 Fe(CN)_6$ $+ 3 H_2 O$ und hat ein spezifisches Gewicht von 1,1441 bei 15° C.

Das Ferrocyankalium ist durchaus ungiftig, wirkt jedoch auf den Organismus als Abführmittel. Nach Suzuki[3]) verhält es sich Pflanzen gegenüber aber giftig, selbst in einer Verdünnung von 0,01 pro Tausend.

Bei vorsichtigem Erhitzen läßt sich das Ferrocyankalium leicht Verhalter. entwässern und stellt dann eine weiße, zerreibliche Masse dar. Dicht vor dem Glühen schmilzt es bei Luftabschluß unter Stickstoffentwicklung und Bildung von Cyankalium und Zweifachkohlenstoffeisen. An der Luft erhitzt, geht es in cyansaures Kalium und Eisenoxyd über.

---

[1]) Ann. Chem. Pharm. 38, 20.
[2]) Ebenda 113, 199.
[3]) Bull. of the College of Agriculture, Tokio, 5, 203.

Kocht man Ferrocyankaliumlösung mit Chlorammonium mehrere Tage lang am Rückflußkühler, so entstehen nach Etard und Bémont[1]) Glaukoferrocyanide, grüne, kristallisierte Salze, die in allen Reagentien unlöslich sind.

Bei der Elektrolyse der wäßrigen Ferrocyankaliumlösung bildet sich nach Schlagdenhauffen[2]) zunächst Ferricyankalium und darauf Berlinerblau, Cyankalium, Cyan und Ferrocyankalium.

Verdünnte Schwefelsäure wirkt auf Ferrocyankalium unter Cyanwasserstoffbildung ein (s. S. 12), konzentrierte erzeugt Kohlenoxyd.

Kieselfluorwasserstoffsäure setzt es in der Siedehitze nach Matuschek[3]) in Berlinerblau und Kaliumsiliciumfluorid quantitativ um:

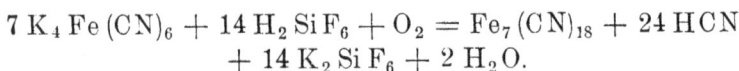

$$7 \, K_4 Fe\,(CN)_6 + 14 \, H_2 Si F_6 + O_2 = Fe_7\,(CN)_{18} + 24 \, HCN$$
$$+ 14 \, K_2 Si F_6 + 2 \, H_2 O.$$

Mit allen Oxydationsmitteln, die Eisenoxydulverbindungen in Eisenoxydverbindungen zu verwandeln vermögen, geht Ferrocyankalium in Ferricyankalium über. Salpetersäure erzeugt bei längerer Einwirkung Nitroprussidkalium.

Mit Nitraten oder Chloraten gemischt explodiert Ferrocyankalium beim Erhitzen sehr heftig und findet daher in der Sprengtechnik Verwendung.

d) **Ferrocyannatrium**, $Na_4 Fe\,(CN)_6 + 10 \, H_2 O$, wird analog dem Kaliumsalz dargestellt. Es bildet gelbe, monokline Kristalle. Früher nahm man an, daß es 12 Moleküle Kristallwasser enthalte, doch hat Pebal[4]) nachgewiesen, daß es mit 10 Molekülen kristallisiert. Seine Löslichkeit wurde von Conroy[5]) wie folgt bestimmt: 1 Liter Wasser löst:

Temperatur	18	20	42	53	58	60	77	80	96	98	98,5
$Na_4 Fe\,(CN)_6$ $+ 10 \, H_2 O$	29,45	31,85	58,5	75,9	88,4	90,2	129,5	146,0	157,0	157,5	161,0

e) **Ferrocyanammonium**, $(NH_4)_4 Fe\,(CN)_6 + 3\,H_2 O$, entsteht durch Neutralisieren von Ferrocyanwasserstoffsäure mit Ammoniak. Die Lösung gibt beim Kochen Cyanammonium ab. Das Salz kristallisiert dem Ferrocyankalium isomorph.

---

[1]) Compt. rend. 100, 275.
[2]) Jahresberichte 1863, 305.
[3]) Chemiker-Zeitung 25, 158.
[4]) Ann. Chem. Pharm. 233, 164.
[5]) Journ. of the Soc. of Chem. Ind. 17, 103.

Neben den einfachen Ferrocyansalzen der Alkalimetalle und des Ammoniums existieren noch viele gemischte Ferrocyanide, die mehrere Alkalimetalle o. dgl. enthalten, außerdem kristallisieren die Alkaliferrocyanide leicht mit anderen Salzen, vornehmlich Alkalinitraten, zusammen.

f) **Erdalkaliferrocyanide** werden aus Ferrocyanwasserstoffsäure mit den entsprechenden Metallhydraten dargestellt. Percy Walker[1] empfiehlt auch die Strychnin- und Dimethylanilinsalze zu diesem Zwecke. Durch Fällen von Lösungen der Alkaliferrocyanide mit Erdalkalisalzen gelangt man nicht zu reinen Ferrocyanerdalkalien, es fallen vielmehr schwerlösliche Alkali-Erdalkali-Doppelsalze aus. Die Ferrocyanerdalkalien sind in Wasser löslich.

g) **Ferricyanwasserstoffsäure**, $H_3Fe(CN)_6$, läßt sich aus Kaliumferricyanidlösung mit Salzsäure darstellen, indem man die kaltgesättigte Lösung mit ihrem zwei- bis dreifachen Volumen rauchender Salzsäure vermischt. Die Säure kristallisiert in braungrünen Nadeln, die in Wasser und Alkohol leicht löslich, in Äther unlöslich sind und sich an der Luft bald blau färben.

h) **Ferricyankalium**, $K_3Fe(CN)_6$, bildet sich bei der Oxydation von Ferrocyankalium mit allen denjenigen Reagentien, die Eisenoxydulsalze in Eisenoxydsalze verwandeln.

Zur Darstellung des Ferricyankaliums leitet man in eine heiße Lösung von Ferrocyankalium solange Chlor ein, bis eine Probe mit Eisenchloridlösung keinen blauen Niederschlag mehr gibt. Darauf macht man die Lösung mit Kalilauge schwach alkalisch und dampft zur Kristallisation ein. Die Oxydation geschieht folgendermaßen:

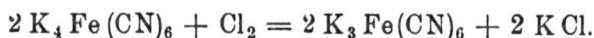

$$2\,K_4Fe(CN)_6 + Cl_2 = 2\,K_3Fe(CN)_6 + 2\,KCl.$$

Statt Chlor anzuwenden, kann man nach Lunge[2] auch die Lösung mit Bleisuperoxyd oder Wismuthsuperoxyd kochen.

Walker[3] empfiehlt folgende Laboratoriumsmethode: 26 g Ferrocyankalium werden in 200 ccm Wasser gelöst, 8 ccm konzentrierte Salzsäure zugesetzt und darauf langsam eine Lösung von 2 g Kaliumpermanganat in 300 ccm Wasser eingetropft. Sobald mit Eisenchloridlösung kein Ferrocyanwasserstoff mehr nachzuweisen ist, neutralisiert man mit Calcium oder Bariumkarbonat und dampft die filtrierte Lösung auf dem Wasserbade zur Kristallisation ein.

[1] Journ. Amer. Chem. Soc. 17, 927.
[2] Dinglers Polyt. Journ. 238, 75.
[3] Amer. Chem. Journ. 17, 68.

Die Oxydation des Ferrocyankaliums mit Chlor ist nach Kassner[1]) gefährlich, da sich Chlorstickstoff bilden kann, der zu Explosionen Veranlassung gibt. Kassner schlägt daher vor, die Ferrocyankaliumlösung mit Calciumplumbat zu erhitzen:

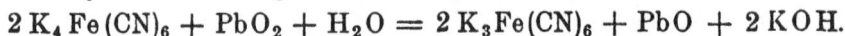

$$2 K_4 Fe(CN)_6 + PbO_2 + H_2O = 2 K_3 Fe(CN)_6 + PbO + 2 KOH.$$

Während der Reaktion muß man Kohlendioxyd einleiten, um das gebildete Kaliumhydroxyd sogleich in Karbonat zu verwandeln, da sonst eine Rückbildung des Ferrocyankaliums erfolgt.

Eigenschaften.   Das Ferricyankalium kristallisiert in granatroten, rhombischen Prismen ohne Kristallwasser und hat ein spezifisches Gewicht von 1,845 (Wallace), nach Schiff 1,849. Nach Wallace[2]) lösen 100 Teile Wasser:

Temperatur	Teile $K_3 Fe(CN)_6$
4,4	33
10,0	36
15,5	40,8
37,8	58,8
100,0	77,5
104,4	82,6

Die wäßrigen Lösungen haben nach Schiff[3]) folgendes spezifische Gewicht bei 15° C

Prozentgehalt an $K_3 Fe(CN)_6$	Spezifisches Gewicht	Prozentgehalt an $K_3 Fe(CN)_6$	Spezifisches Gewicht
1	1,0051	16	1,0891
2	1,0103	17	1,0952
3	1,0155	18	1,1014
4	1,0208	19	1,1076
5	1,0261	20	1,1139
6	1,0315	21	1,1202
7	1,0370	22	1,1266
8	1,0426	23	1,1331
9	1,0482	24	1,1396
10	1,0538	25	1,1462
11	1,0595	26	1,1529
12	1,0653	27	1,1596
13	1,0712	28	1,1664
14	1,0771	29	1,1732
15	1,0831	30	1,1802

[1]) Chemiker-Zeitung 13, 1701.
[2]) Dinglers Polyt. Journ. 142, 52.
[3]) Ann. Chem. Phys. 113, 200.

In wäßrigem Alkohol ist das Salz nur wenig löslich, in absolutem Alkohol löst es sich gar nicht. Die wäßrige Lösung zersetzt sich am Lichte unter Bildung von Ferrocyankalium.

Chlor führt das Ferricyankalium in **Berliner Grün** Verhalten. 3 Fe $(CN)_2 \cdot 10$ Fe$(CN)_3$ über, Salpetersäure oder Sticktetroxyd bildet Nitroprussidwasserstoff.

Behandelt man Wasserstoffsuperoxyd mit Ferricyankalium, so wird unter Reduktion des letzteren zu Ferrocyankalium nach Kassner[1]) Sauerstoff frei.

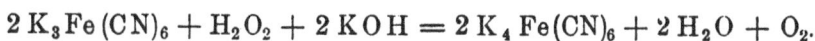

$$2 K_3 Fe (CN)_6 + H_2O_2 + 2 KOH = 2 K_4 Fe(CN)_6 + 2 H_2O + O_2.$$

Man erhält dabei aus 58 g Ferrocyankalium und 100 ccm dreiprozentiger Wasserstoffsuperoxydlösung 2 Liter reinen Sauerstoff. Diese Umsetzung läßt sich sehr gut benutzen, um unter Zuhilfenahme eines Apparates nach Kipp einen gleichmäßigen Sauerstoffstrom zu erzeugen.

Mit Alkalien o. dgl. zusammen wirkt das Ferricyankalium als kräftiges Oxydationsmittel. So oxydiert es mit Bleinitrat, Kaliumbichromat oder Kaliumchlorat nach Prud'homme[2]) Indigo schon in der Kälte und wurde daher von Mercer zum Enlevagedruck auf Küpenblau benutzt.

Reduktionsmittel führen das Ferricyankalium leicht wieder in das gelbe Salz über. Nach Bloxam[3]) findet beim Kochen mit wenig Cyankalium z. B. folgende Reaktion statt:

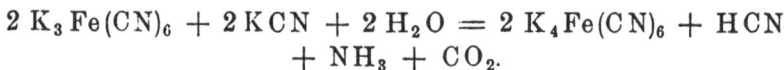

$$2 K_3 Fe(CN)_6 + 2 KCN + 2 H_2O = 2 K_4 Fe(CN)_6 + HCN$$
$$+ NH_3 + CO_2.$$

Wie das Kaliumferrocyanid liefert auch das Ferricyankalium eine große Zahl von Doppelsalzen mit Nitraten und Halogeniden. Daneben existieren natürlich auch gemischte Doppelcyanide mit Alkali-, Erdalkalimetallen usw.

i) **Eisencyanürcyanide** bilden sich, wenn man Eisenoxydul- oder Bildung. Oxydsalze mit Ferrocyansalzen oder Eisenoxydulsalze mit Ferricyansalzen zur Reaktion bringt.

Berlinerblau Fe$_7$ $(CN)_{18}$. Die wichtigste Verbindung dieser Art Berlinerblau. ist das **Berlinerblau**, welches 1704 von Diesbach entdeckt wurde und die erste bekannte Cyanverbindung repräsentiert.

---

[1]) Chemiker-Zeitung 13, 1302.
[2]) Moniteur scientifique (4) 4, II, 899.
[3]) Chem. News 48, 73.

Es entsteht durch Einwirken von Ferrisalzen auf Ferrocyankalium und ist daher als Ferriferrocyanid, $Fe_4[Fe(CN)_6]_3$ aufzufassen.

Darstellung.   Zu seiner Darstellung versetzt man überschüssige Eisenchloridlösung mit Ferrocyankalium, bringt die Lösung zum Sieden, damit sich der Niederschlag gut balle, filtriert, wäscht mit heißem Wasser gut aus und trocknet bei ca. 100^0 C.

Eigenschaften.   Es stellt eine amorphe, dunkelblaue Masse dar, die auf dem Bruche oder beim Reiben kupferfarben glänzt. In Wasser, Alkohol und verdünnten Mineralsäuren ist es völlig unlöslich, löst sich aber in Oxalsäurelösung leicht auf. Im Sonnenlichte läßt diese Lösung nach Schoras[1]) alles Berlinerblau plötzlich ausfallen.

Nach Fresenius und Grünhut[2]) kann man Berliner Blau ätherlöslich und besonders löslich in Chloroform machen, wenn man es trocken mit fetten Ölen oder Ölsäure anreibt.

Coffignier[3]) hat gefunden, daß ein Gemisch von gleichen Teilen konzentrierter Salzsäure und Alkoholen Berlinerblau farblos löse. Wyrouboff[4]) fand dies durch seine Versuche bestätigt und Watson Smith[5]) konnte die Mitteilung dahin ergänzen, daß die Löslichkeit mit dem Molekulargewicht des verwendeten Alkohols steige. Er färbte mit den gelblichen Lösungen Wolle und Seide an und rief die blaue Färbung durch Wasser hervor.

Das Berlinerblau ist stets wasserhaltig und sehr hygroskopisch. Trocknet man es bei 30 bis 40^0 C, so enthält es noch $28^0/_0$ Wasser. Bei 100^0 verliert es einen Teil dieses Wassers, bei 180^0 wiederum einen Teil, der Rest ist jedoch erst bei 240^0 zu entfernen, wobei aber auch schon ein Verglimmen der trocknen Substanz eintritt.

Verhalten.   Erwärmt man Berlinerblau mit Kali- oder Natronlauge, so bildet sich quantitativ Alkaliferrocyanid und Eisenoxydhydrat. Beim Kochen mit Quecksilberoxyd entsteht Quecksilbercyanid und Eisenoxydhydrat.

Turnbulls Blau, Bildung.   Turnbulls Blau $Fe_5(CN)_{12}$. Durch Fällung einer Eisenoxydulsalzlösung mit Ferricyankalium erhält man einen dunkelblauen Niederschlag von Eisenferricyanid $Fe_3[Fe(CN)_6]_2$, der als Turnbulls Blau bezeichnet wird. In seinem Verhalten und chemischen Eigen-

---

[1]) Berichte 3, 13.
[2]) Neueste Erfahrungen und Erfindungen 27, 179.
[3]) Bull. Soc. Chim. 1902, 27, 696.
[4]) Ebenda 940.
[5]) Journ. Soc. Chem. Ind. 22, 472.

schaften ähnelt er dem Berlinerblau außerordentlich, daher hält Gintl[1]) beide für identisch.

Wenn bei der Fällung von Berliner- oder Turnbulls Blau das Lösliches Blau Eisencyansalz im Überschuß zugegen ist, so erhält man alkalihaltige Niederschläge, die in reinem Wasser löslich sind und aus diesen Lösungen ausgesalzen werden können.

Zur Darstellung dieser löslichen, blauen Doppelcyanide gibt Darstellung. Guignet[2]) folgende Methoden an: 110 g Ferricyankalium werden in Wasser gelöst, kochend mit 70 g kristallisierten Eisenoxydulsulfats nach und nach versetzt und zwei Stunden lang im Sieden erhalten. Darauf filtriert man, wäscht mit Wasser solange aus, bis dieses stark blaugefärbt durchs Filter läuft, und trocknet den Niederschlag bei 100° C. Zur Herstellung wasserlöslichen Berlinerblaus schüttelt man gesättigte Oxalsäurelösung mit reinem, teigförmigem Berlinerblau, läßt das ganze zwei Monate stehen, bis die Lösung fast farblos geworden ist, filtriert und trocknet den Niederschlag. Man kann die Oxalsäurelösung auch mit 95 prozentigem Alkohol oder gesättigter Natriumsulfatlösung fällen und den filtrierten Niederschlag mit verdünntem Alkohol auswaschen. Statt der Oxalsäure läßt sich auch Weinsäure und Ammoniumoxalat anwenden. Durch Erhitzen mit etwas Oxalsäure wird das Blau wieder unlöslich. Auch Molybdänsäure löst viel Berlinerblau, diese Lösung wird aber durch Kochen nicht verändert.

Nach Matuschek[3]) soll man wasserlösliches Berliner Blau durch Kochen von 10,245 g Ferricyankalium mit 12,3 g Oxalsäure in wäßriger Lösung erhalten:

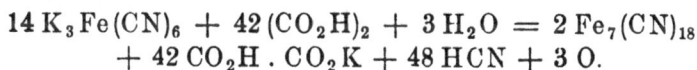

$$14\,K_3Fe(CN)_6 + 42\,(CO_2H)_2 + 3\,H_2O = 2\,Fe_7(CN)_{18}$$
$$+ 42\,CO_2H \cdot CO_2K + 48\,HCN + 3\,O.$$

Der Niederschlag soll sich in Wasser und verdünntem Alkohol lösen und durch eintägige Einwirkung von absolutem Alkohol nicht unlöslich werden, während das aus überschüssigem Ferrocyankalium mit Eisenchlorid erhaltene Blau durch absoluten Alkohol sofort unlöslich wird.

Das gewöhnliche, wasserlösliche Berlinerblau, bei 100° ge- Zusammensetzung und trocknet, hat die Zusammensetzung: $KFe \cdot Fe(CN)_6 + \frac{7}{4}H_2O$. Es Eigenschaften ist dunkelblau, löst sich in Wasser und wird durch Salzlösungen

[1]) Zeitschrift für analytische Chemie 21, 110.
[2]) Compt. rend. 108, 178
[3]) Chemiker-Zeitung 26, 92.

sowie durch Mineralsäuren gefällt. Chrétien[1]) gewann reines, lösliches Blau durch Dialyse und stellte dafür die Formeln fest:

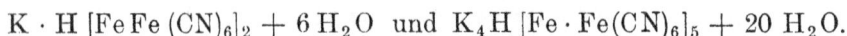

$$K \cdot H [Fe \, Fe \, (CN)_6]_2 + 6 \, H_2O \quad \text{und} \quad K_4 H [Fe \cdot Fe(CN)_6]_5 + 20 \, H_2O.$$

Mit Metallsalzen gibt lösliches Blau in der Kälte unlösliche, blaue Niederschläge, z. B. $Ba \, K_2 H_2 [Fe \cdot Fe \, (CN)_6]_6 + 15 \, H_2O$.

k) Nitroprussidwasserstoff. $H_2 \, Fe \, (CN)_5 \, NO$. Wie schon angedeutet wurde, läßt sich in der Ferricyanwasserstoffsäure eine Cyangruppe gegen die Nitrosogruppe NO substituieren, und es entsteht dabei eine starke, zweibasische Säure, der Nitroprussidwasserstoff.

Bildung. Diese Säure bildet sich durch Behandlung von Ferro- oder Ferricyankalium mit Salpetersäure oder durch Einwirkung von Stickoxyd auf Ferrocyanwasserstoff.

Darstellung. Man stellt sie dar, indem man auf Nitroprussidbarium Schwefelsäure oder auf Nitroprussidsilber Salzsäure einwirken läßt.

Eigenschaften. Sie bildet dunkelrote, sehr zerfließliche Kristalle, die sich in Wasser, Alkohol und Äther leicht lösen. Beim Kochen mit Wasser zersetzt sie sich.

Nitroprussidnatrium, Darstellung. Von ihren Salzen ist das Nitroprussidnatrium, $Na_2 \, Fe \, (CN)_5$ $NO + 2 \, H_2O$ das wichtigste und bekannteste. Nach Overbeck[2]) stellt man letzteres folgendermaßen dar: 4 Teile zerriebenen Ferrocyankaliums werden mit $5\frac{1}{2}$ Teilen konzentrierter Salpetersäure und $5\frac{1}{2}$ Teilen Wasser solange erwärmt, bis eine Probe der Lösung auf Zusatz von Eisenvitriollösung keinen blauen Niederschlag mehr gibt. Darauf läßt man erkalten, gießt vom ausgeschiedenen Salpeter ab und dampft das Filtrat ein, solange noch Salpeter auskristallisiert. Dann neutralisiert man mit kohlensaurem Natrium und bringt die Lösung zur Kristallisation.

Nach K. A. Hofmann[3]) läßt man eine konzentrierte, wäßrige Lösung von Eisenoxydulsulfat auf eine Lösung gleicher Teile Cyankalium und Natriumnitrit einwirken. Unter lebhafter Reaktion entweichen Stickoxyd und Stickstoff, während Eisenoxydhydrat entsteht. Man läßt das Gemisch fünf Stunden lang bei gewöhnlicher Temperatur stehen, macht darauf mit Natronlauge schwach alkalisch, erwärmt kurze Zeit auf 25^0 C und filtriert. Die Lösung wird dann zur Kristallisation eingedampft.

---

[1]) Compt. rend. 137, 191 ff.
[2]) Jahresberichte 1852, 438.
[3]) Zeitschrift für anorganische Chemie 10, 262.

Neben Calciumnitroprussiat entsteht das Natriumsalz nach Marie und Marquis[1]), wenn man Ferrocyancalcium in Lösung mit Natriumnitrit und Kohlendioxyd behandelt:

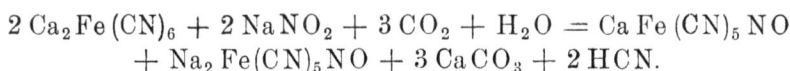

$$2\,Ca_2\,Fe\,(CN)_6 + 2\,NaNO_2 + 3\,CO_2 + H_2O = Ca\,Fe\,(CN)_5\,NO$$
$$+ Na_2\,Fe(CN)_5\,NO + 3\,CaCO_3 + 2\,HCN.$$

Das Nitroprussidnatrium kristallisiert in dunkelroten, monoklinen Eigenschaften Prismen und löst sich bei 16° C in 2,5 Teilen Wasser.

Erhitzt man es im Vakuum auf 440°, so zerfällt es nach Verhalten. Etard und Bémont[2]) unter Abgabe von Stickoxyd:

$$Na_2\,Fe(CN)_5\,NO + 2\,H_2O = Na_2\,Fe(CN)_4 + NO + CN + 2\,H_2O.$$

Bei vorsichtigem Erhitzen im Kohlensäurestrom gibt es Berlinerblau, Ferrocyannatrium, Cyan und Stickstoff.

Das Nitroprussidnatrium findet in der analytischen Chemie ausgedehnte Anwendung als vorzügliches Reagens auf Schwefelalkalien, in deren Lösung es eine schöne, purpurviolette Färbung erzeugt. Diese ist jedoch recht unbeständig.

l) **Carbonylferrocyanwasserstoff,** $H_3\,Fe\,(CN)_5\,CO$. Ebenso wie durch die Nitrosogruppe läßt sich ein Cyanradikal in der Eisenblausäure auch durch Carbonyl, CO, ersetzen, und es entstehen dabei die Carbonylferrocyanverbindungen, welche von J. A. Müller[3]) im Jahre 1888 entdeckt wurden.

Die freie Carbonylferrocyanwasserstoffsäure gewinnt man aus Darstellung ihrem Kupfersalz durch Behandeln mit Schwefelwasserstoff und Eindunsten ihrer wäßrigen Lösung im Exsikkator über Schwefelsäure.

Sie bildet blättrige, farblose Kristalle von adstringierendem Eigenschaften Geschmack und ist eine starke, dreibasische Säure. Ihre Neutralisationswärme (Müller[4]) beträgt gegen KOH bei 18° C 56,18 Kalorien, die Acidität kommt also derjenigen der Ferrocyanwasserstoffsäure gleich.

Ihre wäßrige Lösung scheidet beim Kochen viel Cyanwasser- Verhalten stoff neben einem blauvioletten Niederschlage ab. Bildung von Ferrocyanwasserstoff, Kohlendioxyd oder Ameisensäure wurde nicht beobachtet (Müller[5]).

---

[1]) Compt. rend. 122, 473.
[2]) Ebenda 99, 1024.
[3]) Ebenda 104, 992 ff.
[4]) Ebenda 129, 962.
[5]) Ann. Chim. Phys. (6) 17, 93

Carbonylferro-   Das Carbonylferrocyankalium läßt sich nach Müller[1]
cyankalium,   durch Erhitzen von Ferrocyankalium mit Kohlenoxyd im Rohr
Darstellung. darstellen:

$$K_4 Fe(CN)_6 + CO + 2 H_2O = K_3 Fe(CN)_5 CO + NH_3 + HCO_2K.$$

Wendet man auf ein Molekül Ferrocyansalz 3,2 Moleküle Kohlenoxyd an, so erhält man 98% der theoretischen Ausbeute; doch wirkt
die Reaktion:

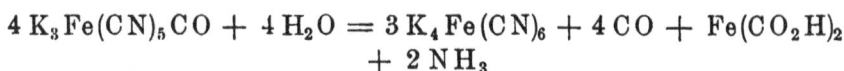

$$4 K_3 Fe(CN)_5 CO + 4 H_2O = 3 K_4 Fe(CN)_6 + 4 CO + Fe(CO_2H)_2$$
$$+ 2 NH_3$$

begrenzend ein, nur mit einem großen Überschuß an Kohlenoxyd
kann man eine quantitative Umsetzung erzielen.

Auch bei der Einwirkung von Kohlenoxyd auf Ferricyankalium
im Rohr bildet sich nach Müller[2] direkt Carbonylferrocyankalium:

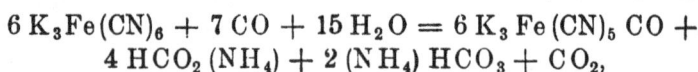

$$6 K_3 Fe(CN)_6 + 7 CO + 15 H_2O = 6 K_3 Fe(CN)_5 CO +$$
$$4 HCO_2(NH_4) + 2 (NH_4) HCO_3 + CO_2,$$

doch tritt infolge einer Nebenreaktion auch eine teilweise Reduktion
des Ferricyankaliums ein:

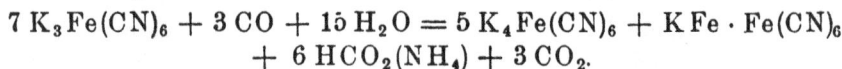

$$7 K_3 Fe(CN)_6 + 3 CO + 15 H_2O = 5 K_4 Fe(CN)_6 + K Fe \cdot Fe(CN)_6$$
$$+ 6 HCO_2(NH_4) + 3 CO_2.$$

Eigenschaften.   Das Carbonylferrocyankalium kristallisiert monoklin und ist in
Wasser sehr leicht löslich.

Andere   Von den übrigen Carbonylferrocyaniden ist besonders das gelb-
Carbonylferro- grüne Kupfersalz, $Cu_3[Fe(CN)_5 CO]_2$, und das blauviolette Eisen-
cyanide.   oxydsalz, $FeFe(CN)_5 CO$, interessant. Beide dienen zur Unter-
scheidung der Carbonylverbindungen von den Ferrocyanverbindungen.
Man findet die Carbonylferrocyanverbindungen häufig in denjenigen
Cyanprodukten, die auf die eine oder andere Weise aus Steinkohlen-
leuchtgas gewonnen wurden (Schützenberger[3]).

Mit den im vorstehenden besprochenen Metallcyaniden und
ihren Doppelsalzen dürften wohl die für den vorliegenden Zweck
wichtigsten gebührende Erwähnung gefunden haben. Werden auch
nicht alle genannten in der Industrie verwendet, so entstehen manche
von ihnen doch infolge unbeabsichtigter Nebenreaktionen bei technischen Prozessen, und andere sind für die analytische Chemie von
genügender Wichtigkeit, um ihre Besprechung zu rechtfertigen.

---

[1] Compt. rend. 126, 1421; Bull. Soc. Chim. (3) 21, 472.
[2] Bull. Soc. Chim. (3) 29, 27.
[3] Compt. rend. 104, 992 ff.

5. Substitutionsprodukte des Cyanwasserstoffs.

Das Wasserstoffatom der Blausäure läßt sich durch andere Elemente und Atomgruppen ersetzen, und es entstehen dabei chemisch wohl charakterisierte Verbindungen, von denen die Halogensubstitutionsprodukte und die einfachen Amide am wichtigsten sind, da sie teils direkte Anwendung in der Industrie finden, teils zur Erzeugung von Cyanmetallen dienen.

a) **Chlorcyan**, $CN \cdot Cl$, bildet sich nach Gay-Lussac beim Bildung. Durchleiten von Chlorgas durch wäßrige Blausäurelösung oder bei der Einwirkung von Chlor auf Cyanquecksilber im Dunkeln und in der Kälte.

Zu seiner Darstellung bringt man festes Cyanquecksilber mit Darstellung. etwas Wasser angefeuchtet in eine große, mit Chlorgas gefüllte Flasche, und zwar je 5 Gramm auf ein Liter Chlor, und läßt im Dunkeln stehen, bis die Farbe des Chlors verschwunden ist. Darauf schüttelt man mit etwas Quecksilber, um noch unverändertes Chlor zu entfernen, und erwärmt vorsichtig auf dem Wasserbade. Das sich entwickelnde Gas wird über Chlorcalcium getrocknet und in einem durch Kältemischung gekühlten Kolben kondensiert.

Das Chlorcyan ist ein farbloses Gas von intensivem Geruch, der Eigenschaften die Schleimhäute sehr stark reizt. Es erstarrt bei —5 bis —6° C und siedet bei + 12 bis 15° C. Seine Dampfdichte beträgt 2,13 und entspricht der Berechnung. Ein Raumteil Wasser löst 25 Raumteile. ein Raumteil Äther 50 Raumteile und ein Raumteil Alkohol 100 Raumteile Chlorcyan.

Bei längerem Aufbewahren geht das Chlorcyan teilweise in die Verhalten. polymere Verbindung, das Cyanurchlorid, $(CN \cdot Cl)_3$, über.

Das Chlorcyan löst sich in wäßrigen Alkalien unter Bildung von cyansaurem Alkali und Alkalichlorid. Mit Ammoniak in ätherischer Lösung entsteht Chlorammonium und Cyanamid, $CN \cdot NH_2$. Mit einigen Chlormetallen geht es kristallinische Verbindungen ein.

b) **Bromcyan**, $CN \cdot Br$, entsteht wie das Chlorcyan. Man stellt Darstellung. es durch Einwirkung von Brom auf eisgekühlte Blausäure- oder Cyankaliumlösung dar. Göpner[1] empfiehlt, statt des Broms eine Lösung von Bromnatrium und bromsaurem Natrium mit Cyankalium auf 70° C zu erwärmen und mit verdünnter Schwefelsäure zu versetzen. Es geht dann die Hälfte des Broms in Bromcyan über. während der Rest als Natriumbromid zurückbleibt.

---

[1] Zeitschrift für angewandte Chemie 1901, 355.

Eigenschaften.   Das Bromcyan kristallisiert in farblosen Nadeln, die bald in Würfel übergehen. Sein Schmelzpunkt liegt bei 52°, der Siedepunkt bei 61° C. In ätherischer Lösung polymerisiert sich das Bromcyan leicht beim Einleiten von Bromwasserstoff zu Cyanurbromid $(CN \cdot Br)_3$.

Darstellung.   c) **Jodcyan**, $CN \cdot J$, wird durch Behandeln von Cyanquecksilber mit ätherischer Jodlösung dargestellt.

Eigenschaften.   Es kristallisiert in farblosen Nadeln oder vierseitigen Tafeln und löst sich leicht in Alkohol und Äther.

Die Halogencyanide sind sehr giftig. Ihre Lösungen werden durch Silbernitrat nicht gefällt.

Bildung.   d) **Cyanamid**, $CN \cdot NH_2$, entsteht, wie schon erwähnt, beim Behandeln von Chlorcyan mit Ammoniak in ätherischer Lösung. Nach Beilstein, Geuther[1]) erhält man es auch beim Überleiten von Kohlendioxyd über erhitztes Natriumamid in Form seiner Natriumverbindung:

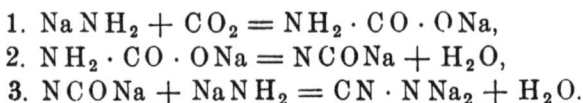

$$1. \ NaNH_2 + CO_2 = NH_2 \cdot CO \cdot ONa,$$
$$2. \ NH_2 \cdot CO \cdot ONa = NCONa + H_2O,$$
$$3. \ NCONa + NaNH_2 = CN \cdot NNa_2 + H_2O.$$

Nach Frank und Caro[2]) entstehen die Cyanamide der Erdalkalimetalle, wenn man über Erdalkalimetallkarbide bei heller Rotglut Stickstoff leitet oder auch direkt durch Zusammenschmelzen von Kalk und Kohle in einer Stickstoffatmosphäre im elektrischen Ofen.

Darstellung.   Im Laboratorium stellt man das Cyanamid dar, indem man frischgefälltes, feuchtes Quecksilberoxyd in eine wäßrige Lösung von Thioharnstoff einträgt; gibt die Lösung keine Schwefelreaktion mehr, so filtriert man, dampft das Filtrat schnell ein und läßt im Vakuum über Schwefelsäure kristallisieren. Der Rückstand wird in Äther gelöst, vom Dicyandiamid abfiltriert und verdunstet.

Eigenschaften.   Das Cyanamid bildet farblose Kristalle vom Schmelzpunkt 40° C. Es löst sich leicht in Wasser, Alkohol und Äther, wenig in Benzol, Chloroform und Schwefelkohlenstoff.

Dicyandiamid, Bildung.   Beim Erhitzen oder längeren Aufbewahren geht das Cyanamid in das polymere Dicyandiamid über. Letzteres entsteht nach Erlwein[3]) stets beim Auslaugen von Calciumcyanamid mit Wasser:

$$2\,CaN \cdot CN + 4\,H_2O = 2\,Ca(OH)_2 + (CN \cdot NH_2)_2.$$

---

[1]) Ann. Chem. Pharm. 108, 93.
[2]) Zeitschrift für angewandte Chemie 1903, 520 und 533.
[3]) Ebenda 1903, 520.

Es kristallisiert in Blättchen vom Schmelzpunkt 205⁰ C und löst Eigenschafte sich in Wasser und Alkohol. Im Gegensatze zum Cyanamid ist es und Verhalten in Äther unlöslich. Beim Auflösen in geschmolzenem Natriumkarbonat unter Zusatz von Kohle geht es in Cyannatrium und Ammoniak über:

$$(CN \cdot NH_2)_2 + Na_2CO_3 + 2C = 2NaCN + NH_3 + 3CO + H + N.$$

6. Die Cyansäure und ihre Salze.

Aus den Cyaniden entstehen durch Oxydation sauerstoffhaltige Konstitution. Körper, die sich von der Cyansäure, $CNOH$, ableiten. Diese Säure kann, wie schon erwähnt, in zwei isomeren Modifikationen vorkommen, und zwar als normale Cyansäure, $N = C - OH$, oder als Isocyansäure, Carbimid, $O = C = N \cdot H$. Welche Formel der freien Cyansäure zukommt, ist noch nicht mit Sicherheit festgestellt.

a) Die **Cyansäure** bildet sich beim Erhitzen ihres Polymeren, der Bildung. Cyanursäure, $(CNOH)_3$, und beim Erwärmen von Harnstoff mit Phosphorpentoxyd (Weltzien[1]). Ihr Ammoniaksalz entsteht nach Herroue[2], wenn man ein Gemisch von Benzoldampf oder Azetylen mit Ammoniak und Luft über eine auf Dunkelrotglut erhitzte Platinspirale leitet.

Zur Darstellung der Cyansäure erhitzt man Cyanursäure im Darstellung. Kohlensäurestrom und kondensiert den entwickelten Dampf in einem Kolben, der in Kältemischung liegt.

Es ist eine sehr flüchtige, wasserhelle Flüssigkeit von stechen- Eigenschaften dem, essigähnlichem Geruch, deren Dampf stark die Schleimhäute reizt. Sie ist nur unter 0⁰ C beständig, bei 0⁰ verwandelt sie sich innerhalb einer Stunde in das polymere, feste Cyamelid $(CNOH)_x$, beim Herausnehmen aus der Kältemischung geht die Polymerisation explosionsartig vor sich. Das spezifische Gewicht der Cyansäure beträgt bei 0⁰ C = 1,140, die Dampfdichte = 1,50.

Die wäßrige Lösung ist nur unter 0⁰ C beständig, bei höherer Verhalten. Temperatur tritt Zerfall in Kohlensäure und Wasser ein.

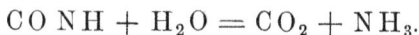

$$CONH + H_2O = CO_2 + NH_3.$$

In Alkoholen ist die Cyansäure als solche nicht löslich, sondern tritt mit ihnen direkt in Reaktion unter Bildung von Allophansäureestern.

Von den Salzen der Cyansäure sind nur diejenigen der Alkali- Salze. metalle bei Rotglut beständig, die übrigen zerfallen dabei in Metallcyanamide und Kohlendioxyd. Das Ammoniumcyanat lagert sich in wäßriger Lösung beim Erwärmen leicht in Harnstoff um.

---

[1] Ann. Chem. Phys. 107, 219.
[2] Bull. Soc. Chim. 38, 410.

Bildung. **b) Kaliumcyanat,** $KO \cdot CN$, ist das wichtigste Salz der Cyansäure. Es bildet sich beim Einleiten von Cyan oder Chlorcyan in Kalilauge, beim Glühen von Kaliumkarbonat in einer Cyanatmosphäre und beim Schmelzen von gelbem Blutlaugensalz mit Pottasche neben Cyankalium.

Darstellung. Zu seiner Darstellung aus Cyankalium empfiehlt Volhard[1]. letzteres in wäßriger, eisgekühlter Lösung mit Kaliumpermanganat zu oxydieren. Tarugi[2] schlägt vor, ein Molekül Cyankalium mit einem Molekül Kaliumpersulfat, $K_2 S_2 O_8$, in Wasser zu lösen und, mit überschüssigem Ammoniak versetzt, einen Tag lang in der Kälte stehen zu lassen. Erhitzt man darauf noch eine Viertelstunde lang auf dem Wasserbade, so soll die Cyanatbildung quantitativ verlaufen.

Nach Erdmanns[3] Vorschrift (ursprünglich von Chichester angegeben) mischt man 200 g wasserfreien Ferrocyankaliums noch warm mit 150 g Kaliumbichromat und trägt das Gemenge portionsweise in eine schwach rotglühende Eisenschale ein. Das Reaktionsprodukt wird 10 Minuten lang auf dem Wasserbade mit 900 ccm 80prozentigen Äthylalkohols und 100 ccm Methylalkohol gekocht und schnell filtriert. Das beim Erkalten auskristallisierende Kaliumcyanat wäscht man mit Äther.

Eigenschaften. Es kristallisiert in kleinen Blättchen oder quadratischen Tafeln vom spezifischen Gewichte 2,048. In Wasser löst es sich leicht, viel schwerer in kaltem, wäßrigem Alkohol. In absolutem Alkohol ist es unlöslich. In wäßriger Lösung zersetzt es sich in Ammoniak und Kaliumkarbonat.

Verhalten. Das Kaliumcyanat verhält sich bei Umsetzungen mit Metallsalzen wie ein Salz der normalen Cyansäure, bei Reaktionen mit organischen Substanzen, Alkylsulfaten o. dgl., scheint es sich in das isomere Carbimidkalium, Kaliumisocyanat umzulagern, denn es entstehen dabei nicht etwa Cyanätholine, sondern stets Alkylcarbimide.

7. Schwefelcyanverbindungen.

Konstitution. Der Cyansäure entsprechend existiert auch eine Sulfocyansäure, die wenigstens in ihren Verbindungen wie die erstere in zwei isomeren Modifikationen auftritt, und zwar als Schwefelcyanwasserstoffsäure, $N \equiv C \cdot SH$, und als Thiocarbimid $S = C = NH$. Der freien Säure, dem Rhodanwasserstoff,

---

[1] Ann. Chem. Phys. 259, 377.
[2] Gaz. chim. ital. 32, II, 383 ff.
[3] Berichte 26, 2438.

kommt die erstere Formel zu und von ihr leiten sich die Metallsalze, Rhodanide oder Sulfocyanate ab. Das freie Thiocarbimid ist
nicht bekannt, jedoch existieren esterartige Verbindungen desselben,
die sog. Senföle.

Die Rhodanide des Kaliums und Ammoniums kommen in Vorkommen.
manchen Teilen des tierischen Organismus vor. So fand Bruylants[1]) im Speichel 0,0748 g Rhodankalium pro Liter, im Urin
0,00292 Rhodanammonium pro Liter, im Ochsenblut 0,00075 g,
in Ochsengalle 0,01 g und in der Kuhmilch 0,0008 g bis 0,0024 g
Ammoniumrhodanid pro Liter. Kelling[2]) beobachtete Rhodansalze
im Mageninhalt. Nach Gscheidlen[3]) sind die Speicheldrüsen als
Entstehungsort der Rhodanverbindungen anzusehen.

Die Rhodanide entstehen sehr leicht aus den Cyaniden durch Bildung.
Anlagerung von Schwefel, so beim Schmelzen oder Erhitzen mit
freiem Schwefel oder beim Erwärmen mit wäßrigem, gelbem Schwefelammonium o. dgl.

a) Die freie **Rhodanwasserstoffsäure** wird durch Zerlegung ihres Darstellung.
Quecksilbersalzes mit Schwefelwasserstoff dargestellt.

Sie bildet eine wasserhelle Flüssigkeit, die in Kältemischung Eigenschaften
kristallisiert und leicht in Cyanwasserstoff und Persulfocyansäure, und
$C_2 N_2 H_2 S_3$, zerfällt. Ihre wäßrige Lösung hält sich viel besser und Verhalten.
ist wesentlich beständiger als die der Cyansäure. Sie riecht stark
nach Essigsäure und ist nicht giftig. Wenn man sie zum Sieden
erhitzt, geht ein Teil des Rhodanwasserstoffs unzersetzt über, der
Rest zerfällt in Ammoniak, Schwefelkohlenstoff und Kohlendioxyd:

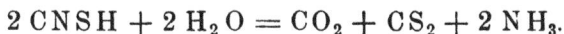

$$2 CNSH + 2 H_2 O = CO_2 + CS_2 + 2 NH_3.$$

Durch Behandeln mit Schwefelwasserstoff bildet sich Schwefelkohlenstoff und Ammoniak:

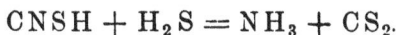

$$CNSH + H_2 S = NH_3 + CS_2.$$

Erhitzt man die Säure mit Schwefelsäure, so entstehen Ammoniak
und Kohlenoxysulfid.

b) Die **Metallrhodanide** lösen sich großenteils in Wasser, die Eigenschaften
Salze des Silbers, Quecksilbers und Kupfers sind aber unlöslich und
darin. Beim Erhitzen zersetzen sich die meisten Rhodanmetalle in Verhalten.
Cyan, Schwefelkohlenstoff, Schwefelmetall und Stickstoff. Oxydiert

---

[1]) Journal für praktische Chemie (5) 18, 104.
[2]) Zeitschrift für physiologische Chemie 18, 397.
[3]) Jahresberichte 1877, 1001.

man sie mit Salpetersäure, so entsteht Cyanwasserstoff und Schwefelsäure. Nach Liesegang[1]) sind die meisten Rhodansalze licht-
empfindlich. Die löslichen Salze sollen nach Böhmer[2]) u. A.
Pflanzengifte sein und schon in geringer Menge schädlich wirken.
Florain[3]) fand z. B., daß Rhodankalium in einer Lösung von 0,1 g
pro Liter Keimlinge und erwachsene Pflanzen töte. Er hält daher
schon den menschlichen Speichel für schädlich.

Bildung.   c) **Rhodanammonium,** $(NH_4)SCN$, bildet sich aus Cyanwasserstoff und Mehrfach-Schwefelammonium, sowie aus Ammoniak und
Schwefelkohlenstoff (Zouteveen[4]).

Darstellung.   Zu seiner Darstellung mischt man nach Schulze[5]) 600 g
95 prozentigen Alkohols mit 800 g Ammoniak vom spezifischen Gewichte 0,912 und 350 bis 400 g Schwefelkohlenstoff und erhitzt das
Ganze mehrere Stunden lang am Rückflußkühler. Darauf destilliert
man ein Drittel der Flüssigkeit ab, filtriert den Rückstand und läßt
das Salz auskristallisieren.

Eigenschaften.   Das Rhodanammonium kristallisiert in Blättchen oder Prismen
vom spezifischen Gewichte 1,3075 und dem Schmelzpunkte 159° C.
100 Teile Wasser lösen bei 0° C = 122 Teile Salz, bei 20° = 162 Teile.
Bei der Lösung tritt eine bedeutende Wärmeabsorption ein. Nach
Phipson[6]) erniedrigt sich die Temperatur, wenn man 500 g
Rhodanammonium in 500 g Wasser von 96° C löst, auf − 2° C.
Auch in Alkohol ist das Rhodanammonium leicht löslich.

Darstellung.   d) **Rhodankalium,** $KSCN$, stellt man dar durch Niederschmelzen
von 17 Teilen Kaliumkarbonat mit 3 Teilen Schwefel und Eintragen
von 46 Teilen wasserfreien Ferrocyankaliums. Ist das letztere völlig
zersetzt, so zerstört man etwa gebildetes Kaliumthiosulfat durch
stärkeres Erhitzen und läßt erkalten. Die Schmelze extrahiert man
mit Wasser, filtriert, neutralisiert mit Schwefelsäure und scheidet
aus der eingedampften Lösung mit Alkohol das Kaliumsulfat aus.
Den Rest bringt man darauf zur Kristallisation.

Eigenschaften.   Man erhält das Salz in farblosen Säulen vom spezifischen Gewichte 1,886 bis 1,906 und dem Schmelzpunkte 161,2° C. 100 Teile
Wasser lösen bei 0° 177 Teile und bei 20° 217 Teile Rhodankalium

---

[1]) Photographisches Archiv 34, 177.
[2]) Deutsche landwirtschaftliche Presse 11, 225.
[3]) Gazette médicale de Paris 1889, 317.
[4]) Arch. néerl. 5, 240.
[5]) Journal für praktische Chemie 27, 518.
[6]) Chem. News 19, 109.

unter bedeutender Temperaturerniedrigung. Nach R ü d o r f f[1]) sinkt die Temperatur beim Lösen von 150 Teilen des Salzes in 100 Teilen Wasser von $10,8^0$ C auf $-23,7^0$.

Beim Schmelzen im Porzellantiegel färbt sich das Rhodankalium Verhalten. (auch das Rhodannatrium) nach N ö l l n e r[2]) braungrün bis indigblau und wird beim Erkalten wieder weiß. G i l e s[3]) fand, daß diese Färbung durch Zusatz von Schwefel verstärkt, durch Kaliumhydroxyd oder Karbonat dagegen vernichtet werde. Ebenso wurde sie durch Überleiten von Wasserstoff zerstört, wobei Schwefelwasserstoff entstand und Cyankalium zurückblieb.

Oxydiert man Rhodankalium in saurer Lösung mit Kaliumpermanganat, so entsteht Cyankalium und Kaliumsulfat, in alkalischer Lösung bilden sich dagegen Kaliumcyanat und Kaliumsulfat. Salpetersäure oder salpetrige Säure erzeugen in konzentrierten Lösungen des Salzes vorübergehende, blutrote Färbungen.

Bei der Elektrolyse wäßriger Rhodankaliumlösung scheidet sich nach v. G o p p e l s r ö d e r[4]) am positiven Pol Persulfocyan als gelber, amorpher Körper aus. Derselbe bildet sich nach P a w l e w s k y[5]) auch, wenn man die Lösung mit Kaliumpersulfat oxydiert.

II. Die Analyse der Cyanverbindungen.

1. Qualitative Analyse.

a) **Cyanwasserstoff.** Die Blausäure ist leicht am Geruch zu erkennen. Zu ihrem chemischen Nachweise erhitzt man die zu untersuchende Lösung mit etwas Kalilauge, Eisenchlorid und Eisensulfat, beim Ansäuern mit Salzsäure fällt dann je nach dem Blausäuregehalt entweder sofort oder nach längerer Zeit ein b l a u e r N i e d e r s c h l a g v o n $Fe_7 (CN)_{18}$. Bei einer Konzentration von $1 : 50000$ beginnt nach M ö c k e l[6]) dieser Nachweis zweifelhaft zu werden. Wesentlich empfindlicher ist die R h o d a n r e a k t i o n. Zu

---

[1]) Berichte 2, 69.
[2]) Jahresberichte 1856, 443.
[3]) Chem. News 83, 61.
[4]) Polytechnisches Journal 254, 83.
[5]) Berichte 33, 3164.
[6]) Ann. Chem. Pharm. 61, 126.

ihrer Ausführung dampft man die zu untersuchende Lösung mit
einigen Tropfen gelben Schwefelammoniums auf dem Wasserbade
ein, nimmt mit etwas verdünnter Salzsäure auf, filtriert und gibt
einen Tropfen sehr verdünnter Eisenchloridlösung zu. Bei Gegenwart von Cyanwasserstoff in der ursprünglichen Lösung tritt dann
eine rosa bis blutrote Färbung auf.

Lea[1]) empfiehlt, die zu prüfende Lösung völlig zu neutralisieren
und mit einer Lösung von reinem Eisenoxydulsalz und Uran- oder
Kobaltnitrat zu versetzen. Ein purpurroter, in großer Verdünnung
grauroter Niederschlag zeigt die Gegenwart von Cyanwasserstoff
an.

Nach Vortmann[2]) gibt man zu der zu untersuchenden Flüssigkeit einige Tropfen Kaliumnitritlösung und zwei bis vier Tropfen
Eisenchloridlösung. Dann versetzt man mit verdünnter Schwefelsäure, bis die gelbbraune Farbe des basischen Eisenoxydsalzes in
hellgelb übergegangen ist, erhitzt zum Sieden, kühlt wieder ab und
filtriert nach Zusatz einiger Tropfen Ammoniak. Es bildet sich
dabei Nitroprussidkalium, das mit einigen Tropfen stark verdünnten Schwefelammoniums eine violette, dann blaue, grüne, schließlich gelbe Färbung gibt.

Mit Silbernitratlösung gibt freier Cyanwasserstoff einen weißen,
käsigen Niederschlag, der sich nicht in Wasser oder verdünnter
Salpetersäure löst, dagegen in Ammoniak, Natriumthiosulfat und
Cyankalium löslich ist. Er besteht aus Cyansilber, $Ag_2(CN)_2$, und
läßt sich durch konzentrierte Salzsäure in Chlorsilber und Blausäure
zerlegen zum Unterschiede von Halogensilber.

b) **Cyanmetalle.** Zum qualitativen Nachweise des Cyans in
Metallcyaniden bedient man sich am meisten der Berliner Blau-
reaktion. Die zu prüfende Lösung oder der suspendierte Niederschlag wird mit einer Lösung von Eisenoxydulsulfat, die etwas Eisen-
oxydsalz enthält, vermischt, mit Kalilauge bis zur alkalischen
Reaktion versetzt und zum Sieden erhitzt. Säuert man darauf mit
Salzsäure an, so fällt beim Vorhandensein eines Cyanides in der
ursprünglichen Lösung der bekannte, voluminöse, tiefblaue Niederschlag von Ferrocyaneisen, $Fe_7(CN)_{18}$. Enthielt die Lösung nur
Spuren von Cyanid, so tritt anfangs nur eine grünliche Färbung auf,
und der Niederschlag bildet sich erst bei längerem Stehen. Wenn sich
nach sechs Stunden noch keine blauen Flocken abgeschieden haben,

---

[1]) Sill. Americ. Journ. 9, 121.
[2]) Repertorium für analytische Chemie 6, 559.

kann man die Lösung als frei von Cyaniden ansehen. Bei Gegenwart von Quecksilbersalzen versagt die Reaktion übrigens völlig.

Den empfindlichsten Cyannachweis bietet die Rhodanreaktion, welche auch mit Quecksilbercyanid eintritt. Liegen lösliche Substanzen vor, so führt man die Prüfung in der gleichen Weise aus, wie schon unter a) beschrieben wurde.

Für unlösliche Cyanverbindungen schlägt Fröhde[1]) folgende Modifikation vor: In der Öse eines Platindrahtes schmilzt man Natriumthiosulfat zu einer Perle, bringt etwas von der zu prüfenden Substanz darauf und erhitzt so lange weiter, bis sich die blaue Schwefelflamme zeigt. Es geht dann folgende Reaktion vor sich:

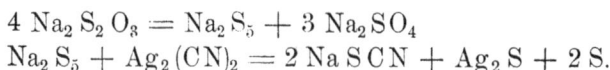

$$4\,Na_2\,S_2\,O_3 = Na_2\,S_5 + 3\,Na_2\,SO_4$$
$$Na_2\,S_5 + Ag_2\,(CN)_2 = 2\,Na\,SCN + Ag_2\,S + 2\,S.$$

Die Erhitzung muß natürlich sehr vorsichtig erfolgen, weil das Rhodansalz leicht zerstört wird. Taucht man nach vollendeter Reaktion die Perle in eine verdünnte, salzsaure Eisenchloridlösung, so tritt die bekannte, blutrote Färbung auf. Die Methode eignet sich vornehmlich dazu, Cyansilber neben Halogensilber nachzuweisen. Am besten nimmt man die Schmelzung in der Spiritusflamme vor, da Leuchtgas für gewöhnlich Cyanwasserstoff enthält.

Die Rhodanreaktion ist außerordentlich empfindlich, nach Link und Möckel[2]) läßt sich damit Cyanwasserstoff noch in der Verdünnung von 1 : 4000000 nachweisen. Man kann die Empfindlichkeit und Schärfe dadurch erhöhen, daß man die mit Eisenchlorid versetzte Lösung mit Äther ausschüttelt. Hierbei geht das Rhodaneisen in den Äther und färbt ihn rosa bis blutrot. Wenn die zu untersuchende Lösung große Mengen Ammoniumsalze enthält, wie es beim Prüfen von technischem Ammoniumsulfat der Fall ist, so muß man stets mit Äther ausschütteln, weil die Eisenreaktion nach Offermann[3]) sonst versagt.

Silbernitrat gibt in Lösungen der Cyanmetalle (mit Ausnahme des Cyanquecksilbers) einen weißen, käsigen Niederschlag von Cyansilber, $Ag_2\,(CN)_2$. Dieser ist in verdünnter Salpetersäure unlöslich, löst sich dagegen in Cyankalium, Ammoniak und Natriumthiosulfat. Bei Gegenwart von Cyanalkalien muß man daher entweder die zu untersuchende Lösung in die Silberlösung tropfen lassen oder

---

[1]) Zeitschrift für analytische Chemie 2, 362.
[2]) Ebenda 17, 455.
[3]) Zentralblatt für Agrikulturchemie 22, 507.

soviel Silberlösung zugeben, daß das zunächst gebildete Doppelsalz völlig in Cyansilber übergeführt wird.

Das Cyansilber unterscheidet sich vom Halogensilber, abgesehen von der schon erwähnten Rhodanreaktion, dadurch, daß es beim Glühen in Metall und Paracyan zerfällt und beim Erhitzen mit konzentrierter Salzsäure Cyanwasserstoff unter Bildung von Chlorsilber abgibt.

Quecksilberoxydulnitrat führt die Cyanmetalle unter Abscheidung metallischen Quecksilbers in lösliches Quecksilbercyanid und Metallnitrat über:

$$2\,KCN + Hg_2\,(NO_3)_2 = Hg\,(CN)_2 + Hg + 2\,KNO_3.$$

Quecksilbercyanid bildet sich auch beim Kochen der Lösung oder Suspension eines Cyanmetalls mit Quecksilberoxyd.

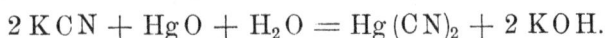

$$2\,KCN + HgO + H_2O = Hg\,(CN)_2 + 2\,KOH.$$

Kann man das Cyan im Quecksilbercyanid direkt auch nur vermittelst der Rhodanreaktion nachweisen, so läßt es sich doch durch vorgängige Zerlegung des Salzes leicht für die verschiedenen Reaktionen zugänglich machen. Zu diesem Zwecke behandelt man das Cyanquecksilber mit Schwefelwasserstoff oder Schwefelammonium und fällt dadurch schwarzes Quecksilbersulfid, oder man führt es mit Salzsäure in Quecksilberchlorid und Cyanwasserstoff über. Oxalsäure oder verdünnte Schwefelsäure in Gegenwart von Chlornatrium wirken ebenso wie Salzsäure. Man benutzt diese Reaktion in forensischen Fällen zum Nachweise des Cyanquecksilbers in organischen Massen im Mageninhalt o. dgl., die, mit Oxalsäure oder Weinsäure destilliert, Cyanwasserstoff abgeben. Zum Nachweise des Cyanquecksilbers neben Eisencyansalzen bedienen sich Beckurts und Schönfeld[1]) der Ätherlöslichkeit dieses Salzes.

c) **Ferrocyanide.** Die löslichen Salze der Ferrocyanwasserstoffsäure geben in saurer Lösung mit Eisenoxydulsalzen einen weißen Niederschlag, der sich an der Luft unter Sauerstoffaufnahme sehr schnell bläut. Eisenoxydsalze fällen sofort Berliner Blau, $Fe_7\,(CN)_{18}$. Dieser Niederschlag setzt sich mit Kalilauge leicht in Ferrocyankalium und Eisenoxydhydrat um.

Silbernitrat gibt mit löslichen Ferrocyaniden weißes, gelatinöses Ferrocyansilber, $Ag_4\,Fe\,(CN)_6$.

---

[1]) Arch. Pharm. 21, 576; Zeitschrift für analytische Chemie 23, 117; 36, 743.

Kupfersulfat fällt schmutzig rotes Ferrocyankupfer $Cu_2 Fe(CN)_6$. Diesem Niederschlage haftet meist etwas Alkalisalz sehr fest an, das nur durch intensives Auswaschen zu entfernen ist (Rauter).

Beide Salze sind in Wasser und verdünnten Säuren unlöslich, sie lösen sich in Ammoniak und werden durch Kalilauge zersetzt.

Erhitzt man Ferrocyanide in wäßriger Lösung oder Suspension mit Quecksilberoxyd, so bildet sich lösliches Cyanquecksilber neben den entsprechenden Metalloxyden.

Neutrale oder saure Lösungen oder Suspensionen von Ferrocyaniden geben beim Erhitzen unter Durchleiten von Kohlendioxyd Cyanwasserstoff ab.

Oxydationsmittel führen Ferrocyanide in Ferricyanide über (siehe S. 26).

d) **Ferricyanide** geben mit Eisenchlorid keinen Niederschlag, sondern nur eine dunklere Färbung. Eisenoxydulsalze erzeugen einen voluminösen, blauen Niederschlag, das Turnbull-Blau, der durch Kalilauge leicht zerlegt wird.

Mit Kupfersulfat erhält man in Lösungen der Ferricyanide einen gelbgrünen Niederschlag von Kupferferricyanid $Cu_3 [Fe(CN)_6]_2$.

Die Ferricyanide lassen sich durch Reduktionsmittel in Ferrocyanide umwandeln.

e) **Cyanate** werden aus wäßriger Lösung durch Silbernitrat als weißes Silbercyanat gefällt. Der Niederschlag löst sich ziemlich leicht in Salpetersäure und in Ammoniak.

Bleiacetat gibt einen weißen, kristallinischen Niederschlag, der in kochendem Wasser löslich ist.

Starke Mineralsäuren zersetzen die Cyanate unter stürmischer Kohlendioxydentwicklung, wobei sich das Ammoniumsalz der angewandten Säure bildet:

$$KCNO + 2HCl + H_2O = KCl + NH_4Cl + CO_2.$$

Wenn man festes Salz und konzentrierte Säure zusammenbringt, so ist dem Kohlendioxyd unzersetzte Cyansäure beigemischt, welche ihm einen stechenden Geruch verleiht.

f) **Rhodanide** geben in wäßriger Lösung als empfindlichste Reaktion die schon erwähnte, blutrote Färbung mit Eisenoxydsalzen.

Mit Silbernitrat erhält man einen weißen, käsigen Niederschlag, der sich nicht in verdünnter Salpetersäure, leicht dagegen in Ammoniak löst. Ebenso ist er in konzentrierter Schwefelsäure und etwas Salpetersäure leicht löslich.

Kupfersulfat erzeugt in Rhodansalzlösungen bei Gegenwart reduzierender Mittel, z. B. schwefliger Säure oder ihrer Salze, einen weißen Niederschlag von Kupferrhodanür, $Cu_2(CNS)_2$.

Quecksilberchlorid gibt einen unlöslichen, weißen Niederschlag.

Die Rhodanide zerfallen beim Erhitzen mit Salpetersäure in Cyanwasserstoff und Schwefelsäure, die leicht als Bariumsulfat nachzuweisen ist.

Mit Soda auf Holzkohle vor dem Lötrohr geschmolzen, geben sie die Heparreaktion.

2. Quantitative Analyse.

a) **Cyanwasserstoff.** Zur gewichtsanalytischen Bestimmung läßt man die wäßrige Blausäure in Silbernitratlösung fließen, säuert mit etwas Salpetersäure an und filtriert, sobald sich der Niederschlag abgesetzt hat. Hatte man ein gewogenes Filter verwandt, so muß man nach dem Auswaschen bei 100^0 C trocknen und das Cyansilber wägen, andernfalls verascht man das Filter, glüht bis zum konstanten Gewicht und wägt das metallische Silber.

Üblicher ist es, den Cyanwasserstoff, nachdem man ihn in Cyankalium verwandelt hat, nach Liebig mit $^1/_{10}$ Normalsilberlösung zu titrieren. Die Methode beruht darauf, daß die Cyanidlösung bei Zusatz von Silbernitrat so lange klar bleibt, bis alles Cyanid in das Doppelsalz Cyansilber-Cyankalium übergegangen ist.

$$2\,KCN + AgNO_3 = KCN \cdot AgCN + KNO_3.$$
$$KCN \cdot AgCN + AgNO_3 = 2\,AgCN + KNO_3.$$

Sobald die erste Reaktion beendet ist, tritt also durch den nächsten Tropfen Silberlösung eine Trübung der Flüssigkeit ein.

Man mißt ein bestimmtes Quantum der Blausäure, das ca. 0,1 g HCN enthält, mit einer Pipette ab, auf deren Mundstück ein mit Natronkalk gefülltes Röhrchen aufgesetzt ist, macht mit Kalilauge stark alkalisch und läßt die Silberlösung zufließen, bis eine bleibende, opalisierende Trübung auftritt. 1 ccm $^1/_{10}$ Normalsilberlösung entspricht 0,005368 g HCN. Wie Denigès[1] gezeigt hat, wird die Reaktion durch Chlor-, Brom- oder Jodmetalle nicht gestört, da sich stets zuerst die genannte Doppelverbindung bildet. Die Endreaktion wird durch Jodkalium bedeutend verschärft, da bei dem ersten überschüssigen Tropfen Silbernitratlösung gelbes Jodsilber ausfällt.

---

[1] Journ. Pharm. Chim. 23, 48.

Hat man nur Cyanwasserstoff in Lösung, so kann man auch nach Rose-Finkener $^1/_{10}$ Silberlösung im Überschuß zusetzen, durch ein trocknes Filter in einen trocknen Kolben filtrieren und in einem aliquoten Teile des Filtrates das überschüssige Silber mit $^1/_{20}$ Normalrhodanammoniumlösung zurücktitrieren, wobei eine verdünnte Eisenoxydsalzlösung als Indikator dient.

b) **Cyanmetalle.** Zur Bestimmung von Alkalicyaniden bedient man sich meistens der schon beschriebenen Methode von Liebig, modifiziert von Denigès. 10 g des zu untersuchenden Salzes werden in Wasser gelöst, zu einem Liter aufgefüllt und hiervon 25 ccm der Titration unterworfen, wobei natürlich der Zusatz von Kalilauge wegfällt.

Fordos und Gélis[1]) benutzen zur Titration des Cyankaliums die von Serullas und Wöhler angegebene Reaktion zwischen freiem Jod und dem Cyanid:

$$KCN + 2J = JCN + KJ.$$

Sobald die Umsetzung vollendet ist, ruft der nächste Tropfen Jodlösung eine dauernde Gelbfärbung der Flüssigkeit hervor. Die Erhöhung der Empfindlichkeit durch Zusatz von Stärkekleister ist in diesem Falle nicht angängig, weil auch Jodcyan diesen blau färbt. Nach Mohr löst man 5 g des Cyanides in 500 ccm Wasser und versetzt 5 ccm dieser Lösung mit kohlensäurehaltigem Wasser, um ev. vorhandenes, freies Alkali zu binden. Darauf läßt man unter Umschwenken des Becherglases so lange $^1/_{20}$ Normaljodlösung zufließen, bis die gelbe Färbung dauernd bestehen bleibt. Ein großer Vorteil dieser Methode liegt darin, daß man zinkhaltige Cyanidlaugen, wie sie beim Ausfällen des Goldes aus Cyankaliumlösungen mit Zinkschnitzeln erhalten werden, nach Zusatz von doppeltkohlensaurem Natron direkt mit Jodlösung titrieren kann, ohne vorher das Zink ausfällen zu müssen.

Bei der Untersuchung von Erdalkalicyaniden versetzt man die Lösungen derselben vorher mit Natriumkarbonat, um das Erdalkalimetall als Karbonat auszufällen, füllt das Gemisch in einem Meßkolben bis zur Marke auf, filtriert und bestimmt im Filtrate das Cyanid nach Denigès oder Fordos und Gélis.

Liegen Doppelcyanide der Schwermetalle, mit Ausnahme des Eisens, vor, so entfernt man das Schwermetall durch Zusatz von

---

[1]) Journ. Pharm. Chim. 23, 48.

Schwefelnatrium, filtriert, schüttelt mit kohlensaurem Blei und titriert wie oben. Dieses Verfahren läßt sich auch zur Bestimmung des Quecksilbercyanides anwenden.

Unlösliche Cyanmetalle, die durch Salzsäure vollständig zersetzt werden, bringt man in einen Kolben mit Hahntrichter und Kühler und läßt verdünnte Salzsäure durch den Hahntrichter tropfenweise zufließen unter Erhitzen des Kolbeninhalts. Der freiwerdende Cyanwasserstoff geht über, wird in verdünnter Kalilauge aufgefangen und wie üblich titriert. Die tropfenweise Zugabe der Salzsäure ist notwendig, um die Bildung von Ameisensäure aus dem Cyanwasserstoff zu vermeiden.

Die Bestimmung des Quecksilbercyanides geschieht an Stelle der Behandlung mit Schwefelnatrium zweckmäßiger nach Rose-Finkener[1]) durch vorherige Überführung des Cyanquecksilbers in Ammoniumcyanid und Titration nach Volhard. Die Umwandlung kann man derart ausführen, daß man das gelöste Quecksilbercyanid mit Ammoniak versetzt und chlorfreien Zinkstaub zugibt. Nach der Filtration säuert man einen aliquoten Teil mit Salpetersäure schwach an, fällt mit einer abgemessenen Menge $1/10$ Normalsilberlösung, filtriert vom ausgeschiedenen Cyansilber ab und titriert in einem aliquoten Teil des Filtrats den Überschuß an Silbernitrat mit $1/20$ Normal-Rhodanammoniumlösung unter Verwendung eines Eisenoxydsalzes als Indikator zurück. Diese Methode läßt sich auch zur Bestimmung unlöslicher Cyanide anwenden, indem man diese durch Kochen mit Quecksilberoxyd in Cyanquecksilber und die entsprechenden Metalloxyde überführt.

An Stelle der Methode von Denigès empfiehlt Mc. Dowall[2]), Cyankaliumlösung mit Kupfersulfat zu titrieren. Man löst 25 g kristallisierten, reinen Kupfervitriols in ca. 500 ccm Wasser, fügt Ammoniak hinzu, bis sich der blaue Niederschlag wieder gelöst hat und füllt zu einem Liter auf. Nun löst man 5 g chemisch reinen Cyankaliums in einem Liter Wasser, nimmt von dieser Lösung 100 ccm, setzt 5 ccm Ammoniak zu und titriert mit der Kupfersulfatlösung bis zur bleibenden Blaufärbung. Die Endreaktion wird durch einen Tropfen deutlich sichtbar hervorgerufen. Die Titerbestimmung der Kupferlösung ist empirisch.

---

[1]) Zeitschrift für analytische Chemie 1, 288.

[2]) Chem. News 1904, 229.

Zur Bestimmung des Cyanides in unreinen Alkalimetallcyaniden benutzt F e l d [1]) die Tatsache, daß der Cyanwasserstoff aus Lösungen solcher Salze beim Erhitzen mit Chlormagnesium oder Bleinitrat quantitativ ausgetrieben wird nach den Gleichungen:

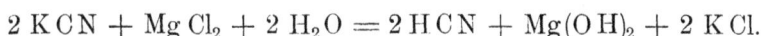

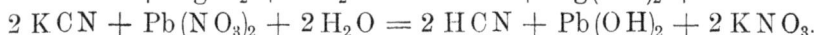

$$2\,K\,C\,N + Mg\,Cl_2 + 2\,H_2O = 2\,H\,C\,N + Mg(O\,H)_2 + 2\,K\,Cl.$$
$$2\,K\,C\,N + Pb(N\,O_3)_2 + 2\,H_2O = 2\,H\,C\,N + Pb(O\,H)_2 + 2\,K\,N\,O_3.$$

Da bei der Anwendung von Chlormagnesium auch etwa vorhandenes Alkalisulfid unter Schwefelwasserstoffabscheidung zerlegt wird, so bedient man sich zweckmäßig des Bleinitrates und führt die Methode wie folgt aus:

0,25 bis 0,5 g des zu untersuchenden Cyanides werden in 80 bis 100 ccm Wasser gelöst und in einen Kolben A (Fig. 1) gebracht, der mit doppelt durchbohrtem Kork versehen ist. In der einen Bohrung steckt ein Hahntrichter B, in der anderen das gebogene Kühlrohr eines gewöhnlichen Liebig-Kühlers G. Als Vorlage dient ein verschlossenes Kölbchen C mit 25 ccm Normalnatronlauge, das durch einen Wasserverschluß D mit einem Aspirator E, F verbunden ist. Man setzt den Aspirator in Tätigkeit, läßt durch den Hahntrichter ca. 30 ccm gesättigter Bleinitratlösung in den Destillationskolben fließen und erhitzt 20 Minuten lang zum Sieden. Während dieser Zeit ist die Zersetzung sicher vollendet und aller Cyanwasserstoff ausgetrieben. Unter den üblichen Vorsichtsmaßregeln wird darauf die Vorlage abgenommen, der Inhalt des Wasserverschlusses dem Vorlageninhalte zugefügt und das Ganze nach Zusatz von 5 ccm 4 prozentiger Jodkaliumlösung (Denigès) mit $^1/_{10}$ Normalsilberlösung titriert.

c) **Ferrocyanide.** Die löslichen Salze der Ferrocyanwasserstoffsäure bestimmt man meistens maßanalytisch durch Oxydation zu Ferricyaniden. D e H a ë n [2]) titriert mit Kaliumpermanganat in salzsaurer oder besser schwefelsaurer Lösung. 0,5 g Kaliumpermanganat werden in einem Liter Wasser gelöst und empirisch auf eine Lösung von reinem Ferrocyankalium eingestellt. Von letzterem löst man 20 g in einem Liter Wasser, verdünnt 10 ccm dieser Lösung mit 150 ccm Wasser und säuert mit verdünnter Schwefelsäure stark an. Darauf läßt man so viel Permanganatlösung zufließen, bis die Lösung dauernd einen roten Schein behält. Die Endreaktion ist nicht besonders scharf zu erkennen, S t o n e [3]) schlägt daher vor, mit einer

---

[1]) Journal für Gasbeleuchtung 1903, 563.
[2]) Ann. Chem. Pharm. 90, 160.
[3]) Journ. Amer. Chem. Soc. 17, 473.

Lösung von Kobaltnitrat zu tüpfeln, bis die grünliche Linie, welche
an der Berührungsstelle mit Ferrocyanwasserstoff auftritt, verschwindet.
Kielbasinsky[1]) empfiehlt, Indigosulfosäure als Indikator anzuwenden und mit Permanganat zu titrieren, bis die grünliche Färbung
der Lösung verschwindet.

Nach Kistjakowski[2]) soll man Ferrocyankalium mit
$1/10$ Normalsilberlösung maßanalytisch bestimmen und Kaliumchromat
als Indikator anwenden. Die Reaktion verläuft jedoch zu träge.

Rupp und Schiedt[3]) empfehlen als besonders scharfe Methode
die Oxydation des Ferrocyankaliums mit Jod und geben dafür
folgenden Arbeitsgang an: Das Ferrocyansalz wird in Wasser gelöst
und eine Menge, die ca. 0,4 g entspricht, mit 20 ccm $1/10$ Normaljodlösung in einer verschlossenen Stöpselflasche 15 Minuten lang ge-
schüttelt:

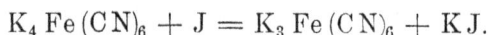

$$K_4 Fe(CN)_6 + J = K_3 Fe(CN)_6 + KJ.$$

Man läßt darauf 15 bis 20 Minuten lang stehen und titriert
den Überschuß an Jod in der üblichen Weise mit Natriumthiosulfat·
lösung zurück.

Unlösliche Ferrocyanide werden allgemein zuvor durch
Erhitzen mit Kaliumkarbonat oder im Falle des Berlinerblaus mit
Kalilauge in Ferrocyankalium verwandelt. Statt dessen kann man
sie aber auch mit Quecksilberoxyd kochen und das Cyanquecksilber,
wie schon beschrieben, bestimmen.

Feld[4]) zerlegt lösliche Ferrocyanverbindungen zunächst durch
Kochen mit Magnesiumchlorid und alkalischer Quecksilberchloridlösung:

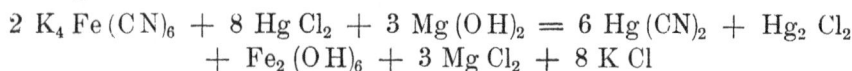

$$2 K_4 Fe(CN)_6 + 8 HgCl_2 + 3 Mg(OH)_2 = 6 Hg(CN)_2 + Hg_2 Cl_2$$
$$+ Fe_2(OH)_6 + 3 MgCl_2 + 8 KCl$$

und spaltet von dem gebildeten Cyanquecksilber durch Kochen mit
Salz- oder Schwefelsäure den Cyanwasserstoff ab, der in Natronlauge
aufgefangen und nach Denigès bestimmt wird.

Unter Verwendung der schon beschriebenen Apparatur bringt
er 0,3 bis 0,5 g des Ferrocyansalzes, gelöst in 100 bis 150 ccm
Wasser, in den Destillationskolben, fügt ca. 10 ccm Normalnatronlauge hinzu, kocht 5 Minuten lang, setzt 15 ccm dreifachnormaler

[1]) Zeitschrift für Farben- und Textilchemie 1903, 114.
[2]) Journ. russ. phys.-chem. Ges. 29, 362.
[3]) Berichte 35, 2430.
[4]) Journal für Gasbeleuchtung 1903, 565.

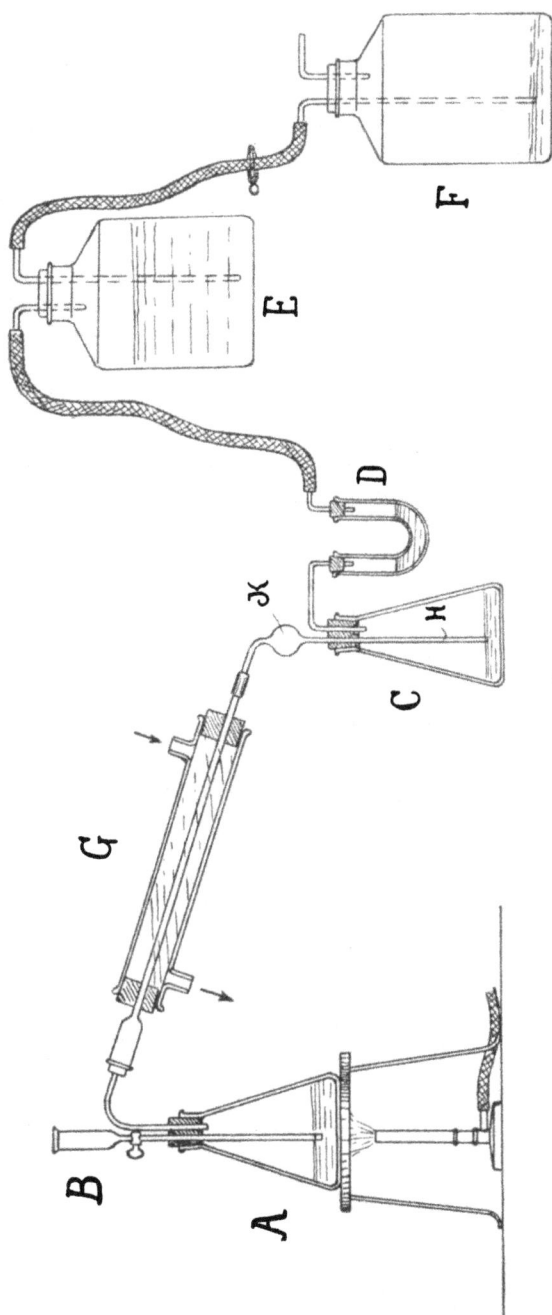

Fig. 1.

Apparatur zur Cyanbestimmung nach Feld. (S. 49.)

Chlormagnesiumlösung zu, kocht auf und läßt in die siedende Lösung etwa 100 ccm siedend heißer $^1/_{10}$ Normal-Quecksilberchloridlösung einlaufen, mit welcher man noch 5 bis 15 Minuten lang kocht. Nun wird die Apparatur geschlossen und die Lösung mit 30 ccm vierfachnormaler Salz- oder Schwefelsäure erhitzt. Der übergehende Cyanwasserstoff wird in 20 ccm zweifachnormaler Natronlauge aufgefangen. Nach halbstündigem Kochen ist alles ausgetrieben, und der Inhalt der Vorlage und des Wasserverschlusses kann, wie üblich, titriert werden.

Ist reines Berlinerblau zu untersuchen, so verreibt man 0,5 g Substanz mit 4 bis 5 ccm achtfachnormaler Natronlauge in glasierter Reibschale, bis alles zersetzt ist. Der Schlamm wird in den Destillierkolben gespült und mit 150 ccm Wasser bis zum Verschwinden des Ammoniakgeruches gekocht. Darauf bringt man die Suspension zusammen mit 30 ccm dreifachnormaler Chlormagnesiumlösung zum Sieden, fügt 100 ccm $^1/_{10}$ Normal-Quecksilberchloridlösung siedend heiß hinzu und arbeitet weiter, wie oben ausgeführt.

d) Ferricyanide. Dem Charakter dieser Salze entsprechend, bestimmt man sie allgemein durch Reduktion und zwar entweder direkt oder mit darauffolgender Titration des gebildeten Ferrocyansalzes nach einer der vorbeschriebenen Methoden.

Liesching[1]) titriert Ferricyankalium mit einer empirisch eingestellten Lösung von Schwefelarsen in Schwefelnatrium, wobei Cochenille als Indikator dient. Sobald diese beim Tüpfeln nicht mehr entfärbt wird, ist die Reduktion vollendet.

In stark salzsaurer Lösung wird Ferricyankalium durch Jodkalium unter Abscheidung von freiem Jod reduziert:

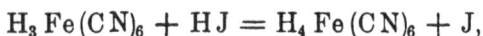

$$H_3 Fe(CN)_6 + HJ = H_4 Fe(CN)_6 + J,$$

und das abgeschiedene Jod kann mit Thiosulfat bestimmt werden. Hierauf hat Lenssen[2]) eine Titrationsmethode gegründet, die indessen nach dem auf Seite 50 Gesagten ungenau sein muß, weil freies Jod die Ferrocyanwasserstoffsäure oxydiert, so daß eine teilweise Rückbildung der Ferricyanwasserstoffsäure zu erwarten ist. Daher fällt Mohr[3]) die mit Salzsäure und Jodkalium versetzte Lösung mit Zinksulfat, denn Ferrocyanzink wird durch Jod nicht beeinflußt.

---

[1]) Jahresberichte 1853, 681.
[2]) Ann. Chem. Pharm. 91, 240.
[3]) Mohr, Titriermethoden, 1877, 284.

Zur Ausführung der modifizierten Methode gibt man zu der verdünnten Ferricyankaliumlösung festes Jodkalium, säuert darauf stark mit konzentrierter Salzsäure an und gibt reine Zinksulfatlösung im Überschuß zu. Die freie Säure wird darauf mit Natriumbikarbonat neutralisiert und das Jod mit Thiosulfatlösung oder arsenigsaurem Natrium zurücktitriert.

Zur Reduktion des Ferricyankaliums mit darauffolgender Titration des gebildeten Ferrocyankaliums kocht de Haën die alkalische Lösung des Salzes mit Bleioxyd, Mohr[1]) empfiehlt statt dessen Ferrosulfat. Nach Kassner[2]) versetzt man die Lösung des Ferricyankaliums mit Wasserstoffsuperoxyd, bis sie gelb ist, kocht auf und titriert wie üblich.

Quincke[3]) bestimmt das Ferricyankalium volumetrisch in Knops Azotometer durch Behandeln der alkalischen Lösung mit Wasserstoffsuperoxyd:

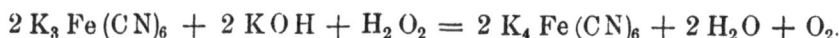

$$2\,K_3\,Fe\,(CN)_6 + 2\,KOH + H_2O_2 = 2\,K_4\,Fe\,(CN)_6 + 2\,H_2O + O_2.$$

Das Volumen des Sauerstoffs wird auf 0^0 und 760 mm reduziert und ergibt bei der Multiplikation mit 0,029447 die angewandte Menge Ferricyankalium.

Nach Felds Methode werden Ferricyanide in derselben Weise wie Ferrocyanide bestimmt.

e) **Cyanate** kommen häufig als Verunreinigung des Cyankaliums und Cyannatriums vor und müssen daher neben diesen bestimmt werden. Man kann sich dazu der von Wöhler[4]) angegebenen Reaktion bedienen, nach welcher Cyanate durch verdünnte Salpetersäure in Nitrat, Ammoniak und Kohlendioxyd zerfallen:

$$Ag\,OCN + 2\,HNO_3 + H_2O = Ag\,NO_3 + (NH_4)\,NO_3 + CO_2.$$

Hierauf hat Allen[5]) eine rein acidimetrische Methode aufgebaut, nach welcher er das Cyanat mit Normalsalpetersäure zerlegt und den Überschuß mit Normalalkalilauge zurücktitriert. Allerdings dürfen dabei keine Salze vorhanden sein, die ebenfalls Salpetersäure verbrauchen, und unter Berücksichtigung dieses Punktes hat Mellor[6]) folgenden Analysengang vorgeschrieben:

---

[1]) Mohr, Titriermethoden, 1877, 206.
[2]) Arch. Pharm. 228, 182.
[3]) Chemisches Zentralblatt 1902, I, 408.
[4]) Gilberts Ann. 43. 157.
[5]) Commercial Organic Analysis 3, 484 (1896).
[6]) Zeitschrift für analytische Chemie 40, 17—21.

20 g des cyanathaltigen Cyankaliums werden in 100 ccm Wasser gelöst und mit einer Lösung chloridfreien Calciumnitrats versetzt, um alle etwa vorhandenen Karbonate auszufällen. Darauf filtriert man, wäscht mit Wasser aus und füllt das Filtrat auf 200 ccm auf. In 10 ccm desselben bestimmt man zunächst den Cyankaliumgehalt nach Denigès.

Dann nimmt man 10 ccm des Filtrats und versetzt solange mit konzentrierter Silbernitratlösung, bis kein Niederschlag mehr entsteht; es fällt dann alles Cyan als Silbercyanid und Cyanat. Das Gemenge wird abfiltriert, mit eiskaltem Wasser ausgewaschen und in ein Becherglas gespült. Man fügt dann 5 ccm Normalsalpetersäure hinzu, zersetzt das Cyanat durch Erhitzen auf 50° C, filtriert und wäscht aus. Im Filtrat titriert man darauf den Säureüberschuß mit Normalnatronlauge zurück. 1 ccm verbrauchter Normalsalpetersäure entspricht 0,0405 g Kaliumcyanat.

Viktor[1] empfiehlt eine wesentlich einfachere Methode, die auf derselben Reaktion beruht. Die Bereitung der Cyanidlösung geschieht nach ihm in gleicher Weise wie vorbeschrieben, nur fällt er die Karbonate mit Bariumnitratlösung aus. Vom Filtrat dieser Fällung, das zu einer 10prozentigen Lösung aufgefüllt ist, werden zweimal je 10 ccm mit einem Überschuß von $^1/_{10}$ Normalsilberlösung in 100 ccm-Kölbchen versetzt. Eines der Kölbchen füllt man bis zur Marke auf, filtriert durch ein trocknes Filter und bestimmt in einem aliquoten Teile des Filtrats den Silberüberschuß nach Volhard durch Titration mit $^1/_{10}$ Normalrhodanammoniumlösung in salpetersaurer Lösung mit Eisenoxydsulfat als Indikator. Zu der Flüssigkeit im zweiten Kölbchen gibt man 10 ccm verdünnter Salpetersäure, füllt zur Marke auf, filtriert durch ein trocknes Filter und bestimmt im Filtrat wiederum den Silberüberschuß nach Volhard. Aus der Differenz beider Titrationen ergibt sich dann diejenige Silbermenge, welche als Cyanat gebunden war, und das letztere läßt sich in einfacher Weise daraus ableiten, da 1 ccm $^1/_{10}$ Normalsilberlösung 0,00806 g Kaliumcyanat entspricht.

Die Richtigkeit der vorbeschriebenen Methoden wird von Herting[2] bezweifelt. Dieser zieht es vor, das Cyanat durch Säure zu zerlegen und durch Erhitzen in Ammoniak und Kohlendioxyd überzuführen:

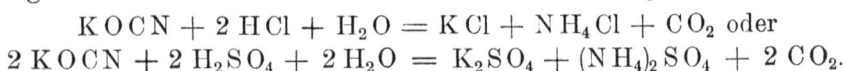

$$KOCN + 2 HCl + H_2O = KCl + NH_4Cl + CO_2 \text{ oder}$$
$$2 KOCN + 2 H_2SO_4 + 2 H_2O = K_2SO_4 + (NH_4)_2SO_4 + 2 CO_2.$$

---

[1] Zeitschrift für analytische Chemie 462—465.
[2] Zeitschrift für angewandte Chemie 1901, 585 ff.

Zur Ausführung der Analyse löst man 0,2 bis 0,5 g des zu untersuchenden Cyankaliums in etwas Wasser, fügt verdünnte Salzsäure oder Schwefelsäure hinzu und bringt das Gemisch in einer Porzellanschale auf dem Wasserbade zur Trockne. Darauf nimmt man den Rückstand mit Wasser auf und destilliert das Ammoniak in der üblichen Weise mit Kalkmilch ab. Es wird in $^1/_{10}$ Normalschwefelsäure aufgefangen und der Überschuß an Säure mit $^1/_{10}$ Normalnatronlauge zurücktitriert.

Evan[1]) verfährt in ähnlicher Weise, bestimmt jedoch das Kohlendioxyd. Nach ihm löst man ca. 1 g des Cyankaliums in 100 ccm Wasser, säuert mit Schwefelsäure an und destilliert. Das Kohlendioxyd wird in Normalnatronlauge aufgefangen, mit Chlorbarium gefällt und als Bariumkarbonat gewogen.

f) **Rhodanide.** Zur gewichtsanalytischen Bestimmung der Schwefelcyanverbindungen werden sie nach Alt[2]) mit Salpetersäure oxydiert:

$$HCNS + 3O + H_2O = HCN + H_2SO_4$$

und die gebildete Schwefelsäure als Bariumsulfat bestimmt. Man löst ca. 1 g des Rhodanids in etwas Wasser, setzt etwas mehr als die berechnete Menge kristallisierten Chlorbariums zu, säuert stark mit Salpetersäure an und erhitzt zum Sieden, bis aller Cyanwasserstoff vertrieben ist. Darauf verdünnt man mit heißem Wasser, filtriert und bestimmt das Bariumsulfat in üblicher Weise. Ein Molekül des letzteren entspricht einem Molekül Rhodanwasserstoff.

Zur maßanalytischen Bestimmung löst man nach Volhard ca. 1 g des Rhodansalzes in 1 Liter Wasser und titriert damit $^1/_{10}$ Normalsilberlösung unter Verwendung von Eisenoxydsulfat als Indikator.

Rupp und Schiedt[3]) haben gefunden, daß ihre zur Bestimmung des Ferrocyankaliums angewandte Methode sich auch auf Rhodansalze ausdehnen läßt, wobei die Reaktion nach folgender Gleichung verläuft:

$$KSCN + 8J + 4H_2O = H_2SO_4 + 6HJ + KJ + JCN.$$

Man löst ca. 2 g des Rhodanids in 1 Liter Wasser, versetzt 10 ccm davon mit 25 ccm $^1/_{10}$ Normal-Jodlösung und 1 g festen Natriumbikarbonats, schüttelt eine Zeitlang in gut verschlossener

---

[1]) Journ. Soc. Chem. Ind. 28, 244.

[2]) Berichte 22, 3258.

[3]) Ebenda 35, 2191.

Stöpselflasche und läßt eine halbe Stunde lang stehen, da die Reaktion sich gegen Ende sehr verlangsamt. Der Überschuß an Jodlösung wird darauf mit Thiosulfat zurücktitriert. 1 ccm Jodlösung entspricht 0,0012156 g Rhodankalium. Die Rücktitration mit Thiosulfatlösung darf nicht unter Zusatz von Stärkekleister geschehen, da das Jodcyan ebenfalls letzteren bläut, man muß vielmehr titrieren, bis die Gelbfärbung verschwunden ist.

Thiel[1]) empfiehlt, das Reaktionsgemisch vor der Rücktitration mit Salzsäure anzusäuern, wodurch das Jodcyan unter Abscheidung freien Jods zerfällt:

$$KJ + JCN + HCl = KCl + HCN + J_2.$$

Man kann dann das Jod unter Zusatz von Stärkelösung zurücktitrieren, was die Genauigkeit der Bestimmung wesentlich erhöht. In diesem Falle entspricht 1 ccm $^1/_{10}$ Normaljodlösung = 0,001621 g Rhodankalium, weil nur 6 Atome Jod verbraucht werden:

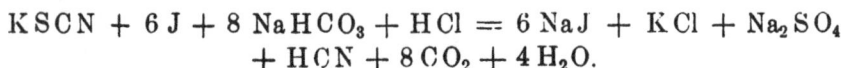

$$KSCN + 6J + 8NaHCO_3 + HCl = 6NaJ + KCl + Na_2SO_4$$
$$+ HCN + 8CO_2 + 4H_2O.$$

Die Bestimmung des Rhodanwasserstoffs mit Jod führt Feld[2]) auf einem anderen Wege aus. Er reduziert zunächst das Rhodan in saurer Lösung mit naszierendem Wasserstoff, den er aus Aluminiumschnitzeln und Salzsäure entwickelt. Die Einwirkung ist so heftig, daß der Rhodanwasserstoff in Ammoniak, Schwefelwasserstoff und Kohlenstoff quantitativ zerfällt:

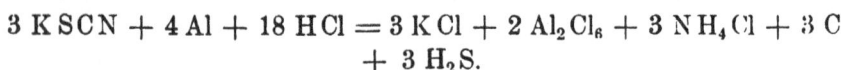

$$3KSCN + 4Al + 18HCl = 3KCl + 2Al_2Cl_6 + 3NH_4Cl + 3C$$
$$+ 3H_2S.$$

Der Schwefelwasserstoff wird ausgetrieben, in $^1/_{10}$ Normaljodlösung aufgefangen und der Überschuß an Jod mit Thiosulfat zurücktitriert:

$$H_2S + 2J = 2HJ + S.$$

Ein Molekül Rhodankalium liefert also ein Molekül Schwefelwasserstoff, und dieses gebraucht zwei Atome Jod, daher entspricht 1 ccm $^1/_{10}$ Normaljodlösung 0,004863 g Rhodankalium. Bezüglich der Ausführung dieser ziemlich komplizierten Methode muß auf das Original verwiesen werden.

---

[1]) Berichte 35, 2766.
[2]) Journal für Gasbeleuchtung 1903, 604.

g) Bestimmungen der Cyanverbindungen nebeneinander und neben Halogen- und Schwefelmetallen. Um in Gemischen von Cyan- und Halogenalkalien beide Komponenten zu bestimmen, stellt man sich eine Lösung von ca. 1 g Substanz in einem Liter Wasser her und titriert 100 ccm derselben mit $^1/_{10}$ Normalsilberlösung bis zur Opaleszenz, wodurch man den Gehalt an Cyankalium feststellt. Darauf fällt man einen zweiten Teil der Lösung mit Silbernitrat im Überschuß, filtriert das Gemisch von Halogen- und Cyansilber auf ein gewogenes Filter ab, wäscht es gut aus, trocknet das Filter bei 100° C und wägt. Von der gefundenen Menge ist das Cyansilber, auf Grund der vorangegangenen Titration berechnet, abzuziehen, und man erhält dann als Rest das Halogensilber.

Will man die Differenzmethode vermeiden, dann schmilzt man das trockne Gemenge der Silbersalze mit konzentrierter Salpetersäure in ein Glasrohr ein, das eine Stunde lang auf 150° C erhitzt wird. Hierdurch zerstört man das Cyansilber vollständig und kann das unveränderte Halogensilber sowohl direkt wägen, als auch, falls mehrere Halogene vorhanden sind, nach bekannten Methoden in die einzelnen Bestandteile zerlegen.

Die Behandlung des Silberniederschlags im Rohr führt sehr leicht zu Verlusten, empfehlenswerter erscheint es daher, ihn nach Moldenhauer[1]) durch Kochen mit essigsaurem Quecksilberoxyd zu zerlegen, hierbei geht das Cyansilber in Quecksilbercyanid und Silberacetat über, die vom Halogensilber durch Filtration getrennt werden.

Handelt es sich um Bestimmung von Rhodansalzen neben Halogenmetallen, so titriert man zunächst nach Volhard mit $^1/_{10}$ Normalsilberlösung unter Zusatz von Eisenoxydulsulfat als Indikator. In einem zweiten Teil der Probe wird Rhodanwasserstoff durch Salpetersäure oxydiert und darauf das Halogen in der üblichen Weise bestimmt. Der Rhodanwasserstoff ergibt sich dann aus der Differenz, doch kann man ihn auch nach Alt (S. 55) in Form von Bariumsulfat zur Wägung bringen.

Mann[2]) empfiehlt, den Rhodanwasserstoff durch Fällung als Kupferrhodanür zu beseitigen und das Halogen im Filtrat wie üblich zu bestimmen. Man löst zu diesem Zwecke ca. 5 g des zu untersuchenden Salzes in 100 ccm Wasser, gibt 100 ccm einer

---

[1]) G. Lunge, Chemisch-technische Untersuchungsmethoden I, 483.
[2]) Zeitschrift für analytische Chemie 28, 668.

20prozentigen Kupfersulfatlösung zu und fällt mit gasförmigem Schwefelwasserstoff, bis schwarzes Schwefelkupfer anfängt, sich auszuscheiden. Nun setzt man noch 40 ccm der Kupferlösung zu, rührt das Ganze um, filtriert und wäscht sorgfältig aus. Im Niederschlag kann man dann das Rhodan, im Filtrat das Halogen nach einer der bekannten Methoden bestimmen.

Gemische von Cyaniden, Rhodaniden und Halogenmetallen werden nach Rupp und Schiedt (l. c.) folgendermaßen untersucht: Ein Teil der Lösung wird nach Volhard mit $^1/_{10}$ Normalsilberlösung titriert zur Bestimmung der Gesamtmenge aller fällbaren Säuren. Dann kocht man eine zweite Probe mit Weinsäure, bis der Cyanwasserstoff völlig verjagt ist, und bestimmt in der erkalteten Lösung Halogen und Rhodan wie vorher. Eine dritte Probe wird ebenfalls mit Weinsäure bis zur Entfernung des Cyanwasserstoffs gekocht und darauf der Rhodanwasserstoff, wie schon beschrieben, durch Titration mit $^1/_{10}$ Normaljodlösung bestimmt.

Für die Trennung und Bestimmung von Cyaniden, Cyanaten, Rhodaniden und Sulfiden hat Milbauer[1] eine Methode angegeben, die nach den mitgeteilten Beleganalysen gute Resultate liefert. Er bestimmt das Sulfid als Schwefelcadmium, das Cyanid wird durch Säure in Cyanwasserstoff und Metallsalz zerlegt, das Cyanat unter Bildung von Ammoniak und Kohlendioxyd zerstört und im Rückstand schließlich das Rhodanid nach Volhard bestimmt.

Man stellt einen mit Tropftrichter versehenen Fraktionskolben von 500 ccm Inhalt so auf ein Drahtnetz, daß das seitlich angesetzte Rohr schräg nach oben zeigt. Letzteres wird nach unten umgebogen und mit einem Kautschukstopfen in das Kühlrohr eines senkrecht stehenden Allihnschen Kühlers eingedichtet. Das untere Ende des Kühlrohrs taucht in 10prozentige Kalilauge.

Zur Ausführung der Analyse bringt man eine Lösung von Kaliumbisulfat und Cadmiumsulfat in den Fraktionskolben und erhitzt solange zum Sieden, bis keine Luft mehr aus dem Kühler austritt. Nun läßt man aus dem Tropftrichter die zu untersuchende Lösung, welche weniger wie 1 g Substanz enthalten soll, einfließen. Es fällt sogleich Cadmiumsulfid aus, Cyanwasserstoff und Kohlendioxyd gehen über, das gebildete Ammoniak löst sich als Sulfat, und nur das Rhodansalz bleibt unberührt. Nachdem der Cyanwasserstoff

---

[1] Zeitschrift für analytische Chemie 42, 77—95.

völlig abdestilliert ist, unterbricht man die Operation, spült das Kühlrohr aus und titriert den Inhalt der Vorlage nach Denigès zur
Bestimmung des Cyanids. Das Cadmiumsulfid wird von dem Kolbeninhalt abfiltriert, gewaschen, mit Brom oxydiert, und der Schwefel
als Bariumsulfat gewogen. Das Filtrat vom Cadmiumsulfid bringt
man in den Kolben zurück, macht es mit Kalilauge stark alkalisch,
setzt zur Vermeidung des Stoßens Platinfolie zu und destilliert das
Ammoniak in $\frac{1}{10}$ Normalschwefelsäure ab. Aus der Menge des gefundenen Ammoniaks wird das Cyanat berechnet. Endlich versetzt
man den erkalteten Kolbeninhalt mit verdünnter Salpetersäure und
etwas Eisenoxydsulfat und bestimmt darin das Rhodan durch Titration
mit $\frac{1}{10}$ Normalsilberlösung nach Volhard.

Die Analyse der Reinigungsmasse wird in einem späteren Kapitel
besprochen werden.

Zweiter Teil.

Die Fabrikation der Cyanverbindungen.

Die Anfänge der Cyanindustrie reichen bis weit in das achtzehnte Jahrhundert zurück, und als ihr Ausgangspunkt ist die im Jahre 1704 erfolgte Entdeckung des Berlinerblaus durch Diesbach und Dippel anzusehen. Sie war wie die meisten im Zeitalter der Alchimie gemachten Entdeckungen kein Resultat bewußter Forschung, sondern das Produkt eines glücklichen Zufalls.

Diesbach beschäftigte sich mit der Herstellung von Farben und erhielt dabei gelegentlich der Bereitung von Florentiner Lack aus Kochenille, Eisenvitriol, Alaun und Alkali eine blaue Fällung statt der gewünschten roten. Das Alkali war vorher von Dippel zur Reinigung von Tieröl (Oleum Dippelii animale) verwendet worden, das er durch Destillation getrockneten Blutes erhalten hatte. Er erkannte hierin richtig die Ursache des blauen Niederschlags, den er Berlinerblau nannte, und baute darauf eine allerdings sehr bescheidene Fabrikation des neuen Farbstoffes auf, welcher infolge seiner Billigkeit und Schönheit bald als Ersatz des kostspieligen Ultramarins Aufnahme fand.

Die Erfinder hielten die Bereitungsweise des Berlinerblaus lange geheim, bis Woodword sie 1724 in den Philosophical Transactions der Öffentlichkeit übergab. Nach seiner Angabe mischte man gleiche Teile Salpeter und Weinstein miteinander, ließ sie im Tiegel verpuffen und kalzinierte den Rückstand mit trocknem Rinderblut. Das Produkt wurde mit Wasser extrahiert, durch eine Lösung von Eisenvitriol und Alaun gefällt und der grünliche Niederschlag mit Salzsäure in Berlinerblau übergeführt. Man erkannte bald darauf, daß man statt des Blutes auch andere Bestandteile des Tierkörpers anwenden könne und benutzte in der Folge Fleischabfälle,

Horn, Klauen, Lederabfälle, wollene Lumpen u. dgl., auch zeigte Macquer, daß der Zusatz von Alaun bei der Fällung des Blaus unnötig sei.

Da die wissenschaftlichen Hilfsmittel zu jener Zeit noch sehr beschränkt waren, so machte die chemische Kenntnis des Berlinerblaus nur langsame Fortschritte trotz des großen Interesses, welches dieser neue Farbstoff wachrief. Erst 1752 führte Macquer seine Zerlegung durch Alkali und die Regeneration durch Fällung mit Eisensalzen aus, und das kristallisierte Blutlaugensalz finden wir zuerst von Sage 1772 und von Bergmann 1775 erwähnt. Im Jahre 1782 stellte dann Scheele als Erster die wäßrige Blausäure aus Berlinerblau dar, und in der Folgezeit lieferten vornehmlich Berthollet, Proust und Ittner wertvolle Beiträge zur Kenntnis der Cyanverbindungen. Die wichtigsten Entdeckungen und Untersuchungen auf diesem Gebiete verdanken wir jedoch Gay-Lussac, dessen umfangreiche, synthetische und analytische Arbeiten die Grundlage für die Weiterentwicklung der Chemie und Industrie der Cyanverbindungen bildeten.

Lange Zeit blieb die Verarbeitung tierischer, stickstoffhaltiger Abfälle die einzige Quelle der Cyanide, bis Dawes[1] 1835 darauf hinwies, daß sich auch in den Hochöfen gewisse Mengen von Cyankalium bilden können. Dies machte sich besonders bemerkbar, nachdem Neilson im Jahre 1837 den Hochofenbetrieb mit heißer Gebläseluft eingeführt hatte, und Clark[2] fand im gleichen Jahre in dem flüssigen Salzgemisch, das er aus den Rissen eines Hochofens am Clyde in Schottland entnommen hatte, 43,4 % Cyankalium. Zincken und Bromeis[3] untersuchten 1832 eine salzhaltige, kohlenartige Masse, die sich im Gestell eines mit heißem Unterwind betriebenen Holzkohlen-Hochofens nach dem Ausblasen vorgefunden hatte und wiesen darin Cyankalium, Kaliumcyanat, Ferrocyankalium, Kaliumkarbonat und -Silikat nach. Die Entstehung des Cyankaliums führten sie auf den Stickstoff der Gebläseluft zurück, während sich die übrigen Cyanverbindungen erst sekundär unter dem Einflusse von Luft und Feuchtigkeit bei Gegenwart von Eisen gebildet hatten.

---

[1] Nach Limbar, Die Einwirkung der Hochofengase und Alkalien auf das Zustellungsmaterial der Öfen. Glasers Annalen für Gewerbe und Bauwesen 1879, Nr. 37 und 38.

[2] The Philosophical Magazine and Journal of Science 10, 729.

[3] Journal für praktische Chemie 25, 246.

Wie Redtenbacher[1]) im Jahre 1843 mitteilte, bildeten sich in einem ebenfalls mit heißem Unterwind betriebenen Holzkohlen-Hochofen zu Mariazell in Steiermark so große Mengen Cyankalium, daß man es zum Zwecke galvanischer Vergoldung in den Handel brachte. Dieser Autor erklärte die Bildung des Cyankaliums ebenfalls durch die Einwirkung atmosphärischen Stickstoffs auf Kohle bei Gegenwart von Alkalien, doch hielt er mit Liebig auch für möglich, daß Ammoniak, welches vorher durch Absorption von der Holzkohle aufgenommen sei, die Ursache sein könne. Die umfangreichsten Untersuchungen über diesen Gegenstand stellten Bunsen und Playfair[2]) an einem Hochofen zu Alfreton an, der in 24 Stunden ca. 100 kg Cyanid lieferte, und auf Grund dieser Untersuchungen empfahl Bunsen direkt, einen Hochofen mit abwechselnden Schichten von Kohle und Alkali zu beschicken und zur fabrikmäßigen Darstellung von Cyankalium anzuwenden.

Schon 1839 zeigte Lewis Thomson[3]), daß beim Überleiten von Luft über ein rotglühendes Gemisch von Koks, Kaliumkarbonat und Eisenfeilspänen Cyankalium entstehe, doch war noch nicht erwiesen, daß der notwendige Stickstoff wirklich der Atmosphäre und nicht etwa dem Koks entstamme. Um dies aufzuklären, wiederholten Fownes und Young[4]) den Versuch unter Verwendung von Zuckerkohle und erhielten dabei ebenfalls Cyanbildung. Erdmann und Marchand[5]) fanden dies durch ihre Untersuchungen zwar nicht bestätigt, doch wurde die Richtigkeit des chemischen Vorganges durch Langlois'[6]), Riekens[7]) und Delbrücks[8]) Arbeiten, sowie durch die schon erwähnten Untersuchungen von Bunsen und Playfair völlig außer Zweifel gestellt.

Die Industrie bemächtigte sich sehr bald der Resultate dieser Forschungen und schon in den vierziger Jahren des vorigen Jahrhunderts wurden die ersten Patente auf die Nutzbarmachung des atmosphärischen Stickstoffs durch Überführung in Cyanverbindungen entnommen. Gleichzeitig entstanden auch kleine Fabriken zur Ver-

---

[1]) Ann. Chem. Pharm. 47, 150.
[2]) Report of the British Association 1845.
[3]) Dinglers Polyt. Journal 73, 281.
[4]) Journal für praktische Chemie 26, 407.
[5]) Ebenda 26, 412.
[6]) Ann. chim. phys. (3) 1, 117.
[7]) Dinglers Polyt. Journal 121, 286.
[8]) Jahresberichte 1, 473.

wertung der neuen Verfahren, die jedoch schon nach wenigen
Jahren ihren Betrieb wieder einstellen mußten. In späterer Zeit
tauchten noch verschiedentlich ähnliche, industrielle Unternehmungen
auf, die aber alle den gleichen, negativen Erfolg hatten. Erst um die
Wende des 19. Jahrhunderts gelang es durch Anwendung der Erdalkalikarbide, den Stickstoff der Luft in Form von Cyanverbindungen
zu gewinnen und dadurch diesen Zweig der chemischen Industrie
lebensfähig zu machen.

Lange bevor man die im Vorstehenden kurz angeführten Versuche zur Darstellung von Cyaniden aus elementarem Stickstoff
unternahm, hatte man gefunden, daß Ammoniak leicht in Cyan überzuführen sei. So erhielt schon Scheele beim Glühen von Salmiak
mit Kohle und kohlensaurem Kalium Cyankalium und Clouet[1]
gewann 1791 beim Überleiten von Ammoniak über glühende Kohlen
eine bittermandelartig riechende Flüssigkeit, die wie Langlois[2] bei
Nachprüfung dieses Versuches zeigte, Cyanammonium enthielt.
Desfosses[3] fand dann, daß sich mit größter Leichtigkeit Cyankalium bilde, wenn man Ammoniak über ein glühendes Gemisch
von Kohle und Kaliumkarbonat führe. Obgleich dieser Prozeß
demnach schon sehr lange bekannt war, bediente man sich seiner
doch nicht zur industriellen Darstellung von Cyanverbindungen, und
diese einigermaßen auffallende Erscheinung läßt sich wohl unge-
gezwungen dadurch erklären, daß die Fabrikation des Ammoniaks
selbst sich noch in den Anfängen ihrer Entwicklung befand. Nachdem diese genügend ausgebaut war und beliebige Mengen Ammoniak
zu niedrigen Preisen zur Verfügung standen, setzte auch die Erfindertätigkeit ein, und man gelangte dank der viel größeren Reaktionsfähigkeit des Ammoniaks im Gegensatz zum elementaren Stickstoff
in kurzer Zeit zu brauchbaren Methoden; allerdings konnte man
sich dabei auch die Erfahrungen, welche bei der Darstellung von
Cyaniden aus freiem Stickstoff sich ergeben hatten, in weitestem Maße
zunutze machen. Dennoch dauerte es ziemlich lange, bis man die
verhältnismäßig einfachen Prozesse mit Erfolg in die Praxis umzusetzen
lernte, und erst seit einigen Jahren kommen größere Mengen von
Cyankalium auf den Markt, die aus Ammoniak erzeugt worden sind.

Neben den beiden vorerwähnten, synthetischen Darstellungs-
methoden der Cyanverbindungen aus Stickstoff und Ammoniak ent-

---

[1] Ann. chim. phys. 11, 30.
[2] Ebenda 3, 117.
[3] Journ. Pharm. 14, 280.

wickelte sich noch eine dritte, die zunächst die Erzeugung von
Rhodaniden zum Gegenstand hatte. Der Rhodanwasserstoff war
schon Ende des achtzehnten Jahrhunderts von Bucholz[1]) entdeckt
und in den folgenden Jahren von Porret, Berzelius, Liebig u. a.
untersucht worden. 1824 fand dann Zeise[2]), daß sich bei der Einwirkung alkoholischen Ammoniaks auf Schwefelkohlenstoff Rhodanammonium bilde. Von dieser Reaktion wurde anfänglich jedoch
nur von seiten der Wissenschaft Notiz genommen. Erst als die
Rhodansalze in den siebziger Jahren des neunzehnten Jahrhunderts
für Färbereizwecke in Aufnahme kamen, griff man auf diese Bildungsweise zurück und Gélis[3]) war der erste, der sie industriell auszu-
nutzen suchte, während Tscherniac und Günzburg[4]) sich um die
weitere Durchbildung des Verfahrens verdient machten. Die hohe
Bewertung der Rhodansalze hielt jedoch nicht lange an, und schon
im Jahre 1877 setzte der Verein zur Beförderung des Gewerbefleißes[5]) einen Preis für die Lösung der Aufgabe aus, Rhodankalium
nach einer einfachen Methode in Cyankalium zu verwandeln. Die
dafür angegebenen Verfahren genügten aber hinsichtlich der Ökonomie
nicht, die synthetische Erzeugung der Rhodanide lohnend zu gestalten.
Die Fabrikation ging schnell zurück und tauchte erst um 1890 wieder
auf. Sie wurde besonders in England ausgebildet, und dort scheint
man neuerdings auch in der Überführung der Rhodanide in freie
Blausäure eine brauchbare Methode gefunden zu haben, welche die
rentable Auswertung der Rhodansalze ermöglicht.

Während man sich eifrig bemühte, Cyanide auf synthetischem
Wege zu gewinnen, ging man an ihrer reichsten Quelle, der Leuchtgasindustrie, jahrzehntelang achtlos vorüber. Zwar wies Jacquemin[6])
schon 1843 darauf hin, daß im Gaswasser Cyan enthalten sei, dies
konnte aber nichts nützen, solange nicht konzentrierteres Rohmaterial
zur Verfügung stand. Die Verarbeitung des ausgebrauchten, cyanhaltigen Gaskalkes, der zur Reinigung des Leuchtgases von Schwefelverbindungen gedient hatte, erschien schon lohnender, und auf der
Londoner Weltausstellung im Jahre 1862 stellten Gautier und

---

[1]) Beiträge zur Erweiterung und Berichtigung der Chemie 1799, 1, 88.

[2]) Journal für Chemie und Physik. Nürnberg und Halle. 41, 171. Vorgänger
des Journals für praktische Chemie.

[3]) Dinglers Polyt. Journal 168, 219.

[4]) Wagners Jahresberichte der chemischen Technologie 1878, 500; 1879, 471;
1882, 510 a. a. O.

[5]) Journal für Gasbeleuchtung 1877, 51.

[6]) Ann. chim. phys. 1843, 293.

B o u c h a r d[1]) Berlinerblau aus, welches sie in ihrer Fabrik zu A u b e r v i l l i e r s aus dem »schmutzigen« Gaskalk, wie es in der betr. Notiz heißt, dargestellt hatten. Die Gewinnung des Cyans aus Leuchtgas nahm aber erst größere Dimensionen an, nachdem durch L a m i n g das künstliche Eisenoxydhydrat und durch H o w i t z natürliche Eisenerze zur Reinigung des Gases eingeführt waren. In der ausgebrauchten Reinigungsmasse hatte man ein an Cyaniden verhältnismäßig reiches Produkt, das trotz der Schwierigkeit seiner Verarbeitung eine rentable Ausbeutung ermöglichte. Schon auf der Weltausstellung in W i e n[2]) im Jahre 1873 waren von den Firmen S e y b e l und W a g e n m a n n , sowie K u n h e i m Cyanprodukte, aus Gasreinigungsmasse gewonnen, ausgestellt. Die Fabrikation wurde nach P e l o u z e[3]) im Jahre 1867 in Frankreich und zu gleicher Zeit von K u n h e i m , Berlin, in Deutschland aufgenommen. Nach D u p r é[4]) beschäftigten sich 1884 schon zehn Fabriken mit der Verarbeitung von Reinigungsmasse auf Cyanverbindungen, und nach kurzer Zeit wurde die ältere Darstellungsmethode aus stickstoffhaltigen, tierischen Abfällen in Deutschland fast völlig verdrängt.

Die Verarbeitung der ausgebrauchten, stark schwefelhaltigen Reinigungsmasse stellt nun keineswegs das Ideal der Cyangewinnung aus dem Leuchtgase dar, ganz abgesehen davon, daß ein nicht unbeträchtlicher Teil des Cyanwasserstoffs sich der Absorption durch das Rasenerz entzieht. Daher versuchte man schon früh, das Cyan aus dem Gase auf nassem Wege zu absorbieren. Der erste diesbezügliche Vorschlag stammt von V e r n o n H a r c o u r t[5]), und K n u b - l a u c h gab 1886 eine praktisch ausführbare Methode zu diesem Zweck an, die jedoch keinen Anklang fand. Erst in den neunziger Jahren des vorigen Jahrhunderts gelang es, nasse Cyanabsorptionsverfahren in größerem Umfange auf den Gaswerken einzuführen, und heute erfreuen sie sich so großer Beliebtheit, daß sie in absehbarer Zeit die Cyangewinnung aus Reinigungsmassen wohl gänzlich verdrängen werden. Jedenfalls ist die Leuchtgasindustrie mittlerweile zur Hauptquelle für Cyanide geworden; ob sie das bleiben wird, oder ob die synthetischen Verfahren die Oberhand gewinnen werden, muß die Zukunft lehren.

---

[1]) Journal für Gasbeleuchtung 1863, 66.
[2]) Beilstein, Die chemische Großindustrie auf der Weltausstellung, Wien 1873.
[3]) Journal für Gasbeleuchtung 1867, 363,
[4]) Ebenda 1884, 885.
[5]) Ebenda 1875, 678.

1. Die Fabrikation von Cyanverbindungen aus tierischen Abfällen.

Obwohl die industrielle Verarbeitung tierischer Abfallprodukte auf Cyanverbindungen heute zu den Seltenheiten gehört, erscheint es doch angebracht, die bezüglichen Prozesse und zwar an erster Stelle zu besprechen, weil sie die ältesten sind und jahrzehntelang allein den Markt mit Cyanprodukten versorgten, zudem hat sich die heutige Cyanindustrie soweit möglich die Erfahrungen zunutze gemacht, welche bei Ausübung der alten Methoden erworben wurden.

Zur Verarbeitung der Abfälle schmilzt man Pottasche in eisernen Pfannen nieder, bis sie sich in ruhigem Flusse befindet, trägt darauf die Haare, wollenen Lumpen, Leder- und Hornabfälle o. dgl. ein und läßt die Substanzen möglichst unter Luftabschluß aufeinander einwirken. Zunächst entsteht nun durch den reduzierenden Einfluß des Kohlenstoffs aus der Pottasche metallisches Kalium, das sich mit einem Teil des Kohlenstoffs zu Kaliumkarbid und mit einem Teil des Stickstoffs der Tierkohle zu Kaliumnitrid vereinigt. Das letztere bildet dann unter Kohlenstoffaufnahme Cyankalium, und das Kaliumkarbid reagiert mit Ammoniak, das in der Schmelze entsteht, ebenfalls unter Cyankaliumbildung. Da die zur Verwendung kommenden, organischen Substanzen sehr schwefelhaltig sind und meist auch die Pottasche Sulfate enthält, so finden sich in der Schmelze stets wesentliche Mengen von Schwefelkalium. Diese nehmen ziemlich viel Eisen unter Bildung leichtflüssiger Doppelverbindungen auf und greifen die Schmelzpfannen stark an. Da sich die Eisenaufnahme nicht vermeiden läßt, so beugt man der schnellen Zerstörung der Pfannen dadurch vor, daß man von vornherein der Schmelze gewisse Mengen Eisen zusetzt.

Das Reaktionsprodukt wird nach dem Erkalten zerschlagen und mit Wasser ausgelaugt. Natürlich gelingt es nicht, das Cyankalium als solches zu isolieren, sondern es bildet sich infolge der Anwesenheit der Eisenverbindungen Ferrocyankalium, welches durch Kristallisation gewonnen wird.

Die Fabrikation zerfällt also in drei Prozesse:

1. Erzeugung des Rohcyankaliums,
2. Überführung des Cyankaliums in Ferrocyankalium,
3. Reindarstellung des Ferrocyankaliums.

a) Die Rohmaterialien.

Als stickstoffhaltige Rohmaterialien der Blutlaugensalzfabrikation dienen ausschließlich tierische Abfälle und zwar Lederabfälle, alte Schuhe u. dgl., Hornabfälle, Hufe und Klauen, Horndrehspäne, wollene Lumpen, Abfälle der Wollkämmereien und schließlich Sehnen, Flechsen, Haare und andere Abfallprodukte der Schlächtereien usw. Der für den vorliegenden Zweck wichtigste Bestandteil dieser Substanzen ist naturgemäß der Stickstoff, und nach dem Gehalte daran richtet sich die Bewertung des Materials. Boussingault und Payen[1]) fanden in

Hornspänen,	frisch und ungetrocknet			14,36 %,
wollenen Lumpen	»	»	»	15,99 »
Lederabfällen	»	»	»	9,31 »
Muskelfleisch, lufttrocken	. . . . .			13,37 »

während Karmrodt[2]) folgende Zahlen angibt:

Horn	15—17 %,
getrocknetes oder ausgepreßtes Ochsenblut	15—17 »
gute wollene Lumpen	bis zu 16 »
schlechte wollene Lumpen	ca. 10 »
Schafwolle (sog. Scherwolle)	16—17 »
Haare von Ochsen, Kühen und Kälbern	15—17 »
Borsten	9—10 »
Federn	17 »
altes Schuhwerk	6— 7 »
Schlichtspäne vom Gerben	4,5— 5 »

Wenn man diese Substanzen direkt in die feurig flüssige Pottasche einträgt, so zersetzen sie sich unter dem Einflusse der hohen Temperatur außerordentlich schnell und in sehr weitgehendem Maße. Der größte Teil des Stickstoffs entweicht dabei in Form von Ammoniak zusammen mit Wasserdampf und Kohlenoxyd, ohne zur Cyanbildung ausgenutzt zu werden, da in so kurzer Zeit noch keine Reduktion des Kaliumkarbonats stattgefunden hat. Es bilden sich nur kleine Mengen von Cyankalium aus demjenigen Stickstoff, welcher an Kohlenstoff gebunden bleibt, und dieser Betrag ist sehr gering, weil die Verkohlungstemperatur zu hoch liegt.

---

[1]) Nach Fleck, Die Fabrikation chemischer Produkte aus tierischen Abfällen, Braunschweig 1862, S. 12.

[2]) Verhandlungen des Vereins zur Beförderung des Gewerbefleißes, Berlin 1875, S. 153.

Verkohlt man dagegen das Rohmaterial vorher bei verhältnismäßig niedriger Temperatur in besonderen Apparaten, so erhält
man eine viel stickstoffreichere Tierkohle, die sich in der Schmelze
weit besser ausnutzen läßt. Gleichzeitig kann man dabei auch den
flüchtigen Stickstoff als kohlensaures Ammoniak gewinnen und vermeidet auf diese Weise die enormen Verluste, welche bei den ältesten
Methoden auftreten. Allerdings werden bei Verwendung von Tierkohle allein die Schmelzen sehr strengflüssig, doch läßt sich dieser
Übelstand dadurch beseitigen, daß man nach der Tierkohle noch
unverkohlte Abfälle einträgt, deren Ammoniak dann auf schon vorhandenes Kaliumkarbid unter Cyanbildung einwirken kann.

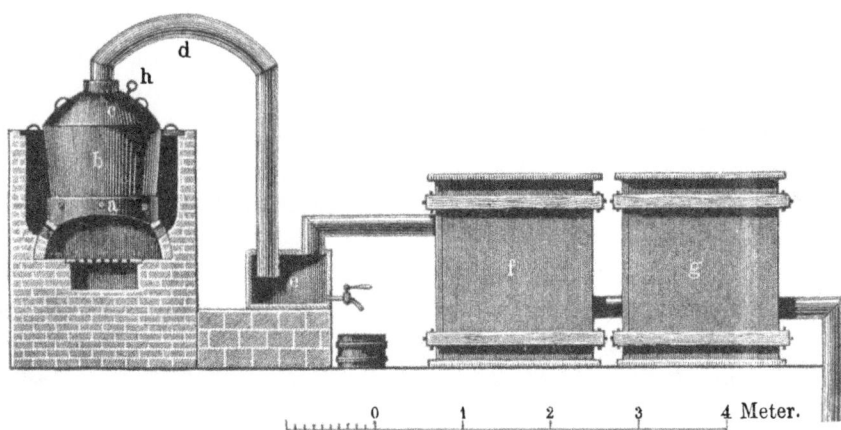

Fig. 2. **Verkohlungsofen für tierische Abfälle.**

Ein von Fleck angegebener Verkohlungsapparat ist in Fig. 2
dargestellt. Er besteht aus dem gußeisernen Kessel a, b, c, dem
Gasabgangsrohr d, einer Vorlage e und zwei Kondensatoren f und g.
Der Kessel besitzt ein auswechselbares Unterteil a mit eingezogenem
Boden und wird von unten her direkt gefeuert. Die Gase ziehen
durch das Rohr d ab, entledigen sich in e ihrer flüssigen Konden-
sationsprodukte und geben in den aus Sandsteinplatten zusammengesetzten Kammern f und g Ammoniumkarbonat ab, das von Zeit
zu Zeit mit Meißeln herausgebrochen wird.

Zur Inbetriebsetzung des Apparates hebt man zunächst den
Deckel c mittels eines Krans ab, füllt 250 bis 300 kg gemischter
Rohstoffe ein, setzt dann den Deckel wieder auf und dichtet alle
Fugen mit Lehm. Nun feuert man langsam an und bringt den
Kesselboden allmählich auf dunkle Rotglut, das Feuer wird dann in

gleicher Stärke so lange unterhalten, bis aus dem Probierloch h beim Öffnen keine Dämpfe mehr entweichen. Dies dauert im allgemeinen 12 bis 16 Stunden. Ist die Verkohlung beendigt, so beseitigt man das Feuer und beläßt den Kessel 8 bis 12 Stunden in der Feuerung. Nach dieser Zeit hebt man ihn mittels des Krans heraus und läßt ihn gut verschlossen außerhalb des Ofens völlig erkalten.

Fleck führt als Beispiele für die Zusammensetzung der Beschickung folgende Zahlen an:

1. Hornspäne . . 150 kg ⎫   Ausbeute:
   Altes Schuhwerk 100 » ⎬ 108 kg Tierkohle und
          Summa 250 kg ⎭ 62 » ammoniakalische Flüssigkeit.

2. Hornspäne . . 175 kg ⎫
   Wollene Lumpen   25 » ⎪ 112 kg Tierkohle und
   Altes Schuhwerk 90 » ⎬ 66 » ammoniakalische Flüssigkeit.
          Summa 290 kg ⎭

3. Hornspäne . . 145 kg ⎫
   Flechsen . . .   40 » ⎪
   Altes Schuhwerk 90 » ⎬ 104 kg Kohle
          Summa 275 kg ⎭

und als Gesamtausbeute von 91 Verkohlungen während eines sechsmonatlichen Betriebes:

Rohmaterial:		Ausbeute:	
Hornspäne . .	16 567,8 kg	Tierkohle	9782,8 kg
Hufe	3 907,2 »	Rohes Ammoniumkarbonat	1240,3 »
Lederabfälle. .	6 512,2 »	Ölhaltiges Ammoniak aus	
Wollene Lumpen	771,5 »	Vorlage e	386,3 »
Flechsen . . .	4 335,6 »	Ammoniakalische Flüssig-	
Summa	32 094,3 kg	keit von 13 bis 15 ⁰ Bé	5107,5 »

Die Rohstoffe brachten also ca. 30 % Tierkohle aus, ein Resultat. das auch von anderen angegeben wird und als ziemlich allgemein gültig angesehen werden kann.

Der Stickstoffgehalt der Tierkohle wird sehr stark von der Führung des Destillationsprozesses beeinflußt. Wenn die Verkohlung langsam vor sich geht und die Temperatur nicht über dunkle Rotglut getrieben wird, dann erhält man eine weiche, zerreibliche, mattschwarze Kohle mit 5 % bis 7 % Stickstoff. Erhitzt man dagegen schnell auf helle Rotglut, so werden größere Mengen Stickstoff flüchtig, und der Stickstoffgehalt des harten, dichten und glänzend

grauschwarzen Rückstandes beträgt nur 2% bis 3%, der Stickstoffgehalt der ursprünglichen Rohsubstanz tritt im letzteren Falle mehr
in den Hintergrund. Hand in Hand mit dieser Herabsetzung des
Stickstoffgehaltes geht auch eine Verminderung der absoluten Kohlen-
ausbeute, so daß die Anwendung hoher Verkohlungstemperaturen
das Produkt nur ungünstig beeinflußt. Die hier kurz geschilderten
Verhältnisse sind übrigens nicht die Folge der besonderen Eigen-
tümlichkeit der in Rede stehenden Rohstoffe, sondern treffen in
gleicher Weise bei der Destillation anderer organischer Substanzen,
z. B. Holz, Braunkohle, Steinkohle und bituminöse Schiefer zu.

Aus dem Vorstehenden ergibt sich, daß nur wenig von dem
Stickstoff der Rohsubstanz an der Cyanbildung teilnehmen kann.
Setzt man nach F l e c k den mittleren Stickstoffgehalt der unverkohlten Tierstoffe gleich 12% und führt die Verkohlung recht vorsichtig aus, so erhält man 30% Tierkohle mit höchstens 7% Stickstoff, es bleiben demnach $2,1\%$ Stickstoff der Rohsubstanz in der
Tierkohle zurück, und diese Menge entspricht $17,5\%$ des ursprünglichen Gesamtstickstoffs.

Wie schon erwähnt wurde, wendet man meistens zum Verschmelzen nicht nur Tierkohle allein an, da die Schmelzen zu strengflüssig werden. Ein Teil der Rohstoffe wird unverkohlt eingetragen,
doch kann man sich derselben auch nicht im ursprünglichen Zustande bedienen, sondern muß sie zuvor durch intensives Darren
soweit wie möglich von Wasser befreien. Als selbstverständlich ist
dabei vorausgesetzt, daß die Substanzen in jedem Falle von an-
hängendem Schmutze, besonders solchem anorganischer Natur, befreit
werden, da sonst erhebliche Verluste an Pottasche durch Bildung von
Silikaten eintreten können.

Die übrigen für den Blutlaugensalzprozeß nötigen Materialien
sind Pottasche und Eisen. Die erstere wird von der Industrie in
genügend reinem Zustande angeliefert, um eine besondere Vor-
behandlung zum vorliegenden Zwecke unnötig zu machen. Das
Eisen kommt in Form von Abfällen, Drehspänen u. dgl. zur Verwendung. Beide Rohstoffe bieten zur speziellen Besprechung keinen
Anlaß.

b) Die Erzeugung des Rohcyankaliums.

Der Schmelzprozeß zur Darstellung des Rohcyankaliums kann
sowohl in geschlossenen, von außen beheizten Muffeln, als auch in
Flammöfen vorgenommen werden, es ist bei beiden Methoden nur

Hauptbedingung, daß die Schmelze nicht mit der Luft in Berührung komme, weil sonst aus naheliegenden Gründen große Verluste an nutzbaren Cyanverbindungen eintreten können.

Ein in der Blutlaugensalz-Fabrikation üblicher Flammofen ist in Fig. 3 (nach Fleck) dargestellt. Auf seiner Sohle befindet sich eine schwere, flache, gußeiserne Schale a, die von oben her vom Roste b aus beheizt wird und zur Aufnahme der niederzuschmelzenden Materialien dient. Als Feuerungsmaterial benutzte man früher fast

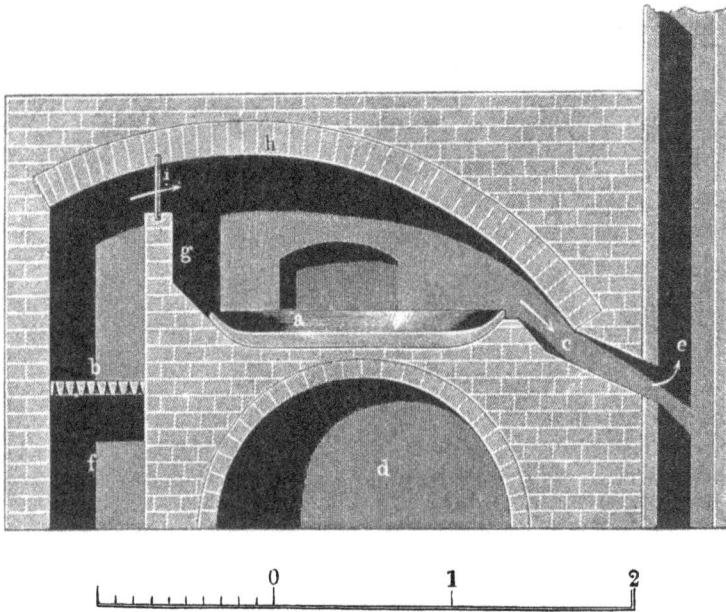

Fig. 3. Flammofen für die Cyanschmelze.

nur Holz, ist hiervon aber völlig abgekommen, weil, abgesehen von dem hohen Preise des Brennstoffs, die Rauchgase zuviel Wasserdampf enthalten, welcher unter Umständen erhebliche Mengen Cyankalium in Ammoniak überführt. Man verwendet daher nur Steinkohle ev. mit Koks gemischt und verbrennt diese durch Regulierung des Rauchschiebers derart, daß im Ofeninneren stets eine reduzierende Atmosphäre herrscht,

Zunächst wird nun die Schale a auf Rotglut erhitzt, dann schließt man den Schieber i und den Aschenfall f und wirft einige Schaufeln des Kohle-Pottaschegemisches ein, worauf man die Tür schnell schließt. Nach einigen Minuten ist die Masse geschmolzen, die Tür wird wieder geöffnet, wobei sich die Gase entzünden, und man trägt nun hintereinander den Rest der Charge portionsweise ein.

Die Gesamtmenge des Gemisches beträgt für jede Operation ca. 175 kg, und zwar 100 kg Pottasche und 75 kg Tierkohle, wozu noch 6 bis 8 % Eisen, auf die Kohle bezogen, kommen. In 24 Stunden kann man vier Schmelzen machen, die ein Gesamtgewicht von 400 bis 500 kg besitzen und ca. 15 % Blutlaugensalz ergeben. Dies hängt hauptsächlich von der Führung des Prozesses und von der Geschicklichkeit des Schmelzers ab. Vor allem ist es nötig, die Masse gut durchzukrücken, damit die Kohle nicht oben auf der Schmelze schwimme. Das erfordert vornehmlich dann Beachtung, wenn man zuvor die Pottasche für sich niederschmilzt und die Tierkohle oder die getrockneten Abfälle nachträglich einbringt. Auch muß man dafür sorgen, daß die Temperatur der Schmelze nicht zu hoch getrieben wird, weil sonst Cyankalium und metallisches Kalium, durch Reduktion entstanden, mit den Flammengasen in Form weißer Nebel weggeführt werden.

Wenn alles eingetragen ist, beginnt die Schmelze, eine breiartige Beschaffenheit anzunehmen und muß aus der Schale entfernt werden. Man hängt zu diesem Zwecke einen großen Löffel in eine Kette vor den Ofen und schöpft die Schmelze in kleine, gußeiserne Schalen, in denen sie erstarrt.

Der ältere, vor Einführung der Flammenöfen gebräuchliche Muffelofen, Fig. 4 (nach Fleck) enthält eine gußeiserne, birnenförmige Muffel, die nur an ihrer Außenseite von den Feuergasen bestrichen wird. Sein Betrieb geschieht gerade so wie der der Flammöfen, doch sind die in einer Operation einzuschmelzenden Mengen kleiner, sie betragen selten mehr als 70 bis 80 kg. Man bringt in die glühende Birne zuerst die Pottasche und das Eisen ein und gibt dann in der üblichen Weise die stickstoffhaltigen Materialien nach, doch muß man vor dem Eintragen jedesmal warten, bis die vorherige Portion von der Pottasche aufgenommen ist und die Schmelze wieder ruhig fließt. Wenn die Operation vollendet ist, wird die Schmelze wie vorbeschrieben mit einem Löffel in eiserne Gefäße zum Erkalten eingebracht. In einem Tage lassen sich sechs Operationen ausführen, die Muffelöfen liefern also nicht soviel Schmelzgut wie die Flammöfen.

Die Menge der im Schmelzprozeß angewendeten Pottasche beträgt gewöhnlich das 12,5fache der theoretisch notwendigen; sie muß so hoch sein, damit die Schmelze nicht ihre Flüssigkeit verliert. Es würde nun eine Verschwendung sondergleichen bedeuten, wenn man diesen ganzen Betrag in Form reiner Pottasche einbrächte, daher pflegt man die Mutterlaugen von der Rohkristallisation des Blutlaugensalzes einzudampfen und das resultierende sog. Blaukali an Stelle der Pottasche einzuschmelzen. Gewöhnlich verwendet man davon $^2/_3$ neben $^1/_3$ frischer Pottasche. Dennoch sind die Verluste noch ganz enorm, ein Teil der Kaliumsalze verflüchtigt sich beim Schmelzen und ein zweiter geht besonders bei der Verarbeitung alten Schuh-

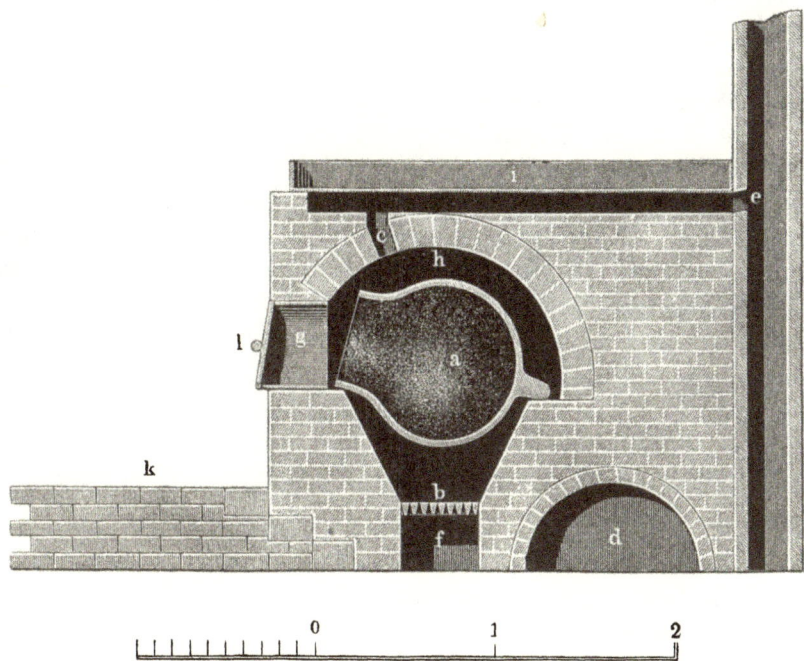

Fig 4. **Muffelofen für die Cyanschmelze.**

werks durch den anhängenden, schwer entfernbaren Sand in Silikat über, das im kohligen Rückstande bleibt. Schließlich kristallisieren mit dem Blutlaugensalze bei der Reinigung nicht unerhebliche Mengen von Chlorkalium aus, die auch für die Cyanbildung verloren sind. Im allgemeinen kann man den Verlust an Pottasche zu $^1/_3$ ihrer Menge annehmen.

Die eisernen Schmelzgefäße, seien es Pfannen oder Birnen, werden von der stark alkalischen Schmelze heftig angegriffen. Nach Fleck hält ein Kessel, wenn man der Schmelze kein Eisen zusetzt, kaum hundert Operationen aus. Bei Eisenzusatz werden die Anfressungen geringer, doch beträgt die Gewichtsabnahme der Gefäße pro Schmelzung immerhin noch zirka 1 kg. Das aufgenommene Eisen wird nur nur zum geringsten Teil zur späteren Blutlaugensalzbildung benötigt, sondern löst sich als Schwefeleisen in der Schmelze.

c) Die Verarbeitung der Schmelze.

Die erkaltete Rohcyankaliumschmelze stellt eine harte, spröde Masse von kristallinischer Beschaffenheit dar, die infolge ihres Gehaltes an Kohle und Eisenverbindungen schwarz bis grünschwarz gefärbt ist. Sie zieht an der Luft leicht Wasser an und gibt Ammoniak und Cyanwasserstoff ab.

Ihre chemische Zusammensetzung ist naturgemäß recht kompliziert und hängt sowohl von der Natur der angewandten Materialien, als auch von der Führung des Schmelzprozesses ab. An Cyanverbindungen finden sich in der Schmelze Cyankalium, Kaliumcyanat und Schwefelcyankalium, ferner enthält sie unverändert gebliebenes Kaliumkarbonat, Schwefelkalium, Kaliumsulfat und Alkalisilikate, endlich sind noch Schwefeleisen, unverändertes, metallisches Eisen und Kohle vorhanden.

Brunnquell[1] analysierte ein Gemisch von zehn Schmelzen, die aus 100 Teilen Pottasche von 75 % K_2CO_3, 40 Teilen Lumpen, 30 Teilen Leder, 30 Teilen Flechsen und 10 Teilen Eisen gewonnen waren, und ermittelte dafür folgende Zusammensetzung:

Cyankalium (als Blutlaugensalz bestimmt)	8,20 %
Kaliumkarbonat (und Natriumkarbonat) .	57,56 »
Schwefelcyankalium	3,33 »
Kaliumcyanat	2,46 »
Kaliumsulfat . . :	2,82 »
Kieselsäure	3,10 »
Unlösliches	18,11 »
Chlor, Phosphorsäure, Schwefelsäure und Verlust	4,42 »
	100,00 %.

Wird der Schmelzprozeß nicht andauernd in reduzierender Atmosphäre ausgeführt, so steigt der Gehalt an Kaliumcyanat beträchtlich. Auch die vorkommenden Mengen Kieselsäure schwanken erheblich

[1] Verhandlungen des Vereins zur Beförderung des Gewerbefleißes, Berlin 1856, S. 40.

und sind besonders hoch, wenn viel altes Schuhwerk verschmolzen
wird, daher man die Verarbeitung des letzteren nach Möglichkeit
zu vermeiden sucht.

Um die Schmelze auszulaugen, wird sie zunächst in faustgroße
Stücke zerschlagen und darauf in einem großen, eisernen Kessel mit
dünner Waschlauge von der letzten Operation übergossen. Man
erwärmt nun unter fleißigem Umrühren über freiem Feuer auf 60
bis 70° C so lange, bis keine festen Anteile mehr fühlbar sind, und
hält die Konzentration derartig, daß eine Lauge von ca. 24° Bé
entsteht. Ist alles gelöst, dann läßt man die Lauge absitzen, zieht
sie nach der Klärung mittelst eines Bleihebers ab und dampft sie
in Pfannen, die von der Abhitze der Schmelzöfen geheizt werden.
auf 30° Bé ein. Dann wird sie in hohe, hölzerne Bottiche abgelassen
und bleibt darin acht Tage lang zur Kristallisation stehen.

Die Auflösung der Schmelze über freiem Feuer hat große Nachteile, da sich die unlöslichen Bestandteile zu Boden setzen und eine
wärmeisolierende Schicht bilden. Infolgedessen wird der Boden des
Kessels leicht glühend und springt, wenn die Isolierschicht zerreißt
und kalte Flüssigkeit mit dem glühenden Eisen in Berührung
kommt. Daher empfiehlt es sich, statt eiserner Kessel hölzerne
Lösebottiche anzuwenden und die Flüssigkeit durch Einleiten von
Frischdampf auf die erforderliche Temperatur zu erhitzen. Hierbei
bringt man die zerschlagene Schmelze meist in Eisenkästen aus
gelochtem Blech, die in die Lösebottiche eingehängt werden. Der
unlösliche Rückstand bleibt in den Bottichen, bis er durch seine
Menge lästig fällt, dann erst wird er mittelst eines Schiebers am
Boden abgelassen. Man versieht die Bottiche gewöhnlich mit einer
Anzahl seitlicher Zapflöcher, die in verschiedenen Höhen spiralig
angeordnet werden. Hat sich der unlösliche Rückstand abgesetzt.
so läßt man die Lösung aus den Zapflöchern der Reihe nach aus-
fließen, bis sie trübe zu laufen beginnt. Der Löserückstand, die
sog. Schwärze, wird gut mit Wasser ausgewaschen, die dabei
entfallende, schwache Lauge dient wieder zum Auflösen frischer
Schmelze.

Wenn die Kristallisation der eingedickten Rohlauge in den Holz-
ständern beendigt ist, wird die Mutterlauge vorsichtig vom ausgeschiedenen Rohsalz abgezogen und auf 40° Bé eingedampft. Sie
kommt dann von neuem zur Kristallisation und setzt ein unreineres
Produkt, das Schmiersalz, ab. Nunmehr ist ihr Gehalt an Ferrocyankalium auf ein Mindestmaß zurückgegangen, das eine weitere

Trennung nicht mehr lohnend erscheinen läßt. Sie wird daher vollends zur Trockne gebracht, das gewonnene Blaukali wandert wieder in den Schmelzprozeß zurück, in welchem es an Stelle reiner Pottasche verwendet wird.

Die Zusammensetzung dieses Blaukalis richtet sich danach, wie häufig es schon angewandt wurde. So fand Brunnquell (l. c.) im schwach geglühten Mutterlaugensalze einer einmal gebrauchten Pottasche von 75,6 % $K_2 CO_3$:

> Kaliumkarbonat (und Natriumkarbonat)   71,9 %
> Kaliumsilikat . . . . 11,9 »
> Kaliumsulfid . . . . 4,3 »
> Unlösliches . . . . 1,6 »
> Wasser . . . . 2,1 »
> Chlorkalium, Kaliumphosphat, Kalium-
>   sulfat und Verlust . . . . . . 7,7 »

Karmrodt untersuchte ein Blaukali, das sechs Wochen lang im Betriebe gewesen und mit Horn, Lumpen, Leder und Kohle geschmolzen war, und ermittelte dafür folgende Zusammensetzung:

> Kaliumkarbonat . . . . 52,75 %
> Kaliumsilikat . . . . 16,57 »
> Schwefelkalium . . . . 6,18 »
> Kaliumoxyd . . . . 7,22 »
> Ferrocyankalium . . . . 2,84 »
> Chlorkalium . . . . 1,15 »
> Kaliumphosphat . . . . 2,04 »
> Kaliumsulfat . . . . 4,34 »
> Unlösliches . . . . 3,86 »
> Rhodankalium . . . . Spuren
> Organisches, Wasser und Verlust . 3,07 %
>   ———————
>   100,00 %.

Die Reinigung des Rohsalzes und des Schmiersalzes geschieht durch Umkristallisieren, und zwar löst man zuerst das Schmiersalz zu einer Lauge von 32° Bé, aus welcher ein Salz auskristallisiert, das dem Rohsalz gleichkommt und mit ihm zusammen weiter verarbeitet wird. Zu diesem Zwecke wird die Gesamtmenge des rohen Blutlaugensalzes ebenfalls zu einer Lauge von 32° Bé heiß gelöst, durch ein Leintuch filtriert und darauf in Kristallisierbottiche abgelassen. In die Lösung hängt man Fäden ein, an welchen das Blutlaugensalz in den bekannten, großen Kristallen anschießt; ein Haupterfordernis dabei ist aber, daß die Bottiche während des Kristallisierens nicht erschüttert werden.

Die fertigen Kristalle werden nach Beendigung der Kristallisation, wozu 10 bis 12 Tage erforderlich sind, aus der Mutterlauge herausgenommen und letztere abgelassen. Die an den Gefäßwänden abgeschiedenen Kristalle fallen beim Anklopfen an die Wände von außen ab und werden mit den ersteren vereinigt. Man spült sie mit Wasser ab, trocknet sie vorsichtig bei ca. 50° C und bringt sie. in papierausgelegte Fässer verpackt, in den Handel.

Die Mutterlauge von den reinen Kristallen dient wiederum zum Auflösen von Rohsalz. Ist sie hierfür zu sehr verunreinigt, so wird sie zum Umkristallisieren von Schmiersalz verwendet.

Aus der Mutterlauge des Schmiersalzes gewinnt man durch Eindampfen auf 40° Bé und Kristallisierenlassen Chlorkalium als Verkaufsprodukt und fügt den Rest den auf Blaukali einzudampfenden Laugen zu.

Der beim Auflösen der Rohcyankaliumschmelze verbleibende Rückstand, die Schwärze, ist ein weiches, schwarzes Pulver, das ebenfalls als verkaufsfähiges Produkt anzusehen ist. Seine Menge hängt vorwiegend von den verschmolzenen Substanzen ab. Karmrodt[1]) erhielt z. B. aus zehn Schmelzen im Mittel bei Verarbeitung

von Lumpen　.　.　.　.　28,3 % Schwärze,
» Horn　.　.　.　.　.　18,75 »　　»
» Haaren .　.　.　.　.　23,0 »　　»
» Leder　.　.　.　.　.　35,1 »　　»
» schlechter Tierkohle 38,73 »　　»

Für die Zusammensetzung solcher Schwärzen ermittelte er folgende Zahlen: (Siehe Tabelle nächste Seite.)

Der hohe Gehalt der Schwärze an Kaliumsalzen hat viele Versuche und Vorschläge zu seiner Gewinnung veranlaßt, jedoch ohne nennenswerten Erfolg. In der Blutlaugensalzfabrikation selbst benutzt man einen Teil der gewaschenen und getrockneten Schwärze als Klärpulver zum Reinigen der Rohsalzlösung. Meist bedeckt man die Leinenfilter mit einer Lage Schwärze und läßt die Rohsalzlösung

---

[1]) Verhandlungen des Vereins zur Beförderung des Gewerbefleißes, Berlin 1857, S. 168 ff.

Bei der Verarbeitung von . . . . wurden an Schwärze erhalten . .	Horn 18,75 %	Lumpen 28.3 %	Leder 35,1 %
Darin:			
Kieselsäure	21,14	29,70	26,45
Kohle	6,10	4,22	9,19
Kali	12,18	16,70	10,22
Kalk	16,20	18,45	19,66
Magnesia	2,15	1,27	0,97
Tonerde	4,80	10,24	14,17
Eisenoxyd und metallisches Eisen	16,14	2,12	3,10
Mangan	0,42	0,06 (?)	0,72
Kupfer	Spuren	0,42	0,02 (?)
Schwefelsäure	1,27	0,16	1,85
Phosphorsäure	10,45	6,44	4,92
Schwefel, Chlor, Cyan, Kohlensäure und Verlust	9,15	10,22	8,73
	100,00	100,00	100,00

hindurchfließen. Der Überschuß an Schwärze wird als Dünger verwendet, wozu er sich infolge seines hohen Kali- und Phosphorgehaltes sehr gut eignet. Die Schwärze ist keine angenehme Beigabe des Prozesses, da sie nicht wenig zu den großen Verlusten an Pottasche beiträgt und die Kalisalze in dieser Form nur sehr schlecht bezahlt werden.

d) Die Ausbeute bei der Blutlaugensalzfabrikation.

Die schlechte Ausnutzung des Stickstoffs der tierischen Abfälle bei der Darstellung der Rohcyankaliumschmelze wurde schon mehrfach hervorgehoben, sie wird aber noch deutlicher, wenn man Betriebsresultate studiert.

Fleck machte in Muffelöfen 459 Schmelzoperationen, bei welchen er insgesamt 1904,2 kg reines Blutlaugensalz, pro Operation also 4,15 kg erhielt. Jeder Schmelzsatz bestand im Mittel aus:

$$
\begin{array}{lr}
\text{Pottasche} & 11 \text{ kg} \\
\text{Blaukali} & 26,4 \text{ »} \\
\text{Lumpen} & 22,1 \text{ »} \\
\text{Schlappen} & 11,0 \text{ »} \\
\text{Tierkohle} & 4,2 \text{ »} \\
\text{Eisen} & 3,7 \text{ »}
\end{array}
$$

und hätte theoretisch 20,6 kg Blutlaugensalz liefern müssen. Die tatsächliche Ausbeute von 4,15 kg entspricht also 20,1 % der Theorie.

Über den Betrieb von Flammöfen hat Karmrodt in seiner schon mehrfach erwähnten Arbeit[1]) umfangreiche Versuche mitgeteilt, die ähnliche Resultate ergaben. Er verwandte zu seinen Schmelzen entweder 500 Teile Pottasche, oder 400 Teile Blaukali und 100 Teile Pottasche, oder 350 Teile Blaukali und 150 Teile Pottasche. Mit diesen Salzen wurden verschmolzen:

Material	Teile	Prozentgehalt der Schmelze an Blutlaugensalz	Verfüg-barer Stickstoff	Stickstoff im Blutlaugen-salz	Ausbeute
Beste, trockene Wollumpen	500	15,22	800	152	19,0 %
Reines Horn	500	16,26	800	162,6	20,3 ›
Kuh- und Kälberhaare. .	500	11,94	800	119,4	14,9 ›
Lederabfälle	600	13,52	420	135,2	32,2 ›
Gute Hornkohle	400	16,23	280	162,3	57,9 ›
Lumpenkohle	425	17,57	531	175,7	30,2 ›

Man sieht daraus, wie gering die Ausbeute vornehmlich bei unverkohlten Rohstoffen ist. Dies liegt eben daran, daß sich beim Eintragen der Abfälle in die glühende Pottasche große Massen von Ammoniak entwickeln, welche keine Gelegenheit zur Umwandlung in Cyan vorfinden.

e) Verbesserungsvorschläge.

Fleck empfiehlt, der Pottasche zuerst Kohle zuzusetzen, damit die Reduktion des Kaliumkarbonats schon vor dem Eintragen des stickstoffhaltigen Materials stattfinde. Aber auch dann wird sich nur ein kleiner Teil des Ammoniaks in Cyan umsetzen, weil die leichten Abfälle auf der Pottasche schwimmen und das Ammoniak nicht mit dem gebildeten Kaliumkarbid in Berührung kommt.

Brunnquell (l. c.) hat diese Frage in anderer Weise zu lösen versucht. Er wendet zwei übereinander in getrennten Feuerungen stehende Muffeln an, die durch einen Stutzen miteinander verbunden sind. Die untere Muffel wird mit einem Gemisch von sehr stickstoff-reichen, tierischen Abfällen und Pottasche zu gleichen Teilen be-schickt, während die obere Muffel Pottasche und 40 bis 50 % stickstoff-arme Tierkohle enthält. Er erhitzt nun zuerst die obere Muffel, bis ihr

---

[1]) Verhandlungen des Vereins zur Beförderung des Gewerbefleißes, Berlin 1857, S. 168 ff.

Inhalt geschmolzen ist, dann wird auch die Beschickung der unteren zum Schmelzen gebracht, und die aus ihr sich entwickelnden Gase müssen die obere, geschmolzene Schicht durchstreichen, wobei ein großer Teil des Ammoniaks in Cyan verwandelt wird. Gleichzeitig tritt ein Aussaigern des gebildeten Cyankaliums ein, und dieses findet sich daher vornehmlich in der unteren Muffel. Bei einem diesbezüglichen Versuche erhielt Brunnquell in der oberen Muffel eine Schmelze mit 4,6 % Ferrocyankalium, während die der unteren 28,6 % Ferrocyankalium ergab.

Das Resultat ist recht gut gegenüber den sonstigen Ausbeuten, doch macht die Form der Muffeln und ihre Handhabung Schwierigkeiten, so daß sie sich im Betriebe nicht einzubürgern vermochten.

Engler und Bader haben dann 1881 einen Ofen angegeben, dessen Konstruktion ebenfalls darauf hinzielt, den Weg des Ammoniaks durch die Schmelze recht lang zu machen. Nach dem D. R. P. Nr. 23 132 schmelzen sie Pottasche in einem stehenden Zylinder und pressen die tierischen Materialien mit Hilfe eines Kolbens hinein. Diese Vorrichtung scheint jedoch keinen Anklang gefunden zu haben, um so mehr als bei ihrem Erscheinen die Blütezeit der Blutlaugensalzfabrikation aus tierischen Abfällen schon vorüber war.

Andere versuchten, den Schmelzprozeß durch Abänderung der Schmelzsätze zu verbessern. So empfahl Havrez[1]), Wollschweiß mit 50 % Lederabfällen zu verarbeiten. Sein Verfahren gelangte in Buchsweiler und Verviers (nach Feuerbach) zur Anwendung und ergab recht befriedigende Resultate, ist aber wohl wieder verlassen worden.

Th. Richters schlägt nach D. R. P. Nr. 13 594 (1880) vor, tierische, stickstoffhaltige Abfälle mit einer Pottaschelösung zu tränken, darauf zu darren und sie dann trocken zu destillieren. Der kohlige Rückstand wird mit metallischem Eisen, Eisenoxydul o. dgl. gemischt und mit Wasser ausgelaugt. Man dampft die angereicherte Lauge ein, läßt das Ferrocyankalium auskristallisieren und verwendet die Mutterlauge von neuem zum Tränken stickstoffhaltiger Rohstoffe.

Hierher gehören auch die vielfachen Versuche, Ferrocyankalium bei der Sodaschmelze zu gewinnen. Das Vorkommen desselben in der Schmelze ist nach Lunge[2]) schon lange bekannt. Man hatte

---

[1]) Deutsche Industrie-Zeitung 1870, 85.
[2]) Dinglers Polyt. Journal 231, 339; 232, 529.

verschiedentlich darin Ferrocyannatrium, Rhodannatrium und Natriumcyanat nachgewiesen und betrachtete sie als lästige Verunreinigungen,
deren Beseitigung zu erstreben sei. Statt dessen schlugen andere
vor, die Cyanbildung möglichst zu begünstigen.

So will Lacombe nach seinem englischen Patent Nr. 3661
vom Jahre 1879 275 Teile Kaliumsulfat, 200 Teile Ätzkalk, 100 Teile
Kohle, 6 Teile Eisenoxyd und 10 Teile Wolle, Horn o. dgl. miteinander schmelzen. Das Reaktionsprodukt, die Rohsoda, wird ausgelaugt und die konzentrierte Lösung mit Kohlendioxyd behandelt,
wobei sich Ferrocyankalium ausscheiden soll.

Hawliczek[1] empfiehlt, beim Erschmelzen der Rohsoda sehr
stickstoffreiche Mischkohle anzuwenden, um möglichst viel Cyanid
zu erzeugen. Allerdings soll dieses nicht als solches gewonnen werden,
sondern man wandelt es durch Behandeln mit Wasserdampf bei
einer Temperatur zwischen 360 und 415° C in Ammoniak um nach
der Gleichung:

$$Na_4 Fe (CN)_6 + 10 H_2O = 2 Na_2 CO_3 + 6 NH_3 + 4 CO + H_2 + Fe.$$

Bei Aufstellung der Reaktionsformel hat Hawliczek übrigens
übersehen, daß auch die Sodaschmelze kein Ferrocyannatrium fertig
gebildet enthalten kann, es handelt sich ebenso wie in der Cyanschmelze nur um Alkalicyanid.

Die genannten Vorschläge sind wohl kaum über das Versuchs-
stadium hinausgekommen. Teils war ihre Ausführung zu kompliziert, teils fielen sie in die Zeit des Niedergangs der besprochenen
Industrie. Heute hat man die Cyangewinnung durch Verschmelzen
stickstoffhaltiger, organischer Massen mit Alkalikarbonaten fast völlig
verlassen und findet sie nur noch vereinzelt in England und Amerika.

2. Die Fabrikation von Cyanverbindungen aus atmosphärischem Stickstoff.

Leitet man Stickstoff über ein glühendes, aus Kohlenstoff und
einer starken, anorganischen Base hergestelltes Gemisch, so bildet
sich stets Cyanmetall, dessen Menge von der Art der angewandten
Substanzen und von den Versuchsbedingungen abhängig ist. Zur
Erklärung dieses Vorganges lassen sich verschiedene Hypothesen
aufstellen.

---

[1] Journ. Soc. Chem. Ind. 1889.

Zunächst kann man annehmen, daß der Stickstoff auf den glühenden Kohlenstoff nach der Gleichung:

$$2 C + N_2 = C_2 N_2$$

einwirke. Das Cyan würde sich dann mit dem Metall, das durch Reduktion der Base entsteht, zu Cyanid vereinigen. Nun hat Morren, wie schon erwähnt (S. 4) nachgewiesen, daß sich Cyan bildet, wenn man die Funken eines Ruhmkorffschen Induktionsapparates in einer Stickstoffatmosphäre zwischen Kohlenspitzen überspringen läßt. Die direkte Synthese des Cyans aus den Elementen ohne vermittelnde Zwischenreaktionen ist also auch unter den vorliegenden Verhältnissen denkbar, bis jetzt gelang es jedoch noch nicht, sie einwandfrei nachzuweisen. Da nun die Base sowohl mit Kohlenstoff, als auch mit Stickstoff Verbindungen eingeht, die leicht in Cyan überzuführen sind, so erscheint die Annahme, daß sie nur katalytisch wirke, recht gezwungen. Aus diesen Gründen kann man beim vorliegenden Prozesse die primäre Bildung von Cyan aus Kohlenstoff und Stickstoff als nicht wahrscheinlich ansehen.

Viel näher liegt es, den zur Verwendung gelangenden, starken Basen, den Oxyden oder Karbonaten der Alkali- oder Erdalkalimetalle die Hauptrolle bei der Bildung des Cyans aus den Elementen zuzuschreiben. Beim Erhitzen derselben mit Kohlenstoff auf Rot- bis Weißglut tritt zuerst eine Reduktion zu Metall ein, und ein Teil des Metalls verbindet sich mit überschüssigem Kohlenstoff zu Karbid. Ist gleichzeitig Stickstoff zugegen, so wird dieser auf das Metall unter Nitridbildung einwirken. Es wäre nun am einfachsten, anzunehmen, daß das Karbid unter Stickstoffaufnahme, das Nitrid unter Kohlenstoffaufnahme in Cyanid übergehe. Tatsächlich ist das aber nicht der Fall, wie viele Untersuchungen der letzten Jahre gezeigt haben. Es bilden sich vielmehr zunächst Zwischenverbindungen, Metallcyanamide, die erst sekundär in Cyanide umgewandelt werden. Ob im ersten Stadium des Prozesses die Bildung von Karbiden oder diejenige von Nitriden überwiegt, läßt sich nicht nachweisen, wahrscheinlich tritt hauptsächlich die erstere ein, jedenfalls ist aber als sicher anzunehmen, daß die Entstehung der Cyanide aus Kohlenstoff, Stickstoff und anorganischen Basen durch Vermittelung der genannten Metallverbindungen vor sich geht.

Die praktische Ausführung der Cyansynthese aus dem Stickstoff der Luft gehört nun keineswegs zu den leichten Aufgaben der technischen Chemie, sondern erfordert die genaue Innehaltung gewisser

Versuchsbedingungen, wenn man überhaupt einen Erfolg erzielen will. Diese Bedingungen betreffen vornehmlich das Gemisch von Kohle mit der basischen Substanz, die Zusammensetzung des stickstoffhaltigen Gasstroms und die Temperatur des Reaktionsgemisches.

An anorganischen Basen kommen nur die Oxyde, Hydrate und Karbonate des Kaliums, Natriums, Bariums und Calciums in Frage, und zur Entscheidung darüber, welches von ihnen das geeignetste sei, sind mehrere Punkte zu beachten. Da man eine vorgängige Reduktion der Metallverbindungen als durchaus erforderlich ansehen muß, so wird von den beiden Alkalimetallen das Kalium vorzuziehen sein, weil die Reduktionstemperatur seiner Verbindungen wesentlich niedriger als die der Natriumverbindungen liegt. Die Anwendung hoher Temperaturen bringt gerade im vorliegenden Falle viele Übelstände mit sich, denn sie begünstigt die Verflüchtigung der unzersetzten Verbindungen sowohl als auch die des entstandenen Metalls, ferner wird das Schamottefutter der Öfen durch die Alkalien sehr schnell zerstört. Dadurch, daß sich die zur Cyanbildung notwendigen Substanzen verflüchtigen, werden sie aber der Reaktion entzogen, und der direkte Erfolg des Prozesses leidet merklich darunter. Schon beim alten Schmelzverfahren wies Graeger[1]) nach, daß die Cyanbildung mit steigendem Natrongehalt der Schmelze falle, und führte diese Tatsache auf die überaus hohe Reduktionstemperatur der Natriumverbindungen zurück. Man hat daher niemals ernstliche Versuche gemacht, Reaktionsgemische aus Kohle und Soda herzustellen, sondern statt der letzteren Pottasche benutzt. Jedoch auch diese entspricht durchaus nicht allen Anforderungen. Bei der erforderlichen Temperatur wird sie flüssig und überzieht die Kohlestücke mit einer undurchlässigen Schicht, welche die Berührung der Gase mit der Kohle zum mindesten beeinträchtigt. Dies wirkt darum so besonders nachteilig, weil bei allen Reaktionen zwischen Gasen und festen oder flüssigen Substanzen die Darbietung der beiden letzteren in Form recht großer Berührungsflächen von größter Wichtigkeit ist. Wenn man die Kohle auch vorher zerkleinert, so wird dies doch völlig paralysiert, weil die geschmolzene Pottasche die Poren ausfüllt. Aus diesem Grunde sowie ihrer Flüchtigkeit bei hohen Temperaturen halber hat man die Anwendung der Pottasche zum vorliegenden Zwecke schließlich ganz aufgegeben und sich den feuerbeständigen Erdalkalien, vornehmlich

---

[1]) Jahresberichte 1858, 81.

den Verbindungen des Baryts zugewendet. Die Reduktionstemperatur des Bariumoxyds liegt zwar höher als die des Kaliumoxyds, doch wird dies durch seine Unschmelzbarkeit ausgeglichen; man kann sehr innige Mischungen der zerkleinerten Rohstoffe, Bariumkarbonat und Kohle, anwenden, ohne Schmelzungen befürchten zu müssen, und dadurch ist die große Berührungsfläche dem Gasstrom stets gewährleistet.

Die Schwierigkeiten, welche die Verwendung von Oxyden, Hydraten oder Karbonaten überhaupt mit sich bringt, lassen sich durch Benutzung der Metalle an ihrer Stelle am einfachsten vermeiden. Selbstredend kann dafür nur das Natrium in Frage kommen, weil dieses allein in großem Maßstabe hergestellt wird. Eine andere Lösung liegt in der Anwendung von Karbiden, vornehmlich des Calciumkarbids, und hiervon hat man schon in umfangreichem Maße Gebrauch gemacht. Die einschlägigen Sonderverhältnisse werden bei Besprechung der betreffenden Methoden erwähnt werden.

Da der Cyanbildungsprozeß bei der Anwendung sauerstoff- haltiger Verbindungen der Alkalien- oder Erdalkalimetalle unter Reduktion verläuft, so ist es von vornherein selbstverständlich, daß der stickstoffhaltige Gasstrom frei von Sauerstoff und anderen oxy- dierenden Gasen sein muß. Dies ist nicht immer berücksichtigt worden. Vielfach hat man den Gasen Luft zugesetzt, um durch Verbrennung eines Teils der Kohle im Reaktionsgemisch selbst die Temperatur zu erhöhen, oder hat mit der Luft Kohlenwasserstoffe o. dgl. eingeblasen zum gleichen Zweck. Ein solches Vorgehen widerspricht jedoch allen theoretischen Erwägungen; wenn auch der Sauerstoff sehr bald unschädlich gemacht und das Kohlendioxyd in Kohlenoxyd übergeführt wird, so stören die Oxydationsvorgänge doch sicherlich die Reduktion der Metallverbindungen und sind daher mindestens überflüssig. Am vorteilhaftesten scheint die Anwendung reinen Stickstoffs zu sein, verbunden mit der Erhitzung des Reaktions- gemisches von außen her.

Sehr verschieden waren die Ansichten über den Einfluß des Wasserdampfs auf die Cyanbildung. Einige hielten ihn für sehr schädlich, andere, z. B. Langlois, meinten, daß er in kleinen Mengen ohne Wirkung sei. Kuhlmann[1]) hielt ihn sogar für not- wendig, damit sich zunächst Ammoniak und aus diesem dann Cyan bilden könne. Dieser Verlauf der Reaktion ist aber nicht wahr-

---

[1]) Journal für praktische Chemie 16, 482; 26, 409.

scheinlich, da die Bildung des Ammoniaks aus Kohlenstoff, Stickstoff und Wasserdampf bei der Temperatur des Cyanofens nicht eintritt. Hierzu ist das Vorhandensein von Stickstoff-Kohlenstoffverbindungen und eine niedrigere Temperatur erforderlich. So werden Cyanide unterhalb Rotglut durch Wasserdampf unter Ammoniakbildung zerlegt, ein Vorgang, den man zur Nutzbarmachung des atmosphärischen Stickstoffs mehrfach angewendet hat. Hieraus geht schon der nachteilige Einfluß des Wasserdampfes hervor, und wenn auch geringe Mengen nicht schädlich wirken sollten, so wird man doch den Stickstoff am besten so trocken wie möglich zur Reaktion bringen.

Die Lösung der Temperaturfrage hängt ausschließlich von der Art der angewandten Metallverbindungen ab, doch muß die Temperatur mindestens bis zur dunklen Rotglut getrieben werden. Diese genügt, wenn Natrium oder Karbide zusammen mit Kohle benutzt werden. Bei Anwendung von Pottasche ist aber helle Rotglut erforderlich, um die Reduktion zu Kaliummetall zu bewirken. Von der anfänglich bis auf Weißglut erhöhten Temperatur ist man sehr bald abgekommen, da sie keine Vorteile bietet, sondern nur Kaliumverluste und einen erhöhten Verschleiß der Apparate herbeiführt.

Die für die praktische Ausführung der Cyansynthese vorgeschlagenen Verfahren sind außerordentlich zahlreich, viele von ihnen ähneln jedoch einander so sehr, daß sie kaum als besondere Prozesse angesehen werden können und nur geringfügige Abänderungen ihrer Vorgänger darstellen. Daher hat es keinen Zweck, jedes derselben im einzelnen zu betrachten, es sind vielmehr nur die wichtigsten zu besprechen, wobei auf eine eingehende Wiedergabe der im praktischen Betriebe ausgeführten Methoden besonderer Wert gelegt werden soll.

a) Die technischen Verfahren.

Da die älteren Methoden ihren Ursprung den Beobachtungen über die Bildung von Cyankalium im Eisenhochofen und den Laboratoriumsversuchen von Thompson, Fownes u. a. verdanken, so schließen sie sich bezüglich der Arbeitsverhältnisse naturgemäß dicht an diese an, und die Vorschläge laufen im allgemeinen darauf hinaus, Gemische von Kohle und Pottasche bei Weißglut mit stickstoffhaltigen Gasen zu behandeln.

Das erste Patent auf Gewinnung von Cyanverbindungen aus elementarem Stickstoff ist englischen Ursprungs und wurde Newton im Jahre 1843 unter Nr. 9985 erteilt. Nach dessen Angaben wäscht man die Bleikammergase der Schwefelsäurefabrikation mit Eisensulfatlösung und Kalkmilch und führt sie darauf über ein Gemisch von Holzkohle mit Pottasche, das auf hohe Temperatur erhitzt ist. Statt ein mechanisch hergestelltes Gemenge anzuwenden, kann man die Holzkohle auch mit einer konzentrierten Pottaschelösung imprägnieren. Das Verfahren soll von 1840 bis 1847 in Betrieb gewesen sein und eine mittlere Ausbeute von 50% der theoretischen ergeben haben. Man mußte es aber wieder aufgeben wegen des starken Apparatenverschleißes und der großen Pottaschenverluste. Swindell empfahl statt dessen nach einem englischen Patent vom 12. Juni 1844, nur Holzkohle anzuwenden und bei hoher Temperatur ein Gemisch von Stickstoff, Stickoxyden und Luft darüber zu leiten. Durch gleichzeitige Zufuhr von Wasserdampf wollte er dann das gebildete Cyan in Ammoniak überführen, konnte aber keine nennenswerten Erfolge erzielen.

Der umfangreichste Versuch zur praktischen Ausführung der Cyansynthese wurde von Possoz und Boissière im Jahre 1843 unternommen. Das Verfahren war eine Kombination des schon früher erwähnten Vorschlags von Bunsen mit Newtons Methode. Die Erfinder tränkten Holzkohle mit konzentrierter Kalilauge oder Pottaschelösung, trockneten sie und behandelten sie darauf in senkrechten Retorten bei Weißglut mit Rauchgasen, die zuvor in Überhitzern auf Rotglut gebracht wurden.

Nach den Angaben von Robine und Lenglen[1]) hatten die Retorten eine Länge von 3,50 m bei 0,60 m äußerem und 0,49 m innerem Durchmesser. Ihr Oberteil bestand aus feuerfestem Ton von 0,23 m Wandstärke, während das Unterteil in Eisen ausgeführt war und als Kühlraum für das gebildete Cyanid diente.

Die Retorten wurden zunächst mit kleinen Holzkohlestückchen gefüllt, die 20 bis 30% Pottasche oder Kaliumhydrat enthielten, und dann auf Weißglut gebracht. Einen Teil der verbrannten Feuergase preßte man mittels einer Pumpe durch einen Überhitzer und von da, hoch erhitzt, durch kleine, seitliche Öffnungen in die Retorten. Nach zehnstündigem Erhitzen wurde eine bestimmte Menge des Retorteninhalts unten selbsttätig abgezogen und frische Beschickung von oben eingebracht. Das Rohcyankalium kühlte sich erst im Unterteil der Retorte etwas ab und fiel dann in ein Gefäß mit Eisensulfatlösung. Letztere wurde, sobald sich genügende Mengen angesammelt hatten, in üblicher Weise auf Ferrocyankalium verarbeitet.

---

[1]) L'Industrie des Cyanures, Paris 1903.

Die Beschickung je einer Retorte geschah jede halbe Stunde mit je 15 kg Holzkohle, die 25% Pottasche enthielt, und zu gleicher Zeit wurde eine entsprechende Menge Rohprodukt unten abgezogen. Dieses besaß einen Cyankaliumgehalt von 30 bis 50%.

In der Fabrik von Possoz und Boissière, die 1843 in Grenelle bei Paris errichtet, im folgenden Jahre jedoch, der hohen Rohmaterialpreise halber, nach Newcastle upon Tyne verlegt wurde, befanden sich 24 Öfen, von denen stets 20 in Betrieb waren, während 2 in Reserve standen und 2 repariert wurden.

Jeder Ofen verarbeitete in 24 Stunden 720 kg trockener, alkalihaltiger Kohle und lieferte 50 bis 70 kg Ferrocyankalium, so daß sich die tägliche Gesamtproduktion auf 1000 bis 1400 kg stellte, für damalige Verhältnisse eine recht anständige Leistung.

Das Verfahren konnte sich jedoch nicht halten, da die Unkosten gar zu hoch waren. Infolge der sehr hohen Temperatur verflüchtigte sich ein großer Teil des Alkalis, und die Ferrocyankaliumausbeute, auf Pottasche bezogen, betrug allerhöchstens 60% der zu erwartenden, meistens war sie weit geringer, 30% und weniger. Hierzu trat noch der enorme Verschleiß an feuerfestem Material, das durch das Alkali sehr heftig angegriffen wurde, sowie der hohe Brennmaterialaufwand und bewirkten eine Steigerung des Gestehungspreises, welche den Wettbewerb mit der Marktware trotz der großen Reinheit des Fabrikats unmöglich machte. Nach vielen, vergeblichen Anstrengungen und Geldopfern mußten die Unternehmer auch ihre Fabrik in Newcastle, und zwar im Jahre 1847, eingehen lassen.

Während Possoz und Boissière bei der Ausführung ihres Verfahrens jede Spur von Wasserdampf in den stickstoffhaltigen Gasen schon für schädlich hielten, mischte Armengaud nach einem französischen Patent[1]) vom Jahre 1847 dem Luftstickstoff absichtlich Wasserdampf bei unter der Annahme, daß die Cyanbildung dadurch sehr begünstigt werde, ebenso findet man bei Ertel[2]) die Vorschrift, den stickstoffhaltigen Verbrennungsgasen vor dem Überleiten über das Alkalikohlegemisch Wasserdampf (oder Wasserstoff) zuzusetzen. Schon die Gleichsetzung von Wasserdampf und Wasserstoff zeigt, wie wenig sich der Patentnehmer über die Vorgänge beim Cyanprozeß klar gewesen ist.

---

[1]) Dinglers Polyt. Journal 120, 111.
[2]) Ebenda 120, 77.

Einen bedeutenden Fortschritt machte die Cyanindustrie im Jahre 1862 mit der Einführung des Baryts an Stelle von Pottasche durch Margueritte und Sourdeval.[1]) Diese fanden, daß Gemische von Kohle und Barythydrat oder Baryumkarbonat Stickstoff schon bei Rotglut viel leichter und reichlicher absorbierten als alkalihaltige Kohle, und machten sofort Gebrauch davon im praktischen Betriebe. Das Baryumkarbonat wurde mit Teerpech, Harz, Holzkohlenpulver und Kokspulver gemischt und bei Rotglut mit Luft behandelt. Hierbei trat eine reichliche Cyanbaryumbildung auf, doch gewann man meistens kein Cyanid daraus, sondern führte dieses durch Behandlung mit Wasserdampf bei 300° C in Ammoniak über.

Die bedeutenden Vorteile, welche die Baryumverbindungen denjenigen des Kaliums gegenüber bieten, liegen klar zutage und ergeben sich schon aus früher Gesagtem (S. 83). Infolge der Unschmelzbarkeit des Baryumkarbonats bei der hier in Frage kommenden Temperatur kann das Gas die Masse gut durchdringen und kommt überall mit Kohlenstoff und Baryumkarbonat gleichzeitig in Berührung. Von einer Zerstörung des feuerfesten Ofenmaterials durch die Base kann keine Rede sein, und schließlich spricht noch der niedrige Preis des Baryumkarbonats sehr zu seinen Gunsten.

Seit Marguerittes und Sourdevals Entdeckung hat man zur Cyansynthese aus elementarem Stickstoff fast nur Baryumverbindungen angewendet, und wenn in den später angegebenen Verfahren die Verbindungen der Alkalimetalle immer noch mit erwähnt werden, so ist das nur geschehen, um etwaige Umgehungen der Patente zu vermeiden.

Die Erfinder verbesserten ihr Verfahren später dadurch, daß sie in dem Reaktionsgemisch keine Oxydationsvorgänge mehr von statten gehen ließen, sondern lediglich reduzierend arbeiteten. Zu diesem Zwecke führten sie statt der Luft ein Gemenge von Leuchtgas und Stickstoff oder Rauchgase über die Baryumkarbonatmischung und erzielten dadurch bessere Ausbeuten. Ferner suchten sie die Reduktion noch durch Zugabe von Eisenfeilspänen zum Reaktionsgemisch zu unterstützen.[2]) Das Rohprodukt wurde im ersteren Falle durch Erhitzen mit Kaliumkarbonatlösung in Baryumkarbonat und Cyankalium umgesetzt.

Ein ganz ähnliches Verfahren wie das vorbeschriebene benutzen auch S. und A. Brin nach ihrem englischen Patent Nr. 5802 (1883)

---

[1]) Jahresberichte 1873, 361.
[2]) Dinglers Polyt. Journal 157, 73 und 357.

zur Bindung des atmosphärischen Stickstoffs. Sie führen Luft über rotglühendes Baryumoxyd und erzeugen dadurch Baryumsuperoxyd (nach Boussingault-Brin), aus welchem durch höheres Erhitzen unter vermindertem Druck reiner Sauerstoff dargestellt wird. Der gewonnene Stickstoff streicht dann, mit Wasserdampf beladen, über ein rotglühendes Gemisch von Kohle und Baryumkarbonat und geht dabei unter intermediärer Cyanbaryumbildung in Ammoniak über.

Mond hat sich die von Margueritte und Sourdeval entdeckte Reaktion ebenfalls zunutze gemacht und auf Grund derselben Verfahren ausgearbeitet, welche ihm in Amerika unter Nr. 269309 (1882) und in Deutschland unter Nr. 21175 patentiert wurden. Zwar sind auch sie in erster Linie zur Gewinnung von Ammoniak bestimmt, doch geschieht dies selbstredend aus primär gebildetem Cyanbaryum, und ferner kann man letzteres anstatt auf Ammoniak auch auf Ferrocyanide oder Cyanalkalien verarbeiten. Daher gehören diese Verfahren gleichfalls zu den synthetischen Cyanidprozessen.

Nach dem deutschen Patente mischt man gemahlenes Baryumkarbonat mit pulverisierter Holzkohle, gemahlenem Paraffinkoks o. dgl., macht das Ganze mit Pech, Dickteer oder Goudron zu einem sehr steifen Brei an und preßt diesen zu Briketts. Statt des festen Baryumkarbonats kann man auch Lösungen von Baryumhydrat oder Baryumsalzen anwenden, wie sie als Endlaugen bei der späteren Verarbeitung der Briketts gewonnen werden, und tränkt die Holzkohle mit ihnen. Ferner setzt man der Mischung gegebenenfalls noch Strontium-, Calcium- oder Magnesiumkarbonat zu, um sie schwerer schmelzbar zu machen. Das günstigste Verhältnis ist 32 Teile Baryumkarbonat, 8 Teile Holzkohle oder Koks und 11 Teile Pech.

Die Briketts werden zunächst in reduzierender Flamme bis zur Verkokung des Bindemittels erhitzt und darauf gebrochen. Man kann das Gemisch auch auf dem Herde eines Flammofens oder in einem rotierenden Ofen mit reduzierender Flamme bis zur Sinterung erhitzen, dann herausziehen und nach dem Erkalten brechen.

Die Cyanisierung des Gemisches wird in Ringöfen vorgenommen, die ganz nach Art der Ziegelbrennöfen eingerichtet sind. Man beschickt die Kammern mit der gebrochenen Masse und leitet einen auf ca. 1400° C erhitzten Gasstrom hinein, der möglichst viel Stickstoff aber nur wenig Kohlendioxyd, Sauerstoff und Wasserdampf enthalten soll. Wenn sich genügende Mengen von Cyanbaryum gebildet haben, wird der heiße Gasstrom in die folgende Kammer eingeführt und statt seiner kalte Gase von gleicher Zusammen-

setzung eingeblasen, bis das Cyanrohprodukt sich soweit abgekühlt
hat, daß es ausgefahren werden kann. Die kalten Gase wärmen
sich dabei natürlich stark vor, sie werden überhitzt und zum Cyani-
sieren frischer Beschickung verwendet. Das gewonnene Cyanrohprodukt kann man entweder durch Erhitzen mit Wasserdampf auf
300 bis 500⁰ unter Ammoniakbildung regenerieren oder mit Wasser
auslaugen und die Lauge auf Ferrocyanverbindungen oder Cyanalkalien verarbeiten. Die extrahierten Massen kehren wieder in den
Betrieb zurück, sofern sie noch genügend Kohlenstoff enthalten.

Als geeignete, stickstoffreiche Gase gelangen Generatorgase zur
Verwendung, die nach ihrem Austritt aus dem Cyanofen zu Heizungs-
zwecken verbrannt werden. Anstatt dieser eignen sich auch die
Gase, welche bei der Ammoniaksodafabrikation aus den Kohlensäure-
absorptionsapparaten entweichen.

Für kleinere Anlagen empfiehlt Mond einen Ofen mit senkrechten Retorten aus feuerfestem Ton, die ganz ähnlich wie die von
Possoz und Boissière angewandten konstruiert sind und in fast
der gleichen Weise wie diese betrieben werden.

Weldon schlägt in seinem englischen Patent Nr. 3621 vom
Jahre 1878 vor, das Gemisch von Kohle und Erdalkalien in Revolver-
öfen, wie sie in der Leblanc-Sodafabrikation angewendet werden,
zu erhitzen, und weist besonders darauf hin, daß es keinen Vorteil
biete, die Temperatur bis auf Weißglut zu treiben, man bekomme
viel bessere Ausbeuten, wenn helle Rotglut nicht überschritten
werde.

Nach dem Verfahren von V. Adler, D. R. P. Nr. 12351, werden
Oxyde, Hydrate oder Karbonate des Baryums oder Strontiums (oder
der Alkalimetalle) mit Kohle und fein verteiltem Eisen gemischt und
in einer Stickstoffatmosphäre geglüht. Zur Präparation des Gemisches tränkt man Holzkohle, Koks, Sägespäne o. dgl. mit den
entsprechenden, wäßrigen Lösungen und erhitzt sie. Das resultierende
Produkt wird dann mit Eisensulfat- oder Eisenchlorürlösung getränkt
und unter Überleiten von Wasserdampf geglüht, wodurch eine sehr
feine Verteilung des Eisens erzielt werden soll. Für je ein Äquivalent Kohlenstoff kommen drei Äquivalente der Base zur Anwendung. Den erforderlichen Stickstoff erzeugt man dadurch, daß man
atmosphärische Luft oder Rauchgase durch eine Lösung von Schwefelalkalien oder Schwefelbaryum leitet.

Statt Hydrate oder Karbonate anzuwenden, kann man auch die
Sulfide oder Sulfate der Alkalimetalle mit Kalk und Kohle oder mit

Kalk, Kohle und Metallen (Eisen, Zink oder Kupfer) in einer Stickstoffatmosphäre zur Rotglut erhitzen.

In dem späteren, deutschen Patente Nr. 18945 empfiehlt Adler, dem Stickstoff Kohlenwasserstoffe oder Kohlenoxyd beizumengen, und will das Eisen eventuell durch Mangan, Nickel oder andere kohlenstoffübertragende Metalle ersetzen. Verwendet man lösliche Salze, so wird ihre konzentrierte Lösung mit Holzkohlenpulver, Graphit o. dgl. zu einem dünnen Brei angerührt, in welchen man erbsen- bis faustgroße Stücke Holzkohle einträgt, so daß die letzteren völlig von der Masse überzogen und durchsetzt werden. Unlösliche Verbindungen werden mit Soda, Pottasche, Borax und mit Teer o. dgl. gemischt und in gleicher Weise auf Holzkohle gebracht.

Als Ofen verwendet Adler nach D. R. P. Nr. 32334 einen Schachtofen mit ab- und einwärts gerichteten Wandkanälen, durch welche das überhitzte, stickstoffreiche Gas unter Druck eingeführt wird.

Diese Vorschläge sind sehr kompliziert, es erscheint doch recht fraglich, ob es gelingen wird, aus dem Gemisch von allen möglichen Substanzen das gebildete Cyanmetall in einigermaßen reiner Form zu isolieren.

Nach dem Verfahren von Fogarty (amerikanische Patente Nr. 288323 und 402324 vom Jahre 1883 und Nr. 371186 und 371187 vom Jahre 1887) erhitzt man ein Gemisch von Generatorgasen mit Rauchgasen oder mit Ölgas in Retorten auf ca. 1300⁰ C und läßt ein Gemenge von pulverisierter Kohle und staubförmigem Kalk von der Decke der Retorte herabrieseln. Das Reaktionsprodukt kann sowohl auf Cyanide o. dgl. als auch auf Ammoniak verarbeitet werden. Auffallend erscheint hierbei die Rückkehr zu den extrem hohen Temperaturen, doch soll der Prozeß nach Wyatt[1] in der Praxis gute Resultate ergeben haben.

Ähnlich ist das Verfahren von Dickson, amerikanisches Patent Nr. 370768 vom Jahre 1887. Nach diesem bläst man eine Mischung von Luft, Wasserdampf, Kohlenstaub, Petroleum und Erdalkalioxyden in feuerfeste Kammern, welche durch die Verbrennungswärme der verbrennenden Substanzen, vornehmlich die des Petroleums, auf helle Rotglut gebracht werden. Die Cyanverbindungen sammeln sich unter der Kammer, während die Gase oben abziehen und nach Reduktion durch glühenden Koks in besonderen Kammern zum Heizen oder nach Karburation zum Beleuchten dienen.

---

[1] Engineering and Mining Journal 1895, 123; nach Chem.-Ztg. 19, Rep. 282.

Die Anwendung von Gemischen gasförmiger Kohlenwasserstoffe
mit elementarem Stickstoff wird auch von de Lambilly und
Chabrier zur Erzeugung von Cyaniden empfohlen und ist diesen
durch verschiedene Patente geschützt. Nach dem ersten derselben,
dem französischen Patent Nr. 199977 vom Jahre 1889, destilliert man
Holz, Torf, Steinkohlen u. dgl. oder zersetzt schwere Mineralöle oder
Petroleum in glühenden Retorten und mischt die Gase mit reinem
Stickstoff, der nach Boussingault unter Verwendung von Baryumoxyd, nach Tessié du Motay mit Natriummanganat oder in
anderer Weise aus Luft gewonnen wird. Das Gasgemenge leitet
man darauf durch zylindrische Retorten, welche mit einem Gemisch
von Kohle mit Alkali- oder Erdalkalikarbonat beschickt sind und
auf Rotglut erhalten werden. Die Kohlenwasserstoffe zerfallen hierbei in Wasserstoff und kohlenstoffreichere Verbindungen. Der nas-
zierende Wasserstoff soll nun mit dem Stickstoff Ammoniak bilden,
während die kohlenstoffreichen Verbindungen mit dem Stickstoff
und der angewandten Base Cyanid liefern. Als Vorbedingung wird
verlangt, daß sich die Gase unter Minderdruck befinden, was bei
richtiger Führung des Prozesses schon durch die unter Kontraktion
verlaufende Ammoniakbildung erreicht werden soll. Bei Innehaltung
der vorgeschriebenen Versuchsbedingungen vornehmlich in bezug
auf Temperatur und Druck kann man nach Angabe der Patentnehmer so viel Stickstoff in Ammoniak und Cyan überführen, als
den angewandten Kohlenwasserstoffen theoretisch entspricht.

In ihrem zweiten französischen Patent Nr. 202700 (1889) führen
de Lambilly und Chabrier aus, daß es vorteilhaft sei, das Gasgemisch vor Einführung in die Retorten von Wasserstoff zu befreien.
Die Kohlenwasserstoffe der Destillationsgase spalten sich bei Rotglut
in Wasserstoff und Azetylen, der erstere soll aber stark zur Wieder-
vereinigung mit dem Azetylen neigen und dadurch den Cyanisierungs-
prozeß stören. Man muß ihn daher entfernen und verbindet dies
am zweckmäßigsten mit der Darstellung reinen Stickstoffs. Letztere
wird ausgeführt, indem man Luft über glühendes Kupfer leitet, es
entsteht dann Kupferoxyd, und der Stickstoff bleibt unberührt. Führt
man dann über das glühende Kupferoxyd das wasserstoffhaltige Gasgemisch, so wird das Kupferoxyd durch den Wasserstoff reduziert
und man erhält neben Kupfer, das von neuem zur Stickstofferzeu-
gung dienen kann, ein nur aus Azetylen und Stickstoff bestehendes
Gas. Dieses wird in die Cyanisierungsretorten geleitet und soll dort
eine quantitative Cyanbildung veranlassen.

Das dritte französische Patent, Nr. 310365, bezieht sich hauptsächlich auf die bei der Cyanerzeugung innezuhaltende Temperatur, es wird dafür nahezu Weißglut vorgeschrieben, womit de Lambilly wieder auf dem Standpunkt der ältesten, synthetischen Verfahren angelangt ist.

Nach seinem deutschen Patent Nr. 63722 soll man ein Gemisch von Alkalikarbonat oder Witherit mit Kohle und Kalk in Retorten erhitzen, bis die Kohlenoxydentwicklung aufhört, und darauf ein in schon beschriebener Weise von Wasserstoff befreites Gemisch von gleichen Teilen Leuchtgas und Stickstoff unter 100 bis 150 mm Quecksilberdruck bei nahezu Weißglut einleiten. Der Cyanmischung können zur Erleichterung der Reaktion Eisen, Nickel oder Kobalt in Form von Granalien zugefügt werden. Nach erfolgter Cyanisierung tränkt man das erkaltete Reaktionsprodukt mit Wasser, läßt dieses 24 bis 48 Stunden lang einwirken und destilliert darauf das ganze zum Zwecke der Ammoniakgewinnung.

Diese Vorschläge machen einen recht gekünstelten Eindruck, und viele der Reaktionen dürften doch wohl kaum so verlaufen, wie de Lambilly annimmt. Die Vereinigung freien Stickstoffs mit naszierendem Wasserstoff zu Ammoniak, sowie die Vereinigung von Wasserstoff und Azetylen bei Rotglut sind jedenfalls Vorgänge, mit deren Eintreten man gewiß nicht rechnen kann. Auch ist nicht einzusehen, warum gerade der Minderdruck der Gase die Cyanbildung so sehr begünstigen soll. Hempel[1] hat im Gegenteil nachgewiesen, daß die Cyanbildung mit zunehmendem Drucke steigt und hat dies auch bei Drucken von 62 Atmosphären bestätigt gefunden.

Die Erhitzung von Alkali- oder Erdalkali-Kohlegemischen in reinem Stickstoff wird dann wieder von Gilmour nach dessen D.R.P. Nr. 73816 und dem englischen Patent Nr. 24116 (1892) empfohlen. wobei die Innehaltung einer Temperatur von 1000° C vorgeschrieben wird. Das Reaktionsprodukt laugt man mit Wasser aus, behandelt die erzielte Lösung bei Siedehitze mit Kohlendioxyd und absorbiert die freiwerdende Blausäure in Kalilauge.

In ganz ähnlicher Weise arbeitet auch Finlay nach dem D. R. P. Nr. 91893, doch will dieser dem Stickstoff noch Schwefeldioxyd beifügen, um neben Cyanid auch Rhodanid zu bilden. Beide sollen in wäßriger Lösung, mit Kohlendioxyd behandelt, Cyanwasserstoff liefern.

---

[1] Berliner Berichte 23, 3388.

Young kehrt dagegen wieder zur Anwendung atmosphärischer
Luft zurück (englisches Patent Nr. 24856 vom Jahre 1893), die mit
Kohlenwasserstoffdämpfen beladen über das zu cyanisierende Gemisch
geführt wird. Er will die Temperatur sogar eventuell so hoch treiben,
daß das gebildete Cyankalium abdestilliert wird.

Auch Pfleger meint in seinem D. R. P. Nr. 88115, daß man
nicht völlig sauerstofffreien Stickstoff anwenden solle, die Cyanidbildung verlaufe glatter und mit besserer Ausbeute, wenn sie räumlich und zeitlich mit der Verbrennung gewisser Kohlenmengen zu-
sammenfalle. Er verwendet zur Erzielung des gewünschten Effekts
flache, bedeckte Pfannen, die mit Magnesia gefüttert sind und der
Luft erlauben, seitlich frei einzuströmen. Man beschickt die Pfannen
mit einer dünnen Schicht des Gemisches von Kohle und Alkali und
bemißt den freien Raum zwischen dieser Schicht und dem Deckel
derart, daß nur die für die in der Masse stattfindenden, lokalen Ver-
brennungen nötige Luft eintreten kann. Die Pfannen werden von
unten geheizt, bis ihre Beschickung in Brand gerät, nach drei-
stündigem Betriebe ist die Cyanidbildung vollendet, während dies bei
Anwendung reinen Stickstoffs ca. 10 Stunden dauert und viel höhere
Temperaturen nötig macht. Die Ausbeute soll 95 bis 98 % der
theoretischen betragen.

Die Rückkehr zum ältesten Verfahren, demjenigen von Bunsen,
wird in dem D. R. P. Nr. 87366 und in dem englischen Patent
Nr. 18792 (1894) von Mc Donnell Mackey empfohlen. Dieser wendet
einen Hochofen an, der mit Kohle und Pottasche beschickt und mit
Gebläsewind betrieben wird. Das gebildete Cyankalium entweicht
mit den Hochofengasen und wird in Kühlkammern aufgefangen.
Die Methode ist offenbar der Geschichte der Cyanindustrie entnommen.

Da bei dem Niederschmelzen des Alkalikohlengemisches die
feuerfesten Retorten stark angegriffen werden, schlagen Swan und
Kendall im D. R. P. Nr. 87780 vor, den eigentlichen Reaktions-
raum aus Nickel oder Kobalt herzustellen. Die Metallretorten werden
in Schamotteretorten eingeschoben und der Zwischenraum mit Wasser-
stoffgas erfüllt gehalten, damit das Metall von den Rauchgasen nicht
so sehr angegriffen werde. Nach ihrem englischen Patent Nr. 3509
(1895) soll das zu cyanisierende Gemisch aus Holzkohle und Wolfram
oder wolframsaurem Kalium bestehen. Man führt von der einen
Seite einen Stickstoffstrom und von der anderen geschmolzene
Pottasche ein. Statt des Wolframs können auch Titan, Molybdän,

Chrom, Uran, Mangan oder deren Verbindungen angewendet werden. Das Reaktionsprodukt laugt man entweder mit Wasser aus oder destilliert das entstandene Cyankalium ab.

Bei der praktischen Ausführung des Verfahrens scheinen die Patentnehmer jedoch von der Verwendung der Wolframate oder der anderen genannten Verbindungen abzusehen und sich auf die Erzeugung von Cyankalium aus Holzkohle, Pottasche und Stickstoff in doppelwandigen Nickelretorten zu beschränken, in deren Zwischenraum Wasserstoff zirkuliert, wenigstens wird der Prozeß in den britischen Katalogen der Weltausstellung zu St. Louis[1]) als hierauf basierend beschrieben.

Das Verfahren ist bis jetzt nur im Kleinen ausgeführt worden. es soll aber ökonomischer als alle ähnlichen arbeiten und ein Cyankalium von 96 bis 98% liefern. Dennoch kann man sich nicht des Gedankens erwehren, daß die Benutzung der kostspieligen Nickelretorten zur Herstellung eines so stark von der Konkurrenz bedrängten Artikels, wie das Cyankalium ist, die Rentabilität des Prozesses sehr nachteilig beeinflussen wird.

Das letzte auf der Erhitzung von Alkali und Kohle im Stickstoffstrom basierende Verfahren ist das D. R. P. Nr. 94114 von Petschow. Nach diesem schmilzt man ein Gemisch von Alkali und fertigem Cyanid im bedeckten Tiegel nieder und leitet durch ein Gaszuführungsrohr Stickstoff (eventuell auch Ammoniak) ein, der nicht völlig von Sauerstoff befreit zu sein braucht. Gleichzeitig preßt man Kohlenwasserstoffe, z. B. Azetylen und staubförmige Kohle in die Schmelze ein, vermeidet jedoch sorgfältig einen Überschuß derselben. Hinter den ersten Tiegel schaltet man noch einen zweiten, mit geschmolzenem Alkali gefüllt, und führt die aus dem ersten entweichenden Gase zur besseren Ausnutzung durch diesen hindurch. Aus der cyanisierten Schmelze werden die Cyanverbindungen in Form von Cyaniden oder Ferrocyaniden gewonnen.

Mehrfach ist auch empfohlen worden, die Niederschmelzung des basischen Gemisches mit Hilfe des elektrischen Stroms zu bewirken. So will Faure[2]) Kalk und Kohle im elektrischen Hochofen bei 1500 und 2500° C schmelzen und einen Luftstrom darüber leiten, um Calciumcyanat zu gewinnen, das als Stickstoffdünger dienen soll.

---

[1]) Nach Vieweg, Die Chemie auf der Weltausstellung zu St. Louis. Stuttgart 1905, S. 190.

[2]) Comptes rendus 121, 463.

Ein ganz ähnliches Verfahren, das aber auf die Gewinnung von Cyaniden gerichtet ist, hat auch Readman in seinem englischen Patent Nr. 6621 vom Jahre 1894 vorgeschlagen, und Mehner beschäftigt sich mit dem gleichen Gegenstande.

Wie schon früher erwähnt wurde (S. 10), gelang es Berthelot, Blausäure zu erzeugen, indem er durch ein Gemisch von Azetylen und Stickstoff elektrische Funken schlagen ließ:

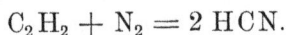

$$C_2 H_2 + N_2 = 2 \, HCN.$$

Diese Versuche wurden später von Gruskiewicz[1]) wiederholt, und es stellte sich dabei heraus, daß nur bei einem Azetylengehalt von höchstens 10% des Gemisches Blausäurebildung eintrat. Steigerte man den Azetylengehalt, so schied sich Kohlenstoff ab und verhinderte allmählich das Überspringen der Funken. Wesentlich bessere Resultate wurden mit Gemischen von Wasserstoff, Kohlenoxyd und Stickstoff erzielt.

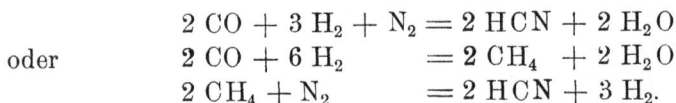

$$2 \, CO + 3 \, H_2 + N_2 = 2 \, HCN + 2 \, H_2O$$
oder
$$2 \, CO + 6 \, H_2 \quad = 2 \, CH_4 + 2 \, H_2O$$
$$2 \, CH_4 + N_2 \quad = 2 \, HCN + 3 \, H_2.$$

Als günstigstes Mischungsverhältnis fand Gruskiewicz

Kohlenoxyd	52 %
Stickstoff	31 »
Wasserstoff	17 »

und erhielt aus demselben beim Durchschlagen des elektrischen Funkens ein Reaktionsprodukt mit 0,4% Cyanwasserstoff. Er schlägt nun vor, Generatorgas, Halbwassergas oder Wassergas in der beschriebenen Weise zu behandeln und aus den Produkten die Blausäure zu gewinnen, doch soll in den Gasgemischen der Kohlenoxydgehalt denjenigen an Wasserstoff bedeutend überwiegen, so daß reines Wassergas gar nicht in Frage kommen kann. Die mitgeteilten Ausbeuten sind überhaupt viel zu gering, um den jedenfalls ziemlich hohen Aufwand an Elektrizität zu lohnen.

Den bisher mitgeteilten Verfahren mit Ausnahme des letztgenannten ist ein Grundzug gemeinsam, nämlich die Anwendung von Gemischen aus basischen Alkali- oder Erdalkaliverbindungen und Kohle zur Cyanisierung im Stickstoffstrom. Dem Prozesse der Cyanbildung geht also bei allen die Reduktion der basischen Verbindungen voraus, und diese erfordert, wie wir wissen, viel höhere

---

[1]) Zeitschrift für Elektrochemie 1903 (IX), 83—85.

Temperaturen, als zur Einleitung der Hauptreaktion notwendig sind. Kann man nun auch die enormen Verluste, welche durch Verdampfen des Kaliumoxyds und Cyankaliums verursacht werden, vermeiden, indem man an Stelle der Kaliumverbindungen solche der Erdalkalien, besonders des Baryums, anwendet, so bleiben die übrigen Nachteile des Arbeitens bei hohen Temperaturen, der große Brennstoffaufwand, der Verschleiß an feuerfestem Material usw. doch bestehen, und in diesen hat man die Hauptursache für die finanziellen und technischen Mißerfolge, welchen die auf die genannten Verfahren gegründeten Betriebe ausgesetzt waren, zu suchen.

In der richtigen Erkenntnis dieser Tatsache bestrebten sich die Fachleute daher, die Cyaniddarstellung bei niedrigeren Temperaturen auszuführen und erreichten dies dadurch, daß sie das notwendige Metall in elementarer Form oder mit Kohlenstoff verbunden. als Karbid anwandten.

Der erstgenannte Weg ist von H. Y. Castner nach dem englischen Patent Nr. 12218 vom Jahre 1894 und dem französischen Patent Nr. 239643 vom gleichen Jahre eingeschlagen worden. Bei seinem Verfahren wird eine senkrechte Retorte mit Holzkohle beschickt und auf Rotglut erhitzt. Man läßt dann von oben auf die Holzkohle geschmolzenes Natriummetall fließen und führt ebenfalls von oben oder von der Seite in die Charge einen Stickstoffstrom ein. Es bildet sich dabei Cyannatrium, das am unteren Ende der Retorte durch ein Rohr mit Flüssigkeitsverschluß ausfließt und sich in einem untergestellten Gefäß sammelt. Die Ausbeute an Cyanid soll viel größer als bei den früheren Methoden sein. Man kann den Ofen auch mit Porzellanstücken oder Eisenabfällen füllen und den Kohlenstoff in Gestalt von Kohlenwasserstoffen zugleich mit dem Stickstoff einführen. Castner ist jedoch sehr bald davon abgegangen, elementaren Stickstoff zu benutzen, und hat an Stelle desselben Ammoniak angewendet. Sein diesbezügliches Verfahren. das sich inzwischen einen hervorragenden Platz unter den synthetischen Methoden der Cyaniddarstellung erworben hat, ist im folgenden Abschnitt besprochen.

Der Gedanke, Karbide der Einwirkung von Stickstoff zum Zwecke der Cyaniderzeugung zu unterwerfen, war schon von Berthelot[1] im Jahre 1869 in der Form ausgesprochen worden, daß dieser die Cyansynthese aus Stickstoff und Kohlenstoff in Gegenwart von Alkali-

---

[1] Jahresberichte 1869, 260.

karbonaten durch intermediäre Bildung von Alkalikarbid erklärte. An die praktische Anwendung konnte aber nicht gedacht werden, da die Karbide nur mit großen Kosten im Laboratoriumsmaßstabe erhältlich waren. Erst durch Moissan und Willsons Arbeiten gelang es, größere Mengen von Karbiden zu erzeugen, und nachdem der letztere im Jahre 1895 die erste Calciumkarbidfabrik der Welt in Spray (Nordkarolina) errichtet und bewiesen hatte, daß man Erdalkalikarbide billig und in beliebigen Mengen liefern könne, wandte man sich der Verwendung dieser Karbide zur Nutzbarmachung des atmosphärischen Stickstoffs zu, und zwar mit gutem Erfolge.

Die hierauf bezüglichen, grundlegenden Arbeiten, sowie die zur praktischen Ausführung angegebenen Verfahren stammen von Frank und Caro und fallen in die Zeit von 1895 bis 1902. Wohl sind während dieser Jahre auch von anderen Patente auf die Verwendung von Karbiden zur Cyanerzeugung entnommen worden, so von Beringer, Wolfrum, Blackmore, der chemischen Fabrik Pfersee-Augsburg (englisches Patent Nr. 1022 [1896] und französisches Patent Nr. 252943), von Dziuk (französisches Patent Nr. 286828) und von der Société Générale Elektro-Chemical Co. (französisches Patent Nr. 299655), jedoch enthalten diese nichts Neues; sie sind entweder Anlehnungen an die erstgenannten Verfahren oder bedeuten ihnen gegenüber einen Rückschritt, daher bieten sie keinen Anlaß zur Besprechung.

Nach Frank und Caro gehen die Karbide der Alkali- und Erdalkalimetalle in Cyanide über, wenn man sie in geschlossenen Gefäßen bei beginnender Rotglut, d. h. bei 600 bis 700° C, der Einwirkung feuchten Stickstoffs aussetzt. Wendet man Erdalkalikarbide an, so erhält man Erdalkalicyanide, die durch Umsetzung mit Alkalisalzen in Cyanalkalien übergeführt werden können. Die letzteren lassen sich aber auch direkt erzeugen, indem man Erdalkalikarbide, mit Alkalisalzen gemischt, bei Rotglut der Einwirkung feuchten Stickstoffs unterwirft. Es entsteht hierbei zunächst Alkalikarbid, und dieses geht in statu nascendi in Cyanalkali über, das durch Extraktion mit Wasser aus dem Reaktionsprodukt gewonnen werden kann.

Nach dem ersten deutschen Patent Nr. 88363 vom Jahre 1895 füllt man röhrenförmige Schamotteretorten mit zerkleinertem Baryumkarbid, erhitzt sie auf dunkle Rotglut und leitet Luftstickstoff darüber. Dieser braucht nicht völlig von Sauerstoff befreit zu sein, muß aber durch ein mit Wasser beschicktes Waschgefäß geführt werden, um die nötige Menge Feuchtigkeit aufnehmen zu können. Die Retorten fassen 15 bis 17 kg Bariumkarbid, und diese Charge absorbiert 2 bis 2,5 cbm Stickstoff. Nach zweistündiger Behandlung ist die Absorption vollendet, man läßt das Reaktionsprodukt erkalten und laugt es mit Wasser aus. Das gebildete Baryumcyanid geht dabei in Lösung und wird in bekannter Weise verarbeitet, während sich aus dem unangegriffenen Baryumkarbid Azetylen bildet, das für sich aufgefangen wird. Statt des Baryumkarbids kann man auch Calciumkarbid oder Gemische beider anwenden, wichtig ist nur die Innehaltung der Temperatur. Geht man mit dieser wesentlich über Rotglut hinaus, so treten teilweise Zersetzungen ein, während bei niedrigen Temperaturen die Reaktion zu träge verläuft.

Bei dem Verfahren ist die als notwendig erkannte Gegenwart des Wasserdampfes besonders interessant, da man, wie schon mehrfach erwähnt, bei den älteren, synthetischen Prozessen gänzlich von der Anwendung feuchter Gase abgekommen war. Frank und Caro schreiben dem Wasserdampf eine anregende, also wohl katalytische Wirkung auf den sonst so inerten Stickstoff zu. Nach ihrem ersten Zusatzpatent Nr. 92587 bedarf es seiner nicht, wenn man an Stelle freien Stickstoffs Ammoniak anwendet, wobei dann Wasserstoff entsteht:

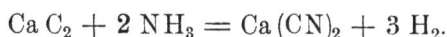

$$Ca\,C_2 + 2\,NH_3 = Ca\,(CN)_2 + 3\,H_2.$$

Ebenso kann man auch Stickoxyde über das rotglühende Karbid leiten; demnach wirkt der Stickstoff in statu nascendi gerade so wie freier Stickstoff in Gegenwart von Wasserdampf.

Nach dem zweiten Zusatzpatent Nr. 95660 läßt sich Stickstoff auch durch Oxyde anregen, die in der Reaktionsmasse schon vorhanden sind oder darin gebildet werden, man erzielt dies dadurch, daß man dem Karbid Oxyde, Hydrate, Karbonate oder Sulfate der Alkalimetalle in geringer Menge beimischt oder gewöhnliches Handelskarbid benutzt, das schon genügende Mengen obiger Verbindungen als Verunreinigungen enthält.

Die geschilderten Verfahren wurden bald nach ihrer Ausarbeitung in fabrikatorischem Maßstabe angewandt, und dabei ergab sich die interessante Tatsache, daß der Verlauf der Reaktion nach der Formel

$$R_2\,C_2 + N_2 = 2\,RCN$$

nur dann zutrifft, wenn das Karbid in groben Stücken der Einwirkung feuchten Stickstoffs oder gasförmiger Stickstoffverbindungen ausgesetzt wird. Wendet man das Karbid dagegen in dünnen

Schichten fein zerkleinert an, so entstehen neutrale Salze des Cyanamids $CN \cdot NH_2$ nach der Formel:

$$R_2 C_2 + N_2 = CN \cdot NR_2 + C$$

(wobei R_2 zwei Atome eines einwertigen oder ein Atom eines zweiwertigen Metalls bedeutet). Die Cyanamidbildung wird also durch eine möglichst innige und vielfache Berührung der reagierenden Substanzen und die dadurch bedingte Massenwirkung herbeigeführt und gegenüber der Cyanbildung besonders begünstigt. Typisch für diese Art der Entstehung neutraler Metallcyanamide ist die Abscheidung der Hälfte des angewandten Karbidkohlenstoffs.

Die Höhe der zur Herbeiführung des Vorganges erforderlichen Temperatur richtet sich nach der Natur des angewandten Karbids in der Art, daß man z. B. bei Baryumkarbid 700 bis 800°, bei Calciumkarbid 1000 bis 1100° C innehalten muß. Ähnliche Temperaturen sind auch erforderlich, wenn man statt fertiger Karbide deren Bildungsgemische in Cyanamide überführen will. Im letzteren Falle wendet man Gemenge von Oxyden oder Karbonaten der Alkali- oder Erdalkalimetalle an, wobei sich folgender Vorgang abspielt:

$$BaCO_3 + 3 C + 2 N = BaN_2C + 3 CO.$$

Wie die fertigen Karbide, so werden auch ihre Bildungsgemische in Pulverform oder als sehr poröse Stücke mit großer Oberfläche in Schamotteretorten ausgebreitet und je nach Art ihrer Metallbasis dem Stickstoffstrom bei Rot- oder Weißglut dargeboten.

Zur Verarbeitung des Reaktionsprodukts, welches aus Metallcyanamid und aus Cyanid besteht, löst man dasselbe in Wasser und leitet Kohlendioxyd ein. Dabei bleibt das Cyanamid in Lösung, während das Cyanid unter Cyanwasserstoffentwicklung zersetzt wird. Den Cyanwasserstoff absorbiert man mit Hilfe von Alkalien und gewinnt das Cyanamid aus der Lösung als Dicyandiamid.

Handelt es sich vorwiegend um die Darstellung von Cyaniden, so extrahiert man die Reaktionsmassen nicht direkt, sondern führt durch fortgesetztes Erhitzen in Gegenwart von Kohlenstoff das Metallcyanamid in Cyanid über. Die Ausbeute hängt dabei jedoch sehr von der Metallbasis ab, Calciumcyanamid liefert z. B. gar kein Cyanid, und bei den anderen Cyanamiden ist die umgewandelte Menge auch nur gering. Man kann die Ausbeute aber fast bis zur theoretischen steigern, wenn man dem Gemisch von Cyanamidsalz und Kohlenstoff noch eine größere Menge trockener, wasserfreier Oxyde oder

Karbonate der Alkali- oder Erdalkalimetalle zusetzt und sie damit auf Kirsch- bis Hellrotglut erhitzt. Der Betrag an diesen Oxyden resp. Karbonaten soll gleich der Hälfte oder der ganzen Menge des Cyanamidsalzes sein.

Nach dem D. R. P. Nr. 116087 mischt man das Cyanamidsalz mit Kohlenstoff und Soda oder Pottasche resp. Ätzkalk oder Ätzbaryt, füllt damit Tiegel aus Schamotte an und erhitzt diese auf helle Rotglut oder schmilzt die Mischung bei dieser Temperatur nieder. Es ist von großer Wichtigkeit, die Temperatur von Kirsch- bis Hellrotglut sorgfältig innezuhalten; gelingt das, so erhält man beinahe theoretische Ausbeuten, während bei mangelnder Sorgfalt in dieser Hinsicht nur schlechte Resultate erzielt werden.

Das Niederschmelzen des cyanid- und cyanamidhaltigen Rohprodukts mit Oxyden oder Karbonaten soll, gemäß D. R. P. Nr. 116088, auch dazu dienen, diejenigen Stickstoffverbindungen des Rohprodukts in Cyanid überzuführen, welche weder als Cyanid noch als Cyanamid vorhanden sind, und unter Anwendung dieses Verfahrens in Verbindung mit den übrigen gelingt es, alles angewandte Karbid in Cyanid überzuführen und nutzbar zu machen.

Im Jahre 1901 hat sich nun unter Führung der Firma Siemens & Halske, Berlin, die Cyanidgesellschaft G. m. b. H. gebildet, welche die Patente von Frank und Caro übernommen hat und ausbeutet. Nach einem vorläufigen Berichte dieser Gesellschaft[1] besteht deren Betriebsverfahren darin, daß fein gemahlenes Baryumkarbid in glühenden Eisenretorten der Einwirkung reinen Stickstoffs ausgesetzt wird. Nach der Formel

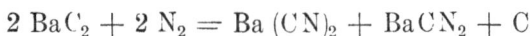

$$2\,BaC_2 + 2\,N_2 = Ba\,(CN)_2 + BaCN_2 + C$$

bildet sich dabei Cyanbaryum und Baryumcyanamid. Das Reaktionsprodukt enthält tatsächlich auch nur 30 % Baryumcyanid, während der Rest aus dem Cyanamidsalze besteht. Um das Ganze auf Cyanverbindungen zu verarbeiten, wird es mit Natriumkarbonat niedergeschmolzen, und dabei tritt die Umsetzung in Cyannatrium und Baryumkarbonat ein. Die Schmelze wird in Wasser gelöst und mit Eisenoxydulkarbonat versetzt zur Erzeugung von Ferrocyannatrium. Beim Filtrieren der Lösung bleibt Baryumkarbonat zurück, das wieder in den Karbidofen wandert, während das Ferrocyannatrium durch Eindicken der Lösung und Kristallisierenlassen in sehr reiner Form gewonnen wird.

---

[1] Zeitschrift für angewandte Chemie 1903, 520.

Später ist die Gesellschaft von der Verwendung des Baryumkarbids abgegangen und verarbeitet nunmehr ausschließlich Calciumkarbid.

Nach Erlwein[1]) nimmt Calciumkarbid 85 bis 95% der theoretisch möglichen Stickstoffmenge auf. Man schmilzt das Calciumcyanamid nicht mit Soda, sondern mit Kochsalz und gewinnt dadurch 90 bis 95% der theoretisch möglichen Menge an Cyanid. Der Stickstoffgehalt des Calciumcyanamids beträgt 20 bis 23,5%, während die mit Kochsalz erzeugte Schmelzmasse 12 bis 14% Stickstoff enthält. Die Schmelze wird in Wasser gelöst und mit Salzsäure in berechneter Menge versetzt, man treibt den Cyanwasserstoff aus, absorbiert ihn durch Natronlauge und dampft die gewonnene Cyannatriumlösung ein.

Anstatt das Calciumkarbid für sich zu erzeugen und darauf erst mit Stickstoff zu behandeln, setzt man neuerdings ein Gemisch von Kalk und Kohle im elektrischen Ofen der Einwirkung des Stickstoffstroms aus:

$$CaO + 2\,C + 2\,N = CaCN_2 + CO.$$

Das Calciumcyanamid wird darauf mit Wasser gekocht und geht dadurch in Dicyandiamid über nach der Formel:

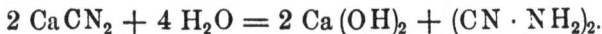

$$2\,CaCN_2 + 4\,H_2O = 2\,Ca(OH)_2 + (CN \cdot NH_2)_2.$$

Letzteres enthält 66% Stickstoff und kann durch Schmelzen mit Soda oder Pottasche leicht in Cyannatrium umgewandelt werden, wobei nebenher Ammoniak und Melamin (Tricyantriamid) entstehen:

$$(CN \cdot NH_2)_2 + Na_2CO_3 + 2\,C = 2\,NaCN + NH_3 + H + 3\,CO + N.$$

Das gewonnene Alkalicyanid soll ausgezeichnet reine Handelsware sein. Die Nebenprodukte Ammoniak und Melamin werden natürlich ebenfalls ausgenutzt, ersteres als Sulfat oder in anderer Form, und das Melamin wandert wieder in den Schmelzprozeß zurück.

Die Verarbeitung des Calciumcyanamids auf Cyanalkalien scheint aber doch nicht sehr rentabel zu sein, wenigstens zieht man es vor, das Rohprodukt ohne weitere Behandlung als Düngemittel unter der Bezeichnung »Kalkstickstoff« in den Handel zu bringen, und in der Eigenschaft des Calciumcyanamids als Stickstoffdünger liegt wohl die Stärke des Verfahrens.

---

[1]) Zeitschrift für angewandte Chemie 1903, 533.

Gerlach und Wagner[1]) haben mit dem neuen Material umfangreiche und vielseitige Düngeversuche angestellt und dabei eine Ausnutzung des Stickstoffs von 96 % im Vergleich zum Chilesalpeter erzielt. Liechti[2]) prüfte das Calciumcyanamid als Dünger für Haferkulturen und fand, daß sein Stickstoff demjenigen des Ammoniumsulfats völlig gleichwertig sei. Vornehmlich tritt die Düngewirkung schnell genug ein und dauert auch an. Bei gärtnerischen Kulturpflanzen machte Otto[3]) im Jahre 1904 sehr eingehende Düngungs- und Vegetationsversuche mit Kalkstickstoff und konnte für Spinat, Salat, Weißkohl, Mais etc. bestätigen, daß sich der Kalkstickstoff ebensogut bewähre wie Chilesalpeter und Ammoniumsulfat.

Hiermit dürfte die Reihe derjenigen Verfahren, welche auf die Erzeugung von Cyaniden aus elementarem Stickstoff gerichtet sind, wohl erschöpft sein, und wenn auch nicht alle im Vorstehenden Erwähnung fanden, so sind doch die wichtigeren und vornehmlich die praktisch ausgebeuteten ihrer Bedeutung gemäß besprochen worden.

Überblickt man das ganze Gebiet, dann muß man gestehen, daß die Forscher weder Arbeit noch Kosten gescheut haben, um das Problem der Nutzbarmachung des atmosphärischen Stickstoffs zu lösen. Dennoch ist das Resultat ihrer Tätigkeit nur klein zu nennen, denn von den zahlreichen Vorschlägen haben gar wenige Eingang in die Praxis gefunden. An erster Stelle stehen hier die Verfahren von Margueritte und Sourdeval und von Frank und Caro; besonders in den letzteren darf man wohl die Lösung des Problems erblicken, womit aber nicht etwa gesagt sein soll, daß man vermittelst derselben Cyanalkalien, auf die es ja hauptsächlich ankommt, zu konkurrenzfähigen Preisen herstellen könne. In Bezug darauf wird man gut daran tun, sich noch ein Weilchen abwartend zu verhalten; nur auf Grund mehrjähriger Erfahrung kann man sich ein Urteil darüber bilden, ob das Verfahren sich zur Erzeugung von Alkalicyaniden im Wettbewerb mit anderen Zweigen der Cyanindustrie eignet.

---

[1]) Deutsche landwirtschaftliche Presse 30, Nr. 42, und Hessische landwirtschaftliche Zeitschrift 1903, Nr. 27.

[2]) Chemiker-Zeitung 27, 979; wie [1]) nach Vogel, Handbuch für Azetylen etc.

[3]) Gartenflora 1905, S. 534; nach Chemiker-Zeitung, Repert. 1905, S. 104.

3. Die Fabrikation von Cyanverbindungen aus Ammoniak.

Das Ammoniak besitzt eine sehr große Reaktionsfähigkeit und läßt sich daher auf mehrere Arten in Cyan überführen. Dabei hat es vor dem Stickstoff den großen Vorzug, zu seiner Bindung verhältnismäßig niedrige Temperaturen zu erfordern.

Die Umwandlung in Cyan kann man zunächst derartig ausführen, daß man das Ammoniak, wie schon beim Stickstoff beschrieben, über rotglühende Gemische von Kohlenstoff mit Alkali- oder Erdalkalikarbonaten (Karbidgemische) oder über fertige Karbide leitet. Zum Unterschiede von der Synthese mittels elementaren Stickstoffs darf man hierbei aber die Temperatur nicht zu hoch treiben, weil sonst der größte Teil des Ammoniaks in die Elemente zerfällt, bevor er noch zur Reaktion gelangen kann.

Ein zweiter Weg ist durch die Möglichkeit geboten, aus Ammoniak und Alkalimetallen, vornehmlich Natrium, Amide der Formel NH_2R zu erzeugen und diese durch Erhitzen mit Kohlenstoff oder kohlenstoffreichen Substanzen in Cyanide umzuwandeln.

Endlich lassen sich durch Erwärmen von Ammoniak mit Schwefelkohlenstoff unter Druck Rhodansalze darstellen, die man nach verschiedenen Methoden in Cyanide oder Ferrocyanide überführen kann.

a) Cyanidsynthesen mit Hilfe von Kohlenstoff und anorganischen Basen.

Der Übergang des Ammoniaks in Cyanid beim Erhitzen mit Kohle und Alkali wurde zuerst von Scheele[1] beobachtet, der beim Glühen von Salmiak mit Kohle und Kaliumkarbonat Cyankalium erhielt. Man ließ diese Reaktion jedoch lange Zeit unbeachtet, da das Streben vornehmlich auf die Umwandlung von Stickstoff in Cyanide gerichtet war. Erst in den achtziger Jahren des vorigen Jahrhunderts, als die Technik genügende Mengen Ammoniak zu niedrigen Preisen auf den Markt brachte und die Cyanindustrie begann aufzublühen, wandte sich das Interesse der Forscher diesem Vorgange wieder zu.

Man bediente sich zunächst reinen Ammoniaks, das über verschiedene Gemische von Kohle mit starken Basen geführt wurde. Die eingehendsten Versuche in dieser Richtung machte Readman.[2] Er beschickte ein eisernes Rohr mit Eisenfeilspänen und Holzkohle,

---

[1] Nach Bergmann, Journal für Gasbeleuchtung 1896, 117.
[2] Journ. of the Soc. of Chem. Ind. 8, 757.

die mit Kali, Natron, Kalk oder Baryt imprägniert war, und erhitzte
es im Verbrennungsofen auf Rotglut. Dann leitete er einen Strom
trockenen Ammoniaks hindurch, welches er aus Salmiak und ge-
branntem Kalk entwickelt hatte. Das Reaktionsprodukt wurde mit
Wasser ausgelaugt und in der Lösung die Menge des gebildeten
Ferrocyansalzes ermittelt. Bei der Anwendung von Kaliumkarbonat
kam er zu Resultaten, die in der folgenden Tabelle verzeichnet sind:

	I	II.	III.	IV.	V.	VI.	VII.	VIII.
Kaliumkarbonat	100	100	100	100	100	100	100	100
Chlorammonium	50	50	50	50	37,5	25	20	20
Eisenfeilspäne	50	25	50	—	12,5	50	50	—
Holzkohle	250	200	250	200	200	250	250	250
Trockene, gesättigte Holzkohle	400	325	407	300	296	387	379	340
Gewicht des unlöslichen Teils des Rohprodukts	319	266	314,5	273	256,5	304,5	334	191
Gewonnenes Ferrocyankalium .	20,6	31,6	35,1	28,8	33,0	29,2	26,5	26,1
Stickstoff darin	4,0	6,2	7,1	5,7	6,5	5,7	5,2	—
Kalium darin	4,6	11,6	13,3	10,6	12,2	10,7	9,8	—
% Kalium verbraucht	13,4	20,0	23,5	18,7	21,5	18,9	17,3	—
% Kalium wiedergefunden . .	86,6	80,0	76,5	81,3	78,5	81,1	82,7	—
% Stickstoff verbraucht . . .	30,7	48,0	54,9	43,8	66,3	87,6	100,0	100,0
% Stickstoff verloren	69,3	52,0	45,1	56,2	33,7	12,4	—	—

Man sieht daraus, daß der Schwerpunkt des Prozesses in dem
Verhältnis des Ammoniaks zum Kaliumkarbonat oder vielmehr in
der Geschwindigkeit des Ammoniakstromes liegt. Je geringer diese
Geschwindigkeit ist, um so bessere Ausbeuten werden erzielt.

Readman beschränkte sich jedoch nicht allein auf die Anwendung von Kaliumkarbonat, sondern unterwarf auch andere Basen
der Behandlung mit Ammoniak. Dabei ergaben sich folgende Zahlen:

	IX.	X.	XI.	XII.	XIII.	XIV.
Kaliumkarbonat	50	33,3	—	—	—	—
Natriumkarbonat	50	66,6	—	—	—	100
Baryumoxyd	—	—	100	—	—	—
Calciumhydroxyd	—	—	—	100	—	—
Natronkalk	—	—	—	—	100	—
Chlorammonium	50	50	100	100	25	50
Eisenfeilspäne	12,5	25	100	100	25	12,5
Holzkohle	200	200	400	400	100	200
Trockene, gesättigte Holzkohle	282	287	600	600	225	295

	IX.	X.	XI.	XII.	XIII	XIV.
Gewicht des unlöslichen Teils des Reaktionsprodukts . . .	242,5	205	500	510	223	266
Gewonnenes Ferrocyankalium .	16,2	16,2	—	—	Spur	9,6
Stickstoff darin	3,4	3,4	—	—	—	1,9
Kalium darin	5,9	5,9	—	—	—	3,5
$^0/_0$ Stickstoff verbraucht . . .	26,1	26,1	—	—	Spur	14,6
$^0/_0$ Stickstoff verloren	73,9	73,9	ganz	ganz	ganz	85,4

Diese Versuche zeigen die bedeutende Überlegenheit des Kaliumkarbonats in bezug auf die Cyanbildung und ergeben wie die erste
Reihe, daß die Eisenfeilspäne keinen begünstigenden Einfluß auf
die Reaktion haben.   Dies war wohl vorauszusehen, da metallisches
Eisen bei Rotglut eher zerstörend auf Ammoniak einwirkt.   Aus
letzterem Grunde ist auch die Anwendung eines Eisenrohrs für die
vorliegenden Versuche nicht als einwandfrei anzusehen.   Es lassen
sich darauf vielleicht die Mißerfolge zurückführen, welche Readman mit anderen Basen als Kaliumkarbonat, vornehmlich mit Baryt,
Calciumhydrat und Natronkalk (s. XI—XIII) erzielte.   Eine Reduktion der Base zu Metall muß auch hier der Cyanbildung voraus-
gehen.   Bei den letztgenannten Substanzen erfordert diese jedoch
eine höhere Temperatur, und es ist daher ziemlich wahrscheinlich,
daß das Ammoniak sich an den Wandungen des Rohrs und an den
Feilspänen zersetzte, bevor es auf das Gemisch cyanbildend einwirken konnte.   Einen Versuch ohne Feilspäne hat Readman mit
diesen Basen nicht gemacht; eine Widerlegung des eben Gesagten
liegt also nicht vor.   Auch haben spätere Autoren recht gute Resultate, besonders bei Anwendung von Baryt, erzielt, was ebenfalls
für den nachteiligen Einfluß des metallischen Eisens spricht.

Jedenfalls geht aber aus den Versuchen unzweideutig hervor,
daß man beim Überleiten von reinem Ammoniak über ein Gemisch
von Kohle und Kaliumkarbonat eine quantitative Umsetzung des
ersteren in Cyankalium bei Innehaltung der geschilderten Bedingungen erzielen kann, und dies hat sich auch in der Praxis annähernd bewahrheitet.

Das erste darauf bezügliche Verfahren stammt von Siepermann und wurde im Jahre 1886, also vor dem Erscheinen der
Arbeit Readmans, in Deutschland unter Nr. 38012 patentiert.
Der Prozeß ist zunächst auf die Darstellung cyansaurer Alkalien
gerichtet und besteht darin, daß man Alkalikarbonate zur Auflocke-

rung und Vergrößerung der Oberfläche mit Baryumkarbonat mischt und sie bei dunkler Rotglut der Einwirkung reinen Ammoniakgases aussetzt. Es bildet sich dabei unter Wasserabspaltung Alkalicyanat und Ätzbaryt nach der Formel:

$$K_2CO_3 + BaCO_3 + 2NH_3 = 2KOCN + 3H_2O + BaO.$$

Das Cyanat wird aus dem Reaktionsgemisch durch Behandeln mit Alkohol isoliert.

Will man Alkalicyanide gewinnen, so wird ein Gemisch von Kohle und Alkalikarbonat erst bei dunkler Rotglut durch Ammoniak in Cyanat übergeführt und dann auf helle Rotglut erhitzt, um die Reduktion des Cyanates zu Cyanid herbeizuführen, wobei Kohlenoxyd entsteht. Das Cyanalkali extrahiert man ebenfalls mit Alkohol und verarbeitet die Mutterlaugen auf Ferrocyanalkalien.

Während bei diesem Verfahren die Cyanisierung in wagerechten Retorten vorgenommen werden soll, empfehlen Siepermann, Grüneberg und Flemming in ihrem späteren Patent Nr. 51562 vom Jahre 1889, senkrechte Retorten anzuwenden, die in eine geteilte Feuerung derart eingebaut sind, daß ihr Unterteil auf Hellrotglut erhitzt wird, während das Oberteil nur dunkle Rotglut annimmt.

Fig. 5. **Cyanofen nach Siepermann (Längsschnitt).**

Ein solcher Ofen ist in Fig. 5 im Längsschnitt und in Fig. 6 im Querschnitt dargestellt. Die Retorten AA stehen senkrecht in der Feuerung B, treten unten durch deren Mauerwerk hindurch

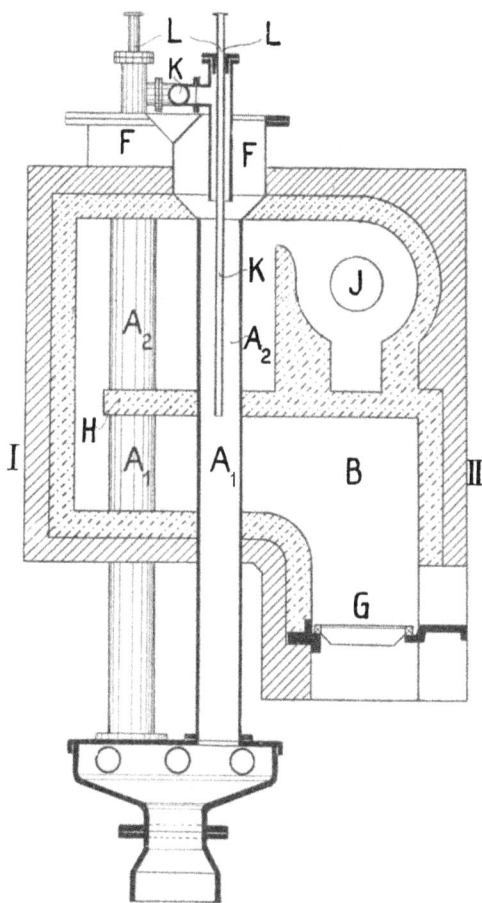

und münden in den gemeinsamen Kühlkasten D, der durch eine
Schraube ohne Ende entleert wird. Am oberen Teil endigen sie in
einem geschlossenen Rumpf F, welcher zur Einführung der Beschickung dient. Die Erhitzung der Retorten erfolgt vom Roste G
aus, und zwar bringen die Flammen das Unterteil A_1 auf helle Rotglut, dann werden sie durch die Zunge H seitwärts abgelenkt und
umspülen, schon etwas abgekühlt, das Oberteil A_2, welches daher
nur dunkle Rotglut annehmen kann. Die Abgase endlich dienen
dazu, die frische Beschickung in dem Drehrohr J vorzuwärmen und
entweichen von dort in den Kamin. Das enge Ammoniakzuführungsrohr K ist verschiebbar in einer Stopfbüchse L angebracht und wird
so weit in die Retorte geführt, daß das Ammoniak an derjenigen
Stelle austritt, an welcher die
helle Rotglut in dunkle übergegangen ist. Die Reaktionsgase, Kohlenoxyd und Wasserdampf ziehen durch das weite
Rohr K aus den Retorten ab.

Man beschickt nun die
Retorten mit dem Gemisch
von Alkalikarbonat und Holz-
kohleklein und erhitzt sie auf
die erforderliche Temperatur.
Dann schiebt man das enge
Gaszuführungsrohr K bis zu

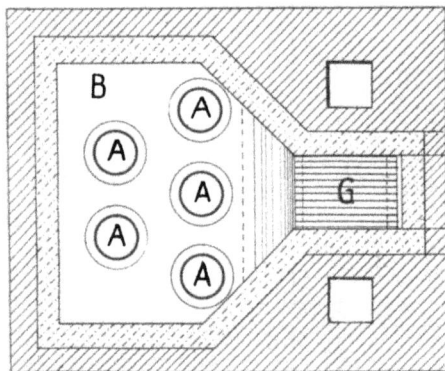

Fig. 6. Cyanofen nach Siepermann (Querschnitt).

der richtigen Stelle, leitet einen
gleichmäßigen Ammoniakstrom ein und läßt die Reaktionsmasse langsam in den unteren Behälter ab. Das abgekühlte Reaktionsprodukt
wird mit Wasser systematisch ausgelaugt, bis die Lösung ein spezifisches Gewicht von etwa 1,4 zeigt. Dann versetzt man sie mit Kaliumkarbonat, worauf sich bei gewöhnlicher Temperatur der größte Teil
des Cyankaliums abscheidet. Dieses wird in Zentrifugen geschleudert
und durch Umkristallisieren gereinigt.

Nach dem Patent Nr. 133259 soll man das Auslaugen des
Reaktionsprodukts bei Luftabschluß ausführen, wodurch eine Erhöhung der Ausbeute um 20 bis 30 % erzielt wird.

Über den Einfluß der Temperatur auf die Umwandlung des
Ammoniaks in Cyanid hat Siepermann eingehende Versuche angestellt und gibt dafür folgende Resultate an:

Temperatur	Kohlenstoff	Kalium-karbonat	Chlor-ammonium	Chlorammonium wieder gewonnen	Blutlaugen-salz	Blutlaugen-salz in % der Theorie
Dunkelrot . .	50	20	25	16,5	9,6	86
Kirschrot . .	50	20	20	5,0	14,0	71
Hellkirschrot .	50	25	20	4,5	13,4	67
do.	40	20	20	5,0	11,3	58

Man ersieht aus diesen Zahlen, daß der beste Effekt bei dunkler Rotglut erzielt wird, während mit steigender Temperatur eine weitgehende Zersetzung des Ammoniaks eintritt.

Die in Rede stehenden Verfahren sind von der Staßfurter Chemischen Fabrik vorm. Vorster & Grüneberg erworben und werden von dieser ausgebeutet. Sie gehören zu der sehr kleinen Zahl derjenigen Prozesse, welche auch heute noch tatsächlich in der Praxis ausgeführt werden und neben anderen zur Versorgung des Cyanidmarktes dienen.

Den theoretischen Verlauf der Cyanidbildung gibt Siepermann selbst nach folgender Formel an:

a) Bildung von Kaliumcyanat

$$K_2CO_3 + NH_3 = KOCN + H_2O + KOH.$$

b) Reduktion des Kaliumcyanats zu Cyankalium

$$KCNO + C = KCN + CO.$$

Nach Rößlers[1]) Mitteilungen hat Pfleger die Reaktionen eingehend studiert und ist auf Grund seiner Untersuchungen zu anderen Schlüssen gekommen, nach welchen der Verlauf des Prozesses doch etwas verwickelter zu sein scheint.

Ausgehend von der Tatsache, daß sich aus Kohlendioxyd und Ammoniak karbaminsaures Ammonium bildet, welches bei höherer Temperatur unter Wasserabspaltung und wahrscheinlich intermediärer Bildung von Ammoniumcyanat in Harnstoff übergeht, nimmt Pfleger an, bei der Reaktion zwischen Ammoniak und Kaliumkarbonat entstehe zunächst Kaliumkarbamat, welches schon in statu nascendi sich unter Wasseraustritt in Kaliumcyanat umwandle.

Die Reduktion des Kaliumcyanats durch Kohle hält er nicht für möglich, schon auf Grund der thermochemischen Gleichung:

$$KCNO + C = KCN + CO - 43\,400 \text{ Kal.,}$$

---

[1]) Cyan unter besonderer Berücksichtigung der synthetischen Cyanidverfahren. Sonderabdruck aus dem Bericht des Kongresses für angew. Chemie. Berlin 1903.

er hat aber gefunden, daß Kaliumcyanat ohne Kohlezusatz bei 800 bis 900⁰ C teilweise in Cyankalium übergeht, wobei Kaliumkarbonat, Stickstoff, Kohlenoxyd und Kohlendioxyd entstehen.

Er erklärt daher den Vorgang folgendermaßen:

Aus zwei Molekülen Kaliumcyanat bildet sich zunächst unter Austritt von Kohlendioxyd Dikaliumcyanamid:

$$2 \, KOCN = K_2N_2C + CO_2.$$

Diese Reaktion tritt bei 820 bis 825⁰ ein, und bei dieser Temperatur zerfällt das Cyanamid sofort nach folgender Gleichung:

$$K_2N_2C = KCN + K + N,$$

wobei das gebildete Kalium sich mit dem Kohlendioxyd wieder zu Kaliumkarbonat vereinigt. Ferner nimmt er an, daß auch durch direkte Einwirkung von Kohlenstoff auf das Cyanamid Cyankalium gebildet werde:

$$K_2N_2C + C = 2 \, KCN.$$

Immerhin geht aus dieser Darstellung des Reaktionsverlaufes hervor, daß man bei dem besprochenen Verfahren von vornherein mit gewissen, unvermeidlichen Ammoniakverlusten rechnen muß, nämlich mit demjenigen Anteile, der bei dem Zerfall des Dikaliumcyanamids als elementarer Stickstoff frei wird.

Die Gewinnung des Cyankaliums aus dem Reaktionsprodukt geschieht, wie schon erwähnt, durch Auslaugen mit Wasser und Aussalzen des Cyankaliums aus der konzentrierten Lösung durch Zusatz von Kaliumkarbonat. Hierbei erhält man jedoch nicht die Gesamtmenge des Cyanids, sondern es bleibt ein Teil desselben neben Kaliumcyanat in der Mutterlauge zurück.

Um nun auch diesen Anteil sowie das Kaliumcyanat zu gewinnen, bringt man die Mutterlauge zur Trockne und mengt, nach dem D. R. P. Nr. 125572 der Staßfurter Chemischen Fabrik, die erhaltenen Abfallsalze bei einer Temperatur von nicht über 60⁰ C mit Wasser in unzureichender Menge an. Dabei löst sich fast nur Kaliumkarbonat. Den Rückstand maischt man darauf wiederum mit wenig Wasser an, diesmal aber bei − 18 bis höchstens + 5⁰ C. Nunmehr geht fast ausschließlich Cyankalium in Lösung und als Rückstand erhält man nur reines Kaliumcyanat.

Bei dem geschilderten Verfahren gewinnt man das Cyanid in kleinkristallinischer Form, die sich für den Versand nicht gut eignet. Die Firma preßt es daher unter hohem Druck zu Briketts.

Diese werden aber nicht fest genug, wenn sie nur aus Cyankalium bestehen, und man wendet aus diesem Grunde nach dem D. R. P. Nr. 129 863 Gemische von Cyankalium und Cyannatrium an. Es ist für den Verwendungszweck des Cyanids meistens auch gleichgültig, an welches Alkalimetall das Cyan gebunden ist. Im vorliegenden Falle hat man sogar noch den Vorteil, ein cyanreicheres Produkt zu erhalten, weil Cyankalium nur 40 %, Cyannatrium dagegen 53,06 % CN enthält.

Von diesem Gesichtspunkte aus wäre es sogar vorzuziehen, reines Natriumcyanid zu pressen, doch steht dem im Wege, daß Cyannatrium mit zwei Molekülen Wasser kristallisiert. Die Staß-furter Chemische Fabrik hat nun gefunden, daß man durch Zusatz von Cyankalium im Verhältnis 2 KCN : 2 NaCN ein wasser-freies Cyanid mit 43,5 % CN erhält. Nach ihrem D. R. P. Nr. 130 284 soll man Cyannatriumlösung unter Verdampfung des Wassers mit festem Cyankalium versetzen oder ein Gemisch von Cyankalium und Cyannatrium zusammen erhitzen, bis das Wasser verjagt ist. Das Produkt wird darauf zu Briketts gepreßt.

Der Grundzug des Siepermannschen Verfahrens liegt in der Zusammensetzung des zu cyanisierenden Gemisches. Dieses soll so viel Holzkohle enthalten, daß sie zur Verwandlung des angewandten Kaliumkarbonats mehr als genügt, und das Gemisch muß derartig strengflüssig sein, daß es bei der Reaktionstemperatur nicht zum Schmelzen kommt. Aus dem Grunde ist auch die Auslaugung des Reaktionsprodukts nicht zu umgehen, obgleich man in ihr eine Komplikation des Prozesses und eine Verlustquelle erblicken muß.

Beilby sucht sie daher zu vermeiden und erreicht dies nach seinem D. R. P. Nr. 74 554 dadurch, daß er das Ammoniak durch ein Gemisch von Alkalikarbonat, Alkalicyanid und fein verteilter Kohle, welches bei der in Frage kommenden Temperatur flüssig bleibt, hindurchpreßt oder es darüber hinstreichen läßt.

Da man des Alkalis halber Eisenretorten zur Ausführung des Verfahrens anwenden muß, diese aber bei hohen Temperaturen unter dem Einflusse des Alkalis stark leiden und ferner bei hohen Temperaturen beträchtliche Mengen des Ammoniaks in die Elemente zerfallen, so hat man ein großes Interesse daran, die Temperatur so niedrig wie möglich zu halten und bemißt dementsprechend die Mengenverhältnisse der Materialien. Im praktischen Betriebe hat sich nun ergeben, daß ein Gemisch von 20 Teilen Cyankalium, 55 bis 60 Teilen Kaliumkarbonat und 20 bis 25 Teilen Kohlenstoff bei einer Temperatur schmilzt, die niedrig genug ist, um die genannten Nachteile auf das geringste Maß zu beschränken.

Um das Ammoniak in möglichst innige Berührung mit der flüssigen Masse zu bringen, läßt man es entweder in Blasen darin hochsteigen oder breitet das geschmolzene Gemisch in großer Oberfläche aus und leitet das Ammoniak über diese.

Mit der fortschreitenden Bildung von Cyankalium wird das Gemisch immer flüssiger, und man setzt von Zeit zu Zeit neue Mengen Alkalikarbonat und Kohlenstoff zu, bis das Reaktionsgefäß so weit gefüllt ist, daß die regelrechte Durchführung des Betriebs behindert wird. Statt dieser Methode kann man jedoch auch von vornherein die Gesamtmenge der Charge einfüllen und so lange Ammoniak zuführen, bis alles Alkali in Cyanid verwandelt ist. In jedem Falle läßt man das geschmolzene Cyanid nach Beendigung der Reaktion absitzen oder filtriert es und gießt es darauf in Formen.

Die bei dem Prozesse entstehenden Abgase führen bei der in Frage kommenden Temperatur, selbst wenn diese unter dem Schmelzpunkte des Natriumkarbonats (ca. 830° C) liegt, erhebliche Mengen des Cyanalkalis mit sich, die natürlich mit steigender Temperatur entsprechend wachsen. Um diese zu gewinnen, führt man die Gase, aus denen das unzersetzt gebliebene Ammoniak noch wiedergewonnen werden muß, nicht direkt zu den Ammoniakskrubbern, sondern läßt es zuerst eine geeignete Kammer passieren, in welcher sich die Cyaniddämpfe kondensieren.

Zur Ausführung des Verfahrens hat Beilby einen Apparat angegeben, der in Fig. 7 veranschaulicht ist. In einem Ofen befindet sich ein stehendes Schmelzgefäß E aus Gußeisen, das von der Feuerung BC aus auf die erforderliche Temperatur erhitzt werden kann. Oben ist an das Gefäß ein Fülltrichter O mit der Beschickungsvorrichtung P angeschraubt, und am Boden befinden sich mehrere Abstichlöcher a, die durch Pfropfen verschlossen sind und von außen her bedient werden können. In der Nähe dieser Abstichlöcher mündet von D aus das Ammoniakzuführungsrohr in die Retorte ein, und die entstehenden Reaktionsgase entweichen dicht unter dem Fülltrichter durch das seitliche Rohr K. Inmitten des Schmelzgefäßes steht eine Welle L, die von außen her oberhalb des Beschickungsrumpfes angetrieben wird und innerhalb des Schmelzgefäßes mit wagerechten, kreisrunden Siebscheiben M versehen ist. Diesen Scheiben entsprechen an der Wand des Schmelzgefäßes befestigte Abstreicher N.

Zur Inbetriebsetzung erhitzt man zunächst das gußeiserne Gefäß E von C aus auf die gewünschte Temperatur, füllt den Trichter O mit dem trockenen Gemische von Alkalikarbonat, Cyanalkali und Kohle, öffnet das Ammoniakzuführungsrohr D und setzt die Welle L in Bewegung. Dadurch fällt das Gemisch in das Schmelzgefäß und zwar auf die oberste Siebscheibe, wird hier abgestrichen und bewegt sich so immer weiter nach unten. Da es nun während des Falles der Einwirkung des Ammoniaks ausgesetzt ist, geht es mehr und mehr in Cyanid über und wird immer dünnflüssiger. Infolgedessen breitet es sich, je weiter es nach unten kommt, um so besser auf den Siebplatten aus und bietet dem Ammoniakstrom eine recht große Angriffsfläche. Die Geschwindigkeit der Welle muß natürlich sorgfältig reguliert werden, damit dem Gemische genügend Zeit bleibt, möglichst vollständig in Cyanid überzugehen. Andernfalls ist man gezwungen, das Reaktionsprodukt zum zweiten Male der Einwirkung des Ammoniaks auszusetzen. Die fertige Schmelze wird von Zeit zu Zeit durch den Abstich a entfernt und durch Absitzenlassen oder Filtrieren vor dem Gießen von Kohlenstoffpartikeln befreit.

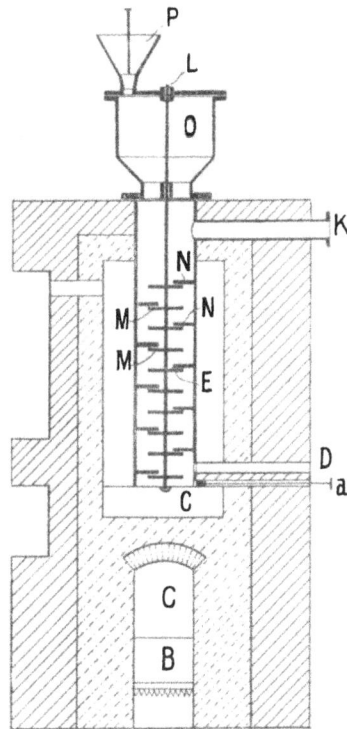

Fig. 7. **Cyanofen nach Beilby.**

Die Anwendung bewegter Teile bei so hohen Temperaturen in Gegenwart stark alkalihaltiger Substanzen ist jedoch keineswegs angenehm und führt zu großem Apparatenverschleiß. Beilby hat daher noch einen zweiten Ofen angegeben, bei welchem dies vermieden ist. In dem Schmelzgefäß befinden sich statt der rotierenden Siebplatten schalige Siebe paarweise derart angeordnet, daß sie einander die konkaven Seiten zukehren. Die jeweilig oberen Siebe haben an den Rändern Durchbohrungen, während die jeweils unteren Siebe in der Mitte gelocht sind.

Man trocknet nun das Rohgemisch in Darröfen vor und schmilzt es dann in einem hochstehenden Gefäß nieder, um es von dort mit Hilfe eines Kegelventils und eines gebogenen Rohres dem oberen

Teil des rotwarmen Schmelzgefäßes zuzuführen. Der Vorgang ist
von da ab genau derselbe wie beim ersten Apparate beschrieben.
Die Schmelze fließt von Sieb zu Sieb unter Beschreibung eines
Zickzackweges und kommt dabei mit dem aufsteigenden Ammoniak
in innigste Berührung. Man regelt auch hier die Geschwindigkeit
des Durchflusses nach der Zusammensetzung der sich am Boden
sammelnden Schmelze. Je geringer deren Cyanidgehalt ist, um so
langsamer muß man die Rohschmelze einfließen lassen. Beilby
gibt in seinem englischen Patent Nr. 4820 vom Jahre 1891 an, daß
man ein Endprodukt mit 70% Cyankalium erzielen könne. Das
würde für heutige Verhältnisse nicht sehr hoch sein, es ist aber
wohl anzunehmen, daß die reichen Betriebserfahrungen gelehrt haben,
ein höherwertiges Produkt zu erzeugen, sonst hätte die Ausbeutung
des Verfahrens nicht den Umfang erreichen können, den sie heute
tatsächlich erlangt hat.

Beilbys Verfahren ist von der Cassel Gold Extracting
Company zu Glasgow in Schottland erworben worden und wird
von dieser seit Anfang der neunziger Jahre des vorigen Jahrhunderts
betrieben. Nach Beilbys eigenen Mitteilungen[1]) trat das auf diesem
Wege erzeugte Cyankalium im Jahre 1892 zum ersten Male in Wettbewerb mit demjenigen, welches aus Ferrocyankalium dargestellt
wird, und 1899 soll die Produktion der Cassel Gold Extracting
Company schon gleich der Hälfte der Gesamtcyankaliumproduktion
Europas gewesen sein.

In Bezug auf den theoretischen Verlauf stimmt Beilbys Verfahren mit demjenigen Siepermanns überein, auch hier kann
man eine intermediäre Bildung von Alkalicyanamid annehmen,
welches teils durch direkten Zerfall, teils durch Aufnahme von
Kohlenstoff in Cyankalium übergeht. Hierfür spricht auch die Tatsache, daß sich die Reaktion bei ein und derselben niedrigen Temperatur, nämlich bei dunkler Rotglut, also ca. 830° C vollzieht, die
Steigerung der Temperatur auf helle Rotglut, d. i. ca. 950° C, wie
sie Siepermann vorschreibt, scheint demnach nicht nötig zu sein,
und dies darf wohl als eine Bestätigung von Pflegers Deutung
der Reaktion angesehen werden. Auch Siepermanns eigene Versuche weisen darauf hin, denn dieser erhielt bei dunkler Rotglut
(s. die Tabelle S. 109) ebenfalls die beste Ausnutzung des Ammoniaks.

---

[1]) Journ. of Gaslighting 1903, Vol. 83, 36 ff.

Schon in der Anwendung ein und derselben mäßigen Temperatur
liegt ein unbestreitbarer Vorzug des letzteren Verfahrens, und dieser
wird noch bedeutend durch die Vermeidung der Extraktion mit
Wasser erhöht. Der Prozeß gewinnt dadurch sehr an Einfachheit,
indem er erlaubt, in einer einzigen Operation sofort ein verkaufsfähiges Cyankalium darzustellen.

Pfleger hat in seinem D. R. P. Nr. 89594 wohl auf Grund
seiner offenbar sehr eingehenden Studien der einschlägigen Verhältnisse einen anderen Weg angegeben, um den Erfolg des Beilby-
schen Verfahrens zu erreichen. Sein Vorschlag ist als eine Modifikation des letzteren anzusehen und läuft in der Hauptsache darauf
hinaus, die Anwendung fertigen Cyanids zur Herstellung des Gemisches zu vermeiden.

Um das Alkalikohlegemenge bei 900° flüssig zu machen und
in Fluß zu erhalten, setzt er demselben von vornherein nur einen
Teil der für die völlige Umwandlung in Cyanid nötigen Menge Kohle
zu und trägt den Rest im Laufe der Operation nach und nach in
dem Maße ein, in welchem die zugeführte Kohle sich in Cyanid
umsetzt. Auf diese Weise soll es gelingen, annähernd die theoretische
Menge Cyanid in einer Operation ohne Zusatz fertigen Cyanids zu
erhalten.

Zur Ausführung des Verfahrens bringt man in einen Tiegel,
welcher durch eine gut schließende Haube mit Abzug bedeckt wird,
ein Gemisch von 1000 Teilen Kaliumkarbonat und 100 Teilen fein
gemahlener Kohle, verschließt ihn und erhitzt das Ganze auf 900°,
wobei der Tiegelinhalt in Fluß gerät. Darauf schiebt man durch
die Haube ein Rohr in die geschmolzene Masse bis fast zum Boden
des Tiegels ein und führt trockenes Ammoniakgas bei ¹/₃ Atmosphäre
Überdruck in raschem Strom zu. Die von dem fein verteilten Kohlenstoff schwarz gefärbte Schmelze wird allmählich grau bis weiß, da
der Kohlenstoff in Cyanid übergeht; man muß daher, um die Reaktion nicht zum Stillstand kommen zu lassen, neue Kohlemengen
zuführen und bewirkt dies dadurch, daß man mittels des Ammoniaks
Kohlepulver in die Masse einbläst. Auf diese Weise bringt man
allmählich die ganze, zur Reaktion nötige Menge Kohlenstoff in das
Gemisch, ohne daß dasselbe durch allzugroße Massen fester Kohle
erstarren oder zähflüssig werden kann und ohne daß die Temperatur
unter 900° sinkt. Nach zweistündigem Einblasen von Ammoniak
und Kohlepulver ist die Reaktion beendet und der gesamte Tiegelinhalt in Cyankalium verwandelt. Die Vollendung der Umwandlung

8*

kann man daran erkennen, daß aus dem Abzugsrohr keine verbrenn-
lichen Gase, Kohlenoxyd und Wasserstoff, mehr entweichen. Der
Tiegelinhalt selbst besteht nunmehr aus reinem Cyanid ohne Nebenprodukte oder Verunreinigungen. Bei der Ausführung der Operation
kommt es leicht vor, daß sich zum Schlusse noch überschüssige
Mengen Kohlepulver in der Schmelze befinden, die die letztere grau
färben, sie lassen sich jedoch in einfachster Weise durch Filtration
beseitigen.

(An Stelle des Ammoniaks will Pfleger übrigens auch elementaren Stickstoff anwenden unter Erhöhung der Temperatur des
Reaktionsgemisches. Diese letztere soll dadurch erreicht werden,
daß man Luft einbläst und mittels deren Sauerstoff einen Teil der
Kohle des Gemisches verbrennt.)

Eine Vereinfachung des Verfahrens von Beilby wird durch
Pflegers Prozeß unleugbar erreicht, und zwar insofern, als man
eine weit einfachere Apparatur anwenden kann und, wie schon gesagt,
den Zusatz fertigen Cyanids umgeht. Auch wird es leichter sein,
eine völlige Umwandlung der Schmelze in Cyanid und damit ein
hochwertiges Produkt zu erzielen. Jedoch arbeitet das Verfahren
im Gegensatz zu dem von Beilby intermittierend, was wohl gleichbedeutend mit einem hohen Brennmaterialaufwand sein dürfte. Ferner
muß zum Verflüssigen und Flüssighalten des Gemisches eine höhere
Temperatur als bei jenem angewandt werden. Dies verursacht aber
sicherlich Verluste an Ammoniak infolge von Zersetzung, und dadurch werden vielleicht die oben genannten Vorteile ausgeglichen
werden.

Man darf wohl annehmen, daß die Deutsche Gold- und
Silber-Scheideanstalt das Verfahren Pflegers, welcher ihr
angehört, im Betriebe ausprobiert hat. Rößler erwähnte es jedoch
in seinem Vortrage »Cyan unter besonderer Berücksichtigung der synthetischen Cyanidverfahren« auf dem Internationalen Kongreß für angewandte Chemie, Berlin 1903,
nicht, obgleich er der Patente von Siepermann und Beilby ge-
dachte, und dies deutet darauf hin, daß es zugunsten eines anderen
Verfahrens wieder verlassen worden ist.

Es sind nun noch der Vollständigkeit halber einige andere, auf
der Anwendung reinen Ammoniaks basierende Cyanidprozesse zu
erwähnen, die jedoch keine größere Bedeutung erlangt haben.

So empfiehlt Chaster in seinem englischen Patent Nr. 15942
vom Jahre 1894 mit starker Anlehnung an Siepermanns erstes

Patent Nr. 38012, trockenes Ammoniakgas über ein glühendes Gemisch von Holzkohle mit Alkali- oder Erdalkalikarbonat zu leiten und das Reaktionsprodukt mit Wasser oder Alkohol zu extrahieren.

Wesentlich origineller ist das Verfahren von H o o d und S a l a - m o n, D. R. P. Nr. 87613, welchem ebenfalls die Bildung von Cyanat mit nachträglicher Reduktion zugrunde liegt, doch soll diese Reduktion nicht durch Kohle, sondern durch metallisches Zink bewirkt werden. Nach den Angaben der Erfinder erhitzt man ein Gemisch von Natriumkarbonat und Zinkschnitzeln zur Rotglut und leitet Ammoniak darüber, wobei folgende Umsetzung eintritt:

$$NH_3 + Na_2CO_3 + Zn = NaCN + ZnO + NaOH + H_2O.$$

Das Cyanid wird aus dem Reaktionsprodukt durch Auslaugen gewonnen, und die Nebenprodukte Natriumhydroxyd und Zinkoxyd führt man durch Glühen mit Kohle wieder in Natriumkarbonat und metallisches Zink über.

Nach früher Gesagtem ist wohl anzunehmen, daß sich Natriumcyanat (welches die Erfinder übrigens nicht erwähnen) bildet und durch Zerfall teilweise in Natriumcyanid übergeht, die reduzierende Wirkung des Zinks steht jedoch kaum außer Frage. Aber selbst wenn die Reaktion in diesem Sinne eintritt, setzt doch der Zinkgehalt der Schmelze der Gewinnung reinen Alkalicyanids großen Widerstand entgegen, da sich beim Auslaugen sicherlich Natriumcyanid und Zinkcyanid bilden wird. Die Beseitigung des Zinks aus den Laugen ist aber mit vielen Schwierigkeiten verbunden, wie jeder weiß, der einmal mit solchen Lösungen zu tun hatte.

Eine recht komplizierte Modifikation des Verfahrens von S i e p e r m a n n hat R i e p e in dem D. R. P. Nr. 105051 vorgeschlagen. Sein Prozeß zerfällt in zwei Operationen, deren erste die Reinigung der Kohle, die zweite die eigentliche Cyaniderzeugung bezweckt. Die kohlenstoffhaltige Substanz, Holzkohle, Torfkohle oder Tierkohle wird fein gemahlen und mit Kaliumkarbonat sorgfältig gemischt. Darauf setzt man so viel zu Pulver gelöschten Ätzkalks zu, daß die Gesamtmenge der etwa vorhandenen Phosphorsäure in unlösliches Calciumphosphat übergeführt wird. Nun mengt man das Ganze mit schwerem Holzteer oder Melasse zu einer plastischen Masse an und preßt aus dieser dünnwandige Briketts oder Hohlsteine, welche in Retorten mit Gasfeuerung und Regenerativeinrichtung auf 1200 bis 1300⁰ C erhitzt werden. Der Zweck dieser Operation ist, die in der Kohle vorhandenen Sulfate und Phosphate in unlösliche Kalksalze zu verwandeln und aus den Karbonaten die Kohlensäure sowie aus der Kohle alle etwa absorbierten Gase, vornehmlich Sauerstoff, auszutreiben. Wird die Vorreinigung versäumt, so vereinigt sich der Schwefel der Kohle bei der späteren Zuführung von Ammoniak mit dem entstehenden Cyan zu Rhodanverbindungen, der von der Kohle absorbierte Sauerstoff verursacht die Bildung von Cyanaten, und das Kohlendioxyd zersetzt die Alkalicyanide, so daß man bei der Absorption in Lauge keine gesättigten Cyanidlösungen erhält.

Zur Erzeugung des Cyanids setzt man die vorgereinigten Briketts der gleichzeitigen Einwirkung von Ammoniak, Ammoniaksalzen und Kaliumkarbonat aus, wobei man gegebenenfalls die Temperatur des Reaktionsgemisches noch durch Zugabe von Kaliumnitrat erhöht. Die Ammonium- und Kaliumsalze werden scharf getrocknet, zu Staub vermahlen und darauf durch Ammoniakgas, welches auf ca. 2 Atm. Überdruck komprimiert ist, in die Retorte eingeblasen, und zwar soll das einzuführende Gemisch der Zusammensetzung $2\,NH_3 + K_2CO_3$ entsprechen.

Den Verlauf der Reaktion gibt der Erfinder wie folgt an: Der Kohlenstoff reduziert in der Glühhitze die Kalium- und Ammoniumsalze und das Ammoniak wirkt dabei auf das entstandene Kalium und den Kohlenstoff unter Bildung von Cyankalium nach der Formel ein:

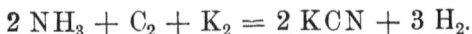

$$2\,NH_3 + C_2 + K_2 = 2\,KCN + 3\,H_2.$$

Die cyanhaltigen Gase, welche die Retorte verlassen, werden in Absorptionsgefäße, die mit Kali- oder Natronlauge beschickt sind, eingeführt und von diesen zu Wäschern geleitet.

Der ganze Prozeß scheint doch recht umständlich zu sein, und dabei ist ein Grund für diese Umständlichkeit nicht recht einzusehen, denn man kann, wie schon gezeigt wurde, ohne diese sehr gute Resultate erzielen. Unverständlich bleibt vor allem, warum die Cyanprodukte aus den Abgasen gewonnen werden, da sich doch Cyanide bilden, welche, zum weitaus größten Teil wenigstens, im Reaktionsprodukt zurückbleiben. Ähnliche Verfahren sind übrigens auch von Lambilly und Roca empfohlen worden.

Viel einleuchtender ist der Vorschlag, welcher dem D. R. P. Nr. 139456 der Deutschen Gold- und Silber-Scheideanstalt zugrunde liegt. Das Verfahren beruht darauf, daß reine Erdalkalikarbonate, im Ammoniakstrom erhitzt, Cyanamidmetalle liefern nach der Gleichung:

$$BaCO_3 + 2\,NH_3 = BaCN_2 + 3\,H_2O.$$

Zur Ausführung des Prozesses wird sehr fein gemahlenes Baryumkarbonat im Drehrohrofen auf dunkle Rotglut gebracht und Ammoniak darüber hingeleitet, oder man breitet das Baryumkarbonat in flachen Schiffchen aus, die sich in einer Retorte befinden und führt bei schwacher Rotglut Ammoniak durch diese. Die Umwandlung des Baryumcyanamids in Alkalicyanid kann man dann in schon beschriebener Weise durch Niederschmelzen mit Alkalikarbonaten bewirken.

Barr, Macfarlane, Mills und Young empfehlen in ihrem englischen Patent Nr. 3092 vom Jahre 1892, dem Ammoniak vor seiner Einwirkung auf das Alkalikohlegemisch Kohlenoxyd beizumischen. $22^{1}/_{2}$ Teile Kohle werden mit 100 Teilen Kaliumhydrat gemengt, auf ca. 815^0 C erhitzt und darauf das Gasgemisch mehrere Male darüber hingeleitet, bis alles absorbiert ist. Aus dem Reaktionsprodukt gewinnt man dann das entstandene Cyankalium durch Auslaugen mit Wasser in der schon mehrfach beschriebenen Weise.

Die Erfinder nehmen an, daß sich bei ihrem Verfahren zunächst Formamid bilde nach der Gleichung:

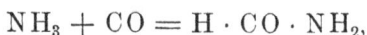

$$NH_3 + CO = H \cdot CO \cdot NH_2,$$

und daß dieses dann unter dem Einfluß der hohen Temperatur zerfalle:

$$H \cdot CO \cdot NH_2 = HCN + H_2O.$$

Das Verfahren ist von Conroy[1]) nachgeprüft worden; dieser verwirft jedoch die obige Erklärung des Vorgangs auf Grund seiner Untersuchungen und meint, daß zuerst das Ammoniak auf das Kaliumhydroxyd unter Bildung von Kaliumamid einwirke:

$$NH_3 + KOH = NH_2 \cdot K + H_2O,$$

das Kaliumamid gehe dann durch Kohlenoxyd in Cyankalium über:

$$NH_2 \cdot K + CO = KCN + H_2O.$$

Beide Erklärungen sind zum mindesten sehr gezwungen, denn die genannten Reaktionen können tatsächlich nicht in dem angenommenen Sinne verlaufen. Die Bildung von Formamid aus Ammoniak und Kohlenoxyd ist bis jetzt noch nicht einwandfrei nachgewiesen, und außerdem zerfällt Formamid schon bei 200^0 C in seine Komponenten, so daß, selbst wenn es wirklich entstünde, doch nur diese,

---

[1]) Nach Robine et Lenglen, L'industrie des cyanures, S. 226.

nämlich Ammoniak und Kohlenoxyd, auf das Alkalikohlengemisch einwirkten.

Die Bildung von Kaliumamid aus Ammoniak und Kaliumhydrat ist ebenso unwahrscheinlich wie die Entstehung von Formamid, man müßte sonst eine Reduktion des Kaliumhydrats durch Ammoniak annehmen, was aber allem Bekannten widerspricht. Viel naheliegender und einfacher ist es, auch in diesem Falle den Reaktionsverlauf anzunehmen, welchen Pfleger zur Erklärung von Siepermanns Cyanidverfahren herangezogen hat.

Wie man aus ameisensaurem Ammoniak oder aus Formamid Cyanide darstellen kann, ohne sie zuvor in Ammoniak und Kohlenoxyd zu spalten, zeigt dagegen das D. R. P. Nr. 108152, welches Glock im Jahre 1899 erteilt wurde. Nach diesem schmilzt man Kaliumhydrat und leitet bei 200° C Formamiddampf ein, wobei eine fast quantitative Spaltung in Cyankalium und Wasser eintreten soll. Bei Anwendung von Ammoniumformiat ist es nötig, die Schmelze auf 360° C zu erhitzen, doch erhält man bessere Ausbeuten, wenn das Formiat zunächst in Formamid verwandelt wird. Zu diesem Zwecke erhitzt man es für sich oder mit Chlorzink-Ammoniak gemischt im Autoklaven auf 200 bis 300°, destilliert das entstandene Formamid ab und führt seine Dämpfe in der beschriebenen Weise über das geschmolzene Alkalihydrat.

Gänzlich abweichend von den bisher geschilderten Verfahren ist dasjenige von Moïse, welches den Gegenstand des D. R. P. Nr. 91708 bildet. Nach diesem glüht man zunächst ein Gemisch von Borax mit Chlorammonium, wobei neben Chlornatrium und Wasser Borstickstoff entsteht:

$$Na_2B_4O_7 + 4\,NH_4Cl = 4\,BN + 2\,NaCl + 2\,HCl + 7\,H_2O.$$

Der Borstickstoff wird darauf sorgfältig mit Kaliumkarbonat und Kienruß gemischt und auf dunkle Rotglut erhitzt. Dann bildet sich Cyankalium nach folgender Gleichung:

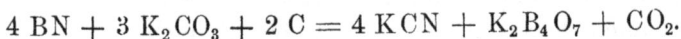

$$4\,BN + 3\,K_2CO_3 + 2\,C = 4\,KCN + K_2B_4O_7 + CO_2.$$

Das letzte, hierher gehörende Verfahren ist das D. R. P. Nr. 121555 von Großmann, nach welchem Cyanide durch Einwirkung von Ammoniak auf ein rotglühendes Gemisch von Kohle und Schwefelleber erzeugt werden. Fleck[1] hatte gefunden, daß

---

[1] Die Fabrikation chemischer Produkte etc. Braunschweig 1878, S. 119

beim Zusammenschmelzen ven Schwefelkalium, Kohle und Ammoniumsulfat Rhodankalium entsteht. Diese Reaktion prüfte Großmann nach und modifizierte sie in verschiedener Beziehung. Bei
seinen Versuchen ergab sich nun, daß durch Anwendung freien
Ammoniaks an Stelle von Ammoniumsulfat die Bildung von Rhodankalium vermieden werde und sich nur Cyankalium bilde. Er schlägt
daher vor, Kohle und Schwefelleber zu mengen oder statt der
Schwefelleber ihr Bildungsgemisch zu verwenden und bei Rotglut
Ammoniak entweder für sich oder mit flüchtigen Ammoniumsalzen
oder mit Kohlenoxyd, Wasserstoff und Kohlenwasserstoffen gemischt
darüber zu leiten. Es soll sich dann bei 700 bis 800° C Cyankalium
bilden, während der Schwefel in Schwefelwasserstoff übergeht. Das
Reaktionsprodukt wird nach dem Erkalten eventuell unter vor-
heriger Beigabe fein verteilten Eisens mit Wasser ausgelaugt und
liefert entweder Cyanide oder Ferrocyanide.

b) Cyanidsynthesen ohne Anwendung anorganischer Basen.

Wie schon Clouet und vornehmlich Langlois gezeigt haben,
wandelt sich Ammoniak leicht in Cyanwasserstoff resp. Cyanammonium
um, wenn man es über glühenden Kohlenstoff ohne Beigabe· von
Alkali- oder Erdalkalikarbonaten leitet. Dabei zerfällt ein Teil jedoch
auch in die Komponenten Wasserstoff und Stickstoff, und die Größe
dieses Anteils hängt von den Versuchsbedingungen ab.

Wir verdanken Bergmann[1]) eine sehr eingehende Arbeit über
diesen Gegenstand, und bevor die einschlägigen technischen Prozesse
besprochen werden, empfiehlt es sich wohl, dessen Untersuchungen
und ihre Resultate kurz wiederzugeben.

Bueb hatte durch (nicht veröffentlichte) Versuche gefunden,
daß reines Ammoniak, über glühende Holzkohle von 800° C geleitet,
zu 4 % in Cyan übergehe; wurde die Temperatur auf 1000° gesteigert, so erhielt man 24 % des Ammoniaks als Cyan und bei
Anwendung von Ammoniak-Leuchtgasgemischen und Temperaturen
von 1150 bis 1180° C verwandelten sich 60 % in Cyan, 20 % zerfielen und ebensoviel blieb unverändert. Diese Versuche wiederholte
Bergmann zunächst und veränderte dabei sowohl den Prozentgehalt des Ammoniaks im Leuchtgas als auch die Geschwindigkeit
des Gasstroms. Seine Resultate waren folgende:

---

[1]) Journal für Gasbeleuchtung 1896, S. 117 ff. und 140 ff.

Lfd. Nr.	Temperatur	Prozentgehalt des Gases an Ammoniak	Ammoniak in g pro Stunde	Von dem Stickstoff des Ammoniaks waren	
				umgewandelt in HCN %	unzersetzt %
1	1100	8,7	6,640	19,1	69,2
2	1100	9,6	1,860	22,8	35,4
3	unter 1040	12,0	0,863	31,0	51,0
4	1100	13,0	0,329	46,6	21,0
5	1100	14,0	0,296	52,5	19,0

Daraus ergibt sich, daß die Cyanbildung einen um so größeren Umfang annimmt, je langsamer das Gas über die Holzkohle geführt wird, gleichzeitig steigt auch der Zerfall des Ammoniaks, während bei größerer Geschwindigkeit des Gasstroms die Ammoniakverluste viel geringer werden. Man sieht dies besonders deutlich, wenn man den ersten Versuch mit dem letzten vergleicht. Beide wurden bei derselben Temperatur 1100° ausgeführt, im ersten Falle gingen 11,7% des Ammoniaks verloren und im zweiten 28,5%. Einer Erklärung dafür bedarf es nicht, sie ergibt sich ganz ungezwungen aus der längeren Berührungsdauer zwischen dem Ammoniak und der glühenden Substanz.

Bei dieser Reaktion bildet sich natürlich Cyanwasserstoff, da Cyanammonium schon bei Temperaturen unter 100° in seine Komponenten dissoziiert ist. Sie vereinigen sich jedoch, sobald die Kondensationstemperatur des Cyanammoniums, 35° C, erreicht ist, falls das Gemisch genügend Ammoniak enthält. Dies liegt bei den Versuchen Nr. 1 bis 3 vor, während in den Fällen Nr. 4 und 5 freier Cyanwasserstoff auftreten muß.

Ferner studierte Bergmann den Einfluß naszierenden Kohlenstoffs auf die Cyanbildung, indem er dem Gemische von Ammoniak und Leuchtgas Pentandämpfe zusetzte. Die Umwandlung in Cyan ging dabei stets zurück und wurde mit steigendem Pentangehalt immer geringer. Er führt dies auf die Volumenvermehrung durch den Zerfall des Pentans zurück, da diese gleichbedeutend mit erhöhter Geschwindigkeit des Gasstroms ist. Wichtig ist bei diesen Versuchen der Nachweis, daß naszierender Kohlenstoff die Cyanbildung nicht begünstigt.

Schließlich untersuchte Bergmann noch den Einfluß von Kohlenoxyd, Generatorgas und Gemischen von Stickstoff und Wasserstoff auf die Umwandlung des Ammoniaks. Es ergaben sich dabei dieselben Verhältnisse wie bei den Versuchen mit Leuchtgas, doch zerfiel ein größerer Teil des Ammoniaks in die Elemente, und das Auftreten von Cyanammonium konnte nicht festgestellt werden (im Gegensatz zu der Annahme St. Claire Devilles in seinen Leçons sur la dissociation). Mit steigendem Ammoniakgehalt der Gemische und mit steigender Geschwindigkeit des Gasstroms ging die Cyanbildung zurück, während der Zerfall des Ammoniaks in die Elemente nur mit steigender Geschwindigkeit des Gasstroms zunahm und vom Prozentgehalt des Gases an Ammoniak anscheinend unabhängig war. Bei Gegenwart von Kohlenwasserstoffen mußten höhere Temperaturen angewandt werden, um die Umwandlung in Cyan zu erzielen. Während kohlenwasserstofffreie Gemische nur 1000 bis 1100° erforderten, bedurften kohlenwasserstoffhaltige Gase ca. 1100°. Je höher der Prozentgehalt der Gase an Kohlenwasserstoffen war, um so mehr Ammoniak blieb unzersetzt, und die Erhaltung des Ammoniaks wurde durch höhermolekulare Kohlenwasserstoffe begünstigt.

Bergmann betont in seiner Abhandlung besonders, daß sich beim Überleiten von Ammoniak über glühende Holzkohle nur freie Cyanwasserstoffsäure, aber kein Cyanammonium bilde, der Rest des Ammoniaks zerfalle in die Elemente. Er setzt sich damit in Widerspruch zu Langlois und Kuhlmann, welche beide angeben, daß in diesem Falle stets Cyanammonium entstehe, und dasselbe geht auch aus seiner eigenen Arbeit hervor. Bei allen seinen Versuchen blieb ein Teil des Ammoniaks unzersetzt, daher seine Schlußfolgerungen nicht recht verständlich sind.

Denis Lance[1]) hat Bergmanns Versuche teilweise wiederholt und dabei die Angaben von Kuhlmann und Langlois bestätigt gefunden. Er wandte Gemische von Ammoniak, Wasserstoff und Stickstoff in verschiedenen Verhältnissen an und ließ diese bei verschiedenen Temperaturen auf Holzkohle einwirken. Seine Versuchsergebnisse finden sich in umstehender Tabelle.

Er zieht daraus folgende Schlüsse:

1. Leitet man Ammoniak bei Temperaturen zwischen 1000 und 1100° C über Holzkohle, so bildet sich stets Cyanammonium.

2. Die Ausbeute an Cyan steigt, wenn man das Ammoniak mit Stickstoff und Wasserstoff mischt.

---

[1]) Compt. rend. 124, 819—21.

3. Die höchste Ausbeute an Cyan erhält man bei 1100⁰ C und unter Anwendung eines Gemisches von 1 Teil Stickstoff mit 10 Teilen Wasserstoff, dessen Ammoniakgehalt $1/_{26}$ des Gemisches beträgt.

4. Bei den Bedingungen unter 3. bilden sich mindestens 70% des Cyans aus dem elementaren Stickstoff des Gasgemisches.

Mischungsverhältnis in Kubikzentimetern	Reaktions-temperatur ⁰ C	Dauer der Einwirkung	Ausbeute an HCN g	Stickstoff		Ausbeute an HCN %
				im NH₃ g	im HCN g	
I. NH₃ = 1000 H = 8000 N = 1000	1000	8 Min.	0,3535	0,627	0,1902	30,60
II. NH₃ = 200 H = 5000 N = 500	1025 bis 1050	8 »	0,1750	0,120	0,0940	75,50
III. NH₃ = 200 H = 5000 N = 500	1100	8 »	0,2000	0,120	0,1076	89,66
IV. NH₃ = 400 H = 10000 N = 1000	1075 bis 1100	15 »	0,3900	0,240	0,2100	87,50

Die letztere Beobachtung, daß unter Umständen ein Teil des elementaren Stickstoffs in Cyan übergeht, hat Bergmann nicht gemacht. Wenn diese Reaktion tatsächlich eintritt, so ist das ein Beweis dafür, daß gegebenenfalls Ammoniak gerade so wie die Alkalien und Erdalkalien wirken kann, was die Existenz eines Ammoniumkarbids vermuten lassen dürfte.

Decken sich die Resultate von Bergmanns Versuchen auch nicht in allen Punkten mit denjenigen von Denis Lance, so geht doch aus den Arbeiten beider als wichtigstes übereinstimmend hervor, daß die besten Cyanausbeuten bei ca. 1100⁰ C und bei Anwendung stark verdünnten Ammoniaks erhalten werden; diese Beobachtung hat man später auch bei allen technischen Prozessen, die auf der in Rede stehenden Reaktion basieren, berücksichtigt.

Der erste, welcher Mittel und Wege zur Umwandlung des Ammoniaks in Cyan durch Überleiten über glühende Holzkohle in technischem Maßstabe angegeben hat, ist Brunnquell[1]), dessen Arbeiten über die Verbesserung des alten Schmelzprozesses schon erwähnt wurden.

Nach seinem Verfahren, das er in Gemeinschaft mit Weber im Jahre 1856 ausarbeitete, werden stickstoffhaltige, tierische Rohstoffe für sich derart verkohlt, daß man einen leicht zerreiblichen Rückstand erhält. Dieser wird mit zu Pulver gelöschtem Ätzkalk innig gemischt und nochmals trocken destilliert. Die ammoniakhaltigen Gase der Destillation leitet man durch stark glühende, enge Schamotteröhren, welche mit nußgroßen Holzkohlestücken gefüllt sind und wandelt dadurch das Ammoniak in Cyan um. Nebenbei mag erwähnt werden, daß schon Brunnquell nur die Bildung von Cyanammonium aber niemals diejenige von Cyanwasserstoffsäure beobachtete.

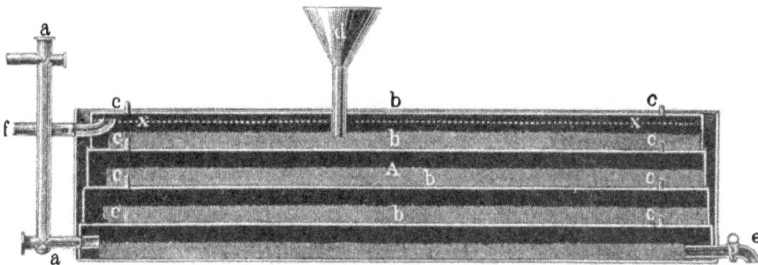

Fig. 8. Cyanabsorptionsapparat nach Brunnquell.

Um aus den Reaktionsgasen das Cyan zu gewinnen, leitet man sie durch eine konzentrierte Eisenvitriollösung, wobei nach der Gleichung

$$2 \, (NH_4) \, CN + FeSO_4 = Fe \, (CN)_2 + (NH_4)_2 \, SO_4$$

Eisencyanür und Ammoniumsulfat entstehen.

Als Absorptionsapparat hat Brunnquell den in Fig. 8 dargestellten vorgeschlagen. Es ist dies ein eiserner Behälter A von rechteckigem Querschnitt, in welchem vier flache, unten offene Kästen bb übereinander aufgestellt sind. In dem Boden eines jeden Kastens befinden sich abwechselnd auf dem einen und anderen Ende der Schmalseiten Ausschnitte, welche Gas und Flüssigkeit durchtreten lassen. Man füllt den ganzen Apparat vom Beschickungstrichter d aus mit Eisenvitriollösung und läßt das cyanhaltige Gas,

---

[1]) Verhandlungen des Vereins zur Beförderung des Gewerbefleißes 1856, S. 130 ff., und Fleck, Die Fabrikation chemischer Produkte etc. 1878, S. 117 ff.

das unter Gebläsedruck steht, von a aus in den untersten Kasten
eintreten, es bewegt sich dann zickzackförmig durch die Flüssigkeit
der vier Kästen hin bis zum höchsten Punkt und entweicht durch
die Leitung f zur Feuerung.

Nachdem alles Eisen aus der Lösung als Eisencyanür gefällt
ist, läßt man den Kasteninhalt ab, filtriert ihn und verarbeitet das
Filtrat auf Ammoniumsulfat. Der Rückstand wird mehrmals mit
Wasser ausgewaschen und dann mit Pottasche gekocht, darauf
filtriert man wieder, engt das Filtrat ein und läßt das entstandene
Blutlaugensalz auskristallisieren.

Nach Fleck hat sich Brunnquells Verfahren keinen Eingang
in die Praxis zu verschaffen vermocht, die Versuche zu seiner Ausführung scheiterten an technischen Schwierigkeiten, an dem hohen
Brennstoffaufwand und an den geringen Ausbeuten.

Viele Jahre lang ruhte die Erfindertätigkeit auf diesem Gebiete
und erst im letzten Jahrzehnt des vergangenen Jahrhunderts stoßen
wir wieder auf Prozesse, welche die Umwandlung des Ammoniaks
in Cyanammonium mit Hilfe glühenden Kohlenstoffs zum Gegenstande haben.

Schulte und Sapp schlagen in dem D. R. P. Nr. 75883 vor,
Ammoniak mit Kohlenwasserstoffen gemischt über glühende Holzkohle zu leiten und aus den Abgasen das Cyan mittels Kalilauge
zu gewinnen. Zur Ausführung des Verfahrens geben sie den in
Fig. 9 bis 11 dargestellten Ofen an. Dieser besteht aus einem gas-
dicht genieteten Blechmantel A mit der Kuppel C, welche beide
eine feuerfeste Ausmauerung B besitzen. Der Ofen ist durch Längs-
wände $N\,N$ in zwei Hälften geteilt, deren jede eine Anzahl lotrechter
Züge $E\,E$ enthält. In der Mitte steht der Schacht D, welcher zur
Aufnahme der Holzkohle dient, durch die Öffnung L mit der einen
Ofenhälfte kommuniziert und unten durch den Rost M abgeschlossen
ist. Zur Inbetriebsetzung des Apparats füllt man von K aus den
inneren Schacht mit Holzkohle, verschließt ihn oben und unten,
leitet in den Feuerraum F durch den Stutzen G brennbare Gase,
mit Luft gemischt, ein, und entzündet sie hier. Sie steigen brennend
in den Zügen E aufwärts, treten oben über die Wände N, N in die
andere Ofenhälfte, ziehen in den Zügen E zur Sohle hinab und verlassen den Ofen durch den Stutzen H. Ist das Ofeninnere auf die
erforderliche, hohe Temperatur gebracht, so schließt man die Ven-
tile bei G und H und läßt durch den Stutzen J das Gemisch von
Ammoniak und Kohlenwasserstoffen eintreten, während K geöffnet

wird. Die Gase machen nun den umgekehrten Weg wie die Feuergase und treten hocherhitzt durch L in den Schacht D ein. Beim
Aufsteigen in diesem geht das Ammoniak in Cyanammonium über,
die Abgase werden von K aus in konzentrierte Kalilauge geleitet
und geben an diese ihren Cyanwasserstoff ab, darauf kehren sie
wieder in den Betrieb zurück. Man wendet gleichzeitig zwei derartige Öfen an, von denen der eine erhitzt wird, während der andere
zur Erzeugung von Cyanammonium dient.

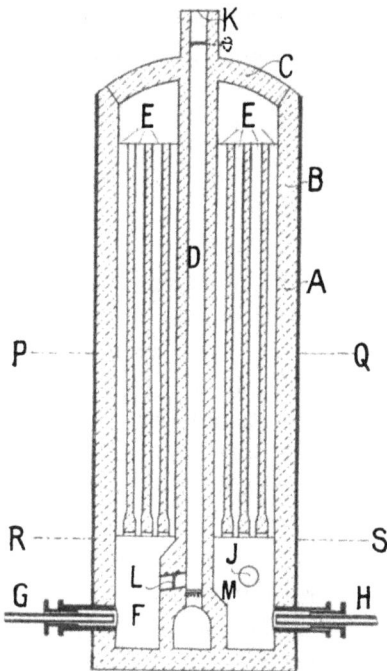

Fig. 9. Längsschnitt.   Fig. 11. Querschnitt.

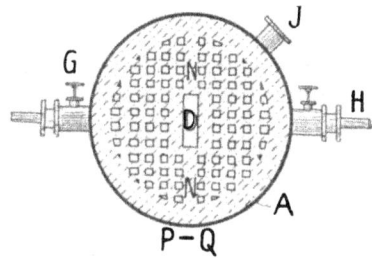

Cyanofen nach Schulte und Sapp.

Ob das Verfahren jemals Anwendung in der Praxis gefunden
hat, ist mir nicht bekannt, es steht jedoch zu erwarten, daß auf
dem langen Wege des Gases durch die hocherhitzten Züge beträchtliche Ammoniakmengen zerstört werden. Vielleicht würde es sich
mehr empfehlen, nur die Kohlenwasserstoffe vorzuwärmen und das
Ammoniak bei M direkt in die Kohlenstoffschicht einzuführen, um
vorgängige Zersetzungen zu vermeiden und doch nicht des Vorteils
der Vorwärmung verlustig zu gehen.

Denis Lance und de Bourgade haben sich die schon mitgeteilten Beobachtungen des Erstgenannnten zunutze gemacht und
im D. R. P. Nr. 100775 ein entsprechendes Verfahren angegeben.
Nach ihren eigenen Erläuterungen benutzen sie das Ammoniak nur
seiner Ähnlichkeit mit den Alkalien halber und verwenden es zur
Umwandlung elementaren Stickstoffs in Cyan, so daß, streng genommen, ihr Verfahren nicht hierher gehört, sondern zu denjenigen,
welche auf der Überführung elementaren Stickstoffs in Cyanverbindungen beruhen.

Die Ausführung der Umwandlung geschieht dadurch, daß ein
Gemisch von Stickstoff, Wasserstoff und wenig Ammoniak über
glühende Holzkohle geleitet wird, der Prozeß soll dann nach folgenden Gleichungen verlaufen:

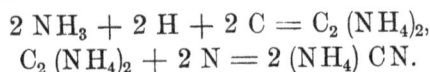

$$2\,NH_3 + 2\,H + 2\,C = C_2\,(NH_4)_2,$$
$$C_2\,(NH_4)_2 + 2\,N = 2\,(NH_4)\,CN.$$

Sie nehmen also an, daß sich analog den früher beschriebenen
Reaktionen zunächst ein Karbid, in diesem Falle Ammoniumkarbid,
bilde, welches sekundär durch Aufnahme freien Stickstoffs in Cyanid
übergehe. Statt des freien Wasserstoffs wollen sie auch Kohlenwasserstoffe oder Destillationsgase der Steinkohle o. dgl. anwenden
und geben an, daß man ein Gemisch von 80 Raumteilen Ammoniak
mit 2000 Teilen Kohlenwasserstoffe und 200 Teilen Luftstickstoff
durch Pumpen in einem Gasbehälter komprimieren solle, von
welchem aus es dann zum Cyanofen geführt werde.

Das entstandene Cyanammonium scheidet sich in den Vorlagen
als feste, kristallinische Masse ab und wird mit alkoholischer Kali-
oder Natronlauge behandelt. Das Cyanalkali fällt als kristallinisches
Pulver aus, während das Ammoniak frei wird und wieder in den
Betrieb zurückkehrt.

Zur Erzeugung von Ferrocyankalium behandelt man das Cyanammonium mit Eisenfeilspänen und einer siedenden Kaliumhydrat-
lösung, gewinnt das entweichende Ammoniak und läßt die filtrierte
Lösung des Ferrocyankaliums kristallisieren. Berliner Blau erhält
man durch Einwirkung einer teilweise oxydierten, salzsauren Eisenlösung auf das Cyanammonium bei 60° C. Das Blau fällt dabei aus
und das Ammoniak wird als Chlorammonium gewonnen.

Bei den letzten drei Verfahren wird der Kohlenstoff zur Cyanbildung ausschließlich der glühenden Holzkohle entnommen oder
stammt von der Zersetzung der etwa beigemischten Kohlenwasser-

stoffe. Andere Erfinder haben dagegen wie schon Barr und Mac-farlane versucht, zunächst durch Vereinigung von Ammoniak und Kohlenoxyd Derivate der Ameisensäure herzustellen und diese unter Cyanwasserstoffbildung zu spalten. Sie übertragen dabei eine von Berthelot[1]) gefundene Reaktion, nach welcher Kohlenoxyd durch Ätzalkalien bei Gegenwart von Wasser unter Bildung von Alkaliformiat absorbiert wird, auf Ammoniak und benutzen zur Ausführung derselben katalytische Substanzen.

So empfiehlt de Lambilly in seinem D. R. P. Nr. 78573 ein Gemisch von Ammoniak, Kohlenoxyd und Wasserdampf bei einer Temperatur zwischen 80 und 150° C über Holzkohle, Knochenkohle oder Bimssteinstückchen zu leiten. Nach den Gleichungen

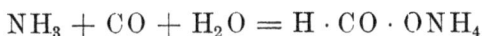

$$NH_3 + CO + H_2O = H \cdot CO \cdot ONH_4$$
und
$$NH_3 + CO = H \cdot CO \cdot NH_2$$

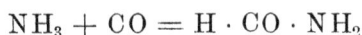

entsteht dabei ameisensaures Ammonium und Formamid. Diese werden dann durch nochmaliges Überleiten über die katalytische Substanz, jetzt aber bei 210° C in Cyanwasserstoff übergeführt:

$$H \cdot CO \cdot ONH_4 = HCN + 2 H_2O,$$
$$H \cdot CO \cdot NH_2 = HCN + H_2O.$$

Auch Mactear schlägt in seinem englischen Patent Nr. 5037 vom Jahre 1899 vor, Gemische von Ammoniak und Kohlenoxyd durch katalytisch wirkende Substanzen in Cyanverbindungen über-zuführen. Zu diesem Zwecke wendet er eine vertikale Kammer aus Porzellan oder Schamotte an, welche als elektrischer Widerstands-ofen ausgebildet ist und mit Holzkohle, Bimsstein o. dgl. gefüllt wird. Als Widerstände dienen Platinspiralen, die auf Schamottekernen auf-gewickelt und in Schamotteröhren gesteckt werden. Man erhitzt die Kammer auf 1800 bis 2000° F (980 bis 1090° C) und führt ein Ge-misch von zwei Raumteilen Ammoniak mit einem Raumteil Kohlen-oxyd ein, man kann an Stelle des letzteren auch Generatorgas mit einem mehr oder minder hohen Gehalt an Wasserstoff und Stick-stoff verwenden, doch soll die Gegenwart von Kohlendioxyd ver-mieden werden. Die Reaktionsgase enthalten Cyanammonium. Sie werden gekühlt und durch Kalilauge in Ammoniak und Cyankalium gespalten. Das letztere gewinnt man durch Eindampfen der Lösung im Vakuum und Niederschmelzen des Rückstandes. Das Verfahren

---

[1]) Ann. chim. phys. (3) 61, 463 und Jahresberichte 1861, 340.

erinnert sehr an das von Denis Lance und de Bourgade, wenn
der Erfinder auch nicht die von jenen gegebene Erklärung des chemischen Vorgangs gibt, sie kann allerdings nur dann in Frage kommen,
wenn kohlenstoffhaltige Substanzen als Katalysatoren benutzt werden.

Ein dem Verfahren von Lambilly ähnlicher Prozeß ist ferner
von Woltereck in dem D. R. P. Nr. 151130 angegeben worden,
nach welchem ein Gemisch von Ammoniak mit Kohlenwasserstoffen
und freiem Wasserstoff oder mit Wassergas über platinierten Bimsstein geleitet wird. Man kann z. B. ein Raumteil Ammoniak mit
zwei Raumteilen Wassergas mischen, doch ist Bedingung, daß die
Gase völlig trocken seien. In dem Reaktionsprodukt ist freier Cyanwasserstoff oder Cyanammonium enthalten, das in üblicher Weise
gewonnen wird.

Endlich gehört hierher noch das Verfahren des D. R. P. Nr. 132909
von Roeder und Grünwald, das ebenfalls die Erzeugung freien
Cyanwasserstoffs zum Gegenstande hat. Die Erfinder verwenden
aber kein kohlenstoffhaltiges Gas, sondern leiten ein Gemisch von
Ammoniak und Stickoxydul über hellrotglühende Holzkohlen, wobei
folgende Reaktion eintritt:

$$2\,NH_3 + N_2O + 4\,C = 4\,HCN + H_2O.$$

Nach dieser Gleichung muß das Gemisch aus zwei Raumteilen
Ammoniak und einem Raumteil Stickoxydul bestehen, und es ist
erforderlich, daß Kohlenstoff im Überschuß vorhanden und genügend
hoch erhitzt sei, damit das Wasser in statu nascendi in Wassergas
übergeführt werde, weil sonst leicht eine Zersetzung des entstandenen Cyanwasserstoffes eintreten könnte. Die blausäurehaltigen
Gase leitet man über glühendes Kalium- oder Natriumkarbonat, aus
dem die Blausäure die Kohlensäure austreibt und selbst in Cyanalkali übergeht.

Die hier beschriebene Gewinnung von Alkalicyaniden aus blausäurehaltigen Gasen, die teilweise aus Sauerstoff oder Stickoxyden
bestehen, ist übrigens später auch Tscherniac unter Nr. 145748
in Deutschland patentiert worden. Dieser empfiehlt, die Gase bei
450° C über Natriumkarbonat zu leiten und gibt an, daß man dabei
ein 98 bis 99prozentiges Cyanid erhalte, welches trotz der Anwesenheit des Sauerstoffes fast frei von Cyanat sei.

Hiermit dürften die Prozesse zur direkten Gewinnung von
Cyanwasserstoff und Cyanammonium ohne Anwendung nicht flüchtiger Basen wohl erschöpft sein, und wenn ihrer auch nur wenige

sind, so zeichnen sie sich doch vorteilhaft durch ihre Mannigfaltigkeit vor denen anderer Gruppen aus. Sofern die Umwandlung des Ammoniaks bei hohen Temperaturen vor sich geht, treten leider stets bedeutende Verluste durch Zerfall des Ammoniaks in die Elemente ein, und die durch Katalyse bei niederen Temperaturen bewirkten Reaktionen scheinen auch nicht ganz nach Wunsch zu verlaufen. Man darf dies wohl daraus schließen, daß bis jetzt noch nichts über die praktische Ausbeutung eines der vorgenannten Verfahren in die Öffentlichkeit gedrungen ist. Dennoch beansprucht die Umwandlung des Ammoniaks in Cyanammonium durch Überleiten über glühende, kohlenstoffhaltige Substanz unser regstes Interesse, weil das Cyan in der Steinkohlendestillation wenn auch nicht ausschließlich, so doch gewiß zum weitaus größten Teil dieser Reaktion seinen Ursprung verdankt.

c) Cyanidsynthese mit Hilfe von Alkalimetallen.

Die Darstellung von Alkalicyaniden aus Ammoniak, Alkalikarbonat und Kohle hat den unstreitigen Vorzug, daß dabei nur billige Rohmaterialien verwendet werden, sie erfordert aber verhältnismäßig hohe Temperaturen, und hierdurch werden leicht größere Ammoniakverluste herbeigeführt, wenn man den Prozeß nicht sehr sorgfältig leitet. Zudem läßt sich dafür mit Vorteil eigentlich nur Kaliumkarbonat anwenden, da die Reduktionstemperatur des Natriumkarbonats zu hoch liegt, man wird also stets Cyankalium erhalten, während die Darstellung des cyanreicheren Cyannatriums nach dieser Methode auf große Schwierigkeiten stößt.

Um diesem Mangel abzuhelfen, hat nun Castner versucht, Ammoniak auf metallisches Natrium und Kohle einwirken zu lassen. Er ging zunächst von der Ansicht aus, daß die drei Substanzen unter Abspaltung von Wasserstoff direkt miteinander reagierten nach der Gleichung:

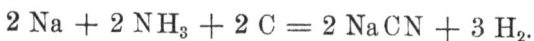

$$2\,\mathrm{Na} + 2\,\mathrm{NH_3} + 2\,\mathrm{C} = 2\,\mathrm{NaCN} + 3\,\mathrm{H_2}.$$

Zur Ausführung dieses Versuches ließ er in einem Schachtofen geschmolzenes Natrium über glühende Holzkohle fließen und führte diesem von unten einen Strom getrockneten Ammoniakgases entgegen. Das entstandene Cyannatrium sammelte sich auf der Sohle des Ofens, und der in Freiheit gesetzte Wasserstoff zog oben ab.

Die Ausbeute war bei diesem Prozeß aber viel schlechter, als man erwartet hatte, und dies deutete darauf hin, daß zunächst ein

9 *

Zwischenprodukt entstand, aus dem sich nach einer sekundären Reaktion Cyanid bildete. Dieses Zwischenprodukt konnte aller Voraussicht nach nur Natriumamid sein. Daher zerlegte Castner sein Verfahren in zwei Operationen. In der ersten wurde aus Natrium und Ammoniak Natriumamid erzeugt nach der Gleichung:

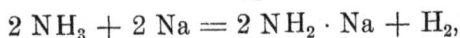

$$2 \, NH_3 + 2 \, Na = 2 \, NH_2 \cdot Na + H_2,$$

und in der zweiten Operation verwandelte man das Natriumamid durch Behandeln mit glühendem Kohlenstoff in Cyannatrium:

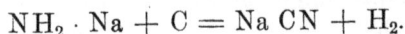

$$NH_2 \cdot Na + C = Na \, CN + H_2.$$

Nach dem D. R. P. Nr. 90 999, welches vorstehendes Verfahren zum Gegenstande hat, leitet man einen Strom sorgfältig getrockneten Ammoniaks über geschmolzenes Natrium bei einer Temperatur von 300 bis 400° C. Das entstandene Natriumamid läßt man darauf auf rotglühende Holzkohle tropfen, um die Umwandlung in Cyanid zu vollziehen.

Der von Castner zur Ausführung seines Prozesses angegebene Apparat, Fig. 12, 13 und 14 besteht aus einer Retorte A von rechteckigem Querschnitt, die aus zwei Hälften zusammengesetzt ist (siehe den Querschnitt Fig. 14) und in einem mit Rost oder anderer Feuerung versehenen Ofen liegt. An der oberen Hälfte der Retorte sind senkrechte, untereinander parallele Teilwände C angebracht, welche nicht ganz bis zum Boden der Retorte reichen und abwechselnd an der einen und anderen Seite Aussparungen besitzen (Fig. 13). Diese ermöglichen Gas- oder Dampfströmen die Retorte zu durchfließen, zwingen sie aber, einen zickzackförmigen Weg zu machen. Die an der unteren Hälfte angesetzten Wände H, G_1 bestimmen die Höhe des Flüssigkeitsspiegels, während G als Schürze dient und nur der am Boden befindlichen Flüssigkeit erlaubt, in den Zwischenraum zwischen G und H zu treten und von hier über H hinweg zum Ablaufe I zu gelangen. Die Gase werden bei N in die Retorte eingeführt, durchstreichen die Räume zwischen den Teilwänden C und verlassen die Retorte durch F.

Um den Apparat in Betrieb zu setzen, erwärmt man die Retorte zuerst auf 300 bis 400° C und leitet getrocknetes Ammoniakgas von N aus ein, bis alle Luft aus ihr vertrieben ist. Nun füllt man in den Beschickungstrichter D metallisches Natrium ein und läßt davon mit Hilfe des Hahnes E so viel in die Retorte einfließen, daß es bei I auszufließen beginnt. Darauf unterbricht man die Zufuhr von Natrium und leitet so lange Ammoniak ein, bis das theoretische

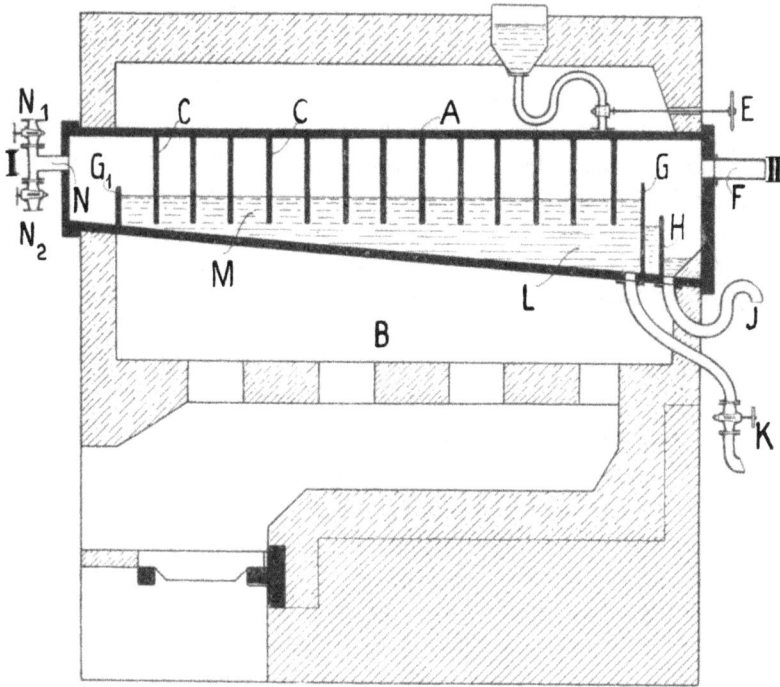

Fig. 12. Längsschnitt.

I—II

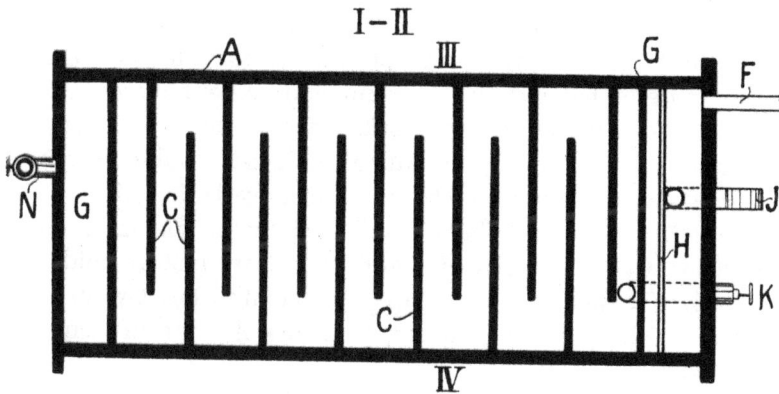

Fig. 13. Schnitt durch die Retorte nach I—II.

III—IV

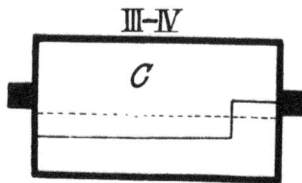

Fig. 14. Schnitt durch die Retorte nach III—IV.
Natriumamidofen nach Castner.

Verhältnis von Ammoniak zu Natrium wie 17 zu 23 erreicht ist. Dabei entsteht Natriumamid, welches als der spezifisch schwerere Teil zu Boden sinkt. Durch die Löcher in dem unteren Teil der Scheidewand G tritt es in den Zwischenraum zwischen G und H ein, drängt das darin befindliche Natrium vor sich her und erscheint schließlich bei I, um von da dem eigentlichen Cyanofen zugeführt zu werden.

Dieser ist in Fig. 15 wiedergegeben und besteht aus einem senkrechten, zylindrischen Schacht, der nach unten konisch zuläuft und durch das Siphon E abgeschlossen wird. Vom Beschickungstrichter C aus füllt man ihn mit Holzkohle, erhitzt ihn auf dunkle Rotglut durch die Feuerung B und läßt darauf das Amid, welches aus dem Siphon I der Retorte austritt, mit Hilfe des Rohres D auf die glühende Holzkohle tropfen. Auf seinem Wege zum Boden des Schachtes resp. zum Ablauf E verwandelt es sich in Cyannatrium und gibt dabei Wasserstoff ab, welcher bei F aus dem Ofen austritt. Etwa entstandenes Ammoniak wird dem Abgase durch Waschen mit Säure entzogen; das gebildete Cyannatrium fließt durch das Bodensiphon ab und wird in Formen aufgefangen.

Die zweite Phase des Prozesses, die Umwandlung des Amides in das Cyanid, verläuft jedoch durchaus nicht quantitativ, wie eingehende Studien, welche von der Deutschen Gold- und Silberscheideanstalt, der Inhaberin von Castners Patenten, angestellt wurden, erwiesen haben. Das Natriumamid ist bei höheren Temperaturen nicht sehr beständig und zerfällt schon unterhalb derjenigen Temperatur, die für die Cyanbildung nötig ist. Daher war zu erwarten, daß die Reaktion nicht so einfach verlaufe, wie Castner annahm. Dies fand auch bald seine Bestätigung dadurch, daß das resultierende Cyannatrium sich häufig mit Natriumcyanamid verunreinigt zeigte besonders, wenn die Temperatur des Cyanisierungsgefäßes nicht hoch genug gewesen oder das Amid sehr schnell zugelaufen war.

Die Deutsche Gold- und Silberscheideanstalt ging daher noch einen Schritt weiter als Castner und zerlegte das Verfahren in drei Teile. Zunächst erzeugte sie das Amid in der üblichen Weise, führte es dann in Natriumcyanamid über und verwandelte endlich das letztere in Cyanid, hierdurch gelang es nach vielen Versuchen eine quantitativ verlaufende Reaktion zu erzielen. Zur Umwandlung des Natriumamides in das Natriumcyanamid wurden zunächst zwei Wege vorgeschlagen.

Der erste derselben beruht darauf, daß Amid und Cyanid sich miteinander unter Wasserstoffabspaltung zu Cyanamid vereinigen nach der Gleichung:

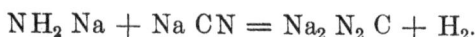

$$NH_2\,Na + Na\,CN = Na_2\,N_2\,C + H_2.$$

Es ist dabei aber nicht notwendig, das Amid vorher darzustellen und in fertiger Form auf das Cyanid einwirken zu lassen, sondern

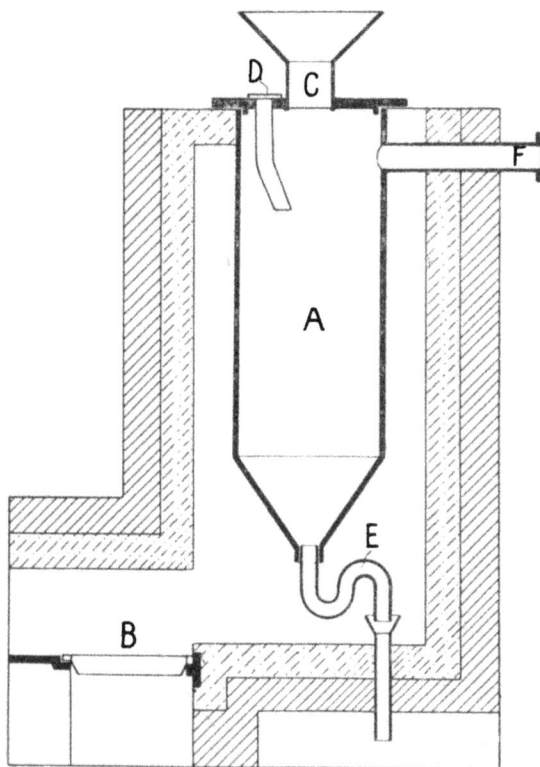

Fig. 15. Cyanofen nach Castner.

man kann ebensogut die Erzeugung des Amides in der Cyanid- schmelze bewirken.

Zur Darstellung des Alkaliamides wird nach dem D. R. P. Nr. 117 623 vom Jahre 1901 reines Alkalimetall oder eine Legierung desselben geschmolzen und Ammoniak in raschem Strome derart eingeleitet, daß es möglichst fein verteilt in dem Metallbade aufsteigt. Den besten Erfolg erzielt man, wenn die Einwirkung von 1 kg Am- moniak auf 6 kg Natrium ungefähr eine Stunde in Anspruch nimmt.

Für die Umwandlung des Amides in das Cyanamid schreibt dann das D. R. P. Nr. 124977 vor, Cyannatrium niederzuschmelzen und darauf das Amid einzutragen, doch wird in dem zweiten Anspruch dieses Patentes empfohlen, dem geschmolzenen Cyanid Natrium zuzufügen und Ammoniak in das Gemisch einzuleiten. Es bildet sich dann Natriumamid, welches im Entstehungszustande sich mit dem Cyanid zu Cyanamid vereinigt.

Nach dem späteren D. R. P. Nr. 126241 wird in einem Tiegel Alkalicyanid, Alkalimetall und fein verteilte Kohle niedergeschmolzen und bei einer Temperatur, die dicht über dem Schmelzpunkte des Cyanides liegt, Ammoniak in das Gemisch eingeleitet. Es bildet sich direkt Alkalicyanamid nach der bekannten Gleichung. Steigert man dann die Temperatur auf 750 bis 800° C, so tritt unter Kohlenstoffaufnahme die Umwandlung in Cyanid ein nach der Gleichung:

$$Na_2 N_2 C + C = 2 NaCN,$$

eine Reaktion, die zuerst von Drechsel angegeben worden ist.

Der zweite Weg, Alkalicyanamid aus Alkaliamid zu erzeugen, beruht auf der Eigenschaft des letzteren, Kohlenstoff unter Wasserstoffabspaltung aufzunehmen:

$$2 NH_2 \cdot Na + C = Na_2 N_2 C + 2 H_2.$$

Man substituiert also den Wasserstoff direkt durch Kohlenstoff, eine Reaktion, die wohl einzig in ihrer Art dasteht. Sie hat zudem noch den großen Vorzug, schon bei sehr niedrigen Temperaturen, nämlich zwischen 300 und 400° C zu verlaufen, und man kann durch ihre Anwendung jegliche Ammoniakverluste vermeiden.

In dem D. R. P. Nr. 148045, welches diesen Vorgang zum Gegenstande hat, wird angegeben, daß sich Alkalicyanamide bilden, wenn man fein verteilte Kohle oder gasförmige oder flüssige, kohlenstoffreiche Substanzen bei 350 bis 400° C auf Alkaliamide einwirken läßt.

Zur Ausführung des Verfahrens schmilzt man z. B. Natriumamid und trägt bei 380° C fein verteilte Kohle in die Schmelze ein. Es beginnt sogleich eine lebhafte Entwicklung von Wasserstoff, dabei wird die Schmelze aber um so strengflüssiger, je weiter die Entstehung von Dinatriumcyanamid vorgeschritten ist, denn der Schmelzpunkt des letzteren liegt bei 550° C. Um die Reaktion gleichmäßig verlaufen zu lassen, muß man daher die Temperatur der Schmelze allmählich steigern, bis schließlich 550 bis 600° erreicht sind, dann ist aber auch die ganze Menge des Amides quantitativ in Dinatriumcyanamid übergegangen.

Nach einem zweiten Beispiele wird eine bestimmte Menge Natrium im Tiegel geschmolzen und die entsprechende, berechnete Menge Kohle eingetragen. Sobald die Temperatur der Schmelze 400⁰ erreicht hat, beginnt man Ammoniak einzuleiten und steigert die Temperatur wie bei dem vorigen Beispiel allmählich auf 550 bis 600⁰, die Gesamtmenge des Natriums wird dann in Dinatriumcyanamid verwandelt.

Dem D. R. P. Nr. 149 678 liegt endlich das Bestreben zugrunde, den Kohlenstoff ausschließlich in Form flüchtiger Verbindungen, als Kohlenwasserstoffe anzuwenden. Nach der dort gegebenen Vorschrift schmilzt man 200 kg metallischen Natriums und leitet bei 400⁰ C ein Gemisch von 34 Gewichtsteilen Ammoniak mit 15 Gewichtsteilen Azetylen in raschem Strome ein. Auch hier muß natürlich die Temperatur allmählich auf 550 bis 600⁰ gesteigert werden; man führt den Prozeß derart, daß die Umsetzung nach Ablauf von 12 Stunden vollendet ist. Nun setzt man für jedes Molekül Natriumcyanamid ein Atom Kohlenstoff fest oder in Gasform zu, erhöht die Temperatur der Schmelze auf 750 bis 800⁰ C und führt dadurch das Natriumcyanamid nach der Reaktion von Drechsel in Natriumcyanid über.

Wie aus Rößlers mehrfach zitierten Mitteilungen zu entnehmen ist, stellt die Deutsche Gold- und Silberscheideanstalt zu Frankfurt a. M. resp. die Elektrochemische Fabrik »Natrium« zu Rheinfelden nach dem in der geschilderten Weise modifizierten Verfahren Castners fabrikmäßig hochwertiges Cyannatrium dar, welches infolge der einfachen Apparatur und der guten Ausbeute zu wettbewerbsfähigen Preisen geliefert wird Dadurch tritt das Verfahren in die Reihe der wenigen, synthetischen Cyanidprozesse ein, die Anwendung in der Praxis gefunden haben, und dürfte darin wohl, dank der Sorgfalt, welche man auf seine Ausbildung verwendet hat, an erster Stelle stehen, obgleich es erst in neuester Zeit entstanden ist.

Der Vollständigkeit halber mögen noch zwei ältere Prozesse Erwähnung finden, die ebenfalls auf der Anwendung freier Alkalimetalle zur Umwandlung des Ammoniaks in Cyanid basieren, bisher aber, soviel bekannt, noch nicht praktisch ausgeführt worden sind.

Hornig schlägt in seinem D. R. P. Nr. 81 769 vom Jahre 1895 vor, Alkali- oder Erdalkalicyanide dadurch zu erzeugen, daß man in einem besonderen Raume die Dämpfe der Alkali- oder Erdalkalimetalle mit Kohlenstoff und Stickstoff resp. mit Kohlenstoff- und

Stickstoffverbindungen zur Reaktion bringt. Die Metalle werden in einem hocherhitzten Ofen elektrolytisch dargestellt und ihre Dämpfe durch Wasserstoff als Träger in einen geschlossenen Raum geführt. In diesem treffen sie mit etwas mehr als der berechneten Menge der kohlenstoff- und stickstoffhaltigen Substanzen zusammen und wirken darauf unter Cyanidbildung ein. Das entstandene Cyanmetall wird in einem dritten Raume, z. B. einer Retorte, kondensiert und nach Bedarf daraus in flüssiger Form abgelassen. Als Kohlenstoffverbindungen benutzt man Kohlenoxyd, Kohlendioxyd, Kohlenwasserstoffe oder fein verteilte Kohle, der Stickstoff gelangt entweder in elementarer Form oder besser als Ammoniak zur Verwendung. Statt die Metalle, z. B. Kalium, elektrolytisch zu erzeugen, kann man auch Pottasche mit Kohle glühen und die entstandenen Kaliumdämpfe in der oben mitgeteilten Weise in Cyanide verwandeln.

Den Verlauf der Reaktion zwischen Natrium, Kohlenwasserstoff und Stickstoff erklärt der Erfinder nach folgender Gleichung:

$$Na + N + C_x H_x = Na\,CN + C_{x-1}\,H_x$$

und für die Einwirkung von Natrium auf Kohlenoxyd und Ammoniak nimmt er die intermediäre Bildung von Natriumamid an:

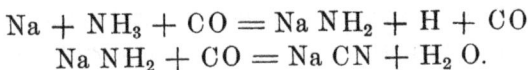

$$Na + NH_3 + CO = Na\,NH_2 + H + CO$$
$$Na\,NH_2 + CO = Na\,CN + H_2\,O.$$

Es dürfte wohl zwecklos sein, diese Erklärungen zu diskutieren, da nach allem bisher Gesagtem die Bedeutungslosigkeit des Verfahrens ohne weiteres einleuchtet.

Der zweite Prozeß ist von S c h n e i d e r angegeben und beruht auf der Behandlung geschmolzener Alkalimetall-Bleilegierungen mit Kohlenwasserstoffen und Stickstoffverbindungen.

Soll z. B. Cyannatrium hergestellt werden, so schmilzt man eine Bleilegierung mit 10% Natrium unter einer Decke von Natriumcyanid und leitet bei schwacher Rotglut ein Gemisch von Azetylen und Ammoniak ein. Das entstandene Cyannatrium steigt an die Oberfläche des Metallbades, man hat nach Beendigung der Umsetzung nur noch reines Blei neben Cyannatrium im Tiegel.

Auch dieses Verfahren scheint jedoch keine praktische Anwendung gefunden zu haben, obgleich der ihm zugrunde liegende Gedanke einen Erfolg durchaus nicht ausschließt.

Endlich gehört zu dieser Gruppe noch das amerikanische Patent Nr. 787380 vom Jahre 1905, welches zwar nicht die Cyaniderzeugung mit Hilfe von Alkalimetallen zum Gegenstande hat, aber doch einen Weg zur Verarbeitung der Zwischenprodukte der letzteren, der Metallcyanamide, auf Cyanide angibt.

Die Inhaber desselben, Jacobs, Witherspoon und Thurlow wollen aus Erdalkalicyaniden und Cyanamiden Alkalicyanide darstellen, indem sie diese mit Alkalikarbonat stark erhitzen. Das Reaktionsprodukt wird mit Wasser ausgelaugt, filtriert und auf 5° C oder noch tiefer abgekühlt, wobei sich das Alkalicyanid abscheidet, während die Verunreinigungen in Lösung bleiben.

Neues bietet dieser Vorschlag nicht, und die wesentlichen Züge desselben finden sich schon in den älteren Patentbeschreibungen der Staßfurter chemischen Fabrik und der Deutschen Gold- und Silberscheideanstalt, nur sind sie dort klarer dargelegt und eingehender begründet. Man kann sich daher nur schwer des Gedankens erwehren, daß das amerikanische Patent nachempfunden sei.

d) Synthesen von Cyanverbindungen aus Ammoniak und Schwefelkohlenstoff.

Der Hauptzug der im vorstehenden besprochenen, synthetischen Verfahren besteht darin, daß es mit ihrer Hilfe gelingt, direkt Cyanide darzustellen, und wenn man es auch vorgezogen hat, manche Prozesse in mehrere, voneinander getrennte Operationen zu teilen, so ist das doch nie Bedingung, sondern geschieht, um die einzelnen Reaktionen schärfer regeln zu können und dadurch bessere Ausbeuten zu erzielen. Jedenfalls liegt aber bei allen die Möglichkeit vor, in einer Operation zu dem erstrebenswerten Ziele, der Erzeugung von Cyanmetallen, zu gelangen.

Dies ist bei den nunmehr zu erörternden Verfahren nicht der Fall. Sie sind vielmehr durchweg darauf gerichtet, zunächst Sulfocyansalze, Rhodanmetalle, zu liefern, die entweder als solche in den Handel gelangen oder, da sich nur schwer Abnehmer dafür finden, nach besonderen, von den bis jetzt erwähnten gänzlich verschiedenen Prozessen in Cyanide, speziell Cyankalium oder in Ferrocyanide umgewandelt werden müssen.

Der chemische Vorgang, welcher den technischen Methoden zur Erzeugung von Rhodanmetallen zugrunde liegt, ist die Einwirkung von Ammoniak auf Schwefelkohlenstoff.

Leitet man trockenes Ammoniakgas mit Schwefelkohlenstoff-dämpfen durch ein rotglühendes Rohr, so entsteht nach Schlagdenhauffen[1]) Schwefelcyanwasserstoff und Schwefelwasserstoff:

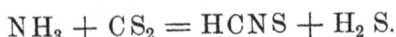

$$NH_3 + CS_2 = HCNS + H_2S.$$

Wendet man dagegen wäßriges Ammoniak an und läßt dieses bei gewöhnlicher Temperatur auf Schwefelkohlenstoff einwirken, so bildet sich Schwefelcyanammonium neben sulfokohlensaurem Ammonium nach der Gleichung:

$$4\,NH_3 + 2\,CS_2 = (NH_4)\,CNS + (NH_4)_2\,CS_3,$$

eine Reaktion, die schon um das Jahr 1825 von Zeise entdeckt wurde.

Gélis[2]) studierte diesen Vorgang im Anfang der sechziger Jahre des vorigen Jahrhunderts sehr eingehend und fand, daß zunächst Ammoniumsulfokarbonat entsteht, welches in Schwefelwasserstoff und Rhodanammonium gespalten wird, wenn man die Temperatur auf 90 bis 100° C steigert. Er bildete als erster die Reaktion zu einem technischen Verfahren aus, und wir müssen dieses zuerst besprechen.

Den Resultaten seiner Untersuchung folgend, zerlegt Gélis sein Verfahren in zwei zeitlich und räumlich getrennte Operationen, die Erzeugung des Ammoniumsulfokarbonates und die Umwandlung desselben in Rhodankalium. Man beschickt zunächst ein geschlossenes, mit Rührvorrichtung ausgerüstetes Gefäß mit Schwefelkohlenstoff und Schwefelammonium in dem durch die chemische Gleichung gegebenen Verhältnis, die Entstehung des Sulfokarbonates vollzieht sich dann unter Abspaltung von Schwefelwasserstoff nach folgender Formel:

$$2\,(NH_4)\,SH + CS_2 = (NH_4)_2\,CS_3 + H_2S.$$

Das gebildete Ammoniumsulfokarbonat wird darauf mit der berechneten Menge Schwefelkalium in eine Destillierblase gebracht und darin auf 100° C erhitzt. Nach der Gleichung:

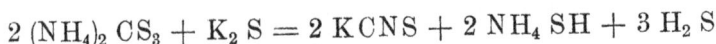

$$2\,(NH_4)_2\,CS_3 + K_2S = 2\,KCNS + 2\,NH_4\,SH + 3\,H_2S$$

tritt dann die Umwandlung in Rhodankalium ein unter Entwicklung von Schwefelwasserstoff und Rückbildung der Hälfte des angewandten Schwefelammoniums. Das Letztere wird in einer wassergekühlten

---

¹) Gmelin-Kraut, Handbuch der anorganischen Chemie I, 2, 227.
²) Journ. de Pharm. (3) 39, 95 und Jahresberichte 1861, 340.

Vorlage aufgefangen und gleichzeitig Ammoniakgas eingeleitet, um auch den Schwefelwasserstoff in Schwefelammonium überzuführen. Dieses kehrt wieder in den Betrieb zurück und dient zur Erzeugung neuer Mengen von Sulfokarbonat.

Das Schwefelcyankalium wird in einem gußeisernen, luftdicht verschlossenen Tiegel mit Eisengranalien geschmolzen oder mit molekularem Eisen 2—3 Stunden auf 140 bis 160° C erhitzt, wobei sich Cyankalium und Schwefeleisen bilden. Darauf digeriert man das Reaktionsprodukt längere Zeit bei 60° C mit Wasser und wandelt dadurch das Cyankalium in Ferrocyankalium um, welches aus der Lösung in üblicher Weise durch Einengen und Kristallisierenlassen gewonnen wird.

Gélis hat das Verfahren in seiner eigenen Fabrik zu Villeneuve-la-Garenne praktisch ausgeführt und die erhaltenen Produkte auf der Weltausstellung zu London im Jahre 1862 ausgestellt. Payen[1]) lieferte um die gleiche Zeit eine genaue Beschreibung des Prozesses mit detaillierter Berechnung der Produktionskosten. Aus dieser geht schon hervor, daß sich der Selbstkostenpreis für 1 kg Ferrocyankalium auf 1,59 Francs stellte, und auch der praktische Betrieb ergab schlechte finanzielle Resultate. Das Verfahren hatte daher nur eine kurze Lebensdauer und wurde nach wenigen Jahren wieder verlassen.

Um 1878 tauchte Gélis' Verfahren von neuem auf und zwar mit einigen Abänderungen als Gegenstand des D. R. P. Nr. 3199 von Tscherniac und Günzburg. Nach demselben werden 100 Teile Schwefelkohlenstoff mit 200 Teilen einer wäßrigen, 25 prozentigen Ammoniaklösung in einem emaillierten Autoklaven durch indirekten Dampf auf 110° C erhitzt, während man den oberen Teil des Reaktionsgefäßes mit Wasser kühlt. Dadurch wird der verdampfte Schwefelkohlenstoff stets wieder kondensiert und zum Kesselinhalt zurückgeführt, dessen innige Durchmischung man mittels eines schraubenförmigen Rührers bewirkt. Die Erhitzung dauert 3 bis 4 Stunden, nach welcher Zeit die Reaktion

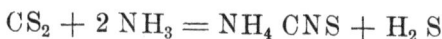

$$CS_2 + 2 NH_3 = NH_4 CNS + H_2 S$$

vollendet ist.

Man läßt dann den Kesselinhalt unter dem Drucke des Schwefelwasserstoffs in ein zweites Gefäß übertreten und trennt darin die Salzlösung vom unzersetzt gebliebenen Schwefelkohlenstoff. Den

---

[1]) Ann. des Mines 1862, 55 und Dinglers Polyt. Journal 168, 219.

aus dem Autoklaven entweichenden Schwefelwasserstoff absorbiert
man mit Lamingscher Masse und gewinnt durch Regeneration
derselben an der Luft den Schwefel wieder.

Aus dem Scheidegefäß wird die Rhodanammoniumlösung in
einen doppelwandigen Behälter geführt, in welchem man sie verdampft, bis ihre Temperatur auf 120⁰ C gestiegen ist. Handelt es sich
um Darstellung von Rhodanammonium, so läßt man die eingeengte
Lösung kristallisieren und gewinnt auf diese Weise direkt weiße,
reine Handelsware. In den meisten Fällen soll aber das Rhodanammonium gleich weiter verarbeitet werden; man versetzt die konzentrierte Lösung daher zunächst mit der berechneten Menge un-
gelöschten Kalks, um das Ammoniak, welches an Rhodan gebunden
ist, wiederzugewinnen und Rhodancalciumlösung zu erzeugen, aus
der man leicht mit Hilfe der entsprechenden Metallsalze andere
Rhodanide darstellen kann. Man versetzt z. B. die Lauge mit
Kaliumkarbonatlösung, filtriert vom gefällten Calciumkarbonat ab
und dampft die erhaltene Rhodankaliumlösung zur Kristallisation ein.

Soll das Rhodankalium in Ferrocyankalium verwandelt werden,
so befreit man es durch längeres Erhitzen auf 200⁰ C von Kristallwasser, mischt darauf 6 Moleküle mit 5 Moleküle Kalk, 5 Atom-
gewichten Kohle und 1 Atomgewicht fein verteilten Eisens. Das
letztere erhält man durch Reduktion von Kiesabbränden mit Holz-
oder Steinkohle in senkrechten Eisenzylindern. Nun wird das sorgfältig hergestellte Gemisch in einem bedeckten Tiegel auf Kirschrotglut erhitzt, wobei folgende Reaktion vonstatten geht:

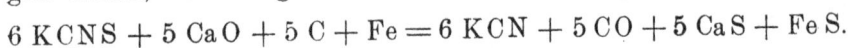

$$6\,KCNS + 5\,CaO + 5\,C + Fe = 6\,KCN + 5\,CO + 5\,CaS + FeS$$

Nach dem Erkalten laugt man die Masse mit Wasser aus und
verwandelt dadurch das Cyankalium in Ferrocyankalium. Die Lösung
des letzteren wird konzentriert und zur Kristallisation gebracht.
Die Kristalle sind jedoch durch Schwefeleisen verunreinigt und
müssen daher nochmal gelöst, von Schwefeleisen durch Absitzenlassen befreit und wieder zur Kristallisation gebracht werden.

In einem späteren Patente, dem D. R. P. Nr. 16005 haben
Tscherniak und Günzburg ihr Verfahren nochmal sehr eingehend
beschrieben und durch eine Anzahl von Zeichnungen erläutert, deren
Wiedergabe aber wohl überflüssig ist, weil man mittlerweile das Verfahren endgültig verlassen hat. Der Verlauf des Prozesses ist derselbe wie im ersten Patente, es wird nur empfohlen, die Trennung
von Schwefelkohlenstoff und Rhodanammoniumlösung durch Destilla-

tion in Aluminiumgefäßen vorzunehmen, um der Verunreinigung des Rhodanammoniums durch Rhodaneisen vorzubeugen. Ferner soll die Entschwefelung des Rhodankaliums nur mit fein verteiltem Eisen, und zwar bei 450° C vorgenommen werden. Zur genauen Innehaltung dieser Temperatur bringt man den beschickten Tiegel in einen Ofen mit doppelten Wänden, zwischen denen sich siedender Schwefel befindet. Die Ausbeute an Ferrocyankalium soll 25 bis 30% des Gewichtes der angewandten Mischung betragen.

Das Verfahren ist längere Zeit in der Nähe von Paris fabrikmäßig ausgebeutet worden, die Erfinder gaben es aber wieder auf, da sie nicht auf ihre Kosten kamen.

Bei den erwähnten Methoden tritt das Bestreben hervor, die verschiedenen Reaktionen für sich verlaufen zu lassen. Man erzeugt zuerst Ammoniumsulfokarbonat, spaltet dieses zur Gewinnung von Rhodanammonium und verwandelt das letztere in Rhodancalcium, das Ausgangsmaterial für andere Rhodanverbindungen. Eine solche Arbeitsweise bedingt naturgemäß eine umfangreiche und auch kostspielige Apparatur, welche die an sich schon zweifelhafte Rentabilität des Prozesses noch mehr in Frage stellt. Daher haben sich spätere Erfinder bemüht, in einer Operation Rhodancalcium zu erzeugen und dabei das Auftreten allzuhoher Drucke, das sehr kräftige Autoklaven erfordert, nach Möglichkeit zu vermeiden.

Aus diesen Gründen schlagen z. B. Hood und Salamon in ihrem englischen Patente Nr. 5354 vom Jahre 1891 vor, dem Reaktionsgemische von Schwefelkohlenstoff und Ammoniak ausgewaschenen Weldonschlamm zuzusetzen und das Ganze im Druckgefäß auf wenig über 100° C zu erhitzen. Dabei entsteht Manganrhodanür, Schwefelmangan und Wasser, so daß der Druck im Apparat nur von der Temperatur abhängig ist und beim Erkalten auf Atmosphärendruck zurückgeht. Das Manganrhodanür wird mit Kalkmilch erwärmt und zerfällt in Manganschlamm und Rhodancalcium. Letzteres dient dann als Ausgangsmaterial zur Herstellung anderer Rhodansalze. Statt des Manganschlammes soll man bei der Erzeugung des Rhodans auch Eisenoxydhydrat anwenden können.

Nach dem späteren D. R. P. Nr. 72644 derselben Erfinder wird der Mischung von Schwefelkohlenstoff und Ammoniak neben dem Manganschlamm (oder Braunstein) noch eine starke Base, z. B. Kalk o. dgl. zugesetzt zur Erzielung einer besseren Rhodanausbeute. Die Umsetzung soll folgendermaßen verlaufen:

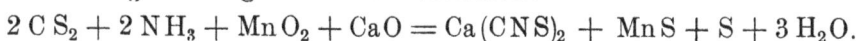

$$2 \, C \, S_2 + 2 \, N \, H_3 + Mn \, O_2 + Ca \, O = Ca \, (C \, N \, S)_2 + Mn \, S + S + 3 \, H_2 O.$$

Die British Cyanides Company, welche die Ausbeutung der Patente von Hood und Salamon übernommen hat, ist jedoch von der Verwendung irgend einer oxydierenden Substanz wie Mangansuperoxyd o. dgl. ganz abgegangen und setzt dem Ammoniak-Schwefelkohlenstoffgemisch nach ihrem D. R. P. Nr. 81 116 nur eine starke Base, ein Oxyd, Hydroxyd oder Sulfid der Alkali- oder Erdalkalimetalle oder des Magnesiums zu. Im allgemeinen bedient sie sich als Base des Kalkes, was auch zu erwarten war.

Zur Ausführung des Verfahrens benutzt man einen eisernen Autoklaven mit Rührwerk und Dampfmantel. Der letztere muß jedoch auch zur Aufnahme von Kühlwasser dienen können und an die Wasserleitung angeschlossen sein. Die Beschickung des Apparates besteht aus 17,5 bis 18,5 Teilen Ammoniak in Form einer 7 bis 15 prozentigen, wäßrigen Lösung und 101 bis 102 Teilen zu Pulver gelöschtem und gesiebtem Ätzkalk von 72 bis 75% Gehalt an Calciumhydrat, der unter ständigem Rühren dem Ammoniak beigemischt wird. Ist alles eingebracht, so fügt man noch 76 Teile Schwefelkohlenstoff hinzu, schließt den Autoklaven und erwärmt unter Rühren, bis der Druck 1 bis 2 Atmosphären erreicht hat. Dann schließt man das Dampfventil. Der Druck steigt nun weiter bis auf ca. 6 Atmosphären und fällt dann wieder. Man läßt darauf noch einmal Dampf in den Mantel treten, um die Reaktion zu beendigen.

Wendet man statt des Kalks eine andere Base an, so muß deren Menge dem obengenannten Kalkgewichte äquivalent sein, denn man gebraucht soviel von der Base, daß nicht nur die entstehende Rhodanwasserstoffsäure, sondern auch der Schwefelwasserstoff (als Sulfhydrat) völlig gebunden wird.

Das Reaktionsprodukt, eine wäßrige Lösung von Rhodancalcium und Calciumsulfhydrat, läßt man in geeignete Gefäße fließen und leitet Kohlendioxyd ein, welches aus Kalkbrennöfen gewonnen wird. Dadurch bildet sich aus dem Calciumsulfhydrat Schwefelwasserstoff und Calciumkarbonat; den ersteren verbrennt man entweder völlig zu Schwefeldioxyd und Wasser, um daraus Schwefelsäure herzustellen, oder man führt die Verbrennung nach Chance-Claus nur bis zur Schwefelbildung.

Die Rhodancalciumlauge wird durch Filtration vom abgeschiedenen Calciumkarbonat befreit und auf irgend ein geeignetes Rhodansalz verarbeitet. Zur Herstellung von Rhodanalkalien empfiehlt es sich nicht, das Alkali dem Ammoniak-Schwefelkohlenstoffgemische zuzusetzen, weil dann Alkaliverluste unvermeidlich sind, und man nach dem Behandeln mit Kohlendioxyd das Alkalikarbonat von dem Rhodanalkali durch fraktionierte Kristallisation trennen muß. Es ist stets bequemer, zuerst Rhodancalcium zu erzeugen, dessen Lösung mit dem entsprechenden Alkalikarbonat oder Sulfat zu fällen und das Rhodanalkali nach Filtration durch Eindampfen und Kristallisation zu gewinnen.

Ganz ähnliche Verfahren wie das vorstehende sind auch Gegenstand der englischen Patente Nr. 17846 (1893) von Crowther und Rossiter und Nr. 21451 (1893) von Brock, Hetherington. Hurter und Raschen.

Eine Modifikation findet sich dagegen in dem englischen Patente Nr. 14154 (1894) von Albright und Hood angegeben. Diese beruht auf dem Verhalten der Magnesia gegen Schwefelwasserstoff. Unter erhöhtem Druck erhitzt, reagieren beide unter Bildung von Magnesiumsulfhydrat und Wasser. Wird das Magnesiumsulfhydrat aber bei Atmosphärendruck mit Wasser gekocht, so geht es in Hydroxyd über und gibt Schwefelwasserstoff ab.

Nach dem in Rede stehenden Verfahren werden Schwefelkohlenstoff, Ammoniak und Magnesiumhydroxyd in dem durch die schon mehrfach entwickelte Gleichung gegebenen Verhältnisse gemischt und soviel einer anderen Base, z. B. Kalk zugesetzt, als dem zu erwartenden Rhodanwasserstoff entspricht. Man erhitzt nun im Autoklaven auf 3 bis 6 Atmosphären; dabei entstehen Rhodanmagnesium und Magnesiumsulfhydrat, doch setzt sich das erstere direkt mit dem Kalk zu Rhodancalcium und Magnesiumhydrat um. Das Reaktionsprodukt bringt man darauf in ein anderes Gefäß und spaltet durch Erhitzen unter Atmosphärendruck das Magnesiumsulfhydrat in Schwefelwasserstoff und Magnesiumhydrat. Die Lösung wird dann filtriert und das Rhodancalcium, wie schon beschrieben, verarbeitet. Der Vorzug des Verfahrens liegt darin, daß man das Einleiten von Kohlendioxyd vermeidet, doch erhält man auch hier, wie bei allen bisher geschilderten Methoden, große Mengen Schwefelwasserstoffs. dessen Verarbeitung nicht zu den angenehmsten Operationen gehört.

Dem letzteren Übelstande wollen Goldberg und Siepermann abhelfen, indem sie nach dem D. R. P. Nr. 83454 dem Reaktionsgemisch vor dem Erhitzen im Autoklaven Sulfite oder Hyposulfite der Alkalien, Erdalkalien oder der Magnesia zusetzen und dadurch direkt die Bildung freien Schwefels erzielen.

Bei der Anwendung eines Alkalisulfites geht die Reaktion, wie folgt, vor sich:

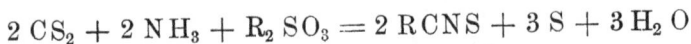

$$2\,CS_2 + 2\,NH_3 + R_2\,SO_3 = 2\,RCNS + 3\,S + 3\,H_2\,O$$

und bei Anwendung von Alkalihyposulfit nach folgender Gleichung:

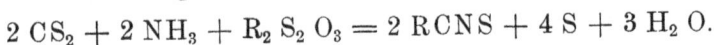

$$2\,CS_2 + 2\,NH_3 + R_2\,S_2\,O_3 = 2\,RCNS + 4\,S + 3\,H_2\,O.$$

Es wird also nicht nur die Hälfte von dem Schwefel des Schwefelkohlenstoffs, sondern auch die Gesamtmenge des Schwefels der angewandten Salze in freier Form gewonnen und zwar mit der Rhodanbildung zusammen in einer Operation.

Es ist nicht nötig, gerade Sulfite oder Hyposulfite der genannten Basen zuzusetzen, man kann auch die freie Base zusammen mit Ammoniumsulfit, Bisulfit oder Hyposulfit anwenden, um den gleichen Erfolg zu erzielen. So wird in dem Zusatzpatente Nr. 87813 empfohlen, Ammoniumbisulfit und Sulfide oder Hydrosulfide der genannten Basen im Autoklaven mit Schwefelkohlenstoff zu erhitzen.

Die Ausführung des Verfahrens geschieht im Druckgefäß bei 100^0 C, doch kann man die Reaktion durch Erhitzen auf 120 bis 130^0 C, sowie durch Rühren sehr beschleunigen. Der entstandene Schwefel sammelt sich geschmolzen am Boden des Reaktionsgefäßes und läßt sich leicht von der Rhodansalzlösung trennen. Die letztere ist manchmal von den Rohmaterialien her mit Sulfaten verunreinigt; um sie davon zu befreien, wird sie mit einer geeigneten Menge Rhodanbarium versetzt und das Bariumsulfat vor dem Eindampfen durch Filtration entfernt.

Die letzte der zu erwähnenden Methoden ist das D. R. P. Nr. 89811 von Goerlich und Wichmann, welches sich von den vorstehend aufgeführten sehr scharf unterscheidet und eigentlich nicht zu ihnen gehört, da der Stickstoff als Nitrit und nicht als Ammoniak zur Anwendung kommt, doch liegt auch hier tatsächlich eine Umwandlung von Ammoniak in Rhodan vor, da das Nitrit zunächst zu Ammoniak reduziert wird.

Wenn man ein salpetrigsaures Alkali mit Schwefelwasserstoff im Autoklaven erhitzt, so geht folgende Reaktion vor sich:

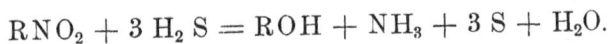

$$RNO_2 + 3\,H_2\,S = ROH + NH_3 + 3\,S + H_2O.$$

Die Erfinder haben dieses nun zur Rhodanerzeugung ausgenutzt indem sie der obigen Mischung noch Schwefelkohlenstoff zusetzen und somit das Ammoniak in statu nascendi in Rhodan verwandeln.

Sie mischen ein Molekül des Nitrits mit einem Molekül Schwefel-kohlenstoff und zwei Molekülen Schwefelwasserstoff und erhitzen das Ganze im Autoklaven auf 150°. Es tritt dann folgender Re-aktionsverlauf ein:

$$RN O_2 + CS_2 + 2 H_2 S = RCNS + 3 S + 2 H_2 O,$$

Man muß gestehen, daß der Gedanke, welcher diesem Verfahren zugrunde liegt, wirklich originell ist, fraglich scheint es nur, ob man Nitrite so billig haben kann, daß ihre Umwandlung in Rhodansalze, selbst bei quantitativem Verlauf der Reaktion, sich bezahlt macht.

Überhaupt gehört die synthetische Darstellung von Rhodansalzen nicht zu den verlockendsten Zweigen der chemischen Industrie, weil Rhodansalze aus anderen Quellen stets reichlich am Markt und wenig begehrt sind. Man ist also schon gezwungen, die Rhodan-verbindungen in Cyanide oder Ferrocyanide umzuwandeln, das hat aber, wie später noch ausgeführt werden wird, sehr viele Schattenseiten, die um so mehr zur Geltung kommen, als nach synthetischen und anderen Verfahren dargestellte Cyanide und Ferrocyanide zu recht niedrigen Preisen geliefert werden können.

4. Darstellung von Cyaniden aus anderen Stickstoffverbindungen.

Die Reduktion von Alkalinitriten oder Nitraten zu Cyaniden ist mehrfach Gegenstand eingehender Untersuchungen gewesen, und wir besitzen darüber Arbeiten von Warren[1]), Roussin, Kerp[2]) u. A., Kellner hat auch ein Patent darauf entnommen, doch scheint der Weg nicht besonders gangbar zu sein.

Die Umwandlung des Nitrites oder Nitrates geschieht dadurch, daß man dasselbe mit Seignettesalz, Azetaten oder anderen kohlen-stoffhaltigen Substanzen, z. B. Weizenmehl, versetzt und das Gemisch erhitzt, es tritt dann eine sehr lebhafte, explosionsartige Reaktion ein und im kohlehaltigen Rückstand finden sich mehr oder weniger große Mengen von Cyaniden. Die Ausbeute ist jedoch sehr schwan-kend und erreicht oft nicht einmal 25% der theoretischen, so daß das Verfahren für die Praxis aussichtslos erscheint. Die Reaktion an sich ist übrigens keineswegs neu, sondern wurde schon um 1820 von Guibourt[3]) beobachtet.

---

[1]) Chem. News 69, 186.
[2]) Berichte 1897, 610.
[3]) Journ. de Pharm. 5, 58.

Die Chemische Fabriks-Aktiengesellschaft zu Hamburg hat in ihrem D. R. P. Nr. 81237 ein Verfahren angegeben, um Karbazol auf Cyankalium zu verarbeiten. Dieser Körper, ein Dibenzopyrrol von der Formel $C_{12} H_6 N$, findet sich in den Rückständen der Anthrazenbereitung und kann daraus leicht als Karbazolkalium gewonnen werden. Man erhitzt z. B. 200 kg solcher Rückstände, die ca. 40% Karbazol enthalten, mit der berechneten Menge Kaliumhydrat unter stetem Rühren auf 260 bis 280°, bis alles Wasser verdampft ist, wozu man ungefähr 3 Stunden gebraucht. Darauf läßt man den Kesselinhalt abkühlen und trennt die Kohlenwasserstoffe, welche sich oben gesammelt haben, von dem Karbazolkalium. Das letztere wird zerschlagen, in ein geeignetes Schmelzgefäß gebracht und allmählich auf Rotglut erhitzt. Dabei geht die Umsetzung zu Cyankalium vor sich, während Ammoniak, brennbare Gase und etwas unzersetztes Karbazol entweichen. Die Ausbeute kann durch Zusatz von alkalischen Flußmitteln, wie Natrium- oder Kaliumkarbonat, noch erhöht werden und beträgt im allgemeinen 50% des Karbazolstickstoffs. Statt Kaliumhydrat läßt sich natürlich auch Natriumhydrat zur Trennung des Karbazols von den Kohlenwasserstoffen anwenden, doch ist es in diesem Falle erforderlich, die Temperatur der ersten Schmelze auf 320 bis 340° zu steigern, während im übrigen die Arbeit in der beschriebenen Weise ausgeführt wird. Das Reaktionsprodukt kann man entweder direkt in Wasser lösen und auf Cyanalkali verarbeiten, oder es wird mit Eisen in Ferrocyanalkali verwandelt und dieses durch Kristallisation gewonnen.

Das Verfahren ist wohl nicht dazu bestimmt, für den Cyanidmarkt eine große Rolle zu spielen, denn die verfügbaren Mengen Karbazol sind doch immerhin nur gering. Falls die finanziellen Resultate aber den Erwartungen entsprechen, bietet es den Teerdestillationen etc. ein gutes Mittel, das schwer zu beseitigende Abfallprodukt der Anthrazenfabrikation in rentabler Weise loszuwerden.

Vidal hat vorgeschlagen, Phospham zur Erzeugung von Cyanverbindungen zu verwenden. Nach seinem D. R. P. Nr. 91340 soll Kaliumcyanat entstehen, wenn man Phospham mit Kaliumkarbonat, gemischt auf Rotglut erhitzt:

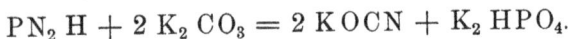

$$PN_2 H + 2 K_2 CO_3 = 2 KOCN + K_2 HPO_4.$$

Er gibt die Mengenverhältnisse zu 6 kg Phospham und 19 kg Kaliumkarbonat an und gewinnt aus dem Reaktionsprodukt das Cyanat durch Auslaugen mit Wasser oder siedendem Alkohol.

Handelt es sich um die Darstellung von Cyankalium, so muß man dem oben angegebenen Gemisch noch 1,5 kg Kohlenstoff zusetzen, die Reaktion verläuft dann, wie folgt:

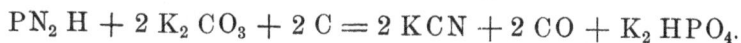

$$PN_2H + 2K_2CO_3 + 2C = 2KCN + 2CO + K_2HPO_4.$$

Statt der Kohle kann man auch 800 g Eisen in fein verteilter Form beimischen und erzielt dann Ferrocyankalium. Vidal gibt dazu an, daß man in diesem Falle die Temperatur aber nicht über Kirschrotglut steigern dürfe, weil sonst Zersetzung eintrete. Er scheint sich darnach in dem irrtümlichen Glauben zu befinden, daß die Cyanschmelze bei Gegenwart von Eisen fertiges Ferrocyanid enthalte.

Ferner kann man aus Phospham auch Rhodankalium darstellen, indem man an Stelle des Eisens dem Gemische 1 kg Kohle und 4 kg Schwefel zusetzt, ein Vorschlag, der nach früher Gesagtem wohl zwecklos ist.

Endlich soll man noch freies Cyan erzeugen können durch Erhitzen von 6 kg Phospham mit 15 kg Kaliumoxalat nach der Gleichung:

$$PN_2H + K_2C_2O_4 = C_2N_2 + K_2HPO_4.$$

Wendet man dagegen saures Kaliumoxalat zusammen mit Kohle an, so soll freier Cyanwasserstoff entstehen.

In einem späteren Patente, dem D. R. P. Nr. 101391 gibt Vidal eine Vereinfachung der Cyanwasserstoffdarstellung an, die darauf beruht, daß man Phospham mit Ameisensäure auf 150 bis 200° C erhitzt. Die eintretende Reaktion soll dann folgendermaßen verlaufen:

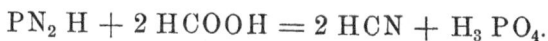

$$PN_2H + 2HCOOH = 2HCN + H_3PO_4.$$

Es ist meines Wissens nichts Näheres darüber bekannt, ob eines der Verfahren Vidals praktische Anwendung gefunden hat und welches die Resultate waren. Beim Studium der Prozesse gewinnt man aber den Eindruck, daß die Ausgangsmaterialien teilweise doch wohl zu kostspielig seien, um eine rentable Fabrikation zu ermöglichen, auch wenn die in Frage kommenden Reaktionen quantitativ verlaufen sollten. Vielleicht ist aber das Verfahren ebenso wie das vorher geschilderte nur für gewisse Fabrikationszweige bestimmt, bei denen Phospham als Nebenprodukt gewonnen wird.

Zum Schlusse sind noch zwei Verfahren zur Erzeugung von Cyanverbindungen zu besprechen, die beide auf der gleichen, von Wurtz entdeckten Reaktion beruhen, nach welcher die Amine der aliphatischen Reihe, insbesondere das Trimethylamin N (CH₃)₃, in Ammoniak, Cyanwasserstoff und brennbare Gase gespalten werden, wenn man ihre Dämpfe durch glühende Röhren leitet.

Das erste dieser Verfahren ist Gegenstand des D. R. P. Nr. 9409 von Ortlieb und Müller und geht von der Anwendung technischen Trimethylamins aus. Zu seiner Ausführung benutzt man Schamotteretorten, wie sie zur Destillation der Steinkohlen in Gaswerken gebraucht werden. Diese erhitzt man auf Rotglut und leitet dann die Dämpfe des Trimethylamins hindurch, welche dabei in Ammoniak, Cyanwasserstoff, Kohlenwasserstoffe, freien Kohlenstoff und freien Wasserstoff zerfallen. Die Reaktionsgase werden zunächst von Ammoniak befreit, indem man sie mit verdünnter Schwefelsäure in geeigneten Apparaten wäscht. Nunmehr enthalten sie nur noch Kohlenwasserstoffe, Wasserstoff und Blausäure, und um diese letztere zu gewinnen, leitet man sie durch Kali- oder Natronlauge, welche den Cyanwasserstoff absorbiert. Die gewaschenen Gase werden dann in einem Gasbehälter gesammelt und zur Heizung der Zersetzungsretorten oder zu anderen Zwecken benutzt. Die gewonnenen Cyankalium- oder Cyannatriumlösungen dampft man im Vakuum ein und stellt daraus in üblicher Weise die festen Salze dar.

Die Société anonyme de Croix zu Croix in Nordfrankreich hat das Verfahren im Anfang der achtziger Jahre des vorigen Jahrhunderts übernommen und fabrikmäßig ausgebeutet. Nach einer Mitteilung von Willm[1]) stellte man daselbst aber keine Alkalicyanide dar, sondern wusch die von Ammoniak befreiten Reaktionsgase mit einer Suspension von Eisenoxydulhydrat in Kalilauge. Auf diese Weise gewann man Lösungen von Ferrocyankalium und umging dadurch die Verluste, welche die Verarbeitung wäßriger Cyanalkalilösungen auf festes Salz leicht mit sich bringt. Die Ausbeute an Ammoniumsulfat und Ferrocyankalium soll, auf den Stickstoff des Trimethylamins bezogen, bei dem Verfahren quantitativ sein.

In den Mutterlaugen von der Kristallisation des Ferrocyankaliums zu Croix entdeckte übrigens Müller das Carbonylferrocyankalium, dessen schon früher (S 33) gedacht wurde.

Während Ortlieb und Müller zur Erzeugung von Cyanverbindungen vom fertigen Trimethylamin ausgehen, liegt dem zweiten Verfahren, dem D. R. P. Nr. 86913 von Reichardt und Bueb, die Anwendung einer Substanz zugrunde, welche als solche nur

---

[1]) Nach Chem. Zentralblatt 1884, 748; Bull. soc. chim. 41, 449.

höhere, stickstoffhaltige Verbindungen enthält und erst bei der trockenen Destillation Trimethylamin und andere Amine der aliphatischen Reihe liefert. Es ist die Melasseschlempe, ein Abfallprodukt der Rübenzuckerfabrikation.

Bei der Verarbeitung der Diffusionssäfte auf kristallisierten Zucker gelangt man schließlich zu Mutterlaugen, sog. Melassen, welche trotz ihres hohen Zuckergehaltes keine Kristalle mehr liefern, da ihr Gehalt an anderen organischen Substanzen die Kristallisation verhindert. Man gewinnt aus ihnen den Zucker durch Überführung in Strontium- oder Calciumsaccharat oder durch Osmose. Nach einer anderen Methode wird der Zucker in der Melasse vergoren und Alkohol daraus dargestellt. Iu jedem Falle erhält man aber zuckerarme Endlaugen, die sehr reich an Betaïnen u. dgl. sind und als Melasseschlempe bezeichnet werden. Früher verdampfte man diese Schlempe in offenen Flammenöfen und verbrannte sie zur Gewinnung von Schlempekohle, die infolge ihres hohen Gehaltes an Kaliumkarbonat ein sehr begehrtes Düngemittel ist. Dabei wurden natürlich die stickstoffhaltigen Bestandteile der Schlempe mitverbrannt und gingen verloren.

Reichardt und Bueb vermeiden nun diese Verbrennung vollständig und unterwerfen die Schlempe in geschlossenen Schamotteretorten der trockenen Destillation, wobei sie, wie oben dargelegt, eine Spaltung der Betaïne etc. in einfachere Stickstoffverbindungen, Trimethylamin und verwandte Körper herbeiführen.

Um diese in Cyanverbindungen zu verwandeln, werden die Destillationsgase durch ein System hocherhitzter, feuerfester Kanäle geleitet und zerfallen dadurch in Ammoniak, Cyanwasserstoff und Kohlenwasserstoffe, wobei sich natürlich auch Kohlenstoff und Wasserstoff bilden.

Die Absorption des Ammoniaks aus den Reaktionsgasen wird mit derjenigen des Cyanwasserstoffs vereinigt, indem man die Gase durch Eisenoxydulsalzlösungen leitet. Es entstehen dann neben Ammoniumsalzen Eisencyanverbindungen, die durch Erwärmen mit Kalkmilch oder Alkalilaugen leicht in Ferrocyancalcium resp. Alkaliferrocyanid verwandelt werden können.

Die von Ammoniak und Cyanwasserstoff befreiten Gase dienen zur Heizung des Zersetzungsofens.

Der von den Patentnehmern angewandte Ofen ist in den Fig. 16, 17, und 18 in verschiedenen Schnitten dargestellt und besteht aus einem Block *A,* in welchem mehrere Retorten *d* zwischen

Feuerzügen k_1, k_2 liegen. Unter dem Feuerzuge k_1 ist das Kanalsystem f (Fig. 18) angebracht, das zur Spaltung der Destillationsgase dient.

Der Ofen wird von i aus geheizt, und die Feuergase durch-
ziehen zunächst die Züge k k_1, wobei sie das Kanalsystem f auf
eine Temperatur von 1000 ⁰ C und darüber bringen. Nachdem sie
sich schon etwas abgekühlt haben, umspülen sie dann die Retorten d,
welche sie auf 700 bis 800 ⁰ C erhitzen und entweichen schließlich
bei k_3 in den Kamin.

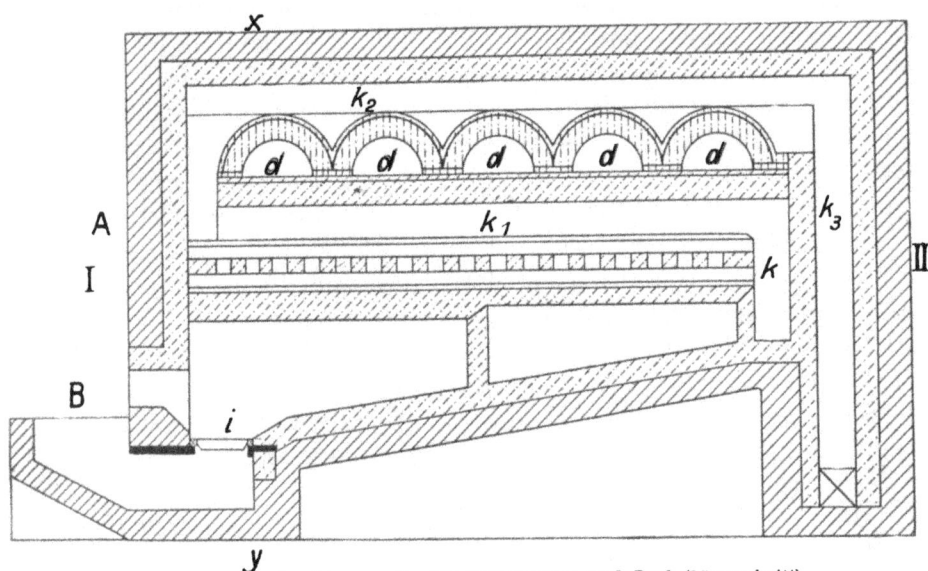

Fig. 16. Cyanisierungsofen für Schlempegase nach Bueb (Längsschnitt).

Die Schlempe wird durch Syphons in die Retorten eingeführt
und sogleich zersetzt. Die entstandenen Destillationsgase verlassen
die Retorten bei c und gelangen in die Kanäle f, in welchen die
Spaltung der Amine in Cyanverbindungen vor sich geht.

Bei der praktischen Ausführung des Verfahrens ergab sich, daß
der durch Zerfall der Gase abgeschiedene Kohlenstoff mit der Zeit
Verstopfungen der Zersetzungskanäle herbeiführte. Um diese zu
vermeiden, füllt Bueb nach seinem D. R. P. Nr. 113530 die Kanäle
mit Kontaktkörpern, als welche er Schamottebrocken oder ähnliche
feuerfeste Substanzen anwendet. Diese werden in üblicher Weise durch
direktes Feuer auf die erforderliche Temperatur erhitzt und darauf
die Schlempegase eingeleitet. Die letzteren erhitzen sich sehr schnell

an den Kontaktkörpern, werden cyanisiert und setzen dabei Kohlenstoff ab, welcher allmählich die Schamottebrocken ganz überzieht.

Nun stellt man den Ofen ab, leitet die zu cyanisierenden Gase
in einen zweiten, aufgeheizten Apparat und befeuert den ersten von
neuem, indem man gleichzeitig den
abgeschiedenen Kohlenstoff mit verbrennt und seinen Heizwert auf diese
Weise nutzbar macht. Man soll dadurch eine nicht unwesentliche Ersparnis an Brennmaterial erzielen.

Wie wir sahen, wurde ursprünglich der Cyanwasserstoff aus den Reaktionsgasen zusammen mit dem Ammoniak mit Hilfe von Eisenoxydulsalzen absorbiert, so daß man als
Endprodukt Ferrocyanverbindungen
erhielt. In einem späteren Patente,
Nr. 104953, gibt B u e b aber einen
Weg zur direkten Erzeugung von
Alkalicyaniden an.

Zur Ausführung dieses Verfahrens
leitet man das cyanhaltige Gasgemenge

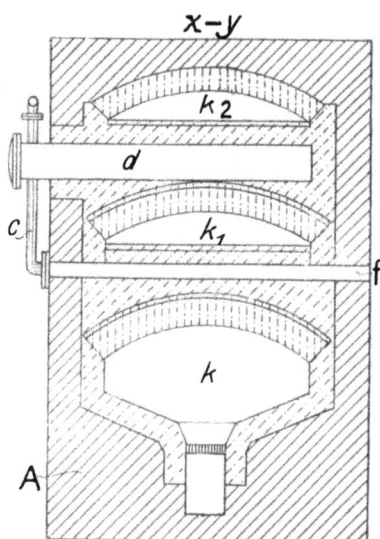

Fig. 17. **Cyanisierungsofen für Schlempegase nach Bueb** (Querschnitt).

erst durch verdünnte, ca. 20prozentige Schwefelsäure, um das Ammoniak zu entfernen. Darauf führt man es unten in einen Kolonnen-
apparat und beschickt diesen von oben her mit hochprozentigem
Alkohol, welcher aus dem Gase nur den Cyanwasserstoff absorbiert,
so daß unten eine alkoholische Blausäurelösung abfließt.

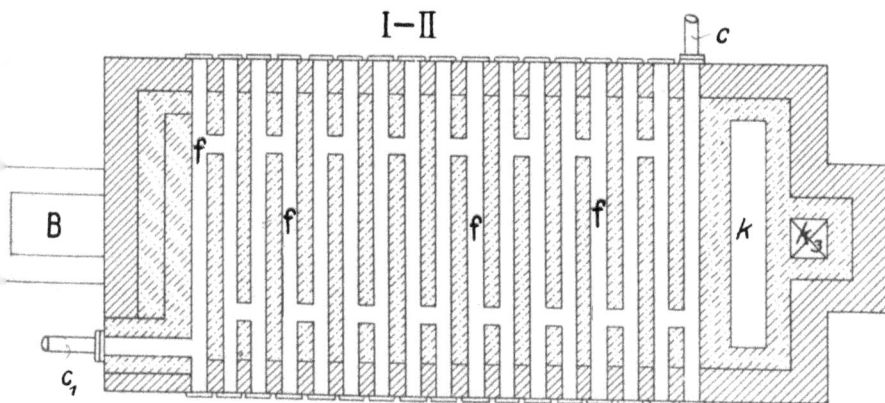

Fig. 18. **Cyanisierungsofen für Schlempegase nach Bueb** (Schnitt durch das Kanalsystem).

Diese unterwirft man der fraktionierten Destillation und leitet die Blausäuredämpfe in alkoholische Kalilauge. Es bildet sich dann Cyankalium, welches als weißes, in Alkohol schwer lösliches Pulver ausfällt.

Ist die Gesamtmenge des vorgelegten Ätzkalis verbraucht, so nutscht man den Niederschlag ab und erhält daraus nach dem Trocknen ein 96 bis 98 prozentiges Cyankalium. Die von der Nutsche abfließende Lösung enthält noch 2 bis 4 % Cyankalium. Sie wird in einen Saturator gebracht, der vor der Absorptionskolonne in den Gasstrom eingeschaltet ist; das in dem Gase enthaltene Kohlendioxyd treibt dann den Cyanwasserstoff aus und bildet Kaliumkarbonat, das in Pulverform abgeschieden wird. In der ganzen Apparatur muß natürlich ein Druck herrschen, der geringer als der Atmosphärendruck ist, andernfalls können durch undichte Stellen Blausäuredämpfe entweichen und zu Vergiftungen Anlaß geben.

Nach Buebs eigenen Mitteilungen[1] auf dem Internationalen Kongreß für angewandte Chemie zu Berlin im Jahre 1903 wird das geschilderte Verfahren seit 1894 von der Dessauer Zuckerraffinerie fabrikmäßig ausgeführt, und zwar folgendermaßen:

Man vergast die auf 40° Bé eingedickte Melasseschlempe in den schon beschriebenen Retortenöfen und führt durch Überhitzung der Gase die Zersetzung der Amine in Ammoniak und Cyanwasserstoff herbei. Die Gase werden darauf gekühlt, durch Waschen mit Schwefelsäure von Ammoniak befreit und dann in konzentrierte Ätzkali- oder Ätznatronlauge geleitet, die den Cyanwasserstoff absorbiert. Man erhält dabei eine Lösung mit 40 bis 50 % Cyankalium, die zur Kristallisation eingedampft wird. Den festen Rückstand trocknet man und schmilzt ihn nieder, wodurch direkt ein gutes, verkaufsfähiges Produkt resultiert. Als Nebenprodukt gewinnt man Ammoniumsulfat.

Im Jahre 1903 stellte sich die Produktion an Cyankalium aus Melasseschlempe bereits auf 2000 Tonnen, und man sieht daraus, welch große Bedeutung Buebs Verfahren für die Cyanindustrie hat. Gegenüber den bisher geschilderten, synthetischen Cyanidprozessen besitzt es den unstreitbaren Vorzug des billigen Rohmaterials, denn man gewinnt dabei Produkte, die hisher nutzlos vergeudet wurden. Aus diesem Grunde wird es den synthetischen

---

[1] Nach dem Manuskripte, für dessen freundliche Überlassung ich Herrn Dr. Bueb auch an dieser Stelle verbindlichsten Dank sage.

Prozessen auch wohl scharfe Konkurrenz machen und darf, falls alle darüber mitgeteilten Angaben zutreffend sind, als das zurzeit wirtschaftlichste Verfahren zur Darstellung von Alkalicyaniden bezeichnet werden.

5. Die Gewinnung von Cyanverbindungen bei der Steinkohlendestillation.

Die in den vorstehenden Abschnitten besprochenen Verfahren betreffen sämtlich die Darstellung von Cyanverbindungen aus stickstoffhaltigen, organischen Substanzen, elementarem Stickstoff oder wohl definierten Stickstoffverbindungen als Hauptgegenstand, während deren Gewinnung aus den Produkten der Hauptreaktion nur ergänzend in Frage kommt. Bei den nunmehr zu erörternden Prozessen geht man dagegen von einer schon cyanhaltigen Substanz aus und bezweckt nur, aus dieser das Cyan zu gewinnen, ohne auf seine Bildung einen nennenswerten Einfluß ausüben zu können. Solche cyanhaltige Substanzen liefern uns die Industrien der Leuchtgas- und der Koksfabrikation.

Bei der trockenen Destillation der Steinkohle entstehen stets Cyanverbindungen, die teils in die wäßrigen, teils in die gasförmigen Destillationsprodukte übergehen und aus diesen leicht isoliert werden können. Ihre Menge ist zwar auf die angewandte Kohle bezogen, sehr gering, sie fällt aber dadurch ins Gewicht, daß jährlich viele Tausende von Tonnen Kohle vergast werden. Würde man alles dabei entstehende Cyan gewinnen, so dürfte der Weltverbrauch an Cyanverbindungen schon durch die Produktion aus dieser Quelle allein mehrfach gedeckt sein. Es wird aber bis jetzt nur ein kleiner Teil desselben nutzbar gemacht, der jedoch von Jahr zu Jahr zunimmt, weil die Gaswerke ein großes Interesse daran haben, ein möglichst cyanfreies Gas zu liefern.

Aus diesem Grunde ist die Cyangewinnung als Nebenbetrieb der Leuchtgasfabrikation ein äußerst mächtiger Konkurrent aller synthetischen Verfahren, und man kann sie unbedenklich als den wichtigsten Zweig der Cyanindustrie bezeichnen.

A) Die Entstehung der Cyanverbindungen bei der Kohlenvergasung.

Die fossilen Kohlen enthalten stets gewisse Mengen kompliziert zusammengesetzter Stickstoffverbindungen, welche sehr wahrscheinlich zum größten Teil animalischen Resten ihren Ursprung verdanken, deren Aufbau aber völlig unbekannt ist, da man sie bis heute noch nicht zu isolieren vermochte.

Der Gehalt der Kohlen an diesem organisch gebundenen Stickstoff überschreitet nur selten 2% der wasser- und aschefreien Substanz und ist von Fall zu Fall derart verschieden, daß selbst Kohleproben aus mehreren, nahe beieinander liegenden Flötzpartien in bezug darauf differieren, wie Schreiber dieses schon in einer früheren Arbeit[1] zeigte. Im allgemeinen steigt die Menge des Stickstoffs mit dem geologischen Alter der Kohlen und erreicht das Maximum in den Backkohlen, welche vorwiegend zur Erzeugung von Hüttenkoks dienen; die ältesten Kohlen, Magerkohlen, Eßkohlen und Anthrazite weisen dagegen wieder einen starken Rückgang im Stickstoffgehalte auf.

Ordnet man die Kohlen ohne Rücksicht auf ihr Alter und ihre Eigenart nur nach den Ursprungsländern, so findet man in der Literatur folgende Grenzzahlen für den Stickstoffgehalt der reinen Kohlensubstanz angegeben:

Ursprungsland	Stickstoffgehalt der Kohlensubstanz	Analytiker
1. Deutschland:		
Westfalen	1.25 bis 1,65 %	Bunte
Schlesien	1,07 » 1,65 »	do.
do	0,356 » 2,112 »	Grundmann
Sachsen	1,20 » 1,30 »	Bunte
2, Grofsbritannien:		
Newcastle	0,75 » 1,75 »	Lyon, Playfair u. A.
Lancashire	0,53 » 1,80 »	do.
Wales	0,22 » 1,73 »	Fiddes
Derbyshire	0,85 » 1,46 »	do.
Gloucestershire	0,59 » 1,84 »	do.
Schottland	1,22 » 1,61 »	do.
3. Frankreich	0,75 » 1,875 »	de Marsilly
4. Rufsland	0,35 » 2,44 »	Alexejew
5. Aufsereuropäische Länder:		
Natal	0,63 » 2,02 »	Hefelmann u. Jähn
China	0,76 » 1,25 »	Haeussermann und Naschold
Chile	0,54 » 1,17 »	Sir Henry de la Beche

[1] Bertelsmann, Der Stickstoff der Steinkohle. Stuttgart 1904.

Man sieht daraus, welch enorme Schwankungen im Stickstoffgehalt vorkommen. Das ist natürlich in weit geringerem Maße der Fall, wenn man Kohlen desselben Charakters und der gleichen Provenienz miteinander vergleicht und dies kommt für das vorliegende Thema hauptsächlich in Frage, da nur ein Bruchteil der geförderten Kohle und zwar zwei ganz bestimmte Sorten, die Gaskohle und Kokskohle der Destillation unterworfen werden.

Über Kokskohlen ist bezüglich des Stickstoffgehaltes wenig bekannt, dagegen besitzen wir über Gaskohlen eine sehr wertvolle Arbeit, die Drehschmidt[1]) im Jahre 1904 veröffentlichte. Sie betrifft die Untersuchung von 68 Kohlen deutscher und englischer Herkunft und enthält u. a. auch deren Elementarzusammensetzung. Da gerade die Gaskohlen den größten Teil der technischen Cyanverbindungen liefern, so wird die Wiedergabe der dort mitgeteilten Analysenergebnisse nicht unwillkommen sein.

Danach sind die Grenzzahlen für den Stickstoffgehalt der reinen Kohlensubstanz folgende:

Westfälische Kohlen . 1,42 bis 1,85 %
Schlesische » . . 1,02 » 1,70 »
Englische » . . 1,10 » 1,94 »

Unterwirft man eine Kohle der trockenen Destillation, so zersetzt sie sich und liefert als festen Rückstand Koks und als Destillationsprodukte Teer, Gaswasser und Leuchtgas. Die organischen Stickstoffverbindungen werden natürlich ebenfalls gespalten und verteilen sich je nach ihrer Flüchtigkeit und Löslichkeit auf die verschiedenen Substanzen. Ein Teil des Stickstoffs bleibt in Form fester, ihrer Natur nach bis jetzt noch unbekannter Verbindungen im Koks zurück, der Rest tritt als elementarer Stickstoff, Ammoniak, Cyanwasserstoff, fette und aromatische Amine, Pyridin, Pyrrol u. dgl. in den übrigen Destillationsprodukten auf.

Von diesen sind die höher molekularen Körper wahrscheinlich Resultate des direkten Zerfalls der Kohle, die niedrigen Amine, das Ammoniak, der elementare Stickstoff und der Cyanwasserstoff verdanken ihre Entstehung aber wohl zum größten Teil sekundären und tertiären Vorgängen.

Wir sahen schon früher (S. 121), daß Ammoniak beim Überleiten über glühende, kohlenstoffhaltige Substanz mit Leichtigkeit in Cyanwasserstoff übergeht, und man darf wohl annehmen, daß auch bei

---

[1]) Journal für Gasbeleuchtung 1904, 677.

Elementarzusammensetzung verschiedener Gaskohlen.

Nr.	Rohkohle Zusammensetzung in % – Kohlenstoff	Wasserstoff	Sauerstoff	Schwefel	Stickstoff	Asche	in der Rohkohle %	Kohlensubstanz Zusammensetzung in % – Kohlenstoff	Wasserstoff	Schwefel	Stickstoff	Sauerstoff	disponibler Wasserstoff
	1	2	3	4	5	6	7	8	9	10	11	12	13

Englische Kohlen.

Nr.	1	2	3	4	5	6	7	8	9	10	11	12	13
1	77,19	4,58	5,00	2,24	1,36	9,63	90,37	85,42	5,07	2,48	1,50	5,53	4,38
2	79,33	4,50	5,32	1,62	1,53	7,70	92,30	85,95	4,87	1,76	1,66	5,76	4,15
3	78,47	5,21	5,67	2,45	1,49	6,71	93,29	84,11	5,59	2,62	1,60	6,08	4,83
4	76,14	4,59	5,77	1,48	1,38	10,64	89,36	85,21	5,13	1,66	1,54	6,46	4,32
5	77,37	3,94	5,85	1,76	1,56	9,52	90,48	85,51	4,35	1,94	1,73	6,47	3,54
6	77,51	4,16	5,98	0,96	1,30	10,09	89,91	86,21	4,63	1,07	1,44	6,65	3,80
7	78,00	5,07	6,18	2,33	1,41	7,01	92,99	83,88	5,45	2,50	1,62	6,65	4,62
8	78,99	4,75	6,31	1,09	1,46	7,40	92,60	85,30	5,13	1,18	1,58	6,81	4,28
9	77,07	4,39	6,34	1,60	1,52	9,08	90,92	84,77	4,83	1,76	1,67	6,97	3,96
10	78,58	4,77	6,61	0,89	1,30	7,85	92,15	85,27	5,18	0,97	1,41	7,17	4,28
11	76,20	4,75	6,67	1,94	1,43	9,01	90,99	83,75	5,22	2,13	1,57	7,33	4,30
12	75,20	4,43	6,61	2,13	1,42	10,21	89,79	83,75	4,93	2,37	1,58	7,37	4,01
13	76,65	5,06	6,76	1,65	1,15	8,73	91,27	83,98	5,54	1,81	1,26	7,41	4,61
14	74,75	3,21	6,51	1,30	1,50	12,73	87,27	85,65	3,68	1,59	1,72	7,46	2,75
15	75,13	3,46	6,66	1,98	1,41	11,36	88,64	84,76	3,90	2,24	1,59	7,51	2,96
16	74,47	4,53	6,72	1,97	1,56	10,75	89,25	83,44	5,08	2,21	1,75	7,52	4,14
17	76,60	4,84	7,30	1,16	1,57	8,53	91,47	83,74	5,29	1,27	1,71	7,99	4,29
18	74,15	4,58	7,13	1,71	1,60	10,83	89,17	83,15	5,14	1,92	1,79	8,00	4,14
19	74,50	4,80	7,27	2,78	1,00	9,65	90,35	82,46	5,31	3,08	1,10	8,05	4,30
20	76,06	5,04	7,52	1,56	1,57	8,25	91,75	82,90	5,49	1,70	1,71	8,20	4,46
21	71,65	5,06	7,46	2,06	1,65	12,12	87,88	81,53	5,76	2,34	1,88	8,49	4,70
22	74,88	4,35	7,83	2,10	1,63	9,21	90,79	82,48	4,79	2,31	1,80	8,62	3,71
23	76,15	5,53	8,14	2,59	1,70	5,89	94,11	80,91	5,88	2,75	1,81	8,65	4,80
24	73,31	4,72	7,82	2,37	1,54	10,24	89,76	81,76	5,26	2,65	1,72	8.71	3,74
25	70,30	4,27	7,42	1,14	1,45	15,42	84,58	83,12	5,05	1,35	1,71	8,77	3,95
26	70,67	3,93	8,29	2,55	1,49	13,07	86,93	81,30	4,52	2,93	1,71	9,54	3,83
27	72,73	4,91	8,70	2,66	1,35	9,65	90,35	80,50	5,43	2,94	1,50	9,63	4,23
28	63,19	3,81	7,74	3.11	1,33	20,82	79,18	79,81	4,81	3,93	1,68	9,77	3,59
29	69,04	3,81	8,44	2,70	1,30	14,71	85,29	80,95	4,47	3,16	1,52	9,90	3,23
30	76,16	2,90	9,44	1,22	1,51	8,77	91,23	83,48	3,18	1,34	1,65	10,35	1,89
31	70,12	4,47	9,04	1,70	1,68	12,99	87,01	80,59	5,14	1,95	1,93	10,39	3,84
32	74,36	3,97	9,54	1,60	1,77	8,76	91,24	81,50	4,35	1,75	1,94	10,46	3,04
33	70,10	4,45	9,36	2,53	1,46	12,10	87,90	79,75	5,06	2,88	1,66	10,65	3,73
34	79,93	3,01	10,38	1,05	1,48	4,15	95,85	83,39	3,14	1,10	1,54	10,83	1,79
35	71,72	4,05	9,70	1,96	1,49	11,08	88,92	80,66	4,55	2,20	1,68	10,91	3,19
36	68,93	4,16	9,88	1,20	1,37	14,46	85,54	80,58	4,86	1,40	1,60	11,56	3,42
37	65,14	4,35	14,84	0,96	1,20	13,51	86,49	75,32	5,03	1,11	1,38	17,16	2,72

Elementarzusammensetzung verschiedener Gaskohlen.

Nr.	Rohkohle						Kohlensubstanz						
	Zusammensetzung in %					in der Rohkohle %	Zusammensetzung in %					
	Kohlenstoff	Wasserstoff	Sauerstoff	Schwefel	Stickstoff	Asche		Kohlenstoff	Wasserstoff	Schwefel	Stickstoff	Sauerstoff	disponibler Wasserstoff
1	2	3	4	5	6	7	8	9	10	11	12	13

Westfälische Kohlen.

38	73,56	4,22	6,66	1,53	1,56	12,47	87,53	84,04	4,82	1,75	1,78	7,61	3,87
39	72,63	4,25	6,76	0,59	1,59	14,18	85,82	84,63	4,95	0,69	1,85	7,88	3,84
40	69,00	4,03	6,62	0,91	1,32	18,11	81,89	84,27	4,92	1,01	1,61	8,09	3,81
41	74,98	4,47	7,61	2,48	1,29	9,17	90,83	82,55	4,92	2,73	1,42	8,38	3,87
42	74,16	4,26	8,28	1,29	1,38	10,63	89,37	82,98	4,77	1,44	1,55	9,26	3,59
43	68,24	3,54	7.73	1,45	1,36	17,68	82,32	82,90	4,30	1,76	1,65	9,39	3,13
44	72,55	4,41	8,57	0,76	1,56	12,15	87,85	82,58	5,02	0,86	1,79	9,75	3,80
45	72,32	4,48	8,97	1,90	1,41	10,92	89,08	81.19	5,03	2,13	1,58	10,07	3,77
46	69,50	3,89	8,86	1,05	1,26	15,44	84,56	82,19	4,60	1,24	1,49	10,48	3,29

Schlesische Kohlen.

47	77,65	4,77	5,73	1,88	1,13	8,84	91,16	85,18	5,23	2,06	1,24	6,29	4,44
48	76,08	3,89	5,58	1,61	1,08	11,76	88,24	86,22	4,41	1,82	1,23	6,32	3,62
49	65,82	4,08	6,87	2,12	0,81	20,30	79,70	82,58	5,12	2,66	1,02	8,62	4,04
50	77,20	4,91	8,08	1,11	1,21	7,49	92,51	83,45	5,31	1,20	1,31	8,73	4,22
51	76,02	4,28	8,06	1,81	1,11	8,72	91,28	83,28	4,69	1,98	1,21	8,84	3,59
52	78,64	4,57	8,43	1,29	1,21	5,86	94,14	83,53	4,86	1,37	1,29	8,95	3,74
53	79,69	5,74	8,84	1,00	1,38	3,35	96,65	82,45	5,94	1,03	1,43	9,15	4,80
54	78,93	4,57	8,79	1,01	1,23	5,47	94,53	83,50	4,83	1,07	1,30	9,30	3,67
55	76,25	4,70	8,98	1,27	1,39	7,41	92,59	82,35	5,08	1,37	1,50	9,70	3,87
56	74,19	4,60	8,86	1,36	1,50	9,49	90,51	81,97	5,08	1,50	1,66	9,79	3,86
57	75,78	4,76	9,06	0,90	1,39	8,11	91,89	82,47	5,18	0,98	1,51	9,86	3,95
58	74,16	3,21	8,89	1,98	1,10	10,66	89,34	83,01	3,59	2,22	1,23	9,95	2,35
59	78,31	4,60	9,52	0,80	1,39	5,38	94,62	82,76	4,86	0,85	1,47	10,06	3,60
60	79,07	3,36	10,04	1,27	1,27	4,99	95,01	83,22	3,54	1,34	1,34	10,46	2,23
61	74.07	4,10	9,73	1,11	1,28	9,71	90,29	82,04	4,54	1,23	1,41	10,78	3,19
62	77,26	4,64	10,52	0,74	1,19	5,65	94,35	81,89	4,92	0,78	1,26	11,15	3,53
63	68,11	4,09	9,70	1,68	1.47	14,65	85,35	80,15	4,79	1,97	1,73	11,36	3,37
64	74,59	4,77	10,74	1,16	1,13	7,61	92,39	80,74	5,16	1,26	1,22	11,62	3,71
65	71,37	4,90	12,56	1,50	1,43	8,24	91,76	77,78	5,34	1,63	1,56	13,69	3,63
66	71,13	4,35	12,60	1,68	1,61	8,63	91,37	77,85	4,76	1,84	1,76	13,79	3,04
67	69,20	4,59	12,51	1,93	1,20	10,57	89,43	77,38	5,13	2,16	1,34	13,99	3,38
68	59,22	3,86	12,30	2,20	1,10	21,32	78,68	75,27	4,91	2,79	1,40	15,63	2,96

der Destillation der Steinkohle ein Teil des Ammoniaks in Cyanwasserstoff verwandelt wird, denn alle zum Verlauf dieser Reaktion notwendigen Bedingungen sind dabei erfüllt.

Die Verteilung des Stickstoffs auf seine Spaltungsprodukte hängt vornehmlich von den Destillationsbedingungen, daneben aber auch vom Charakter der vergasten Kohle ab. Dies geht aus den Resultaten verschiedener, diesbezüglicher Arbeiten klar hervor.

Foster[1] veröffentlichte im Jahre 1882 Untersuchungen, welche er mit einer Durhamkohle angestellt hatte. Von dem Stickstoff, der 1,7% der Kohle ausmachte, fanden sich in den Destillationsprodukten wieder:

$$\begin{array}{llr}
\text{als Cyan} & \ldots & 1,56 \ \% \\
\text{als Ammoniak} & \ldots & 14,50 \ \text{»} \\
\text{im Koks} & \ldots & 48,68 \ \text{»} \\
\text{als freies Element} & \ldots & 35,26 \ \text{»}
\end{array}$$

Ähnliche Versuche führte bald darauf Knublauch[2] mit westfälischen Kohlen aus und erhielt dabei folgendes Ergebnis:

Vom Gesamtstickstoff der Kohle waren vorhanden:

$$\begin{array}{llr}
\text{als Cyan} & \ldots & 1,5 \text{ bis } 2,0 \ \% \\
\text{als Ammoniak} & \ldots & 10 \ \text{ » } 14 \ \text{»} \\
\text{im Teer} & \ldots & 1,0 \ \text{ » } 1,3 \ \text{»} \\
\text{im Koks} & \ldots & 31 \ \text{ » } 36 \ \text{»}
\end{array}$$

Der Rest befand sich wahrscheinlich in elementarer Form im Gase.

Später verfolgte Knublauch noch einmal die Verteilung des Stickstoffs bei der Destillation zweier westfälischer Kohlen[3] und erzielte folgendes Resultat:

	Kohleprobe	
	I	II
Stickstoffgehalt	1,550%	1,479%
Vom Gesamtstickstoff waren vorhanden:		
als Cyan	1,8 »	1,8 »
als Ammoniak	11,9 »	14,1 »
im Teer	1,3 »	1,4 »
im Koks	30,0 »	35,6 »
im Gas	55,0 »	47,1 »

Foster und Knublauch haben beide ihre Versuche mit kleinen Kohlemengen in eisernen Retorten ausgeführt, ihre Versuchs-

[1] Journ. of Gaslighting 1882, 1081.
[2] Journal für Gasbeleuchtung 1883, 440.
[3] Journal für Gasbeleuchtung 1895, 753.

bedingungen ähneln daher den Betriebsverhältnissen nur wenig und lassen ohne weiteres keine Schlüsse auf den tatsächlichen Betrieb zu, wenn beide Forscher sie auch darauf übertragen haben.

Drehschmidt stellte dagegen seine schon erwähnten Untersuchungen mit einer Apparatur an, die in der Anlage, den Abmessungen und dem Retortenmaterial völlig dem Großbetriebe nachgebildet war. Er wandte Schamotteretorten an und vergaste Ladungen von 140 bis 160 kg Kohlen bei verschiedenen Temperaturen und wechselnder Abtreibedauer, während der Feuchtigkeitsgehalt der einzubringenden Kohle möglichst konstant auf 2 % erhalten wurde. Auch die Behandlung des Gases nach dem Verlassen der Retorte war, soweit möglich, identisch mit der im Großbetrieb üblichen.

Schon hierin liegt ein großer Vorzug gegenüber den früheren Untersuchungen, dieser wird aber noch dadurch bedeutend gesteigert, daß bei jedem Versuche alle Produkte der Vergasung quantitativ bestimmt wurden. Infolgedessen ist es viel eher möglich, die Größe der verschiedenen Einflüsse zu bestimmen, welche für die Cyanbildung von Wichtigkeit ist.

Die Resultate von Drehschmidts Probevergasungen sind, soweit sie für die vorliegende Arbeit Bedeutung haben, im folgenden tabellarisch angeordnet. Sie beziehen sich alle auf wasser- und aschefreie Kohlensubstanz, und die den Zahlenreihen vorgesetzten, laufenden Nummern entsprechen den gleichlautenden in der Tabelle über die Elementarzusammensetzung der Gaskohlen (S. 158).

Vergasungsergebnisse von Gaskohlen.

Nr.	Mittlere Temperatur des Ofens °C	Größe der Charge kg	Dauer der Vergasung Std.	Vergasungsprodukte der Kohlensubstanz					Stickstoffgehalt der Kohlensubstanz				Cyanstickstoff in % des nutzbaren Stickstoffs
				pro 1 ton Gas cbm	Teer %	Gaswasser %	Ammoniak pro 1 ton kg	Cyan pro 1 ton kg	%	davon umgewandelt in			
										Ammoniak %	Cyan %	zusammen %	
1	2	3	4	5	6	7	8	9	10	11	12	13	
1	1130	140	5	358,1	6,1	6,2	2,83	0,68	1,50	15,5	2,4	17,9	13,6
2	1115	140	5	356,1	6,2	2,5	2,72	0,76	1,66	13,5	2,4	15,9	15,6
3	1160	140	5	364,7	6,8	2,3	2,57	0,80	1,60	13,2	2,7	15,9	16,9
4	1145	140	5	354,7	5,6	2,5	2,33	0,76	1,54	12,3	2,7	15,0	17,9
5	1160	140	5	362,5	6,0	5,5	3,21	0,79	1,73	15,3	2,4	17,7	13,8
6	niedrig	150	6	328,1	4,0	8,0	3.38	0,46	1,44	19,3	1,7	21,0	8,1
7	1150	140	5	387,4	5,2	2,5	2,27	1,06	1,62	12,4	3,8	16,2	23,2

Nr.	Mittlere Temperatur des Ofens °C	Größe der Charge kg	Dauer der Vergasung Std.	Vergasungsprodukte der Kohlensubstanz					Stickstoffgehalt der Kohlensubstanz				Cyanstickstoff in % des nutzbaren Stickstoffs
				pro 1 ton Gas cbm	Teer %	Gaswasser %	Ammoniak pro 1 ton kg	Cyan pro 1 ton kg	%	davon umgewandelt in			
										Ammoniak %	Cyan %	zusammen %	
	1	2	3	4	5	6	7	8	9	10	11	12	13
8	1130	140	5	340,8	6,0	2,3	2,43	0,58	1,58	12,7	2,0	14,7	13,6
9	1110	145	5	329,3	5,8	2,7	2,40	0,60	1,67	11,9	2,0	13,9	14,4
	1075	140	5	310,2	6,5	3,4	2,36	0,54		11,7	1,7	13,4	12,8
10	1160	140	5	364,4	6,1	2,9	1,91	0,57	1,41	11,2	2,2	13,4	16,3
11	1195	140	5	374,7	6,4	3,8	2,92	1,00	1,57	15,3	3,4	18,7	18,3
12	1175	140	5	358,7	6,0	3,2	2,24	0,80	1,58	11,7	2,8	14,5	19,0
13	1195	140	5	387,4	6,7	7,6	2,86	0,85	1,26	18,6	3,6	22,2	16,1
14	1130	140	5	330,6	5,3	5,5	2,94	0,78	1,72	14,1	2,5	16,6	14,9
	1170	140	5	349,6	5,3	8,0	3,16	0,78		14,9	2,5	17,4	14,2
15	1115	140	5	339,7	5,6	4,5	2,73	0,80	1,59	14,2	2,7	16,9	16,0
	1140	140	5	354,8	5,4	3,5	2,36	0,80		12,3	2,7	15,0	18,0
16	1185	140	5	396,5	5,5	3,1	2,80	0,95	1,75	13,2	3,0	16,2	18,2
17	1170	140	5	375,2	6,1	3,5	2,56	0,82	1,71	12,2	2,6	14,8	17,2
18	1155	140	5	367,7	6,6	2,9	2,66	0,73	1,79	12,2	2,2	14,4	15,2
19	1165	140	5	369,3	7,0	6,2	2,71	1,01	1,10	20,2	4,4	24,6	17,9
20	1225	140	5	371,7	5,0	2,7	2,34	0,92	1,71	11,3	2,9	14,2	20,6
21	1200	140	5	374,9	6,6	7,7	2,89	0,84	1,88	12,7	2,4	15,1	16,1
22	1150	140	5	366,6	4,7	9,7	3,05	0,76	1,80	14,1	2,3	16,4	13,9
23	1235	140	5	369,1	6,6	6,3	3,06	0,85	1,81	14,0	2,5	16,5	15,3
24	1130	140	5	364,4	6,7	6,1	3,01	0,72	1,72	15,0	2,3	17,2	13,1
	1230	140	4	361,6	6,1	6,5	2,47	0,80		11,9	2,5	14,4	17,6
25	1190	160	5	386,8	6,6	5,8	3,06	1,04	1,71	14,8	3,2	18,0	18,0
26	1115	150	5	383,6	6,8	6,9	2,99	1,10	1,71	14,4	3,5	17,9	19,5
27	1235	140	5	376,9	6,7	7,6	3,23	0,93	1,50	17,8	3,3	21,1	15,8
28	1080	150	5	384,2	6,8	5,3	2,55	1,20	1,68	12,5	3,8	16,3	23,5
29	1045	150	5	349,4	7,1	6,2	2,37	0,89	1,52	12,8	3,2	16,0	19,7
	1015	140	5	314,1			3,22	0,78		17,4	2,8	20,2	13,7
30	1130	140	5	343,9	5,9	4,6	2,82	0,56	1,65	14,0	1,8	15,8	11,3
	1175	140	5	364,7	5,3	4,6	2,60	0,56		12,9	1,8	14,7	12,2
31	1170	140	5	372,6	6,3	2,7	3,08	0,85	1,93	13,2	2,4	15,6	15,3
	1205	150	5	373,1	6,2	3,2	3,18	0,81		13,5	2,3	15,8	14,3
32	1145	140	5	357,2	5,8	3,1	2,93	0,70	1,94	12,4	1,9	14,3	13,4
33	1155	150	5	372,5	5,9	7,0	2,70	1,07	1,66	13,4	3,5	16,9	20,7
34	1160	140	5	342,9	6,5	7,5	3,14	0,70	1,54	16,8	2,4	19,2	12,7
35	1130	140	5	385,9	7,5	7,2	3,04	1,12	1,68	15,0	3,6	18,6	19,5
	1190	150	5	399,8	8,1	5,6	2,62	1,16		12,9	3,7	16,6	22,2
36	1210	150	5	374,0	6,0	11,8	4,08	0,57	1,60	21,1	1,9	23,0	8,3
37	1210	150	5	369,9	8,0	13,3	4,24	0,52	1,38	25,0	2,0	27,0	7,4

Englische Kohlen (Nr. 21–37)

Nr.	Mittlere Temperatur des Ofens °C	Größe der Charge kg	Dauer der Vergasung Std.	Vergasungsprodukte der Kohlensubstanz					Stickstoffgehalt der Kohlensubstanz				Cyanstickstoff in % des nutzbaren Stickstoffs
				pro 1 ton Gas cbm	Teer %	Gaswasser %	Ammoniak pro 1 ton kg	Cyan pro 1 ton kg	%	davon umgewandelt in Ammoniak %	Cyan %	zusammen %	
	1	2	3	4	5	6	7	8	9	10	11	12	13
38	1215	160	5	373,7	5,8	5,8	2,84	0,83	1,78	13,2	2,5	15,7	15,9
	1220	150	4	351,8	5,8	5,8	2,51	0,77		11,7	2,4	14,1	16,8
39	1215	160	5	407,9	5,2	5,1	2,85	0,87	1,85	12,7	2,5	15,2	16,6
	1205	150	4	369,6	5,2	5,4	2,54	0,87		11,3	2,5	13,8	18,2
40	1240	160	5	416,1	6,6	5,6	3,09	1,13	1,61	15,8	3,9	19,7	19,6
	1225	150	4	398,6	6,5	4,4	2,43	1,07		12,4	3,6	16,0	22,3
41	1255	150	5	393,6	4,5	4,2	2,50	0,69	1,42	14,6	2,6	17,2	15,3
	1240	160	5	365,6	5,9		2,24	0,69?		13,0	2,6	15,6	16,9
42	1225	160	5	384,6		6,2	2,82	0,75	1,55	15,0	2,6	17,6	14,8
	1210	150	4	355,7	6,4	5,4	2,49	0,72		13,3	2,5	15,8	15,6
43	1155	160	5	410,7	4,2	4,7	2,49	0,89	1,65	12,4	2,9	15,3	18,8
44	1200	160	5	378,4	6,6	3,5	2,75	0,75	1,79	12,8	2,3	15,1	15,3
	1205	140	4	360,7	5,0	4,1	2,62	0,86		12,2	2,6	14,8	17,8
45	1215	160	5	381,6	6,2	5,7	3,26	0,79	1,58	17,0	2,7	19,7	13,7
	1210	150	4	365,9	7,3	6,6	2,94	0,79		15,3	2,7	18,0	15,0
46	1250	160	5	402,0	5,8	6,4	2,86	1,15	1,49	15,9	4,2	20,1	20,9
	1240	150	4	388,6	6,4	6,4	2,80	1,00		15,6	3,7	19,3	18,9
47	1225	150	5	381,0	5,3	2,5	2,53	0,56	1,24	14,8	2,4	17,2	13,9
	1215	140	4	353,4	5,4	2,9	2,09	0,44		13,8	2,0	15,8	12,3
48	1210	150	4	369,2	3,2	2,9	1,66	0,47	1,23	11,1	2,0	13,1	15,6
49	1210	140	5	357,0	5,0	6,4	2,46	0,43	1,02	20,0	2,2	22,2	10,0
50	1250	140	4	359,0	9,0	5,0	2,54	0,39	1,31	16,0	1,6	17,6	8,9
51	1220	140	4	360,2	5,7	3,5	1,86	0,43	1,21	12,5	1,9	14,4	13,1
52	1240	140	4	352,5	7,3	6,2	2,34	0,46	1,29	15,0	1,9	16,9	11,3
53	1235	140	4	363,6	7,9	5,8	2,46	0,58	1,43	14,2	2,2	16,4	13,3
54	1225	150	4	361,3	5,3	7,8	3,04	0,48	1,30	19,3	2,0	21,3	9,5
55	1245	140	4	352,1	6,5	7,8	3,00	0,47	1,50	16,6	1,7	18,3	9,4
56	1175	150	4	368,6	5,3	7,0	3,22	0,64	1,66	16,1	2,1	18,2	11,4
57	1190	150	4	361,4	5,3	8,3	2,80	0,59	1,51	15,3	2,1	17,4	12,0
58	1175	140	4	354,1	5,3	8,0	2,99	0,35	1,23	19,9	1,6	21,5	7,2
59	1200	150	4	347,4	5,5	6,5	2,97	0,51	1,47	16,7	1,9	18,6	10,1
60	1210	150	4	353,7	6,1	6,6	2,97	0,56	1,34	18,3	2,3	20,6	11,1
61	1195	140	4	379,5	6,3	8,4	3,53	0,74	1,41	20,4	2,8	23,2	12,1
	1200	160	5	395,2	6,7	7,6	3,34	0,68		19,3	2,5	21,8	11,5
62	1250	150	5	370,0	6,4	7,1	2,86	0,48	1,26	18,7	2,1	20,8	10,1
63	1220	150	5	400,8	6,3	8,0	4,02	0,53	1,73	19,2	1,6	20,8	7,9
64	1250	140	4	371,8	6,4	5,4	2,02	0,52	1,22	13,5	2,3	15,8	14,6
65	1245	150	5	396,2	5,6	7,7	3,28	0,53	1,56	17,4	1,8	19,2	9,5
66	1250	145	4	382,7	6,4	7,0	2,90	0,61	1,76	13,5	1,9	15,4	12,1
67	1245	145	4	386,9	6,0	8,8	2,71	0,75	1,34	16,5	3,0	19,5	15,4
68	1245	145	5	383,3	3,6	12,8	3,00	0,52	1,40	17,7	2,0	19,7	10,2

Westfälische Kohlen (Nr. 38–46)
Schlesische Kohlen (Nr. 47–68)

11 *

Hiernach gingen vom Gesamtstickstoff der Kohle in Cyan über:

bei westfälischen Kohlen . . . 2,3 bis 4,2 %
bei schlesischen Kohlen . . . 1,6 » 3,0 »
bei englischen Kohlen. . . . 1,7 » 4,4 »

Die Zahlen sind wesentlich höher als die von Foster und Knublauch angegebenen, und das ist wohl hauptsächlich auf die Anwendung höherer Temperaturen und die Vergasung in Schamotteretorten zurückzuführen, denn man kann als gewiß annehmen, daß Cyanverbindungen beim Hinstreichen über glühende Eisenflächen zum mindesten teilweise zerstört werden.

Betrachtet man das in der Tabelle niedergelegte Zahlenmaterial und zieht Vergleiche zwischen den verschiedenen Versuchsresultaten, so gewinnt man zunächst den Eindruck, als existierten keinerlei Beziehungen zwischen der Zusammensetzung der Kohle, den Vergasungsverhältnissen und der Bildung von Cyan. Vor allem ergibt sich, daß weder der absolute Stickstoffgehalt der Kohle, noch die absolute, im Rohgas auftretende Menge des Ammoniaks Einfluß auf die Bildung des Cyans haben.

Setzt man nun den Fall, daß alles Cyan aus Ammoniak unter Mitwirkung der glühenden Kohlenstoffschicht entstanden sei, so kann man eine Beziehung zwischen Cyan und Gaswasser feststellen derart, daß mit steigender Gaswasserproduktion die Cyanbildung zurückgeht, denn man findet durch entsprechende Berechnung folgende Zahlen:

Von dem Ammoniakstickstoff gingen in Cyan über	Ausbeute an Gaswasser
Bei englischen Kohlen:	
maximal 23,5 %	5,3 %
minimal 7,4 »	13,3 »
im Mittel 15,45 »	9,3 »
Bei westfälischen Kohlen:	
maximal 22,3 %	4,4 »
minimal 13,7 »	5,7 »
im Mittel 18,0 »	5,05 »
Bei schlesischen Kohlen:	
maximal 15,6 %	2,9 »
minimal 7,2 »	8,0 »
im Mittel 11,4 »	5,45 »

Darnach geben die Kohlen, welche das meiste Gaswasser liefern, die geringste Menge an Cyan. Eine stets gültige Regel läßt sich aber in bezug darauf nicht aufstellen, weil gar zu viele Ausnahmen vorkommen, für welche sich ohne weiteres kein plausibler Grund ausfindig machen läßt. Das ist auch gar nicht zu erwarten, denn die absolute Menge des entstehenden Wassers fällt weniger ins Gewicht als das Verhältnis von Wasser zu Gas und hauptsächlich das des Wassers zum Ammoniak (einschließlich des als Ammoniak verrechneten Cyans).

Will man in dieser Beziehung einen Vergleich anstellen, so empfiehlt es sich, nur solche Versuche heranzuziehen, welche mit ein und derselben Kohle ausgeführt sind. Dies ist in der folgenden Zusammenstellung englischer Kohlen geschehen:

Laufende Nummer der Originaltabelle	Stickstoffgehalt der Kohlensubstanz %	Vergasungstemperatur	Es entfallen cbm Gas auf 1 kg		Auf 1 Teil NH₃ und CN Stickstoff kommen Teile Wasser	Vom Gesamtstickstoff gehen über in			Cyan in % der Gesamtmenge des Stickstoffs
			Wasser	NH₃ und CN Stickstoff		Cyan	Ammoniak	in Summa	
29	1,52	1015	?	100	?	2,8	17,4	20,2	13,7
		1045	56	141	2,50	3,2	12,8	16,0	19,7
15	1,59	1115	76	124	1,64	2,7	14,2	16,9	16,0
		1140	101	146	1,44	2,7	12,3	15,9	18,0
30	1,65	1130	75	129	1,73	1,8	14,0	15,8	11,3
		1175	79	147	1,85	1,8	12,9	14,7	12,2
9	1,67	1075	91	136	1,49	1,7	11,7	13,4	12,8
		1110	122	140	1,15	2,0	11,9	13,9	14,4
35	1,68	1130	54	121	2,25	3,6	15,0	18,6	19,5
		1190	72	141	1,97	3,7	12,9	16,6	22,2
14	1,72	1130	60	114	1,89	2,5	14,1	16,6	14,9
		1170	44	114	2,60	2,5	14,9	17,4	14,2
31	1,93	1170	138	122	0,88	2,4	13,2	15,6	15,3
		1205	117	120	1,03	2,3	13,5	15,8	14,3

Aus diesen Zahlen ersieht man, daß mit steigender Verdünnung des Wasserdampfes, aber auch mit steigender Verdünnung des nutzbaren Stickstoffs (Ammoniak- plus Cyanstickstoff) die Cyanbildung steigt, während die geringen Temperaturdifferenzen fast einflußlos sind.

Auch für westfälische Kohlen ergeben sich ähnliche Verhältnisse, doch läßt die Regelmäßigkeit dabei zu wünschen übrig. Bei schlesischen Kohlen kann man derartige Beziehungen nicht ausfindig machen.

Die Ergebnisse decken sich übrigens durchaus mit den Resultaten, welche Bergmann bei seinen schon erwähnten Untersuchungen über die Umwandlung des Ammoniaks in Cyan erhielt und gipfeln, um es noch einmal kurz zusammenzufassen, darin, daß man die beste Ausbeute an Cyan aus einer Kohle erzielt, die neben wenig Wasser viel Gas ergibt und bei möglichst hoher Temperatur destilliert wird.

Für die Praxis der Gaswerke ist das allerdings von geringer Bedeutung, weil diese so wie so die gasreichste Kohle wählen und sie bei hoher Temperatur vergasen, auf die Produktion an Gaswasser können sie dabei jedoch keine Rücksicht nehmen, denn diese hängt von der Natur der Kohle ab und tritt gegenüber der Gasausbeute an Wichtigkeit in den Hintergrund. Eine hohe Wasserproduktion dient außerdem dazu, das Ammoniak vor Zersetzung zu schützen, und letzteres ist ein Nebenprodukt der Gaswerke, welches einen höheren Gewinn als das Cyan gewährleistet. Überdies sind auch die Differenzen, welche durch die Unterschiede in dem Gaswasserausbringen bedingt werden, wie ein Blick auf die Tabelle zeigt, nicht groß genug, um besondere Anstrengungen zu ihrer Beseitigung lohnend erscheinen zu lassen. Daher wird man bei der Leuchtgasfabrikation niemals bewußt Vorkehrungen zur Erhöhung der Cyanerzeugung zu machen brauchen, denn diejenigen Betriebsbedingungen, welche der Erzeugung der größten Menge eines recht heizkräftigen Gases (und ein solches ist nach modernen Begriffen das erstrebenswerteste) am günstigsten sind, sind auch die günstigsten für die Bildung des Cyans.

Die seit einigen Jahren mehr und mehr Aufnahme findende Autokarburation, d. h. die Einführung von Wassergas in die gasenden Retorten, ist der Cyanbildung ebenfalls nicht schädlich, wenn das Wassergas ausschließlich reduzierende Substanzen enthält. Nur bei fehlerhaftem Betriebe der Wassergasanlage, falls nämlich der Generator Wasserdampf unzersetzt passieren läßt und letzterer mit dem Wassergase in die Retorten gelangt, wird sich aus naheliegenden Gründen ein nachteiliger Einfluß auf die Cyanbildung geltend machen, doch ist dies ein Zustand, welcher schon mit Rücksicht auf den geregelten Betrieb der Leuchtgasretorten umgehende Abstellung erfordert.

Aus dem vorstehend Gesagten läßt sich also der Schluß ziehen, daß die in der modernen Gaswerkspraxis übliche Betriebsweise der Leuchtgasfabrikation für die Cyanerzeugung am förderlichsten ist.

Viel ungünstiger liegen dagegen die Verhältnisse bei der Schwesterindustrie, der Destillationskokerei.

Diese unterscheidet sich von der Leuchtgasfabrikation vornehmlich in drei Punkten, der Beschaffenheit der Kohle, dem Feuchtigkeitsgehalt der Kohle und den Abmessungen der Destillationsräume. Die Kokskohle ist meistens geologisch älter als die Gaskohle und zeichnet sich vor dieser durch eine hervorragende Backfähigkeit aus, liefert dafür aber weniger Gas. Ihre Korngröße darf 10 mm nicht überschreiten; oft wird die Kohle sogar in Desintegratoren oder anderen Mahlmaschinen noch weiter zerkleinert und, zu Kuchen gestampft, in die Koksöfen eingeschoben. Diese physikalische Beschaffenheit kann an sich der Cyanbildung nur dienlich sein, wenn man von der Ansicht ausgeht, daß der größte Teil des Cyans aus Ammoniak entstehe, denn die feinkörnige, eventuell gestampfe Kohle bietet dem ammoniakhaltigen Gase natürlich eine viel größere Fläche glühenden Kohlenstoffes dar als die großstückige Kohle, welche zum Beschicken der Gasretorten dient. Kommt aber wirkliche Kokskohle zur Destillation, so wird dieser Vorzug wahrscheinlich durch das Minderausbringen an Gas nach früher Gesagtem aufgehoben werden.

Einen außerordentlich nachteiligen Einfluß auf die Entstehung des Cyans übt dagegen der Wassergehalt der Einsatzkohle aus. Die Kokskohle bildet den Rückstand der Förderkohle, nachdem aus dieser die groben Stücke und die verschiedenen Sorten von Nußkohlen durch Schüttel- oder Trommelsiebe entfernt worden sind, und stellt gewöhnlich von allen Sorten Kohle die aschereichste dar. Zur möglichsten Beseitigung des Bergmittels wäscht man sie in Feldspathsetzmaschinen und hebt sie entweder mit Siebbecherwerken aus den Kohlesümpfen in gemauerte Türme oder läßt sie nach dem System Baum mit der Gesamtmenge des Wassers in eiserne Türme fließen. Hier lagert sie 3 bis 4 Tage, um das Wasser abzugeben und wird darauf verkokt. Ihr Wassergehalt beträgt aber immer noch ca. 15%; auf Zechen, welchen eine aschearme Staubkohle zur Verfügung steht, nimmt man allerdings eine Mischung trockener und nasser Kohle vor, um den Wassergehalt herabzusetzen, doch pflegt man 10 bis 12% nicht zu unterschreiten, weil sonst die Qualität des entfallenden Koks merklich verschlechtert werden würde.

Die Folge dieser Aufbereitungsmethode ist natürlich eine erhöhte Gaswasserproduktion. Bei der Leuchtgasdarstellung setzt man

die Kohle so trocken wie möglich, meist mit nur 2 % Wasser, ein
und erhält dann auf 100 kg vergaster Kohle im Durchschnitt ungefähr 6 kg Gaswasser. Bei der Destillationskokerei ist dieser Betrag
dagegen viel größer und erreicht oft 20 kg und mehr.

Infolgedessen entsteht bei der Destillationskokerei ein viel wasser-
dampfreicheres Rohgas als bei der Leuchtgasfabrikation, und da der
Wasserdampf nach den früher mitgeteilten Untersuchungen der
ärgste Feind des Cyans ist, so muß die Bildung des letzteren im
Koksofen viel geringer sein als im Retortenofen. An anderer Stelle [1])
wies Verfasser nach, daß im günstigsten Falle das Koksofenrohgas
mindestens 20 % mehr Wasserdampf enthält als das rohe Leuchtgas.

Schließlich ist auch noch die Größe der Kokskammern von
nachteiligem Einfluß auf die Cyanbildung. Die Leuchtgasretorten
fassen im allgemeinen 150 bis 200 kg Kohle, bestehen meistens aus
einem Stück und sind oft noch innen mit Feldspatglasuren überzogen, so daß Rauchgase nicht in das Innere der Retorte eindringen
können. Die Kokskammern dagegen nehmen eine Beschickung
von 5000 bis 9000 kg Kohle auf und sind aus einzelnen, unglasierten
Schamottesteinen zusammengesetzt, deren Porosität selten unter 15 %
beträgt. Abgesehen von dieser Porosität sind natürlich die Wände
der großen Kokskammern mit ihren vielen Fugen weit schwieriger
dicht zu halten als die kleinen Gasretorten, die sich leicht aus-
wechseln lassen, und Rauchgase können aus den Feuerzügen in
großen Mengen in das Kammerinnere gelangen, wenn der Ofen-
betrieb nicht sehr sorgfältig überwacht wird. Da nun Brenemann
und Bergmann (S. 121) übereinstimmend die Schädlichkeit des
Kohlendioxydes für die Cyanbildung nachgewiesen haben, so ist
in der Anwendung großer Kokskammern ein weiterer, nachteiliger
Umstand für die Entstehung des Cyans bei der Destillationskokerei
zu erblicken.

Spezielle Untersuchungen über diesen Gegenstand liegen meines
Wissens nicht vor, doch hat Bueb [1]) auf Grund vieler Versuche
mitgeteilt, daß die Cyanausbeute bei der Destillationskokerei viel
geringer als bei der Leuchtgasfabrikation sei. Auch Verfasser konnte
durch viele Analysen feststellen, daß man bei Koksöfen mit Gewinnung der Nebenprodukte höchstens 0,45 kg Cyan pro 1000 kg
Kohle erhält, während auf Gaswerken bis zu 1 kg und sogar noch

---

[1]) Bertelsmann, Der Stickstoff der Steinkohle, Stuttgart 1904.
[1]) Journal für Gasbeleuchtung 1903, 82.

darüber gewonnen werden. Das dürfte wohl zur Genüge die Richtigkeit obiger Ausführungen bestätigen.

Hieraus ergibt sich demnach als Schlußfolgerung, daß die in den Koksöfen herrschenden Destillationsbedingungen für die Cyanbildung sehr ungünstig sind, und daß infolge derselben die Cyanausbeute viel geringer als bei Retortenöfen ist. Unter der mehrfach gemachten Annahme, daß sich der größte Teil des Cyans aus Ammoniak bilde, findet man bei Koksöfen eine Umsetzung von 6 bis 10 % des Ammoniaks in Cyan, während bei Retortenöfen ca. 10 bis 25 % Ammoniak in Cyan übergehen. Die Ursache der Minderproduktion an Cyan ist vornehmlich in dem hohen Wassergehalt der Kokskohle zu suchen. Da dieser Wassergehalt aber zur Erzielung von gutem Koks erforderlich ist und dieser das Hauptprodukt der Kokerei darstellt, so erscheinen alle Anstrengungen zur Erhöhung der Cyanausbeute bei der Destillationskokerei von vornherein als aussichtslos, zumal durch eine eventuelle Herabsetzung des Wassergehaltes der Einsatzkohle die Produktion an Ammoniak, welche diejenige des Cyans an Wichtigkeit entschieden überwiegt, bedeutend geschädigt werden würde.

Man muß sich also bei den beiden großen, auf die Destillation der Steinkohle gegründeten Industrien mit den tatsächlichen Verhältnissen abfinden und versuchen, soviel wie möglich der im normalen Betriebe entstehenden Cyanverbindungen zu gewinnen, ohne auf ihre Bildung irgend welchen Einfluß ausüben zu können.

B) Die Art und Verteilung der Cyanverbindungen in den Destillationsprodukten.

Das aus den Retorten austretende, heiße Steinkohlengas enthält an Cyanverbindungen fast ausschließlich Cyanwasserstoff, neben diesem konnten gelegentlich z. B. von Kunz-Krause Spuren freien Cyans, $C_2 N_2$, nachgewiesen werden. Andere Cyanverbindungen kommen im Gase selbst nicht vor, sie bilden sich jedoch während der Kondensation und Waschung des Gases und treten in den wäßrigen Kondensaten und im Waschwasser auf.

Zur Beurteilung der Art und Menge der während des Reinigungsprozesses entstehenden Cyanverbindungen ist es zunächst notwendig, daß man sich den Gang der Behandlung des Gases vom Verlassen der Retorte an bis zur trockenen Reinigung, welcher ein besonderer Abschnitt gewidmet ist, vergegenwärtige.

Das rohe Leuchtgas ist ein Gemisch von

gasförmigen Kohlenwasserstoffen,
Wasserstoff,
Kohlenoxyd,
Kohlendioxyd,
Ammoniak,
Schwefelwasserstoff,
Cyanwasserstoff,
Teerdämpfen,
Wasserdampf,

und enthält außerdem noch geringe Mengen atmosphärischer Luft, die durch Undichtheiten in die Apparate eindringen und bei gut geführten Betrieben höchstens 5% des gereinigten Gases ausmachen.

Die Kondensation dient zur Kühlung und zur Beseitigung der Teernebel und des Wasserdampfes, während durch die nasse Reinigung das Ammoniak und ein Teil des Kohlendioxydes und des Schwefelwasserstoffs dem Gase entzogen werden.

Das rohe Leuchtgas gelangt aus den Retorten durch Steig- und Tauchrohre zunächst in eine nur wenig gegen die Horizontale geneigte Vorlage und gibt in dieser einen Teil seines Wassers und Teers in flüssiger Form ab neben den schwersten, pechartigen Destillationsprodukten, die sich auf dem Boden der Vorlage festsetzen und als Dickteer bezeichnet werden. Darauf tritt es in röhrenoder ringförmige, stehende Luftkühler über, die seine Temperatur bis auf ungefähr 40° C erniedrigen, und wird dann in Wasserröhrenkühlern vollends bis auf Lufttemperatur oder noch tiefer abgekühlt. Dabei verliert es die Hauptmenge seines Wasserdampfes als Kondenswasser, und dieses nimmt auch einen Teil des Ammoniaks, Kohlendioxyds, Cyanwasserstoffs und Schwefelwasserstoffs auf. Die Reste der Teernebel, welche sich auch nach der Kühlung immer noch im Gase vorfinden, müssen auf mechanischem Wege, durch Stoßkondensatoren, wie sie von Pelouze, Drory, Fleischhauer u. A. konstruiert sind, beseitigt werden.

Die nasse Reinigung des Gases geschieht in Skrubbern oder Waschmaschinen, seltener in Wäschern mit Tauchung und beruht darauf, daß das Gas mit fein verteilter Waschflüssigkeit in innigste Berührung gebracht wird. Als Waschflüssigkeit benutzt man gewöhnlich in den ersten Skrubbern die Ablaufwässer der Kondensation und berieselt die oder den letzten Skrubber mit reinem Wasser. Man entfernt dadurch das Ammoniak bis auf ganz geringe Mengen, die der trockenen Reinigung halber im Gase bleiben müssen, gleichzeitig nimmt aber das Wasser auch hier wieder einen Teil des Cyanwasserstoffs neben Kohlendioxyd und Schwefelwasserstoff auf. Im Laufe des Waschprozesses findet also eine allmähliche Verminderung des Cyanwasserstoffgehalts des Gases statt.

Die Mengen, in welchen der Cyanwasserstoff im Rohgase auftritt, richten sich natürlich nach dem Charakter der vergasten Kohle und nach den Destillationsbedingungen, wie schon früher ausgeführt wurde, und schwanken mit diesen. Um aber einen Anhalt dafür zu geben, mit welchen Beträgen man zu rechnen hat, seien einige einschlägige Analysen hier angeführt, die sich auf Gasproben beziehen, welche vor der Kondensation entnommen wurden.

Leybold[1]) fand z. B. im Hamburger Gas 203,4 und 265,9 g Cyanwasserstoff pro 100 cbm, entsprechend 0,166 und 0,217 Volumprozenten. Gas der Berliner städtischen Gaswerke ergab nach Drehschmidts[2]) Untersuchungen 206 g pro 100 cbm und Karlsruher Gas nach Nauß[3]) 212 g. Viel höhere Zahlen wurden von Feld[4]) ermittelt, der seine Proben hinter dem Teerscheider entnahm und darin pro 100 cbm feststellte:

in einem deutschen Gaswerke   220 bis 340 g HCN
»   »   englischen   »   235 g HCN
»   »   französischen »   226 g HCN.
Im Durchschnitt 255 g HCN.

Man wird mit der Annahme nicht fehlgehen, daß Steinkohlenrohgas aus Retortenöfen im Mittel 200 bis 250 g Cyanwasserstoff in 100 cbm enthalte. Rohgas aus Koksöfen weist dagegen nach Analysen des Verfassers im höchsten Falle nur 150 g Cyanwasserstoff in 100 cbm auf.

Da nun der Cyanwasserstoff im Rohgase große Mengen von Ammoniak vorfindet, mit denen vereinigt er sich als Cyanammonium im Kondensations- und Waschwasser lösen könnte, so sollte man annehmen, daß bei der Kühlung und der Waschung des Gases die Gesamtmenge des Cyanwasserstoffes in das Wasser ginge, zumal dessen Temperatur wenigstens bei der nassen Reinigung weit unterhalb 35°, dem Kondensationspunkte des Cyanammoniums, liegt. Das

---

[1]) Journal für Gasbeleuchtung 1890, 336 ff.
[2]) Ebenda 1892, 221.
[3]) Ebenda 1902, 954.
[4]) Ebenda 1902, 933.

Gas enthält aber hinreichend viel Kohlendioxyd, um einer weitgehenden Bildung von Cyanammonium im normalen Betriebe vorzubeugen.

Welchen Umfang die Absorption des Cyanwasserstoffs während der Kühlung und nassen Reinigung annimmt, zeigen am besten die Untersuchungen Leybolds, welche schon flüchtig erwähnt wurden (S. 171).

Leybold vergaste zwei verschiedene Kohlenmischungen und analysierte dann Gasproben, die verschiedenen Stellen des Betriebs entnommen waren; dabei fand er in 100 cbm Gas:

	I		II
	aus der Vorlage		
203,4 g HCN = 0,166 Vol.-%		265,9 g HCN = 0,217 Vol.-%	
	nach der Kühlung		
187,1 g HCN = 0,152 Vol.-%		255,9 g HCN = 0,209 Vol.-%	
	nach der Skrubberung		
173,6 g HCN = 0,142 Vol.-%		251,6 g HCN = 0,205 Vol.-%.	

Es waren also absorbiert worden pro 100 cbm Gas:

	I	II
in der Kühlung . .	16,3 g HCN	10,0 g HCN
in der Skrubberung	13,5 g HCN	4,3 g HCN

oder in Prozenten der Gesamtmenge des ursprünglich vorhandenen Cyanwasserstoffs:

	I	II
in der Kühlung . . .	8,02 %	3,76 %
in der Skrubberung .	6,55 »	1,62 »

In den Berliner Gaswerken fand Drehschmidt eine Absorption des Cyanwasserstoffs von 9,22% in der Kondensation und 5,82% in der Naßreinigung des Gases.

Die Mengen an Cyanwasserstoff, welche vom Kondensations- und Waschwasser aufgenommen werden, sind jedoch nicht immer so gering, sondern nur, wenn zur Waschung vorzüglich wirkende Skrubber mit nicht mehr als der zur Absorption des Ammoniaks absolut notwendigen Wassermenge zur Anwendung kommen. Hierfür gibt Nauß in seiner schon erwähnten Mitteilung einen trefflichen Beleg.

Auf dem Gaswerk zu Karlsruhe benutzte man zur Waschung des gekühlten Gases zwei parallel geschaltete Abteilungen zu je vier Horden- und Holzwolle-Skrubbern, von denen je drei mit Gaswasser und je einer mit reinem Wasser berieselt wurde.

In 100 cbm Gas fanden sich dann:

nach dem Teerscheider 130 bis 192 g Cyan, im Mittel 159 g,

nach dem letzten Skrubber 104 bis 132 g, bei starker Waschung 80 bis 117 g, im Mittel 110 g Cyan.

Durch die Waschung des Gases wurden also im Durchschnitt 49 g = 30,8 % des Gesamtcyans aus dem Gase absorbiert.

Darauf schaltete man in jeder Abteilung der Naßreinigung je drei Skrubber aus, so daß nur noch je einer in Betrieb war, und erzielte dadurch eine Herabsetzung der Cyanabsorption von ca. 30 % der Gesamtmenge auf etwa 1 %.

Handelt es sich also darum, den Cyanwasserstoff bis zur trockenen Reinigung im Gase zu belassen, so darf man das Gas nur mit so viel Wasser in Berührung bringen, wie zur Ammoniakabsorption durchaus nötig ist, und dessen Menge kann man durch Anwendung intensiv wirkender Hordenskrubber oder Waschmaschinen nach Art des Kirkham-Standard auf ein Mindestmaß herabsetzen.

Der Cyanwasserstoff wird von den Kondensations- und Waschwässern in Form von Cyanammonium aufgenommen, findet sich aber nicht immer als solches darin vor, da ein Teil sich unter Aufnahme von Eisen aus der Apparatur in Ferrocyanammonium umwandelt, und das meiste mit Schwefelammonium unter Mitwirkung von Sauerstoff in Rhodanammonium übergeht.

Das Vorkommen von Cyanammonium selbst im Gaswasser wird von manchen in Abrede gestellt, Verfasser konnte es jedoch in sehr vielen Proben nachweisen. Die Anwesenheit dieser Cyanverbindung im Gaswasser geht auch aus den unter Berlinerblau-Bildung erfolgenden Anfressungen hervor, die sich stets an und in den Ammoniakwasser-Destillierkolonnen finden. So berichtet Donath[1]) über die Untersuchung eines ursprünglich gußeisernen Bestandteils einer Destillierkolonne, der fast nur aus Berlinerblau und Graphit bestand. Derartige heftige Einwirkungen können doch nur durch Cyanide veranlaßt werden.

Da das Cyanammonium sehr leicht flüchtig ist, so kann man erwarten, daß der Gehalt des Kondensationswassers an Cyanverbindungen um so höher ausfällt, je weiter das Gas abgekühlt wird. Dies findet man in der Praxis auch im allgemeinen bestätigt.

So untersuchte Cox[2]) (zit. nach Lunge, Steinkohlenteer und Ammoniak) Wässer, welche er verschiedenen Teilen der Kondensation entnommen hatte, und ermittelte im Liter der Proben:

---

[1]) Journal für Gasbeleuchtung 1901, 880.
[2]) Journ. of Gaslighting, Rep. of the Leeds Meeting, 6. Oktober 1883.

	Ferrocyanammonium	Rhodanammonium
aus der Hydraulik . . .	—	1,60 g
aus einem anderen Punkte		
der Hydraulik	Spur	1,86 »
aus Luftkühler 1	0,31 g	0,13 »
» » 2	0,59 »	Spur
» » 3	1,79 »	—
» » 4	5,36 »	—

Leybold[1]) fand im Wasser der Vorlage 0,88 g Rhodanammonium und 0,11 g Ferrocyanammonium, der Luftkühlerablauf
enthielt dagegen 0,33 g Rhodanammonium und 0,52 g Ferrocyanammonium. Cyanammonium konnte er erst im Kondensat der Wasserkühler nachweisen, und zwar 0,12, 0,09 und 0,25 g neben 0,05, 0,11
und 0,44 g Ferrocyanammonium und 1,27 g Rhodanammonium. Nur
das Auftreten von Cyanammonium und Ferrocyanammonium ist für
das oben Gesagte ein Beweis, während das Vorkommen von Rhodanammonium Abweichungen zeigt, die sich jedoch dadurch erklären
lassen, daß zu seiner Bildung Sauerstoff erforderlich ist.

Der Gehalt des von den Wäschern ablaufenden, sog. starken
Gaswassers an den genannten Cyanverbindungen hängt naturgemäß
sehr viel von der angewandten Waschmethode ab und wird z. B.
durch ausgedehnte Anwendung reinen Wassers zum Berieseln der
Skrubber stark herabgesetzt, obgleich die Abläufe der Reinwasser-
skrubber nochmal zur Waschung benutzt werden.

Als Beispiele für das quantitative Vorkommen der Cyanverbindungen in Gaswässern mögen folgende Zahlen dienen:

Gaswasser enthielt im Liter	Ferrocyan- ammonium g	Rhodan- ammonium g	Analytiker
aus englischer Kohle . .	0,410	1,800	Dyson[2])
» » » . .	0,947	0,170	Kay[3])
vom Gaswerk Magdeburg	0,340	1,740	Pfeiffer[4])
» » Leeds . .	Spur	0,930	Cooke[5])

In Gaswässern englischer Gaswerke sollen nach Lunge[6]) manchmal 18 bis 31 g Rhodanammonium enthalten sein.

---

[1]) Journal für Gasbeleuchtung 1890, 336 ff.
[2]) Journ. of the Chem. Soc. 1888.
[3]) Journ. of the Soc. of Chem. Ind. 1901, 223.
[4]) Journal für Gasbeleuchtung 1898, 69 ff.
[5]) Ebenda 1872, 607, zit. nach Dinglers Polyt. Journal.
[6]) Steinkohlenteer und Ammoniak, III. Aufl, 513.

C) Die Bestimmung der Cyanverbindungen im Gaswasser.

Cyanammonium und Ferrocyanammonium werden beide als Berlinerblau gefällt und im letzteren das Eisen nach der Permanganatmethode bestimmt. Man verwandelt zunächst das Cyanammonium in das Ferrocyanid und ermittelt dessen Gesamtmenge. Darauf entfernt man aus einer zweiten Probe das Cyanammonium durch Eindampfen zur Trockne und bestimmt im Rückstand dasjenige Ammoniumferrocyanid, welches von vornherein als solches vorhanden war. Aus der Differenz zwischen den beiden Resultaten wird dann das Cyanammonium berechnet.

Zur Ausführung der Methode versetzt man 500 ccm Gaswasser mit 25 ccm einer 10proz. Eisensulfatlösung und 10 ccm Eisenchloridlösung, schüttelt die Mischung kurze Zeit im Literkolben und erwärmt sie eine halbe Stunde lang auf dem Wasserbade. Darauf säuert man mit Salzsäure schwach an, läßt gut absitzen, wozu manchmal ein 24 stündiges Stehenlassen erforderlich ist, und filtriert. Der Niederschlag wird ausgewaschen und mit Natronlauge zersetzt. Darauf filtriert man das ausgeschiedene Eisenoxydhydrat ab, wäscht es aus, löst es in verdünnter Schwefelsäure, reduziert es zu Oxydulsalz und bestimmt das Eisen durch Titration mit $^1/_{100}$ Normal-Permanganatlösung. Diese Eisenmenge möge als x bezeichnet werden.

Eine zweite Probe des Gaswassers, ebenfalls 500 ccm, dampft man auf dem Wasserbade zur Trockne ein, um alles Cyanammonium zu verjagen. Den Rückstand löst man in Wasser, filtriert und versetzt das Filtrat mit 10 ccm salzsaurer Eisenchloridlösung. Nach mehrstündigem Stehen wird der Blauniederschlag abfiltriert und darin das Eisen wie oben ausgeführt bestimmt. Die hierbei gefundene Menge sei y.

Der Ferrocyanammoniumgehalt im Liter des untersuchten Gaswassers ist dann $= 4{,}34 \cdot y$ und der Gehalt an Cyanammonium $= (x - y) \cdot 4{,}04$.

Zur Bestimmung des Ammoniumrhodanides im Gaswasser gibt Dyson folgende Methode an: 50 ccm Gaswasser werden auf dem Wasserbade zur Trockne gebracht und der Rückstand drei bis vier Stunden lang auf 100^0 erhitzt, um später einen weniger feinpulverigen Rhodanniederschlag zu geben. Den Trockenrückstand digeriert man dann mit reinem Alkohol, bringt ihn auf ein Filter und wäscht ihn mit Alkohol aus. Das alkoholische Filtrat wird zur Trockne eingedampft, mit Wasser aufgenommen und die organische Substanz abfiltriert. Auf diese Weise erhält man eine Rhodanammoniumlösung, welche fast gänzlich frei von anderen Ammoniumsalzen und von organischer Substanz ist. Sie wird mit Kupfersulfatlösung und schwefliger Säure versetzt, gelinde erwärmt und zum Absitzen hingestellt. Nach einiger Zeit filtriert man das ausgeschiedene Kupferrhodanür ab, wäscht es aus, spült es in einen Kolben und löst es in Salpetersäure. Die Lösung wird längere Zeit gekocht, mit Natronlauge neutralisiert und das Kupfer als Oxyd gewogen. Die Menge des letzteren ergibt mit $0,96 \times 20$ multipliziert den Rhodanammoniumgehalt pro 1 l des untersuchten Gaswassers.

Da das Kupferrhodanür nicht völlig unlöslich ist, so erhält man nach dieser Methode keine ganz einwandfreien Zahlen. Rhodanarme Gaswässer geben bei Anwendung kleiner Flüssigkeitsmengen überhaupt keinen Niederschlag.

Pfeiffer hat statt dessen ein kolorimetrisches Verfahren angegeben, das auf der Rhodaneisenreaktion beruht und selbst bei geringstem Rhodangehalt der Probe noch scharfe Resultate gibt.

Zur Ausführung desselben mischt man 10 ccm des Gaswassers mit 10 ccm einer Lösung von Eisenchlorid (6 prozentig) in Salzsäure (10 prozentig), filtriert das ausgeschiedene Berlinerblau ab, wäscht es gut aus und verdünnt das Filtrat und Waschwasser auf 500 ccm. 100 ccm der verdünnten, roten Lösung, die 2 ccm Gaswasser entsprechen, bringt man nun in einen dünnwandigen Glaszylinder von 3 cm Weite und ca. 22 cm Höhe. Einen zweiten, ganz gleichen Zylinder füllt man mit der entsprechenden Menge Wasser, der man 2 ccm der obigen Eisenchloridlösung zugesetzt hat, und fügt aus einer Bürette soviel einer $^1/_{100}$ Normal-Rhodanammoniumlösung zu, bis die Flüssigkeiten in beiden Zylindern gleich stark gefärbt sind. Zur Vergleichung stellt man die Zylinder auf eine weiße Unterlage nebeneinander und sieht von oben hindurch. Gegen Ende der Titration muß man nach jedem neuen Rhodanammoniumzusatz den Zylinderinhalt umgießen, um eine vollkommene Mischung zu erzielen. 1 ccm der Normallösung enthält $0,00076$ g NH_4CNS, die Anzahl der verbrauchten Kubikzentimeter gibt also mit $0,00076 \times 500 = 0,38$ multipliziert den Gehalt an Rhodanammonium im Liter des Gaswassers.

Die zu vergleichenden Lösungen dürfen im Interesse der Genauigkeit nicht zu intensiv gefärbt sein. Bei stark rhodanhaltigen Wässern muß man so weit verdünnen, bis Rosafärbung erreicht ist.

D) Die Gewinnung der Cyanverbindungen aus dem Gaswasser.

Wie im vorletzten Abschnitte gezeigt wurde, enthält das zur Verarbeitung auf Ammoniaksalze gelangende Gaswasser nur wenig Cyan- und Ferrocyanammonium, dessen Gesamtmenge man höchstens zu 1 g pro Liter veranschlagen kann, während das Rhodanammonium reichlicher vertreten ist. Aber auch dessen Vorkommen übersteigt selten 2 bis 3 g bei deutschen Wässern, englische enthalten dagegen manchmal nahezu das Zehnfache dieses Betrages.

Trotz dieser geringen Mengen hat man doch mehrfach versucht, sie in großem Maßstabe zu gewinnen, und es sind zu diesem Zwecke eine Anzahl von Methoden ausgearbeitet worden, von denen die wichtigsten hier mitgeteilt werden sollen, obgleich über praktische Resultate derselben nichts bekannt geworden ist. Sie beziehen sich meistens nur auf die Gewinnung der Rhodanverbindungen, doch hat bei einigen auch das Ferrocyanammonium Berücksichtigung gefunden.

Einer der ältesten Vorschläge rührt von Storck und Strobel[1] her, die sich viel mit der Anwendung der Rhodansalze in der Färberei beschäftigten, und ist im Jahre 1879 mitgeteilt worden. Danach säuert man das Gaswasser mit Salzsäure an und fällt den in Freiheit gesetzten Rhodanwasserstoff entweder mit Kupferchlorür oder mit einer Lösung von Kupferchlorid und Natriumbisulfit als Kupferrhodanür. Das letztere wandelt man durch Behandlung mit Baryumhydroxyd in Rhodanbaryum um, welches nach dem Filtrieren der Lösung durch Eindampfen in kristallinischer Form gewonnen wird und ohne weiteres Anwendung in der Färberei finden kann.

Für diese Art der Gewinnung trat Gasch[2] im Jahre 1886 sehr lebhaft ein und suchte an Hand von Zahlen deren Rentabilität nachzuweisen, doch befürwortete er die Herstellung des Calciumsalzes. Nafzger[3] wies zwar in einer Polemik gegen Gasch auf die Schwierigkeiten hin, welche diesem Verfahren im Wege stünden, aber auch Bunte[4] hielt die Methode für aussichtsreich, wollte sie jedoch auf die Abwässer der Ammoniakfabriken statt auf die eigentlichen Gaswässer angewandt wissen.

---

[1] Berichte der österr. Ges. zur Förderung der chem. Industrie 1879, 10.
[2] Journal für Gasbeleuchtung 1886, 550.
[3] Ebenda 694.
[4] Ebenda 1887, 1063.

Ungefähr zehn Jahre später entnahm B o w e r das D. R. P. Nr. 88052 und das englische Patent Nr. 361 vom Jahre 1896 auf ein ähnliches Verfahren. Nach diesem wird Gaswasser ebenfalls mit Kupferchlorür behandelt und liefert dabei einen Niederschlag, der aus Ferrocyankupfer und Kupferrhodanür besteht. Dieser Niederschlag wird ausgewaschen und mit metallischem Eisen in Berührung gebracht. Dann bilden sich Ferrocyaneisen und Rhodaneisen neben metallischem Kupfer. Die erzielten beiden Eisenverbindungen trennt man auf Grund ihrer verschiedenen Wasserlöslichkeit und verarbeitet jede für sich nach bekannten Methoden auf die entsprechenden Alkali- oder Erdalkalisalze.

Die auf die Behandlung des rohen Ammoniakwassers gegründeten Verfahren tragen von vornherein den Stempel der Unanwendbarkeit und zwar aus mehreren Gründen. Die Verarbeitung großer Wassermassen, welche einen so geringen Gehalt an den zu gewinnenden Substanzen wie im vorliegenden Falle besitzen, bietet bedeutende Schwierigkeiten. Hierzu tritt noch die Notwendigkeit, kostspielige Reagenzien, nämlich Kupfersalze entweder als Oxydulverbindungen oder in Gemeinschaft mit reduzierenden Substanzen anzuwenden, und obgleich das Kupfersalz im Laufe des Prozesses wiedergewonnen wird, sind doch zum Teil erhebliche Verluste unvermeidlich. Endlich verlangt das Verfahren, daß man in saurer Lösung arbeite, also das gesamte Ammoniak zuvor neutralisiere. Soll dann das Gaswasser nach der Entfernung des Rhodans auf Ammoniak verarbeitet werden, so muß man zuvor die Gesamtmenge der zur Neutralisation verwandten Säure an Kalk binden. Alle diese Aufwendungen geschehen, um die geringe, im Gaswasser enthaltene Menge Rhodanwasserstoff zu gewinnen, und es ist wohl zweifellos, daß man besonders bei den heutigen, sehr schlechten Preisen für Rhodansalze die in Rede stehenden Verfahren nur mit großen Verlusten ausüben kann.

Anders liegt die Sache, wenn man bei der Verarbeitung des Gaswassers cyanreiche Massen als Nebenprodukt erhält; da kann sich die Gewinnung der Cyanverbindungen schon eher lohnend gestalten. Nach der alten Methode der Salmiakfabrikation sättigt man z. B. das rohe Gaswasser mit Salzsäure, und dabei scheidet sich aus der Chlorammoniumlösung ein Schlamm aus, welcher ziemlich reich an Berlinerblau ist. Um diesen Schlamm zu verarbeiten, hat Donath[1])

---

[1]) Journal für Gasbeleuchtung 1901, 880

vorgeschlagen, ihn mit roher Salzsäure, in der sich das Berlinerblau löst, zu behandeln. Die Lösung wird filtriert und das reine Blau durch Zusatz von Wasser ausgefällt. Die Methode ist jedoch nur von lokaler Bedeutung.

Den Übergang zur Gewinnung der Cyanverbindungen aus den Destillationsabwässern der Ammoniak-Destillierkolonnen bildet ein Verfahren, das nach J o l y [1]) gelegentlich in Verbindung mit der früher vielfach üblichen Naßreinigung des Gases von Kohlendioxyd und Schwefelwasserstoff ausgeführt wurde. Man wusch das gekühlte Gas unter Anreicherung seines Ammoniakgehalts mit Gaswasser, das zuvor durch Erhitzen von Schwefelwasserstoff und Kohlensäure befreit worden war, und erzielte dadurch eine Absorption des Ammoniaks vorwiegend in Form von Karbonat, Bikarbonat und Sulfhydrat, so daß der Schwefelwasserstoff- und Kohlendioxydgehalt des Gases wesentlich vermindert wurde. Um nun dabei gleichzeitig die Waschwässer an Cyanverbindungen anzureichern, verwandte man die ohne Kalkzusatz destillierten Abläufe der Ammoniak-Destillierapparate mehrere Male zum Waschen des Gases und destillierte sie schließlich nach Zusatz von Kalkmilch oder Natronlauge, wodurch die Cyanverbindungen in Calcium- oder Natriumsalze übergeführt wurden. Die letzteren gewann man dann aus den Lösungen, doch hat J o l y nichts Genaueres über die dabei angewandte Methode mitgeteilt.

Einige der Schwierigkeiten, welche der Gewinnung von Cyanverbindungen direkt aus dem Gaswasser im Wege stehen, fallen weg, wenn man die Abwässer aus den Ammoniakwasser-Destillierkolonnen auf Cyanverbindungen verarbeitet. In diesen findet sich meistens nur Rhodancalcium, so daß man gewöhnlich auf Ferrocyansalze keine Rücksicht zu nehmen braucht.

Zur Gewinnung des Rhodans empfehlen P a r k e r und R o b i n s o n in dem englischen Patent Nr. 2383 vom Jahre 1890, die Wässer mit Kupfersulfatlösung zu mischen und mit Schwefeldioxyd zu behandeln. Das Kupfersalz wird dadurch zu Oxydulsalz reduziert und fällt das Rhodan als Kupferrhodanür. Dieses filtriert man ab, wäscht es aus und zerlegt es feucht unter Druck mit Kohlendioxyd oder Schwefelwasserstoff. Die abgeschiedene Rhodanwasserstoffsäure soll durch Elektrolyse in Cyanwasserstoff verwandelt werden, den man mit Alkalien absorbiert. Das Verfahren macht den Eindruck der Kompliziertheit und Unwahrscheinlichkeit bezüglich des Verlaufes der angegebenen Reaktionen und ist wohl kaum praktisch ausgeführt worden.

---

[1]) Journal für Gasbeleuchtung 1887, 1033.

Nach dem englischen Patent Nr. 11964 vom Jahre 1893 werden die Abwässer der Destillierkolonnen zunächst durch Einleiten von Kohlendioxyd von überschüssigem Calciumhydrat befreit und darauf das Rhodan mit Hilfe frisch gefällten Kupferoxyduls als Kupferrhodanür abgeschieden. Dieses wird abfiltriert, ausgewaschen und mit Alkalien in Kupferoxydul und Alkalirhodanid zerlegt. Die Lösung des letzteren dampft man ein und gewinnt das Rhodanid durch Kristallisation, das Kupferoxydul wird zum Fällen neuer Mengen von Rhodan benutzt.

In ähnlicher Weise arbeiten Lewis und Cripps nach ihrem englischen Patent Nr. 5184 vom Jahre 1896, doch berücksichtigen sie auch einen eventuellen Ferrocyangehalt des Abwassers. Sie versetzen das letztere mit schwefliger Säure und Eisenvitriollösung und gewinnen zunächst das ausgeschiedene Ferrocyaneisen. Darauf fügen sie Kupfersulfatlösung hinzu und fällen dadurch Rhodankupfer, das nach dem Auswaschen mit Ammonium- oder Alkalisulfhydrat in Schwefelkupfer und Rhodanammonium resp. Rhodanalkali umgewandelt wird.

Zur praktischen Ausführung ihrer Methode bedienen sie sich nach Mitteilungen von Lewis[1]) eines mit Koks gefüllten Skrubbers, welcher mit dem zu verarbeitenden Abwasser berieselt wird. Von unten treten Kohlendioxyd und Schwefeldioxyd, die man durch Verbrennen der Saturationsgase aus den Ammoniaksalzkästen erzeugt hat, in den Skrubber ein, neutralisieren das Abwasser und geben ihm den notwendigen Gehalt an schwefliger Säure. Nun wird es mit Eisenvitriollösung vermischt, wodurch Ferrocyaneisen ausfällt. Dieses wird abfiltriert, gewaschen und mit Alkalien in Ferrocyanalkalien verwandelt. Aus dem Filtrate fällt man schließlich durch Kupferzusatz Kupferrhodanür, läßt es absitzen und verarbeitet es nach dem Filtrieren und Waschen auf Rhodanammonium oder Rhodanalkali, indem man es mit den entsprechenden Sulfhydraten behandelt.

Von Interesse ist es, festzustellen, daß fast alle Methoden zur Gewinnung des Rhodans aus Gaswasser oder Abwasser englischen Ursprungs sind, dies findet seine Erklärung durch die schon erwähnte Notiz Lunges, nach welcher gerade englische Wässer vor anderen oft sehr reich an Rhodanammonium sind.

Die Ursache dafür ist wohl in dem hohen Schwefelgehalt der englischen Kohle und vornehmlich darin zu suchen, daß ein großer

---

[1]) Journal of Gaslighting 1897, 1049.

Teil dieses Schwefels als Schwefelkohlenstoff ins Gas geht. Führen doch Bloxam[1]) sowohl wie Lewis (l. c.) die starke Bildung des Rhodans auf seine Entstehung aus Schwefelkohlenstoff und Ammoniak zurück.

Aus diesem Grunde mögen die besprochenen Methoden in England manchmal mit Erfolg anwendbar sein, falls der unvermeidliche Kupferverlust nicht die Rentabilität in Frage stellt. Deutsche Gaswässer oder Abwässer der Destillierkolonnen auf Rhodanverbindungen zu verarbeiten, wird sich nie lohnen, da die darin vorkommenden Mengen Rhodan im allgemeinen viel zu gering sind.

E) Die Absorption des Cyanwasserstoffs in der trockenen Reinigung.

Das gekühlte und gewaschene Gas kann nicht ohne weiteres zur Beleuchtung und Heizung verwendet werden, da es noch ziemlich große Mengen von Schwefelverbindungen, besonders Schwefelwasserstoff, enthält, welche beim Verbrennen Schwefeldioxyd liefern würden. Um diese zu entfernen, unterwirft man das Gas der trockenen Reinigung.

In flachen, geschlossenen Eisenkästen wird gelöschter Kalk oder eine eisenoxydhydrathaltige Masse, schwach angefeuchtet, auf Holzhorden ausgebreitet und das Gas hindurchgeführt. Es gibt dann den Schwefelwasserstoff und bei Anwendung von Kalk auch einen Teil der organischen Schwefelverbindungen an die Reinigungsmasse ab und kann nunmehr als gebrauchsfertiges, reines Gas in den Behältern aufgespeichert werden.

Aber nicht allein der Schwefelwasserstoff wird bei der Trockenreinigung absorbiert, sondern die Masse, sei es Kalk oder Eisenhydrat, bindet auch stets einen Teil des Cyanwasserstoffs, und zwar viel mehr, als bei der Kühlung und Waschung vom Wasser absorbiert wird.

Die ausgebrauchten Reinigungsmassen stellen daher stets ein mehr oder weniger cyanreiches Produkt dar, dessen Verarbeitung auf Cyanverbindungen bei hohem Gehalt an letzteren wohl lohnend erscheint. Tatsächlich wurde bis zur Einführung der nassen Cyanabsorptionsverfahren, auf welche noch zurückzukommen ist, fast die gesamte Menge der Cyanverbindungen direkt oder indirekt aus Gasreinigungsmasse, und zwar 'ausgebrauchter Eisenoxydhydratmasse, erzeugt, und auch heute noch nimmt die Verarbeitung der letzteren einen breiten Raum in der Cyanidfabrikation ein.

---

[1]) Journal of Gaslighting 1896, 69.

a) Die Absorption mittels Kalkhydrat.

Die älteste Methode der Schwefelreinigung des Leuchtgases wurde von Samuel Clegg angegeben, als die Gasfabrikation sich noch in den ersten Stadien der Entwicklung befand, und bestand in der Waschung des Gases mit Kalkmilch. Philips[1]) ersetzte die Kalkmilch aber schon 1817 durch festes Kalkhydrat, welches zu kleinen Klumpen geballt und auf Horden ausgebreitet der Einwirkung des Gases ausgesetzt wurde. Diese Art der Reinigung erhielt sich in Deutschland ungefähr bis 1865 und ist in England heute noch sehr verbreitet.

Das Calciumhydrat absorbiert aus dem Gase zunächst Kohlendioxyd und bildet damit Calciumkarbonat, ferner nimmt es den Schwefelwasserstoff als Calciumsulfhydrat und bei lufthaltigem Gase auch als Calciumhyposulfit auf und bildet endlich mit dem Cyanwasserstoff Rhodancalcium neben geringen Mengen von Ferrocyancalcium, deren Entstehung durch den stets vorhandenen Eisengehalt des Kalks ermöglicht wird.

Nachdem eine gewisse Menge des Gases den Kalkreiniger passiert hat, ist der Kalk ausgebraucht und muß durch frische Masse ersetzt werden. Evans und Palmer haben zwar vorgeschlagen, den ausgebrauchten Kalk durch Behandeln mit Luft zum mehrmaligen Gebrauche tauglich zu machen, doch ist das Verfahren nicht in Aufnahme gekommen.

Über den quantitativen Verlauf der Absorption des Cyanwasserstoffs durch den Gaskalk liegen scheinbar keine Untersuchungen vor, doch nimmt sie, nach den Analysen des ausgebrauchten Produkts zu urteilen, keinen großen Umfang an.

Als Beispiel für die Zusammensetzung des ausgebrauchten Gaskalks sei eine Analyse mitgeteilt, die im Jahre 1904 von Mc Farlane[2]) an einem Muster englischen Ursprungs ausgeführt wurde. Dieses enthielt:

Calciumoxyd . . . . . 36,42 %
Kohlendioxyd . . . . . 27,32 »
Schwefel . . . . 3,76 »
Ammoniak . . . . . . 0,13 »
Cyan . . . . . . , . . 0,12 »

Das Cyan war in der Probe als Rhodancalcium und als Ferrocyancalcium vorhanden.

---

[1]) King's Treatise on Coal Gas, Vol. I, 390.
[2]) Journal of Gaslighting 1904, Vol. 88, 405.

Der Gaskalk enthält also nur wenig Cyan, wenn auch vielleicht das oben erwähnte Muster einen besonders geringen Gehalt daran gehabt haben mag. Trotzdem sind manche Versuche zur technischen Gewinnung dieser kleinen Mengen gemacht worden, und es ist historisch interessant, daß die ersten aus den Rückständen der Gasbereitung industriell erzeugten Cyanverbindungen aus Gaskalk dargestellt worden waren. Auf der Londoner Weltausstellung im Jahre 1862 stellte nämlich die Firma Gautier & Bouchard, Aubervilliers, Berlinerblau aus, welches, wie es in einem gleichzeitigen Berichte sehr naiv heißt, aus dem »schmutzigen Gaskalk« gewonnen worden war. Auch finden wir im Jahre 1878 ein allerdings recht verworrenes und kompliziertes Verfahren von Douglas zur Herstellung von Cyanverbindungen aus Gaskalk angegeben.

Nach Schueßlers amerikanischem Patent Nr. 277851 von 1883 wird ausgebrauchter Gaskalk in Wasser fein zerteilt und mit Kohlendioxyd behandelt zur Austreibung des Schwefelwasserstoffs. Darauf filtriert man und versetzt die Lösung mit Kaliumsulfatlösung, bis die Gesamtmenge des Kalks als Gips gefällt ist. Nun wird nochmals filtriert und das Filtrat eingedampft. Man gewinnt dann Rhodankalium, welches durch Umkristallisieren gereinigt werden kann.

Selbst in neuester Zeit hat man sich noch mit der Verarbeitung des Gaskalks auf Cyanverbindungen beschäftigt. Nach dem D. R. P. Nr. 145747 von Tscherniak aus dem Jahre 1903 laugt man ausgebrauchten Gaskalk mit Wasser aus und fällt den als Sulfhydrat gebundenen Kalk mittels Kohlendioxyd. Darauf wird filtriert und die Lösung durch Eindampfen konzentriert. Hierbei zerfällt das Calciumhyposulfit in Schwefel und Calciumsulfit. Man bringt nun das Ganze zur Trockne und löst aus dem Rückstand das Rhodancalcium durch Auslaugen mit kaltem Wasser. Die resultierende Lösung kann dann in üblicher Weise auf das gewünschte Rhodanid verarbeitet werden.

Über den technischen Wert dieser Methoden finden sich keine Angaben, doch ist das nebensächlich, weil sie so wie so nur lokale Bedeutung haben können. Die Verwendung von Kalk zur Gasreinigung ist auf dem europäischen Festlande fast allgemein verlassen worden und findet sich nur noch in England, weil man dort auf organische Schwefelverbindungen im Gase Rücksicht nehmen muß und diese sich am besten durch Trockenreinigung mit gebrauchtem Gaskalk entfernen lassen.

Auch sonst kann die Verarbeitung des Gaskalks in der bezeichneten Richtung keinen kommerziellen Erfolg haben, weil bei derselben ausschließlich Rhodansalze erzeugt werden, und diese einerseits wenig begehrt sind, anderseits aber bei der Verarbeitung der Eisenhydratmassen in so großeń Mengen als Nebenprodukt abfallen, daß dem Bedarfe vollauf genügt ist.

Aus diesen Gründen ist die industrielle Darstellung von Cyanverbindungen aus Gaskalk mindestens ebenso bedeutungslos wie die Verarbeitung des Gaswassers auf diese Produkte.

b) Absorption des Cyanwasserstoffs mittels eisenoxydhaltiger Massen.

Die Anwendung von Eisenverbindungen zum Reinigen des Leuchtgases wurde zuerst von Philips im Jahre 1835 empfohlen, und zwar sollte das Gas mit einer wäßrigen Suspension von Eisenoxyd gewaschen werden. Der Vorschlag fand jedoch keinen Beifall, und ähnlich erging es einem französischen Patent von Croll aus dem Jahre 1840, nach welchem Eisenoxyd oder andere Metalloxyde in trockener Form der Einwirkung des schwefelwasserstoffhaltigen Gases ausgesetzt und nach der Erschöpfung durch Glühen wieder zur Absorption tauglich gemacht werden sollten.

Erst Laming gelang es, in der nach ihm benannten Masse ein brauchbares Material zur Gasreinigung zu finden, und sein durch mehrere englische und französische Patente aus den Jahren 1847 bis 1849 geschütztes Verfahren bürgerte sich verhältnismäßig schnell auf den Gaswerken des Kontinents ein.

Nach d'Hurcourts[1]) Beschreibung stellte man die Lamingsche Masse folgendermaßen dar: 3 hl Eisenvitriol werden mit 2 hl gelöschten Kalks und 25 hl Lohe gemischt, gut mit Wasser durchfeuchtet und an der Luft zur Oxydation ausgebreitet. Nach eintägiger Lagerung hat das Gemisch eine braune Farbe angenommen und besteht aus Eisenoxydhydrat, Calciumsulfat und unverändertem Calciumhydrat neben dem Auflockerungsmittel. Die Masse wird nun auf Horden in den Reinigerkästen ausgebreitet und dient in diesem Zustande zur Reinigung des Gases von Schwefelwasserstoff, Kohlendioxyd und Ammoniak.

Die Absorption des Kohlendioxyds geschah durch das unverändert gebliebene Calciumhydrat unter Bildung von Calciumkarbonat.

---

[1]) D'Hurcourt, De l'éclairage au gaz, 311.

Das Calciumsulfat reagierte mit Kohlendioxyd und Ammoniak gleichzeitig nach folgender Gleichung:

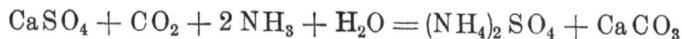

$$CaSO_4 + CO_2 + 2NH_3 + H_2O = (NH_4)_2SO_4 + CaCO_3$$

und zwischen dem Eisenoxydhydrat und dem Schwefelwasserstoff nahm man den Reaktionsverlauf an:

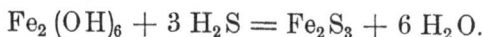

$$Fe_2(OH)_6 + 3H_2S = Fe_2S_3 + 6H_2O.$$

War die Masse mit Schwefelwasserstoff gesättigt, so wurde sie aus den Reinigern herausgenommen und an der Luft regeneriert. Man nahm an, daß sich dabei aus dem Anderthalbfach-Schwefeleisen zunächst ein Drittel des Schwefels unter Bildung von Einfachschwefeleisen ausscheide:

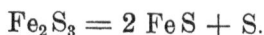

$$Fe_2S_3 = 2FeS + S.$$

Das Einfachschwefeleisen sollte dann durch den Sauerstoff der Luft in Eisenoxydulsulfat verwandelt werden:

$$FeS + 2O_2 = FeSO_4$$

und um dessen Zersetzung unter Hydratbildung sicher zu sein, fügte man der Masse von vornherein einen Kalküberschuß zu, der bei der Regeneration als Calciumkarbonat wirken sollte:

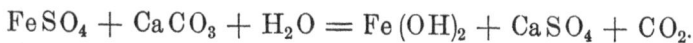

$$FeSO_4 + CaCO_3 + H_2O = Fe(OH)_2 + CaSO_4 + CO_2.$$

Dieser lange Zeit allgemein gültigen Anschauung über den Verlauf der Regeneration trat Schilling[1]) im Jahre 1867 entgegen und wies nach, daß sich Eisenoxydulsulfat nur spurenweise bilde und daß das Anderthalbfach-Schwefeleisen an der Luft auch für sich allein völlig in Eisenoxydhydrat übergehe und die Gesamtmenge seines Schwefels dabei in elementarer Form abscheide.

Auf Grund dieser Untersuchungen unterließ man den Zusatz gelöschten Kalks zur Reinigungsmasse und wandte das Eisenoxydhydrat für sich allein an. Um 1870 wurde dann durch Howitz natürliches Eisenerz in größerem Umfange zur Gasreinigung eingeführt, und dieses Material wird noch heute neben künstlich erzeugten, eisenhydrathaltigen Massen, Abfallprodukten der Bauxitverarbeitung o. dgl. in ausgedehntestem Maße auf den Gaswerken benutzt.

Mit der Absorption des Cyanwasserstoffs durch die eisenhaltigen Massen beschäftigte man sich anfangs natürlich nicht, obgleich schon

---

[1]) Journal für Gasbeleuchtung 1867, 331.

Hills, welcher, nebenbei bemerkt, Laming seine Prioritätsansprüche mit Erfolg streitig machte, in seinem englischen Patent vom 24. November 1849 ausdrücklich betonte, daß durch die Eisenreinigung aus dem Gase Schwefelwasserstoff, Ammoniak und Cyan entfernt werde. Man beachtete auch den Cyangehalt der ausgebrauchten Reinigungsmasse nicht, sondern verarbeitete diese nur auf Schwefel und Schwefelsäure.

Erst im Laufe der sechziger Jahre des vorigen Jahrhunderts begann man, Cyanverbindungen aus den Gasmassen darzustellen. So berichtet Pelouze[1]) 1867, daß die Pariser Gaswerke ihre ausgebrauchten Massen an Berlinerblaufabriken verkauften, zur gleichen Zeit nahm auch Kunheim-Berlin die Fabrikation von Cyanverbindungen aus Gasreinigungsmasse auf, und um 1884 beschäftigten sich nach Dupré[2]) schon zehn Fabriken mit der Masseverarbeitung. Heute gibt wohl jedes Gaswerk des Kontinents seine ausgebrauchten Gasmassen an chemische Fabriken zur Cyangewinnung ab und deckt mit dem Erlös zum mindesten die Reinigungskosten des Gases.

c) Die frische Gasreinigungsmasse.

Da der Reinigungsprozeß auf der Reaktion zwischen Eisenhydraten und Schwefelwasserstoff beruht, so ist der Hydratgehalt bei den Massen das wichtigste, und man kann daher nur solche Eisenerze verwenden, die sich aus kohlensauren oder quellsauren Wässern abgeschieden haben, also hauptsächlich Raseneisenerz, Wiesenerz, Sumpferz, Quellenocker und ähnliche alluviale Bildungen. Diese haben gleichzeitig den Vorteil, daß sie organische Substanzen, Wurzelwerk und Pflanzenreste enthalten, wodurch sie locker und porös werden. Neben diesen Naturprodukten verwendet man, wie schon erwähnt, auch eisenhydrathaltige Abfälle der Industrie, die jedoch meist viel dichter und feinkörniger sind als die erstgenannten, man muß sie daher zum Gebrauch stets mit Auflockerungsmitteln mischen, was bei den Erzen nicht immer nötig ist.

Die Gasreinigungsmassen natürlichen Ursprungs enthalten im allgemeinen:

Eisenoxyd und Eisenoxydhydrate,
Eisenoxydul und Hydrat,
Sand, Ton, Kalk, Phosphate und Pflanzenreste.

---

[1]) Journal für Gasbeleuchtung 362.
[2]) Ebenda 1884, 885.

Ihr Wert für die Schwefelwasserstoffabsorption richtet sich nicht nach dem Gehalte an Eisenoxyd, sondern nach dem Hydratgehalte. Das Hydrat läßt sich jedoch nicht bestimmen, weil organische Substanzen zugegen sind, daher kann die chemische Analyse der Erze nur zu ihrer Identifizierung, nicht zur Wertbestimmung dienen. Aus diesem Grunde soll von der Wiedergabe des Analysenganges hier abgesehen werden, zumal da derselbe nichts Typisches enthält, sondern mit dem Analysengang für andere Eisenerze übereinstimmt.

Um zu zeigen, welche Zusammensetzung die natürlichen Erze im allgemeinen besitzen, seien einige von Drehschmidt ausgeführte Analysen mitgeteilt:

Erz von	Gröditz bei Riesa %	Kalau %	Dauber-Bochum Jungfernerz %	Quellenocker aus Franzensbad %
Eisenoxyd	75,21	52,06	61,13	59,8
Eisenoxydul	—	—	—	0,8
Sand und Ton	7,01	14,16	nicht bestimmt	9,5
Organische Substanz und Hydratwasser	14,57	28,44	28,76	25,4
Ca O, P$_2$O$_3$ etc.	3,21	5,34	nicht bestimmt	—

Bessere Anhaltspunkte für die Bewertung gibt die direkte Schwefelung der Masse mit Schwefelwasserstoff. Nach Drehschmidt[1]) entwickelt man letzteren auf die übliche Weise in einem Kippschen Apparate und leitet ihn zunächst durch ein mit Eisenoxydhydrat beschicktes U-Rohr, um den Sauerstoff zu entfernen. Darauf trocknet man ihn mit glasiger Phosphorsäure und Chlorcalcium und führt ihn dann in die eigentlichen Absorptionsgefäße. Dies sind zwei untereinander verbundene Gastrockentürme, von denen der eine die abgewogene Masseprobe enthält, während sich in dem anderen glasige Phosphorsäure und Chlorcalcium befinden. Zur Füllung des ersten Turms gibt man die Masse durch ein Sieb von 1 mm Maschenweite, mischt 25 g der Probe mit 3 g Sägemehl und feuchtet das Ganze mit 5 bis 10 ccm Wasser an. Das Gemenge wird darauf in das Absorptionsgefäß gebracht, die zum Mischen verwendete Porzellanschale mit Filtrierpapier ausgewischt und das letztere ebenfalls in das Gefäß gegeben. Man verdrängt nun die Luft aus den

---

[1]) Post, Chemisch-technische Analyse, II. Aufl., II, 710.

Türmen durch Leuchtgas oder Kohlendioxyd, verschließt die Türme und tariert sie. Darauf leitet man Schwefelwasserstoff mit solcher Geschwindigkeit durch, daß man die Blasen in einer vorgelegten Waschflasche noch zählen kann. Ist die Probe ganz schwarz geworden und hat die Wärmeentwicklung nachgelassen, dann setzt man das Einleiten noch eine Stunde lang fort, verdrängt darauf den Schwefelwasserstoff wieder durch Leuchtgas oder Kohlendioxyd, verschließt die Absorptionsgefäße und wägt sie. Die Gewichtszunahme gibt den aufgenommenen Schwefel an. Durch Ausbreiten an der Luft und Anfeuchten kann man die Masse regenerieren und wiederholt ihren Absorptionswert in der vorbeschriebenen Weise bestimmen.

Eine gute Masse läßt sich zehn- bis zwölfmal regenerieren und enthält schließlich in der lufttrockenen Substanz bis zu 50 % Schwefel und mehr. Sie muß dann durch frische Masse ersetzt werden, weil sie zu viel toten Ballast besitzt und einen für ihren Reinigungswert unverhältnismäßig großen Raum in den Reinigern beansprucht.

d) Der Reinigungsprozeß.

Um die Eisenerze in einen für die Absorption geeigneten, physikalischen Zustand zu bringen, werden sie zweckmäßig zerkleinert und mit Sägemehl oder Koksasche vermischt, damit sie dem Gase einen möglichst geringen Widerstand und eine möglichst große Oberfläche bieten. Meist genügt es, ihnen ein Drittel ihres Volumens an dem Auflockerungsmittel zuzusetzen. Sie werden dann so weit mit Wasser angefeuchtet, daß sie sich beim Zusammendrücken noch nicht ballen, und in diesem Zustande in die Reiniger gebracht.

Diese Reiniger sind eiserne Kästen von rechteckigem Querschnitt, an deren oberem Rande sich eine ziemlich tiefe Wassertasse befindet, welche das Unterteil des ebenfalls kastenartigen Deckels aufnimmt und einen gasdichten Verschluß herbeiführt. Aus sicherheitstechnischen Gründen verzichtet man neuerdings vielfach auf den an sich sehr bequemen Wasserverschluß und dichtet den Deckel mittels einer Lage weichen Kautschuks trocken auf den Kastenrand.

In den Kasten baut man nun horizontale Holzroste ein und beschüttet sie mit der aufgelockerten Masse. Meist bringt man drei oder vier dieser Holzroste übereinander an und lagert die Masse in Schichten von 15 bis 30 cm Dicke, je nach der Zahl der Roste. Das schwefelwasserstoffhaltige Gas tritt von unten oder von oben, auch wohl von unten und oben oder in der Mitte ein, passiert die Masseschichten und verläßt den Reinigerkasten an der dem Eingang entgegengesetzten Seite. Da man zur besten Ausnutzung der Masse das Gegenstromprinzip, wenn der Ausdruck hier gestattet ist, innehalten muß, so werden stets mehrere Kästen hintereinander geschaltet, wobei der letzte natürlich die frischeste Masse enthält.

Während bei den bisher allgemein üblichen Reinigern das Gas in vertikaler Richtung die Masse durchstreicht, hat Jäger[1]) empfohlen, es horizontal durch die Masse zu führen und letztere durch Anwendung von Horden aus dreikantigen Stäben möglichst locker zu lagern. Bei dieser Konstruktion kann man weit mehr Masse einbringen als gewöhnlich, erzielt eine viel größere Angriffsfläche neben bedeutender Verminderung der Gasgeschwindigkeit und infolgedessen eine bessere Ausnutzung der Reiniger.

Die Einwirkung der Masse auf das Gas wird in einem gut geleiteten Betriebe durch stetes Prüfen des Gases mit Bleipapier überwacht. Sobald hinter dem letzten Reiniger Schwefelwasserstoff im Gase auftritt, schaltet man den ersten Kasten aus und stellt als letzten einen frisch beschickten Reiniger an. Den ausgeschalteten Kasten entleert man, bringt die Masse in den Regenerierraum und breitet sie in dünner Schicht an der Luft aus. Es beginnt dann sofort unter Schwefelabscheidung der Regenerationsprozeß, den man aber durch fleißiges Anfeuchten und Wenden der Masse in Schranken halten muß, weil sonst starke Erhitzung eintritt, welche leicht bis zur Entzündung fortschreiten kann, auf jeden Fall aber einen Teil der Cyanverbindungen vernichtet oder zum mindesten wertlos macht. Die regenerierte Masse wird wieder zum Reinigen des Gases verwendet, und zwar so lange, als ihr Gehalt an Eisenhydrat dies noch zweckmäßig erscheinen läßt.

Statt die beiden Vorgänge, Absorption des Schwefelwasserstoffs und Regeneration des Schwefeleisens, örtlich und zeitlich zu trennen, hat man in den letzten Jahren erfolgreiche Versuche ausgeführt, sie nebeneinander im Reiniger verlaufen zu lassen. Man mischt zu diesem Zwecke dem Gase vor seinem Eintritt in die Reinigerkästen eine geringe Menge Luft bei, meistens nicht über 2%, und erreicht dadurch, daß das im Reiniger entstehende Schwefeleisen zum größten Teile sogleich in Hydrat und Schwefel zerfällt und infolgedessen neue Mengen von Schwefelwasserstoff absorbieren kann. Bei sorgfältig geführtem Betriebe gelingt es mittels dieser Methode, die Lebensdauer der Masse auf das acht- bis zehnfache der gewöhn-

---

[1]) Journal für Gasbeleuchtung 1902, 261 a. a. O.

lichen zu verlängern, und es gibt Gaswerke, die von jeder Regenerierung der Masse absehen und letztere so lange in den Reinigern belassen, bis sie wegen des hohen Schwefelgehaltes nicht mehr mit Vorteil zu verwenden ist.

Die Einwirkung des Schwefelwasserstoffs auf das Eisenoxydhydrat, aus welchem die Reinigungsmasse vorwiegend besteht, kann theoretisch auf zweierlei Art erklärt werden. Zunächst läßt sich annehmen, daß nach der Gleichung:

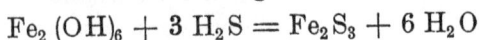

$$Fe_2(OH)_6 + 3 H_2S = Fe_2S_3 + 6 H_2O$$

Eisensesquisulfid entsteht, doch liegt es auch im Bereiche der Möglichkeit, daß erst eine Reduktion des Oxydhydrats zu Oxydulhydrat unter Schwefelabscheidung eintritt und darauf das Oxydulhydrat in Einfachschwefeleisen übergeht, entsprechend der Gleichung:

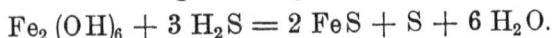

$$Fe_2(OH)_6 + 3 H_2S = 2 FeS + S + 6 H_2O.$$

Die ersten eingehenden Untersuchungen hierüber stammen aus dem Jahre 1869 und sind von Brescius[1]) ausgeführt worden. Dieser fällte eine Eisenchloridlösung mit Ammoniak und behandelte das ausgeschiedene Oxydhydrat in einem Rohre mit gasförmigem Schwefelwasserstoffe. In dem Reaktionsprodukt bestimmte er den Schwefel und fand etwas mehr, als der Theorie entspricht; dieser Überschuß erwies sich als löslich in Schwefelkohlenstoff und war daher elementar vorhanden. Brescius erklärte dessen Auftreten durch Gegenwart geringer Sauerstoffmengen und eine dadurch bedingte Regeneration bescheidenen Umfangs oder durch katalytische Wirkung der Eisenverbindungen; jedenfalls nahm er aber an, daß sich nur Eisensesquisulfid bei der Absorption bilde. Die gleiche Anschauung wird auch von Berzelius, Schilling, Graham-Otto, Gmelin-Kraut und Anderen vertreten.

Später wies dann Drehschmidt[2]) nach, daß nur bei der Einwirkung des Schwefelwasserstoffs als solchem Sesquisulfid entsteht. Wenn aber gleichzeitig Ammoniak, Alkalien oder alkalische Erden vorhanden sind, so bildet sich ausschließlich Einfachschwefeleisen unter Abscheidung von freiem Schwefel.

Die einschlägigen Versuche sind nun von Gedel[3]) in einer Arbeit aus dem Jahre 1905 wiederholt worden, und dieser gelangt auf Grund derselben zum entgegengesetzten Resultat. Seine Unter-

---

[1]) Journal für Gasbeleuchtung 1869, 62.
[2]) D. R. P. Nr. 88 614.
[3]) Journal für Gasbeleuchtung 1905, 400 ff.

suchungen erstreckten sich auf die Darstellung von Schwefeleisenverbindungen aus Eisen und Schwefel, aus Eisenchloridlösung und
Schwefelammonium und aus Eisenoxydhydrat und Schwefelwasserstoff. Die Resultate seiner Arbeit, soweit sie sich auf das vorliegende
Thema beziehen, faßt er in folgenden Sätzen zusammen:

»Schwefelwasserstoff wirkt auf Eisenoxydhydrat bei Gegenwart
von Salzsäure in der Weise ein, daß sich Einfachschwefeleisen,
Schwefel und Eisendisulfid bildet (Produkt a). Das Entstehen von
Eisendisulfid durch die sekundäre Reaktion (Fe S + S = Fe S$_2$) ist
der Wärmeentwicklung zuzuschreiben, die sich bei der Vereinigung
von Schwefelwasserstoff und Eisenoxydhydrat vollzieht.

Läßt man dagegen den Schwefelwasserstoff, ehe er zum Eisenoxydhydrate gelangt, geringe Mengen Ammoniak aufnehmen, so entsteht Eisensesquisulfid; unlösliches Eisen in Form von Eisendisulfid
findet sich nicht (Produkt b).

Setzt man Produkt a dem Einflusse der Luft aus, so ist nach
Beendigung der Oxydation das darin enthaltene Eisendisulfid unverändert. Das durch sekundäre Reaktion gebildete Eisendisulfid
oxydiert sich also nicht. Produkt b geht an der Luft vollständig
in Eisenoxyd (wohl Hydrat) über unter Abscheidung von Schwefel.

Bei den Oxydationsversuchen entstand stets, wenn auch in
geringem Maße, schwefelsaures Eisen. Die Bildung von Eisensulfat
wird von der Feuchtigkeit nicht beeinflußt, nimmt dagegen mit
steigender Temperatur zu.

Läßt man gleichzeitig mit Schwefelwasserstoff, der Spuren von
Salzsäure enthält, Luft in den Apparat eintreten, so übt die Luftbeimengung zum Schwefelwasserstoff keinen Einfluß auf die Eisendisulfidbildung aus.

Die Untersuchung von direkt dem Reiniger entnommener Gasreinigungsmasse zeigt, daß Eisensesquisulfid vorhanden ist, Einfachschwefeleisen und Eisendisulfid finden sich nicht.«

Aus diesen Untersuchungsresultaten zieht G e d e l für den Verlauf der Gasreinigung folgende Schlüsse:

»Die Einwirkung des Schwefelwasserstoffs auf die Reinigungsmasse erfolgt nach der Gleichung:

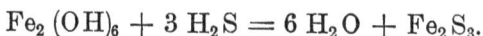

$$Fe_2 (OH)_6 + 3 H_2 S = 6 H_2 O + Fe_2 S_3.$$

Nach den mit Schwefelwasserstoff und Eisenoxydhydrat ausgeführten Versuchen könnte man annehmen, daß sich Schwefel,
Einfachschwefeleisen und Eisendisulfid bilde.

Daß nun die Reaktion tatsächlich nicht in diesem Sinne, sondern unter Bildung von Eisensesquisulfid, das durch Oxydation ohne weiteres in Eisenoxyd unter Schwefelabscheidung übergeht, verläuft, ist darauf zurückzuführen, daß das in den Reiniger eintretende Rohgas stets noch geringe Mengen Ammoniak enthält, die im Verein mit dem Schwefelwasserstoff dem Eisenoxydhydrat (?) gewissermaßen eine »Schwefelammoniumreaktion« erteilen.

Die vorgenommenen, zahlreichen Versuche lieferten den einwandfreien Beweis, daß eine gewisse alkalische Reaktion für die Bildung von Eisensesquisulfid notwendig ist. Fällt das Ammoniak weg, so tritt der saure Charakter des Schwefelwasserstoffs mehr in den Vordergrund, und man erhält bei dieser »Schwefelwasserstoffreaktion« stets Einfachschwefeleisen, Schwefel und von sekundärer Umsetzung herrührend Eisendisulfid.«

Es stehen sich heute also zwei Anschauungen über den Reaktionsverlauf zwischen Eisenoxydhydrat und Schwefelwasserstoff diametral gegenüber, nämlich diejenige Drehschmidts und diejenige Gedels. Für die Absorption des Cyanwasserstoffs im Reiniger ist nun dieser Reaktionsverlauf sehr wichtig, da von ihm der Umfang der Absorption abhängt. Aus diesem Grunde kann man auch mit vollem Recht aus der Cyanwasserstoffaufnahme einen Rückschluß auf die Reaktion zwischen Eisenoxydhydrat und Schwefelwasserstoff ziehen. Wir werden daher nochmal auf obige Streitfrage zurückkommen.

Über die bei der Regeneration der geschwefelten Masse entstehenden Substanzen gehen die Ansichten nicht auseinander. Nach den früher gegebenen Gleichungen bilden sich bei der Einwirkung von Luft und Wasser auf Eisensesquisulfid oder Einfachschwefeleisen stets Eisenoxydulhydrat und freier Schwefel. Erst infolge einer Sekundärreaktion geht das Oxydulhydrat in Oxydhydrat über, doch bleibt meistens ein Teil des Oxydulhydrats bei der Regeneration erhalten, so daß regenerierte Massen gewöhnlich reicher an Eisenoxydulhydrat sind als frische.

Die Absorptionsfähigkeit ungebrauchter Massen für Cyanwasserstoff ist sehr gering und nur bedingt durch die Anwesenheit kleiner Mengen von Eisenoxydulhydrat, denn Eisenoxydverbindungen reagieren mit Cyanwasserstoff allein überhaupt nicht. Es ist dies eine allgemein anerkannte Tatsache, welche überdies noch in einwandfreier Weise durch Leybold experimentell bestätigt wurde. Ein frisch beschickter Kasten nimmt daher anfangs aus dem Rohgase kaum Cyanwasserstoff auf, mit der Schwefelung steigt aber die Cyanabsorption und läßt erst wieder nach, wenn die Masse keinen Schwefelwasserstoff mehr absorbieren kann.

Regeneriert man nun die geschwefelte Masse, so bildet sich, wie schon erwähnt, Eisenoxydulhydrat, von dem ein Teil erhalten bleibt; infolgedessen absorbiert die regenerierte Masse viel lebhafter Cyanwasserstoff als bei dem erstmaligen Gebrauch.

Dies geht sehr deutlich aus Versuchen hervor, welche Buhe[1]) im Jahre 1868 veröffentlichte. Er fällte eine Eisenvitriollösung mit Ammoniak, mischte den Niederschlag mit Sägemehl und oxydierte ihn an der Luft. Das Produkt hatte dann folgende Zusammensetzung:

$$\begin{array}{ll} \text{Eisenoxydulhydrat} \ . \ . \ . & 20{,}71\,\% \\ \text{Eisenoxydhydrat} \ . \ . \ . \ . & 37{,}13\,» \\ \text{Sägemehl} \ . \ . \ . \ . \ . \ . & 42{,}16\,» \end{array}$$

Man sieht daraus schon, daß bei der Oxydation nicht die ganze Menge des Oxydulhydrats in Oxydhydrat übergeht, sondern ein wesentlicher Anteil sich dem Einflusse der Luft entzieht.

Die Masse wurde nun der Einwirkung rohen Leuchtgases ausgesetzt, nach der Schwefelung regeneriert und mehrmals in dieser Weise behandelt. Die verschiedenen Stadien der Cyanabsorption sind aus folgender Tabelle ersichtlich:

Substanz	ursprünglich %	einmal gebraucht %	viermal gebraucht %	achtmal gebraucht %
Ammoniumsulfat. . . .	—	0,20	1,52	0,77
Ferrocyanammonium und Cyanammonium . . .	—	1,00	3,00	4,40
Rhodanammonium . . .	—	4,69	7,82	14,08
Eisenoxydhydrat. . . .	37,13	16,96	6,51	1,17
Eisenoxydulhydrat . . .	20,71	24,86	20,39	15,65
Berlinerblau	—	5,93	7,84	11,12
Schwefel.	—	15,24	28,20	33,50
Sägemehl, Teer etc. . .	42,16	31,12	24,72	19,31

Aus den Zahlen ergibt sich deutlich das stete Ansteigen des Oxydulgehaltes mit der wiederholten Regeneration und gleichzeitig damit ein Fallen des Oxydgehaltes. Ebenso steigt mit jeder Regeneration die Menge der absorbierten Cyanverbindungen sowohl

---

[1]) Journal für Gasbeleuchtung 1868, 250.

absolut als auch im Verhältnis zum Gehalt der Masse an Eisenoxyd-
und Oxydulverbindungen, und es leuchtet ohne weiteres ein, daß
dies nur durch die gesteigerte Bildung von Eisenoxydulhydrat zu
erklären ist. Buhe betont das in richtiger Erkenntnis der Tat-
sachen ebenfalls und meint dazu, daß der Wirkungsgrad der Massen
falle, weil »leider« Cyanwasserstoff absorbiert werde, den man ruhig
im Gase belassen könne. Heute ist man über den Wert dieses Vorgangs entgegengesetzter Ansicht und sucht die Absorption des Cyanwasserstoffs zu befördern, um einerseits verarbeitungswürdige Massen
zu erhalten und andererseits ein möglichst cyanfreies Gas zu erzielen,
da man den Cyanwasserstoff keineswegs mehr als harmlos ansieht.

Buhe nahm übrigens an, daß das Eisenoxydulhydrat nicht als
solches, sondern in Form von Eisenoxyduloxyd Fe_3O_4 in der Masse
enthalten sei, sofern das noch vorhandene Eisenoxyd hierzu der
Menge nach genüge. Das ist aber nicht der Fall, weil Eisenoxyduloxyd sich nur bei höherer Temperatur bildet.

Geht aus Buhes Versuchen hervor, welche Rolle das prä-
existierende Eisenoxydulhydrat spielt, so zeigen Leybolds schon
mehrfach zitierte Untersuchungen, wie der Schwefelwasserstoff bei
der Cyanabsorption beteiligt ist. Während frische Masse überhaupt
keinen Cyanwasserstoff aufnahm, konnte Leybold eine ziemlich
lebhafte Absorption konstatieren, sobald die Masse vorher mit
Schwefelwasserstoff gesättigt war. Da nun Eisensesquisulfid nicht
imstande ist, mit Cyanwasserstoff zu reagieren, so muß bei der
Schwefelung eine Reduktion eintreten. Leybold glaubte nun, daß
diese Reduktion bei längerer Dauer einen großen Umfang annehme,
und empfahl daher, die Massen zur Anreicherung ihres Cyangehaltes
recht lange im ersten Kasten zu belassen. Dahinzielende Versuche
haben aber stets gezeigt, daß die Reduktion unter normalen Verhältnissen eng begrenzt ist, und daher erscheint Leybolds Vorschlag aussichtslos.

Es ergibt sich jedoch aus seinen Versuchen deutlich, daß im
Reiniger nicht ausschließlich Eisensesquisulfid entsteht, sondern daß
stets gewisse Mengen von Einfachschwefeleisen gebildet werden,
andernfalls könnte überhaupt keine Cyanwasserstoffabsorption statt-
finden. Die Erklärung hierfür findet man aber nur, wenn man mit
Drehschmidt annimmt, daß Schwefelwasserstoff für sich Eisenoxydhydrat in Eisensesquisulfid überführe und daß nur bei Gegenwart von Ammoniak (oder von anderen starken Basen) Einfachschwefeleisen entstehe, und zwar im Verhältnis zu der Menge des

anwesenden Ammoniaks. Denn dann muß sich im Reiniger vorwiegend Sesquisulfid bilden, das für die Cyanabsorption wertlos ist;
das stets, wenn auch nur in geringen Mengen vorhandene Ammoniak
bewirkt nun in kleinem Umfange die Bildung von Einfachschwefeleisen, und dieses geht mit dem Cyanwasserstoff in Cyaneisen über.
Hierdurch erklärt es sich auch, daß Gedel in Reinigungsmasse,
welche direkt dem Kasten entnommen war, kein Einfachschwefeleisen nachweisen konnte, denn dieses war sogleich nach seiner Bildung in Cyaneisen verwandelt worden.

Die Cyanwasserstoffabsorption wird durch Gegenwart von Ammoniak im Verhältnis zu dessen Menge befördert, es muß also auch
im gleichen Maße die Reduktion von Eisenoxydhydrat an Umfang
zunehmen. Es kann sich daher bei der Einwirkung von Schwefelwasserstoff auf Eisenoxydhydrat kaum um eine »Schwefelammoniumreaktion« oder »Schwefelwasserstoffreaktion« handeln, sondern die
Prozesse verlaufen offenbar nach bestimmten Mengenverhältnissen
auch in bezug auf das anwesende Ammoniak.

Wie schon Buhes Versuche zeigen, geht bei der Absorption
des Cyanwasserstoffs stets ein Teil in Rhodan über, der je nach
den in der Reinigung herrschenden Bedingungen schwankt. Die
Ursache dieser Rhodanbildung wird von Vielen in der Anwesenheit
von Ammoniak im Gase gesucht und daher empfohlen, das Gas
vor der Trockenreinigung möglichst von Ammoniak zu befreien,
denn das Hauptgewicht muß ja auf die Erzeugung von Cyaneisen
gelegt werden, da Rhodanverbindungen fast wertlos sind. Vornehmlich Leybold und Knublauch betonen, daß die Rhodanbildung
im Reiniger unter dem Einflusse des Ammoniaks stattfinde, und
der Letztere[1] führt zum Beweise dessen folgende Analysenresultate
von Gasmassen an: (Siehe Tabelle nächste Seite.)

Bei den extremen Fällen, z. B. Nr 1, 9 und 10, könnte man
wohl einen schädlichen Einfluß des Ammoniaks herauskonstruieren,
im allgemeinen beweist die Zusammenstellung aber nicht, was
Knublauch damit beweisen will. Man braucht nur die Muster mit
ähnlichem Ammoniakgehalt zu vergleichen, z. B. Nr. 2, 3, 6 und 8,
um zu erkennen, daß eine Gesetzmäßigkeit in der gedachten Beziehung nicht vorliegt. Dies wird auch durch eine Mitteilung der
Firma Kunheim & Co., Berlin[2]), bestätigt, worin auf Grund der

---

[1] Journal für Gasbeleuchtung 1895, 753 und 769.
[2] Ebenda 1903, 81.

Lfd. Nr.	Die Masse enthielt in Prozenten der trockenen Substanz							$\%$ K_4 Fe $(CN)_6$ wenn alles Rhodan in Ferrocyan umgerechnet wird		$\%$ Cyan in der Masse als	
	Berliner- blau	K_4 Fe $(CN)_6$	HCNS	H_2SO_4	NH_3	lösliche Salze	S	mehr	in Summa	Ferro- cyan	Rhodan
1	14,06	20,74	0,068	1,735	0,596	3,24	41,15	0,08	20,82	99,6	0,4
2	13,61	20,07	1,29	6,16	2,66	12,00	36,10	1,54	21,61	92,9	7,1
3	13,56	20,00	0,44	6,83	2,62	13,62	30,27	0,53	20,53	97,4	2,6
4	11,85	17,48	2,63	2,15	1,54	7,50	38,35	3,14	20,62	84,8	15,2
5	10,58	15,57	3,27	2,70	1,56	9,50	35,37	3,90	19,47	80,0	20,0
6	10 33	15,23	4,20	3,51	2,55	12,00	30,15	5,02	20,25	75,2	24,8
7	9,06	13,36	4,41	4,50	3,26	14,70	33,57	5,27	18,63	71,7	28,3
8	8,57	12,64	6,96	2,11	2,48	13,50	28,38	8,32	20,96	60,3	39,7
9	8,10	11,93	6,15	10,80	5,51	22,79	32,10	7,34	19,27	61,9	38,1
10	3,38	4,98	13,75	5,38	5,49	28,31	32,30	16,42	21,40	23,3	76,7

Analysen von weit über tausend Gasreinigungsmassen angegeben ist, daß erfahrungsgemäß ammoniakreiche Massen durchaus nicht immer reich an Rhodanverbindungen sind.

Der eigentliche Grund der Rhodanbildung scheint vielmehr im Zusammenwirken von Sauerstoff und Ammoniak bei der Absorption des Cyanwasserstoffs zu liegen, und der Vorgang ist vielleicht so zu erklären, daß durch stellenweise Regeneration lokale Erhitzungen der Masse eintreten, die unter Mitwirkung der Masse als Kontaktsubstanz die Vereinigung von Schwefelammonium und Cyanwasserstoff zu Rhodanammonium herbeiführen. Ein Beweis für den schädlichen Einfluß der Luft ist in der Tatsache zu erblicken, daß bei der Trockenreinigung unter gleichzeitiger Regeneration im Kasten, also unter Luftzusatz zum Rohgase gewöhnlich Massen gewonnen werden, welche neben wenig Cyaneisen viel Rhodanammonium enthalten.

Nach Burschells Versuchen[1] wird auch bei der Regeneration viel Rhodan gebildet, wenn Ammoniak zugegen ist und die Masse sich zu hoch erhitzt, dies spricht ebenfalls für obige Erklärung. Burschell empfiehlt, zur Verhütung der Rhodanbildung die Massen nach dem Ausbringen aus dem Kasten sogleich zu sieben, um anhängendes Ammoniak möglichst schnell zu entfernen. Dann sollen die Massen reichlich genäßt und in flacher Schicht regeneriert werden. Der Vorschlag hat vielfach Anklang gefunden, und Burschells Regenerationsmethode wird noch heute in manchen Gaswerken mit Erfolg angewandt.

---

[1] Journal für Gasbeleuchtung 1893, 7.

Die schon mitgeteilten Versuche B u h e s zeigten das Verhalten frischer und regenerierter Masse, hergestellt aus Eisenvitriol; da heute aber vorwiegend natürliche Eisenhydrate angewandt werden und ferner nur Versuche im großen betriebsmäßige Resultate ergeben, so sollen hier noch Analysen einer Masse der Berliner städtischen Gaswerke[1]) angeführt werden, die mehrmals zur Reinigung des Gases verwendet worden war:

Wie vielmal gebraucht?	3 mal %$_0$	6 mal %$_0$	9 mal %$_0$	11 mal %$_0$
Schwefel	32,40	41,01	44,41	47,32
Eisenoxyd	21,10	18,85	12,26	9,22
Eisenoxydul	6,36	5,39	3,63	4,44
Ferrocyan	7,88	9,29	12,39	13,37
Ammonium	0,46	0,40	0,57	0,59
Ammoniumsulfat.	1,86	2,12	2,30	2,43
Ammoniumrhodanid	0,27	0,15	0,10	0,09
Sand und Ton	8,16	4,63	3,77	3,55
Kalk, Alkalien etc.	2,01	1,92	1,46	1,50
Schwefelsäure an Kalk gebunden .	0,32	0,34	0,33	0,30
Holz und Hydratwasser	19,18	18,90	18,78	17,19

Wir sehen auch hier ein Ansteigen des Oxydulgehalts der Masse auf Kosten des Oxydes und Hand in Hand damit ein Steigen des Ferrocyangehaltes. Von einer Beziehung zwischen der Rhodanbildung und dem Ammoniakgehalte im Sinne K n u b l a u c h s ist dagegen nichts zu merken, im Gegenteil! Der Gehalt der Masse an Ammoniumsalzen steigt mit jedem erneuten Gebrauche der Masse, während der Rhodangehalt stetig zurückgeht. Es erscheint das besonders darum so interessant, weil die einzelnen Proben sich ohne weiters vergleichen lassen. Sie rühren alle von der gleichen Masse her, wogegen die von K n u b l a u c h mitgeteilten Analysen sich auf verschiedene Lieferungen beziehen.

Obgleich das rohe Gas mit hinreichenden Mengen Reinigungsmasse in Berührung kommt und diese Masse, sofern sie schon regeneriert war, genügend Eisenoxydulhydrat enthält, um allen Cyanwasserstoff zu binden, wird doch nicht die Gesamtmenge des letzteren aus dem Gase entfernt. L e y b o l d fand bei seinen mehrfach erwähnten Untersuchungen, daß in der Trockenreinigung 56,15 bis 71,45% des ursprünglich vorhandenen Cyanwasserstoffs absorbiert

---

[1]) Nach Muspratts Handbuch.

wurden, während 15,50 bis 19,55% im Gase blieben; nach Nauß
wurden in der Reinigung 62,9% zurückgehalten und nur 6,3%
blieben im Gase. Diese unvollständige Absorption rührt wohl daher,
daß hier eine Reaktion zwischen einem gasförmigen und einem
festen Körper vorliegt; die Mischung beider ist nicht innig genug,
als daß alle Cyanwasserstoffmoleküle mit Eisenoxydulhydrat in Berührung kommen könnten, zumal das letztere nur einen Bruchteil
der Masse ausmacht.

Faßt man das über den Reinigungsprozeß Gesagte kurz zusammen, so ergibt sich folgendes:

Die Aufnahme des Schwefelwasserstoffs durch das Eisenoxydhydrat der Masse geht zum größten Teil unter Bildung von Eisensesquisulfid vor sich.

Ein Teil des Eisenoxydhydrats wird durch Schwefelwasserstoff
unter Mitwirkung von Ammoniak reduziert, so daß neben freiem
Schwefel Einfachschwefeleisen entsteht. Der Umfang dieser Reduktion
steigt mit der Menge des vorhandenen Ammoniaks.

Der Cyanwasserstoff des Gases wird durch eisenoxydulfreie
Massen nicht absorbiert. Die Aufnahme beginnt erst, nachdem die
Reduktion des Oxydhydrates durch Schwefelwasserstoff und Ammoniak
eingesetzt hat.

Regenerierte Massen absorbieren an sich schon Cyanwasserstoff,
weil sich bei der Regeneration Eisenoxydulhydrat bildet, das nicht
vollständig in Oxydhydrat übergeführt wird.

Die Massen enthalten das Cyan in Form von Eisencyanverbindungen und als Rhodanammonium.

Die Bildung von Rhodan im Reiniger erfolgt durch Absorption
des Cyanwasserstoffs bei Gegenwart von Sauerstoff und Ammoniak,
daher entsteht bei der Gasreinigung unter Luftzusatz zum Rohgase
mehr Rhodan, als wenn der Luftzusatz fehlt. Ferner bilden sich
bei der Regeneration der Masse Rhodanverbindungen, wenn die Masse
reich an freiem Ammoniak ist und sich beim Regenerieren stark erhitzt.

Vom Gesamtcyanwasserstoff des Rohgases werden in der Reinigung 50 bis 70% absorbiert, im gereinigten Gase bleiben noch 10
bis 20%.

e) Die ausgebrauchte Reinigungsmasse.

Durch den häufigen Gebrauch reichert sich die Masse allmählich
mehr und mehr an Schwefel und Cyanverbindungen an, wie wir an
dem Muster der städtischen Gaswerke Berlins sehen, und wird

schließlich so arm an wirksamen Eisenoxydverbindungen, daß ihre
Verwendung zur Reinigung des Gases nicht mehr lohnend erscheint.
Man entfernt sie daher aus dem Betriebe und gibt sie an chemische
Fabriken zur Verarbeitung auf Cyanverbindungen ab.

Die ausgebrauchte Masse stellt eine schmutziggrüne, leicht zerreibliche Substanz von intensivem Geruch nach Ammoniak, aromati-
schen Kohlenwasserstoffen und organischen Schwefelverbindungen
dar und neigt stark zur Selbstentzündung, weshalb Lagervorräte
gut überwacht werden müssen. Infolge ihres Gehaltes an wertvollen,
löslichen Ammoniumsalzen darf man sie nicht dem Regen aussetzen
und bringt sie am besten in wasserdichten Schuppen unter, deren
Boden für Flüssigkeiten undurchlässig, geneigt und mit Rinnen versehen ist, die zu einer Sammelgrube führen, damit Verluste durch
etwa ablaufende Salzlösung vermieden werden.

Die Zusammensetzung der Massen hängt sowohl von der Natur
der ursprünglichen Masse als auch von der Art der Reinigung und
der Häufigkeit des Gebrauchs ab; als Beispiele mögen die in der
folgenden Tabelle zusammengestellten Analysenresultate dienen, welche
der Literatur entnommen sind:

Bezeichnung der Masse	Wasser %	Schwefel %	Berliner-blau %	Rhodan-ammonium %	Ammoniak %	Analytiker
Alte Luxmasse . . .	26,52	29,95	2,27	3,78	1,66	Leybold
Daubermasse	24,72	27,82	2,70	8,06	2,82	»
»	29,84	29,58	4,86	7,19	1,01	»
Schröder u.Stadelmann	16,48	28,48	4,26	6,58	2,84	»
Mattonimasse. . . .	26,36	28,26	5,40	2,41	0,41	»
Gutes Rasenerz . . .	26,00	25,04	10,32	2,24	0,38	»
Deikemasse		44,84	5,89			Schilling
Daubermasse	luft-	42,02	7,03	nicht	nicht	»
Mattonimasse . . .	trocken	46,62	4,87	bestimmt	bestimmt	»
Luxmasse		53,69	7,29			»

Danach steigt also der Gehalt lufttrockener Massen an Berlinerblau bis zu 14%, der an Rhodanammonium bis zu 10%, er schwankt
jedoch innerhalb sehr weiter Grenzen, und man ist im allgemeinen
recht zufrieden, wenn man Massen mit 11 bis 12% Berlinerblau
gewinnt. Salm[1]) hat darauf hingewiesen, daß man bei der Reini-

---

[1]) Journal für Gasbeleuchtung 1900, 751.

gung ammoniakreichen Gases (im Gegensatz zu Knublauchs Angaben) an Berlinerblau viel reichere Massen erhalte, und führte aus,
daß in dem von ihm geleiteten Betriebe Massen mit 22 % Blau keine
Seltenheit seien; das sind aber Ausnahmefälle, welche im allgemeinen
in Gaswerken nicht vorkommen. Wird das Gas gar unter Luftzusatz
gereinigt, so sind die ausgebrauchten Massen noch viel ärmer an
Cyaneisen, worauf u. a. auch Drehschmidt[1]) hingewiesen hat.

Es ist mehrfach versucht worden, den Cyangehalt der Massen
durch eine besondere Präparation zur Steigerung der Absorptionsfähigkeit zu erhöhen, und einige der darauf bezüglichen Vorschläge
mögen hier Platz finden.

Nach de Vignes D. R. P. Nr. 27297 wird an Stelle von Rasenerz zum Reinigen des Gases ein Gemisch von Eisenfeilspänen oder
Eisenoxydulsalzen mit Schwefel, Phosphor oder Selen und Hydraten
oder Karbonaten der Alkali- oder Erdalkalimetalle, speziell mit kri-
stallisiertem Natriumkarbonat angewendet. Wozu dabei Schwefel,
Phosphor und Selen dienen sollen, leuchtet nicht ohne weiteres ein,
wogegen der Zusatz basischer Substanzen nach früher Gesagtem
wohl die Absorption des Cyanwasserstoffs befördern wird.

Viel klarer ist dieser Gedanke von Drehschmidt in dem
D. R. P. Nr. 88614 ausgedrückt worden, nach welchem ein Gemisch
von Eisenoxyd mit Erdalkalikarbonaten, speziell mit Magnesiumkarbonat zum Reinigen des Gases dient. Der Effekt beruht dabei
auf der schon erwähnten, von dem Patentnehmer entdeckten Reaktion, daß Eisenoxydhydrat von Schwefelwasserstoff bei Gegenwart
starker Basen reduziert und in Einfachschwefeleisen umgewandelt
wird, welches Cyanwasserstoff sehr lebhaft absorbiert.

Zur Herstellung der Massen fällt man Eisensalzlösungen mit
Magnesiamilch, Kalkmilch o. dgl. und erzielt dadurch eine sehr innige
Mischung der Komponenten. Um von vornherein sehr oxydulreiche
Massen darzustellen und die Abscheidung freien Schwefels möglichst
hintanzuhalten, werden zweckmäßig Eisenoxydulsalzlösungen zur
Fällung verwendet.

Man leitet das cyanwasserstoffhaltige Gas so lange durch die
basische Masse, bis kein Cyanwasserstoff mehr aufgenommen wird.
Die ausgebrauchte Masse darf jedoch nicht regeneriert werden, weil
sonst viel Rhodan entsteht. Sie verläßt schon nach einmaligem Gebrauche den Betrieb und wird auf Cyanverbindungen verarbeitet.

---

[1]) Journal für Gasbeleuchtung 1901, 758.

Die Verfahren zur Absorption des Cyanwasserstoffs auf trockenem Wege haben heute kein technisches Interesse mehr; falls man sich nicht auf die übliche Reinigung mit Rasenerz o. dgl. beschränken will und auf die Gewinnung des Cyanwasserstoffs im besonderen hinarbeitet, empfiehlt es sich stets, eines der noch zu besprechenden, nassen Verfahren anzuwenden, die einfach auszuführen sind und viel bessere Resultate geben.

f) Die Analyse der ausgebrauchten Gasreinigungsmasse.

Bei einer Substanz, welche so große Schwankungen ihres Gehalts an dem wertvollsten Bestandteile aufweist, wie die ausgebrauchte Gasreinigungsmasse, ist es sehr wichtig, gute Bestimmungsmethoden zu besitzen, um Differenzen beim Verkaufe vermeiden zu können und zu wissen, welche Ausbeuten man bei der Verarbeitung erwarten darf. Aus diesem Grunde hat man der Bestimmung des Berlinerblaus in den Massen von jeher Interesse entgegengebracht und eine verhältnismäßig große Zahl von Methoden ausgearbeitet. Die Reinigungsmasse ist aber ein kompliziert zusammengesetzter Körper und setzt der Analyse viele Schwierigkeiten entgegen, infolgedessen ist es sehr schwer, ein Verfahren zu finden, das unter allen Umständen völlig einwandfreie Resultate ergibt. Immerhin besitzen wir aber einige Methoden, welche für die meisten Fälle brauchbare Zahlen liefern, doch pflegt man sich bei Abschlüssen gewöhnlich noch dadurch vor etwaigen Mißverständnissen zu schützen, daß man für die Wertbestimmung der Massen den Analysengang genau vorschreibt.

Es liegt nicht im Rahmen dieser Arbeit, alle bisher gemachten Vorschläge zur Bestimmung des Berlinerblaus im einzelnen zu behandeln, doch sollen die meisten derselben eine wenn auch kurze Erwähnung finden. Eine eingehende Besprechung können aber nur die heute üblichen, allgemein als zuverlässig anerkannten Methoden beanspruchen.

Das älteste Verfahren zur Ferrocyanbestimmung stammt von Zulkowsky[1] und war ursprünglich für die Analyse von Blutlaugenschmelze bestimmt, es wurde später jedoch auch auf Reinigungsmasse angewendet. Es besteht darin, daß man die Masse mit Kalilauge extrahiert, das alkalische Filtrat mit Schwefelsäure ansäuert und darauf mit einer auf reines Blutlaugensalz empirisch eingestellten, sauren Zinksulfatlösung titriert. Das Ende der Reaktion erkennt

---

[1] Dinglers Polyt. Journal 249 (1883), 168.

man durch Tüpfeln mit Eisenchloridlösung. Da aber Ferrocyanzink
sich mit Eisenchlorid unter Berlinerblaubildung umsetzt, hat Gasch[1])
empfohlen, an Stelle des Eisenchlorids Uranylacetat zum Tüpfeln
zu verwenden.

Leschhorn[2]) und Zaloziecki[3]) schlagen ebenfalls die Bestimmung mit Zink vor, sie arbeiten jedoch in alkalischen Lösungen
und ihre Methoden, besonders die des Erstgenannten, erscheinen
recht kompliziert, ohne dafür zuverlässiger zu sein.

Nach Leybold und Moldenhauer[4]) wird die Reinigungsmasse in der Wärme mit Kalilauge behandelt, die Lösung stark eingeengt, mit Schwefelsäure angesäuert, abgeraucht und der Rückstand
geglüht. Das Eisenoxyd nimmt man darauf mit Schwefelsäure auf,
reduziert unter Zusatz von etwas Kupfersulfatlösung mit metallischem
Zink zu Eisenoxydulsalz und titriert dies in der üblichen Weise mit
Kaliumpermanganatlösung. Die Methode ist eine Modifikation der
von de Haën für Blutlaugensalz vorgeschlagenen.

Ein ähnliches Verfahren zur Bestimmung von Ferrocyan hat
de Koningh[5]) angegeben. Danach wird der alkalische Auszug
der Masse nach der Filtration zur Trockne gebracht und mit Salpeter und Soda geschmolzen. Die Schmelze nimmt man mit Salzsäure auf, fällt aus der Lösung das Eisen mit Ammoniak und bestimmt es gewichtsanalytisch.

Auch Donath und Margosches[6]) wollen das Ferrocyan durch
Wägung oder Titration des Eisens bestimmen. Sie dampfen aber
den alkalischen Auszug der Massen nicht ein, sondern fällen das
Eisen durch bromierte Natronlauge. Der filtrierte und gewaschene
Niederschlag wird darauf wie der Trockenrückstand bei Leybold
und Moldenhauer oder bei de Koningh behandelt.

Endlich haben noch Bernheimer und Schiff[7]) sowie
Schwarz[8]) versucht, den Berlinerblaugehalt der Massen durch Bestimmung des Eisens zu ermitteln. Alle diese Vorschläge leiden
jedoch an einem gemeinsamen Fehler. Es wird dabei nämlich

---

[1]) Journal für Gasbeleuchtung 1889, 968.
[2]) Ebenda 1888, 878.
[3]) Ebenda 1890, 446.
[4]) Journal für Gasbeleuchtung 1889, 155.
[5]) Zeitschrift für angewandte Chemie 1898, 463.
[6]) Ebenda 1899, 345.
[7]) Chemiker-Zeitung 1902, 227.
[8]) Ebenda 1902, 874.

vorausgesetzt, daß in dem alkalischen Auszuge der Reinigungsmassen alles Eisen als Ferrocyankalium vorhanden sei. Tatsächlich ist das aber nicht der Fall. Ein Teil des Eisens geht bei der Extraktion in Form anderer organischer Verbindungen in Lösung und wird daraus auch nicht abgeschieden, wenn die Lösung Alkalisulfide enthält. Aus diesem Grunde wird man nach den vorstehend erwähnten Verfahren stets zu hohe Zahlen erhalten. Das geht auch aus vergleichenden Untersuchungen hervor, die Lührig[1]) ausführte.

Dagegen hat Knublauch[1]) eine schon von Bohlig angegebene Methode weiter ausgearbeitet, welche direkt der technischen Verarbeitung der Gasmasse nachgebildet ist und daher praktisch brauchbare Resultate liefert. Bei Ausführung derselben extrahiert man die Masse mit Kalilauge, filtriert die Lösung und fällt daraus das Berlinerblau mit Eisenoxydsalzlösung. Dann löst man den Blauniederschlag wieder in Kalilauge und titriert das Ferrocyankalium mit Kupfersulfatlösung. Da Knublauchs Methode in sehr ausgedehntem Maße angewendet wird, so erscheint die genaue Wiedergabe des Analysenganges angebracht.

Die in der üblichen Weise beim Verladen oder vom Lagerplatz genommene Durchschnittsprobe der zu untersuchenden Reinigungsmasse wird auf einen ebenen, gut gesäuberten Platz gebracht, unter Zerkleinern der dicken Knollen mehrfach durchgeschaufelt und in dünner Schicht flach ausgebreitet. Man teilt sie darauf in möglichst viele Quadrate ein und entnimmt aus jedem mittels eines langstieligen Löffels so viel Masse, daß man im ganzen eine Probe von ca. 1 kg erhält, die in einer Pulverflasche mit gut schließendem Glasstopfen aufbewahrt wird.

Um die Masse zur Aufbereitung geeignet zu machen und gleichzeitig ihre Luftfeuchtigkeit zu bestimmen, trocknet man eine größere Menge, 200 bis 250 g, auf einem tarierten, mit Papier belegten Siebe 5 bis 6 Stunden lang bei 50 bis 60⁰ C, indem man ein kleines Flämmchen darunter stellt. Dann läßt man die Masse noch einige Stunden an der Luft stehen, bis ihr Gewicht konstant bleibt. Die Differenz gegen das ursprüngliche Gewicht stellt dann die »Luftfeuchtigkeit« dar.

Nun pulverisiert man die lufttrockene Masse in einem Eisenmörser und bringt sie durch ein Sieb von 360 Maschen pro Quadrat-

---

[1]) Chemiker-Zeitung 1902, 1039.
[2]) Journal für Gasbeleuchtung 1889, 450.

zentimeter; der verbleibende, aus Holzstückchen bestehende Rest wird mit einem Messer so weit zerkleinert, daß er ebenfalls durch das Sieb geht. Die Masse wird dann wie vorher in eine Pulverflasche mit Glasstopfen eingeschlossen.

Zur Darstellung des alkalischen Auszugs wägt man 10 g der lufttrockenen Masse in einen 250 ccm-Kolben ein, übergießt sie mit 50 ccm 10 prozentiger Kalilauge und läßt sie bei Zimmertemperatur 16 Stunden lang stehen, wobei man während der ersten und letzten zwei Stunden häufig umschüttelt. Noch besser ist es, die abgewogene Masse in einer Porzellanreibschale mit der Kalilauge zu übergießen und sie in der angegebenen Zeit mittels des Pistills zu mischen. Dadurch verhindert man jede Klumpen- oder Knollenbildung und führt eine sehr innige Berührung der Lauge mit der Masse herbei. Nach 16 stündigem Stehen spült man den Schaleninhalt in einen 250 ccm-Kolben, füllt mit Wasser bis zur Marke auf und setzt noch 5 ccm mehr hinzu entsprechend dem Volumen der festen Substanz. Nun schüttelt man gut um und filtriert.

In dem Filtrate kann man nicht direkt das Ferrocyankalium bestimmen, weil eine Anzahl verunreinigender Substanzen zugegen sind, welche die Titration stören würden. Man muß daher zunächst den Auszug reinigen.

Zu diesem Zwecke erhitzt man in einem Porzellanbecher 25 ccm einer Eisenchloridlösung, die im Liter 60 g Fe_2Cl_6 und 200 ccm konzentrierter Salzsäure enthält, auf ca. 18° C und läßt unter stetem Umrühren und Erwärmen 100 ccm des alkalischen Extraktes (entsprechend 4 g Masse) einfließen. Das ausgeschiedene Berlinerblau wird nach dem Absitzen durch ein Faltenfilter am besten im Heißwassertrichter abfiltriert, wobei man den Trichter bedeckt hält und die Lösung jedesmal vor dem Aufgießen erwärmt. Den Niederschlag wäscht man zweimal mit heißem Wasser aus, bringt ihn samt dem Filter in ein Becherglas, gibt 20 ccm 10 prozentiger Kalilauge hinzu und zerteilt Niederschlag und Filter sehr sorgfältig, damit alles Berlinerblau zersetzt wird. Man kann die Zersetzung durch schwaches Erwärmen unterstützen, muß aber darauf achten, daß keine lokalen Überhitzungen eintreten. Den resultierenden Brei spült man in einen 250 ccm-Kolben und füllt mit Wasser bis zur Marke auf. Um etwa vorhandenen Schwefelwasserstoff zu beseitigen, gibt man noch 1 g frisch gefällten Bleikarbonats hinzu, schüttelt das Ganze gut um und filtriert durch ein trockenes Faltenfilter in einen trockenen Kolben.

In dem Filtrat wird nun das Ferrocyan durch Titrieren mittels Kupfersulfat in saurer Lösung bestimmt, wobei man Eisenchlorid als Tüpfelindikator benutzt.

Die Kupferlösung bereitet man durch Lösen von 12 bis 13 g reinen Kupfersulfats in 1 l Wasser und stellt sie auf eine Lösung von 4 g reinen Ferrocyankaliums in 1 l Wasser ein. 50 ccm der letzteren werden in ein Becherglas pipettiert und mit 5 ccm verdünnter Schwefelsäure (1 : 5) versetzt. Nun gibt man so lange Kupferlösung unter gutem Umrühren zu, bis beim Tüpfeln keine Berlinerblaubildung mehr beobachtet wird. Zum Tüpfeln bringt man einen Tropfen der Reaktionsflüssigkeit mit einem Glasstabe auf dickes, eisenfreies Tüpfelpapier, wartet, bis sich der Tropfen ausgebreitet hat und setzt einen Tropfen 1prozentiger Eisenchloridlösung derart daneben, daß beide nur mit den Rändern ineinanderfließen. Das Ferrocyankupfer setzt sich nämlich ebenso wie das Zinksalz mit Eisenchlorid unter Blaubildung um, eine Mischung der beiden Lösungen würde also stets falsche Resultate geben. Gegen Ende der Titration muß man beim Tüpfeln jedesmal zwei Minuten warten, da die Reaktion nur langsam eintritt.

Die Endreaktion kann man bedeutend dadurch verschärfen, daß man anstatt zu tüpfeln nach jedesmaligem Zusatz von Kupferlösung 1 ccm der Reaktionsflüssigkeit durch ein sehr kleines Filter filtriert und das Filtrat mit einem Tropfen Eisenchloridlösung gemischt im durchfallenden Licht gegen eine helle Fläche betrachtet. Wenn nach einer halben Minute keine Bläuung zu bemerken ist, wird die Titration als vollendet angesehen.

Bei der letzten Art der Ausführung erhält man stets etwas höhere Zahlen als beim Tüpfeln allein und unterscheidet daher zwischen dem »Tüpfeltiter« und dem »Filtriertiter«. Die Differenz zwischen beiden ist besonders bei Untersuchung von Massen manchmal ziemlich groß, so daß man nicht beide beliebig anwenden kann, sondern sich wenigstens bei Vergleichsanalysen für einen von beiden entscheiden muß. Am besten ist es, zur Orientierung zunächst unter Tüpfeln zu titrieren und darauf in einer oder mehreren Proben mittels der Filtriermethode endgültig den Ferrocyangehalt zu bestimmen.

1 ccm der wie vorbeschrieben eingestellten Kupfersulfatlösung entspricht 0,004 g $K_4 Fe (CN)_6 + 3 H_2O$. Wendet man zur Titration 50 ccm des gereinigten Auszugs an, so entsprechen diese 0,8 g der lufttrockenen Masse, jeder Kubikzentimeter verbrauchter Kupferlösung

also $0,5\%$ $K_4 Fe (CN)_6 + 3 H_2 O$ in der lufttrockenen Masse oder
$0,5 \times \dfrac{100 - F}{100} \%$ $K_4 Fe (CN)_6 + 3 H_2 O$ in der Originalsubstanz, wobei F die Luftfeuchtigkeit darstellt. Zur Umrechnung in andere
Cyanverbindungen muß man den Gehalt an Ferrocyankalium mit
folgenden Faktoren multiplizieren:

> Für Cyan $CN = 0,3696$,
> »   Cyanwasserstoff $HCN = 0,3839$,
> »   Ferrocyanwasserstoff $H_4 Fe (CN)_6 = 0,5118$,
> »   Berlinerblau $Fe_7 (CN)_{18} = 0,6793$.

Knublauchs Methode hat Drehschmidt[1]) eingehend geprüft
und dabei gefunden, daß die Reinigung des alkalischen Auszugs der
Masse nicht genügt, die fremden, störenden Substanzen völlig zu
beseitigen; außerdem gibt sie an sich zu Fehlern Veranlassung,
ebenso wie die Behandlung der gereinigten Lösung mit Bleikarbonat.
Drehschmidt zieht daher vor, das Cyan nicht erst in Ferrocyankalium überzuführen, sondern es direkt zu bestimmen, und er hat
zu diesem Zwecke das Verfahren von Rose-Finkener in geeigneter
Weise modifiziert.

Nach seiner Methode verwandelt man die in der Masse enthaltenen Cyanverbindungen durch Kochen mit Quecksilberoxyd in
lösliches Quecksilbercyanid und setzt dabei etwas Ammoniumsulfat
zu, um den die Zersetzung störenden Einfluß etwa vorhandener,
fixer Alkalien zu beseitigen. Neben dem Quecksilbercyanid bildet
sich auch Rhodanid, das durch gleichzeitig abgeschiedenes Eisenoxydul in schwerlösliches Quecksilberrhodanür umgewandelt wird.
Um der Bildung des letzteren auch bei sehr rhodanreichen Massen
ganz sicher zu sein, setzt man der kalten, gekochten Flüssigkeit noch
etwas salpetersaures Quecksilberoxydul zu und macht das Rhodanür
dadurch völlig unlöslich, daß man es mittels Ammoniak in Am-
monium-Quecksilberrhodanür überführt. Das Quecksilbercyanid verwandelt man darauf durch Reduktion mit chlorfreiem Zinkstaub in
stark ammoniakalischer Lösung in Ammoniumcyanid, setzt zur Lösung
des letzteren Kalilauge, um das Verdunsten von Cyanwasserstoff zu
verhüten und bestimmt nun das Cyan nach Volhard auf maßana-
lytischem Wege.

Die Ausführung dieses Verfahrens gestaltet sich folgendermaßen:
Man bereitet die zu untersuchende Masse in der auf S. 203 beschrie-

---

[1]) Journal für Gasbeleuchtung 1892, 221.

benen Weise vor, wägt 10 g der lufttrockenen Durchschnittsprobe auf einem Uhrglase ab und bringt diese Menge in einen $1/2$ Literkolben. Hierzu gibt man ca. 150 ccm Wasser, 1 g Ammoniumsulfat und 15 g Quecksilberoxyd, erhitzt das Ganze zum Sieden und erhält es darin eine Viertelstunde lang; nach dieser Zeit ist die Umsetzung sicher vollendet. Man läßt nun erkalten, setzt unter Umschütteln $1/2$ bis 1 ccm gesättigter Quecksilberoxydulnitratlösung zu und so viel Ammoniak, bis keine Fällung mehr erfolgt, füllt bis zur Marke auf und gleicht das Volumen der festen Substanz durch Zugabe von 8 ccm Wasser aus. Nun mischt man den Kolbeninhalt durch gutes Umschütteln und filtriert durch ein trockenes Faltenfilter. 200 ccm des Filtrats, entsprechend 4 g lufttrockener Masse, bringt man in einen 400 ccm-Kolben, fügt 6 ccm Ammoniaklösung von 0,91 spez. Gewichte und 7 g chlorfreien Zinkstaubs hinzu, schüttelt längere Zeit, gibt noch 2 ccm 30prozentiger Kalilauge hinzu, füllt bis zur Marke auf, setzt noch 1 ccm Wasser zu und filtriert nach dem Mischen wieder durch ein trockenes Faltenfilter. Darauf gibt man in einen 400 ccm-Kolben 35 ccm $1/10$ Normalsilberlösung und 25 ccm 10prozentiger Salpetersäure, läßt 100 ccm des obigen Filtrats, entsprechend 1 g Masse, zufließen, ballt das abgeschiedene Cyansilber durch Schütteln der Flüssigkeit, füllt bis zur Marke auf und filtriert durch ein trockenes Faltenfilter. Von dem Filtrat bringt man 200 ccm in ein Becherglas und titriert den Silberüberschuß nach Volhard mit $1/20$ Normal-Rhodanammoniumlösung unter Zusatz von Eisenoxydsulfatlösung als Indikator zurück. Die Zahl der verbrauchten Kubikzentimeter dieser Lösung wird direkt von der angewandten Menge Silberlösung abgezogen, und die Differenz stellt den Verbrauch an $1/10$ Normalsilberlösung für 1 g lufttrockener Masse dar. Es entspricht nun 1 ccm $1/10$ Normalsilberlösung

$$= 0,002598 \text{ g resp. } 0,2598\% \text{ CN},$$
$$= 0,007042 \text{ g resp. } 0,7042\% \text{ K}_4\text{Fe (CN)}_6 + 3 \text{ H}_2\text{O},$$
$$= 0,004782 \text{ g resp. } 0,4782\% \text{ Fe}_7 \text{ (CN)}_{18}.$$

(Bei dieser Gelegenheit sei darauf hingewiesen, daß in Lunges Chemisch-technischen Untersuchungsmethoden, Bd. II, S. 670, der Faktor für Berlinerblau $\text{Fe}_7 \text{ (CN)}_{18}$ irrtümlich zu 0,003832 angegeben ist.)

Burschell[1]) und Lubberger[2]) halten Drehschmidts Methode nicht in allen Fällen für zuverlässig und empfehlen, Knub-

---

[1]) Journal für Gasbeleuchtung 1893, 7.
[2]) Ebenda 1898, 124.

lauchs Verfahren mit demjenigen Drehschmidts derart zu kombinieren, daß die Masse nach Knublauchs Vorschrift, jedoch in kürzerer Zeit, ausgelaugt und der Auszug gereinigt wird, die Bestimmung des Cyans soll dann nach Drehschmidts Verfahren erfolgen.

Drehschmidt[1]) hat aber an Hand von Beispielen nachgewiesen, daß seine Methode zuverlässige Zahlen ergibt, und es ist daher nicht einzusehen, warum man diese in der von Burschell empfohlenen Weise komplizieren soll, zumal die Kombination ein höchst unangenehmes, unnötig erschwertes Arbeiten verlangt. Wenn ein Fabrikant die Quecksilberoxydmethode nicht als richtig anerkennen will, sondern die Extraktionsmethode als dem Betriebe besser angepaßt vorzieht, dann kann man die endgültige Bestimmung des Ferrocyans auch mittels Kupfersulfat durchführen, denn gerade dieser Teil von Knublauchs Verfahren ist noch der zuverlässigste.

Nauß[2]) schlägt vor, das Ferrocyan alkalimetrisch zu bestimmen, indem man das nach Knublauch gefällte Blau mit Natronlauge von bekanntem Gehalt umsetzt und den Überschuß mit Säure zurücktitriert. 10 g der wie üblich aufbereiteten Masse werden in einem 500 ccm - Kolben mit 50 ccm 10 prozentiger Natronlauge 15 Stunden lang bei Zimmertemperatur digeriert, dann füllt man zur Marke auf, korrigiert das Volumen der Masse durch Zugabe von 5 ccm Wasser, schüttelt und filtriert durch ein trockenes Filter. 50 ccm des Filtrats läßt man in 10 bis 15 ccm einer heißen, sauren Eisenalaunlösung fließen, die im Liter 200 g Eisenalaun und 100 g Schwefelsäure enthält, erwärmt kurze Zeit, filtriert das abgeschiedene Blau und wäscht es aus. Niederschlag und Filter bringt man darauf in einem Kolben mit etwas Wasser zum Sieden, gibt so viel $^1/_{50}$ Normalnatronlauge zu, daß sicher alles Blau zersetzt ist und titriert in der heißen Lösung den Überschuß an Natronlauge mit $^1/_{10}$ Normalsäure zurück. Das Ende der Reaktion ist am Auftreten einer grünlich-gelben Färbung, die auf der Rückbildung von Berlinerblau beruht, zu erkennen. 1 ccm $^1/_{50}$ Normallauge entspricht 0,001431 g Berlinerblau.

Die Methode mag in Fällen, in denen es auf genaue Resultate nicht ankommt, ausreichen, zuverlässige Zahlen lassen sich jedoch nicht erwarten, da man den Blauniederschlag seiner Löslichkeit wegen nicht so sorgfältig auswaschen darf, wie es zur Vermeidung von Fehlern notwendig ist. Das Verfahren bietet demnach vor anderen keine Vorzüge, zumal auch an Zeit nicht gespart wird.

---

[1]) Journal für Gasbeleuchtung 1892, Nr. 28.
[2]) Ebenda 1900, 696.

Das letzte, hier zu erwähnende Verfahren stammt von Feld[1]) und ist in seinen Grundzügen schon früher (S. 50) geschildert worden. Auf den vorliegenden Fall angewendet gestaltet es sich folgendermaßen: Zur Bestimmung des Gesamtferrocyangehalts von Reinigungsmasse bringt man 2 g der lufttrockenen Substanz in eine glasierte Reibschale, setzt 1 ccm dreifach normaler Chlormagnesiumlösung und 2 ccm Wasser zu, zerreibt das Ganze möglichst fein und dampft es auf dem Wasserbade zur Trockne. Nach völligem Erkalten der Schale verreibt man den Inhalt mit 5 ccm achtfach normaler Natronlauge, bis alles aufgeschlossen ist, wozu im allgemeinen ein 5 Minuten währendes Reiben genügt. Zu dem Brei setzt man unter Umrühren 10 ccm dreifach normaler Chlormagnesiumlösung und spült das Ganze mit heißem Wasser durch einen weiten Trichter in einen Destillierkolben. Dann fügt man noch 20 ccm der Chlormagnesiumlösung und so viel Wasser hinzu, daß das Gesamtvolumen 150 bis 200 ccm ausmacht, und erhitzt ca. 5 Minuten lang zum Sieden. Nun gibt man in die siedende Lösung 100 ccm $^1/_{10}$ Normalquecksilberchloridlösung, erhitzt noch 5 bis 10 Minuten lang und destilliert nach Zusatz von 30 ccm vierfach normaler Schwefelsäure den in Freiheit gesetzten Cyanwasserstoff ab. Dieser wird in 20 ccm doppelt normaler Natronlauge aufgefangen und nach Zusatz von 5 ccm $^1/_4$ Normaljodkaliumlösung mit $^1/_{10}$ Normalsilbernitratlösung titriert. Falls das Destillat trübe ist, gießt man es in einen Meßkolben, setzt 0,5 g Bleikarbonat zu, füllt bis zur Marke auf, mischt gut durch und filtriert durch ein trockenes Filter. Die Hälfte des Filtrats wird darauf mit Silberlösung titriert. 1 ccm $^1/_{10}$ Normalsilberlösung entspricht 0,00956 g Berlinerblau.

Die Methode ist von Witzeck[2]) eingehend geprüft worden und dieser gibt zu ihrer Ausführung folgenden Destillationsapparat an: Ein runder Schottscher Kolben wird mit einem doppelt durchbohrten Kautschukstopfen versehen, der einen Hahntrichter und einen Tropfenfänger aufnimmt. Letzterer ist mit einem Liebigschen Kühler verbunden und dieser mündet in einen Erlenmeyer-Kolben mit doppelt durchbohrtem Stopfen, in dessen zweiter Bohrung ein mit Natronlauge beschicktes Dreikugelrohr geschoben wird.

Zur Bestimmung des Gesamtcyans einer Reinigungsmasse wägt man 2 g derselben ab und verreibt sie mit 1 ccm Eisenvitriollösung

---

[1]) Journal für Gasbeleuchtung 1903, 642 ff.
[2]) Ebenda 1904, 545.

(278 g im Liter) und 5 ccm Natronlauge (320 g im Liter) 5 Minuten
lang in glasierter Schale. Dann setzt man unter stetem Umrühren
langsam 30 ccm Magnesiumchloridlösung (610 g im Liter) zu und
spült das Ganze mit so viel heißem Wasser in den Destillierkolben, daß das Gesamtvolumen 200 ccm ausmacht. Von da ab
wird die Analyse, wie schon beschrieben, ausgeführt. Die ganze
Operation läßt sich nach Witzeck in $1^1/_4$ bis $1^1/_2$ Stunden bequem
erledigen und liefert Resultate, die nur wenig höher als die nach
Knublauch-Drehschmidt erhaltenen sind. Die Methode nähert
sich also nicht nur in bezug auf die Reaktionen, sondern auch in
den Resultaten dem Verfahren von Drehschmidt, welches ebenfalls höhere Zahlen als Knublauchs Verfahren gibt. Sie zeichnet
sich vor allen anderen durch Einfachheit und Schnelligkeit der
Ausführung aus und dürfte, falls sie sich in allen vorkommenden
Fällen als einwandfrei erweisen sollte, wohl bald größere Verbrei-
tung finden.

Während für den Verkaufswert der Reinigungsmassen nur der
Blaugehalt maßgebend ist, pflegt man im Betriebe auch den Gehalt
an Schwefel, Ammoniak und Rhodan zu bestimmen. Da hierfür
allgemein anerkannte Methoden existieren, genügt es, den üblichen
Analysengang darzustellen, ohne die vorgeschlagenen Abänderungen
zu erwähnen.

Die Bestimmung des elementar vorhandenen Schwefels geschieht
durch Extrahieren lufttrockener Masse mit Schwefelkohlenstoff im
Soxhlet-Apparat. Man beschickt eine Papierhülse mit 15 g der
aufbereiteten Masse, bedeckt letztere mit etwas entfetteter Watte,
zerzupftem Filtrierpapier oder Asbest und bringt die Hülse in den
Extraktionsapparat ein. Diesen setzt man darauf auf einen tarierten
Rundkolben von ca. 200 ccm Inhalt, der 100 ccm frisch destillierten
Schwefelkohlenstoffs enthält, und versieht ihn oben mit dem bekannten Kugelkühler. Nun beginnt man zu destillieren und setzt
dieses fort, bis der ablaufende Schwefelkohlenstoff farblos ist. Es
genügen im allgemeinen 20 Extraktionen zur Auslaugung der Masse.
Nach Pfeiffer[1]) soll man nicht im direkten Sonnenlicht arbeiten,
da sonst eine nicht unwesentliche Zersetzung des Schwefelkohlenstoffs unter Abscheidung von Schwefel eintreten kann. Nach be-
endeter Extraktion nimmt man den Soxhlet-Aufsatz ab, ersetzt ihn
durch einen gewöhnlichen Kühler und destilliert den Schwefelkohlen-

---

[1]) Lunge, Chemisch-technische Untersuchungsmethoden II, 664.

stoff auf dem Wasserbade über. Die letzten Anteile der Schwefel-
kohlenstoffdämpfe werden durch Einblasen von Luft in den Kolben
entfernt und dann der letztere gewogen. Die Gewichtszunahme stellt
direkt die Menge des Schwefels dar.

Der Schwefel enthält meistens etwas Teer und muß von
diesem befreit werden. Für gewöhnlich genügt es, ihn mit etwas
Äther zu waschen, den Äther abzugießen und den Rückstand auf
dem Wasserbade zu trocknen. Sind jedoch genaue Zahlen erforderlich, so wird ein Teil des Schwefels mit rauchender Salpetersäure
oxydiert und als Schwefelsäure bestimmt.

Das Ammoniak ist sowohl in wasserlöslicher als auch in unlöslicher Form in der Masse enthalten. Zur Bestimmung des wasserlöslichen Ammoniaks digeriert man 25 g Masse in einem fast gefüllten
500 ccm-Kolben einen Tag lang unter häufigem Umschütteln, füllt
bis zur Marke auf, filtriert durch ein trockenes Filter und destilliert
200 ccm des Filtrats (entsprechend 10 g Masse) mit Kalkmilch.
Das Destillat wird in $^1/_{10}$ Normalsäure aufgefangen und der Überschuß an letzterer zurücktitriert.

Zur Bestimmung des Gesamtammoniaks werden 10 g Masse
direkt mit Kalkmilch und Wasser in einem Literkolben destilliert
und das Destillat wie vorstehend behandelt. Die Differenz der beiden
Bestimmungen ergibt den unlöslichen Anteil des Ammoniaks.

An Rhodanverbindungen enthält die Reinigungsmasse ebenfalls
lösliche und unlösliche, doch beschränkt man sich gewöhnlich auf
die Bestimmung der löslichen allein, d. h. des Rhodanammoniums.
50 g der Masse werden mit 500 ccm Wasser in einem Literkolben
einen Tag lang bei Zimmertemperatur digeriert, darauf bis zur Marke
aufgefüllt, 30 ccm Wasser zur Korrektion des Massevolumens zugesetzt und nach gutem Umschütteln durch ein trockenes Faltenfilter filtriert. Die Bestimmung des Rhodanammoniums in dem
Filtrat geschieht, wenn dasselbe keine anderen Schwefelverbindungen als Sulfate enthält, nach der S. 55 beschriebenen Methode
von Alt, im anderen Falle wird es als Kupferrhodanür zur Wägung
gebracht (S. 57).

Die Bestimmungsmethoden für die übrigen in der Masse enthaltenen Substanzen wie Schwefelsäure, Eisenoxyd, Eisenoxydul etc.
weisen keine Eigentümlichkeiten auf, sondern werden in üblicher
Weise ausgeführt. Daher erübrigt es sich, sie hier mitzuteilen.

g) Die Verarbeitung der ausgebrauchten Gasreinigungsmasse.

Die Gewinnung von Cyanverbindungen aus der ausgebrauchten Reinigungsmasse gehört keineswegs zu den leichten Aufgaben der technischen Chemie, weil man es dabei mit einer sehr kompliziert zusammengesetzten Substanz zu tun hat. Vornehmlich macht der hohe Schwefelgehalt große Schwierigkeiten, denn er wirkt nicht nur als Ballast, sondern befördert auch die Überführung des Berlinerblaus in Rhodansalze beim Behandeln der Massen mit stark basischen Lösungen. Wenn der Preis für Schwefel so hoch wäre, daß die Selbstkosten seiner Gewinnung gedeckt würden, dann wäre es am besten, die Massen vor der Auslaugung der Cyanverbindungen mit Schwefelkohlenstoff zu extrahieren, das geht aber infolge der schlechten Marktlage nicht an, und man muß daher die Cyanverbindungen aus der schwefelhaltigen Masse gewinnen, was natürlich eine Erschwerung der Fabrikation bedeutet. Bei manchen Verfahren ist zwar die vorgängige Extraktion des Schwefels vorgesehen, doch wird sie nur in ganz seltenen Fällen ausgeübt. Wir wollen nun zunächst einige der zur Verarbeitung von Reinigungsmassen in Vorschlag gebrachten Methoden erwähnen, um dann die heute allgemein übliche Arbeitsweise im einzelnen zu besprechen.

Nach Valentins englischem Patent Nr. 3908 vom Jahre 1874 wird Reinigungsmasse durch Auslaugen mit Wasser bei gewöhnlicher Temperatur von löslichen Salzen befreit und darauf mit wäßrigen Suspensionen von Calciumkarbonat, Magnesiumkarbonat oder gemahlenem Dolomit längere Zeit zum Sieden erhitzt. Nach vollendeter Aufschließung läßt man absitzen, zieht die klare Lösung, welche Ferrocyancalcium, Ferrocyanmagnesium oder beides enthält, ab, säuert sie an und fällt daraus Berlinerblau durch Zusatz geeigneter Eisensalze. Der Blauniederschlag wird gewaschen und kann dann mit Alkalilaugen in Ferrocyankalium verwandelt werden. Die Basizität der Aufschwemmungen ist jedoch gering und das Aufschließen erfordert daher lange Zeit, ohne vollkommen zu werden, auch erhält man nur schwache Endlaugen, so daß der Vorschlag wenig Erfolg verspricht.

Gerlach[1]), v. Gladis (D. R. P. Nr. 7001) und Spence (E. P. Nr. 1418, 1877) empfehlen, die Massen mit Kalk gemischt zu extrahieren. Zuerst werden sie durch Auslaugen mit Wasser von lös-

---

[1]) Journal für Gasbeleuchtung 1879, 38.

lichen Salzen befreit, dann läßt man sie an der Luft trocknen und mischt sie mit der Hälfte ihres Gewichts an zu Pulver gelöschtem Ätzkalk. Die Mischung bringt man in Filterkästen, laugt sie bei 70° mit Wasser aus und fällt aus der angesäuerten Lösung das Berlinerblau mit Eisenchlorid. Nach Gerlach wird dann aus der restierenden Masse der Schwefel abgeschlämmt und durch Destillation mit überhitztem Dampf gereinigt. Spence empfiehlt dagegen, die kalkhaltige Masse mit Wasser zu kochen und den Schwefel als Calciumpolysulfid in Lösung zu bringen. Das letztere wird darauf mit Salzsäure zersetzt und der abgeschiedene Schwefel gewonnen. Die auf diese Weise gereinigten Massen werden von neuem zur Gasreinigung benutzt.

O'Neill und Johnson[1]), Grüneberg[2]) u. A. schlagen vor, das Berlinerblau aus der Masse durch Natronlauge zu gewinnen. Das stößt jedoch auf große Schwierigkeiten, weil man zur Vermeidung von Rhodanbildung unbedingt den Schwefel vorher entfernen muß und weil ferner große Mengen von Ätznatron aufzuwenden sind, wenn man einen einigermaßen guten Aufschluß der Masse erhalten will. Zwar gebraucht man im Verhältnis nicht mehr Ätznatron als sonst Ätzkalk, doch fällt es infolge des weit höheren Preises viel mehr ins Gewicht.

Das wichtigste, auf der basischen Extraktion beruhende Verfahren ist von Kunheim und Zimmermann im D. R. P. Nr. 26884 vom Jahre 1883 beschrieben worden. Nach demselben laugt man die Masse erst mit Wasser aus, läßt sie an der Luft trocknen und entfernt den Schwefel durch Auslaugung mit Schwefelkohlenstoff. Nun mischt man sie innig mit gemahlenem Ätzkalk und erhitzt sie in geschlossenen, mit Rührwerk versehenen Gefäßen auf 40 bis 100°. Nach dem Aufschließen kommt das Gemisch in Filterkästen o. dgl. und wird systematisch mit Wasser ausgelaugt, wobei man eine ammoniakalische Ferrocyancalciumlösung erhält. Diese läßt man aufkochen und erzielt dadurch die Bildung des schwerlöslichen Doppelsalzes $Ca(NH_4)_2Fe(CN)_6$, das man abfiltriert, wäscht und durch Erhitzen mit Calciumhydrat in reines Ferrocyancalcium überführt. Zu der Lösung des letzteren setzt man Chlorkaliumlösung und fällt schwerlösliches Kaliumcalciumferrocyanür $CaK_2Fe(CN)_6$. Dieses wird gewaschen und durch Erhitzen mit Kaliumkarbonat in Calcium-

---

[1]) Journal für Gasbeleuchtung 1874, 573.
[2]) Berliner Berichte 1877, 1977.

karbonat und Ferrocyankalium verwandelt. Das letztere gewinnt man darauf aus der reinen Lösung durch Eindampfen und Kristallisation.

Dieses Verfahren hat sich bis heute erhalten und wird mit einigen Abänderungen allgemein ausgeübt.

Nach einem Vorschlage Esops[1]) soll man die von löslichen Salzen befreite Masse mit Natriumsulfatlösung und Calciumhydrat gleichzeitig behandeln, um direkt Ferrocyannatrium zu gewinnen, ohne das kostspielige Ätznatron anwenden zu müssen. Esop hat eine große Anzahl von Versuchen nach seiner Methode gemacht und ganz gute Resultate dabei erzielt. Das Verfahren ist jedoch nicht eingeführt worden.

Hempel und Sternberg endlich empfehlen in ihrem D. R. P. Nr. 33936 die mit Wasser von 60° ausgelaugte Masse bei gewöhnlicher Temperatur mit 10prozentiger Ammoniakflüssigkeit zu behandeln. Man erhält dann Lösungen von Ferrocyanammonium, welche in üblicher Weise auf geeignete Ferrocyanverbindungen verarbeitet werden können.

Während die bisher erwähnten Verfahren alle auf der basischen Auslaugung der Ferrocyanverbindungen beruhen, ist mehrfach empfohlen worden, die Trennung mittels Säure zu bewirken. Schon Vernon Harcourt[2]) schlägt vor, die Masse mit Schwefelsäure zu behandeln. Die Eisenverbindungen und das Ammoniak gehen als Sulfate in Lösung, und im Rückstande verbleibt ein Gemisch von Schwefel und Berlinerblau (neben Sägemehl etc.). Dieses versetzt man mit Ammoniakflüssigkeit und gewinnt dadurch eine Lösung von Ferrocyanammonium, die auf reines Berlinerblau verarbeitet wird.

In ähnlicher Weise will auch Wolfrum nach D. R. P. Nr. 40215 arbeiten, doch trennt er Berlinerblau und Schwefel durch Behandeln mit Schwefelkohlenstoff. Beide Vorschläge scheinen aber unbeachtet geblieben zu sein.

Neuerdings haben Donath und Ornstein in ihrem D. R. P. Nr. 110097 wieder auf diese alten Verfahren zurückgegriffen. Nach ihrem Vorschlage wird die von löslichen Salzen und Schwefel befreite Masse mit verdünnter Salzsäure (1 : 3) behandelt, bis alles Eisenoxydhydrat gelöst ist. Den Rückstand digeriert man mit konzentrierter, roher Salzsäure, welche das Berlinerblau aufnimmt. Die klare Lösung des letzteren wird nun mit Wasser verdünnt und

---

[1]) Zeitschrift für angewandte Chemie 1889, 305.
[2]) Journal für Gasbeleuchtung 1875, 678.

das Berlinerblau scheidet sich in reiner Form ab. Es sind bis jetzt noch keine praktischen Ergebnisse dieses Verfahrens veröffentlicht, so daß es schwer ist, sich ein Bild über seine Zweckmäßigkeit zu machen. Nach der Beschreibung dürfte jedoch seine Ausführung im großen nicht ganz einfach sein.

Die dritte Art der Masseverarbeitung besteht in der Verwandlung allen Cyans in Rhodan und Gewinnung der Rhodanverbindungen. Zu diesem Zwecke erhitzt man nach Marasses D. R. P. Nr. 28137 die Masse mit Kalkmilch auf über 100^0 unter Druck, wobei die Gesamtmenge des Ferrocyans in Rhodancalcium übergehen soll, das man aus dem Filtrat durch Kristallisation gewinnen kann. Die Reaktion verläuft folgendermaßen:

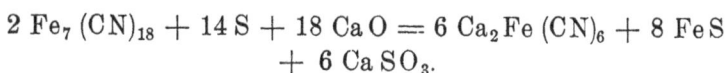

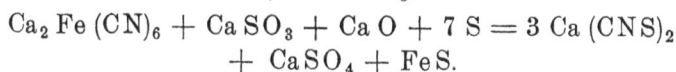

$$2 \, Fe_7 \, (CN)_{18} + 14 \, S + 18 \, CaO = 6 \, Ca_2 Fe \, (CN)_6 + 8 \, FeS$$
$$+ \, 6 \, CaSO_3.$$

$$Ca_2 Fe \, (CN)_6 + CaSO_3 + CaO + 7 \, S = 3 \, Ca \, (CNS)_2$$
$$+ \, CaSO_4 + FeS.$$

Die Richtigkeit dieses Reaktionsverlaufs hat Hölbling[1] nachgewiesen, dabei aber gleichzeitig gezeigt, daß die Umsetzung sehr unvollständig und langwierig ist. Versuche mit reinem Berlinerblau ergaben Umsetzungen von nur 64 bis 72% selbst bei 3 Atmosphären Druck und sechsstündigem Kochen.

Es gelang jedoch[2], quantitative Resultate zu erzielen, wenn statt des Kalks Baryt angewendet wurde. Da Ätzbaryt zu teuer ist, benutzte Hölbling Schwefelbaryum. Das Verfahren gestaltet sich dann wie folgt: Die Masse wird mehrere Stunden unter 3 Atmosphären Druck mit einer den theoretisch erforderlichen Betrag um 5% übersteigenden Menge Schwefelbaryum gekocht. (Wendet man 10 bis 15% Überschuß an, so genügt schon halbstündiges Kochen.) Die Lösung von Rhodanbaryum und Schwefelbaryum behandelt man mit Schwefeldioxyd, bis sie neutral ist:

$$2 \, BaS + 3 \, SO_2 = 2 \, BaS_2O_3 + S.$$

Darauf wird sie filtriert, bis zu einem spezifischen Gewichte von 1,38 eingeengt und das Baryumhyposulfit zur Kristallisation gebracht. Nun dampft man bis zum spezifischen Gewicht von 1,75 bis 1,79 ein und läßt das Rhodanbaryum auskristallisieren. Man soll dabei direkt reine Handelsware erhalten. Den Niederschlag von $BaS_2O_3 + S$,

---

[1] Zeitschrift für angewandte Chemie 1897, 162.
[2] Ebenda 1897, 297.

welchen man abfiltriert hatte, erhitzt man und führt ihn dadurch in Schwefel und Schwefelbaryum über, welch letzteres wieder in den Betrieb zurückkehrt.

Hölbling belegt die Richtigkeit seiner Angaben durch zahlenmäßige Anführung von Versuchsresultaten, dennoch kann sein Verfahren keine Aussicht auf Erfolg haben, da, wie schon mehrfach betont, Rhodansalze heute keine größere Verwendung in der Industrie mehr finden.

Von all den Methoden zur Verarbeitung der Gasmasse sind überhaupt wenige praktisch erprobt worden und nur das älteste Verfahren, das von Gautier-Bouchard, verbessert von Kunheim und Zimmermann, hat sich dauernd bewährt. Die im folgenden beschriebene Arbeitsweise gründet sich daher ausschließlich darauf.

h) Die fabrikmäßige Verarbeitung.

Die ausgebrauchte Reinigungsmasse läßt sich nur dann mit Vorteil auf Cyanverbindungen verarbeiten, wenn sie mindestens 7 % Berlinerblau enthält. Außerdem soll sie nach Möglichkeit teerfrei und von recht gleichmäßiger Beschaffenheit sein. Massen, die sich stellenweise zu hoch erhitzt haben, z. B. infolge unvorsichtigen Regenerierens, enthalten gewöhnlich harte Klumpen und müssen dann sorgfältig zerkleinert werden. Die Klumpenbildung kann aber auch während des Lagerns in der Fabrik auftreten, sofern die Masse sich stellenweise unter dem Einfluß der Sonne stark erhitzt oder gar selbstentzündet hat. Man darf sie daher nur in Schuppen lagern, und zwar in möglichst flacher Schicht; am besten unterwirft man sie in bezug auf ihre Innentemperatur einer steten Kontrolle, wie es bei lagernden Kohlen üblich ist, d. h. man stößt streckenweise in die Masse unten zugeschweißte Gasrohre ein und läßt von Zeit zu Zeit Thermometer in diese hinab. Sobald sich an irgend einer Stelle Temperaturen von 50° oder mehr ergeben, muß die Masse abgefahren, ausgebreitet und gegebenenfalls mit Wasser besprengt werden. Eine umfangreiche Selbstentzündung ist nur sehr schwer zu bekämpfen, da die Löschenden in unangenehmster Weise unter dem sich in Massen entwickelnden Schwefeldioxyd zu leiden haben.

Eine bei der Regeneration gut behandelte Masse besitzt gewöhnlich schon von vornherein die der Verarbeitung günstige, kleinkörnige Beschaffenheit, so daß sie nicht mechanisch zerkleinert zu werden braucht. Man wirft sie meist durch ein Sieb von 4 mm

Maschenweite und zerdrückt dabei die lose zusammenhängenden Knollen mit der Schaufel. Massen, die zur Reinigung des Gases unter Luftzusatz gedient haben, sind gewöhnlich viel fester und reich an harten Klumpen, sie machen daher oft eine mechanische Aufbereitung in Schleudermühlen nötig, was ihren infolge des niedrigen Blaugehalts an sich schon geringen Wert noch weiter herabsetzt. Am wertvollsten sind stets die der älteren Betriebsweise entstammenden Massen sowohl wegen ihres hohen Cyangehalts als auch wegen ihrer lockeren, gleichmäßigen Beschaffenheit.

Der Gang der Masseverarbeitung ist nicht in allen Fabriken der gleiche; es würde am angenehmsten sein, wenn man die Masse zunächst von den löslichen Salzen befreite, darauf den Schwefel extrahierte und endlich die Behandlung mit Kalk folgen ließe, doch verzichtet man in den meisten Fällen auf die Entfernung des Schwefels, weil sie zu kostspielig und gefährlich ist. In vielen Fabriken unterläßt man sogar die Extraktion der löslichen Salze und behandelt die Masse nur einmal mit Wasser, und zwar in Gegenwart von Kalk. Das Auslaugen geschieht gewöhnlich in hölzernen Filterkästen von 2×2 m Grundfläche und 1 m Höhe, die ungefähr 3000 kg Masse aufzunehmen vermögen. Auf dem Kastenboden liegen mehrere Balken, die an ihrer aufliegenden Fläche Aussparungen besitzen, um der Flüssigkeit ungehinderten Durchfluß zu ermöglichen, und oben mit einem Lattenboden abgedeckt sind. Auf diesem ruht eine 10 cm hohe Reisig- oder Strohschicht, und darüber ist ein locker gewebtes Filtertuch aus Sackleinwand o. dgl. ausgespannt. Am Boden des Kastens befindet sich ein Ablaßhahn.

Mehrere solcher Filterkästen vereinigt man zu einer Batterie, indem man sie mit gemeinsamer Zuflußleitung und Abflußrinne versieht. Ferner gehören dazu noch einige Sammelgruben zur Aufnahme der Laugen und eine Pumpe, mit welcher die Laugen aus den Sammelgruben zu den verschiedenen Filterkästen geschafft werden können.

Man füllt nun zunächst sämtliche Kästen mit Masse derart, daß die letztere möglichst lose liegt, und läßt bei geschlossenen Ablaßhähnen auf den ersten Kasten so lange Wasser laufen, bis es einige Millimeter hoch über der Masse stehen bleibt. Nach 12- bis 14 stündiger Einwirkung wird die Flüssigkeit in die nächste Sammelgrube abgelassen und von dort mittels der Pumpe zum nächsten Kasten geschafft. Man muß aber noch Wasser zugeben, da die Masse im ersten Kasten einen Teil der Lauge zurückhält. Der erste Kasten

wird wieder mit frischem Wasser beschickt. Die Lauge macht nun
den Weg durch sämtliche Kästen und verläßt die Filterbatterie endlich mit einem Gehalte von ca. 40 g NH_3 im Liter, das ausschließlich in Form von Salzen vorhanden ist. Nachdem der erste Filter-
kasten so oft frisches Wasser erhalten hat, wie Kästen vorhanden
sind (meist werden 8 bis 10 Kästen zu einer Batterie vereinigt), ist
die Masse erschöpft und wird durch neue ersetzt. Das reine Wasser
läßt man dann auf den zweiten Kasten fließen und pumpt auf den
frisch beschickten die Lauge vom letzten Kasten. In der Weise
wird nun fortgefahren, so daß man alle 12 bis 24 Stunden einen
Kasten zu entleeren und neu zu füllen hat. Die ausgelaugte Masse
wird an einem geeigneten Platze ausgebreitet und an der Luft
getrocknet.

Die Endlaugen des Aussüßprozesses enthalten das Ammoniak
vornehmlich als Sulfat und Rhodanid. Sie werden mit gelöschtem
Kalk versetzt und in üblicher Weise mit Dampf zur Gewinnung des
Ammoniaks destilliert. Es erübrigt sich wohl, hierauf besonders ein-
zugehen, da das zu weit führen würde. Für das Studium der Am-
moniakdestillation und der Fabrikation von Ammoniaksalzen, Salmiakgeist und flüssigem Ammoniak aus ammoniakhaltigen Wässern
muß auf Spezialwerke, besonders auf dasjenige von Lunge, »Steinkohlenteer und Ammoniak«, verwiesen werden.

Die ausgelaugte und an der Luft wieder getrocknete Masse kann
nunmehr von Schwefel befreit werden, und man behandelt sie zu
diesem Zwecke mit heißem Schwefelkohlenstoff in einer Apparatur,
die dem Extraktionsapparat von Soxhlet nachgebildet ist. Wie
schon mehrfach betont, verzichtet man jedoch in den weitaus meisten
Fällen auf die Beseitigung des Schwefels, weil die Nachteile derselben durch ihre Vorteile nicht im geringsten ausgeglichen werden.
Eine Besprechung des Verfahrens ist daher wohl unnötig, zumal es
nichts Eigentümliches bietet, sondern in ähnlicher Weise wie die Ent-
fettung der Knochen und derartige Operationen ausgeführt wird.

Nach dem Aussüßen wird die Masse dem Hauptverfahren unterworfen, der Extraktion des Ferrocyans. Das geschieht stets mit Hilfe
von Kalk, und zwar verwendet man diesen in Form des feinen
Pulvers, welches durch vorsichtiges Löschen erhalten wird. Ist die
Masse soweit getrocknet, daß sie sich nicht mehr zu Klumpen ballen
läßt, dann wird sie in flacher Schicht mit Kalkpulver bestreut in
einer Menge gleich dem Gewichte des nach der Analyse zu erwartenden Ferrocyankaliums, $K_4Fe(CN)_6 + 3 H_2O$, also unter Ein-

schluß des Kristallwassers. Doch muß dabei der Prozentgehalt des Kalks an CaO, der selten mehr als 75% beträgt, berücksichtigt werden. Masse und Kalk mischt man recht innig miteinander, trägt sie in Filterkästen der früher beschriebenen Art ein und laugt sie nun mit Wasser in der gleichen Weise aus wie beim Extrahieren der löslichen Salze. Die resultierende Ferrocyancalciumlauge enthält gewöhnlich 120 bis 140 g Ferrocyan als gelbes Blutlaugensalz berechnet.

Manche Fabriken schließen die Massen nicht in Filterkästen, sondern in Rührwerken auf, doch empfiehlt sich das nicht, weil die Masse zu fein zerrieben wird und man daher die Laugen stets durch Filterpressen schicken muß, um sie klar zu erhalten. Bößner[1]) hat überdies durch eine große Anzahl von Versuchen gezeigt, daß die Laugen meist dünner ausfallen als in Filterkästen, und rät entschieden von der Anwendung der Rührwerke ab.

Aus der gewonnenen Rohlauge wird das Ferrocyan zur Reinigung und Konzentration zunächst ausgefällt, und zwar als Ferrocyaneisen, oder nach Kunheim und Zimmermann als Ammonium- resp. Kaliumcalcium-Doppelsalz.

Zur Fällung als Ferrocyaneisen bringt man die Laugen in hölzerne, eventuell ausgebleite Wannen, säuert sie mit Salzsäure schwach an und zieht sie nach dem Absitzen mit einem Heber vom Schwefelniederschlag ab. Dann versetzt man sie mit etwas mehr als der berechneten Menge Eisenchlorürlösung, läßt sie 24 Stunden lang ruhig stehen, zieht darauf die überstehende, klare Lösung ab und filtriert den weißen Niederschlag mittels Filterpressen. Er wird mit Wasser gut ausgewaschen und stellt dann ein Produkt mit ca. 30% Ferrocyan (als gelbes Blutlaugensalz berechnet) dar, das durch Behandlung mit Ätzalkalien in Alkaliferrocyanide übergeführt wird. Diese Art der Verarbeitung ist jedoch nicht besonders angenehm und rationell, weil der Ferrocyaneisenniederschlag eine sehr schleimige Beschaffenheit besitzt und sich schlecht filtrieren und auswaschen läßt. Das gleiche gilt auch für das Eisenhydrat, welches man beim Umsetzen des Ferrocyaneisens mit Alkalien erhält.

Viel leichter gelangt man zum Ziel, wenn man die Ferrocyancalciumlösungen mit Chlorkalium fällt. Die Laugen werden zu diesem Zwecke meistens in eisernen Wannen mit indirektem Dampf konzentriert, geklärt und von den ausgeschiedenen Verunreinigungen abgezogen. Darauf setzt man, so lange sie noch mindestens 80^{0} C

---

[1]) Bößner, Die Verwertung der ausgebrauchten Gasreinigungsmasse, Wien 1902.

heiß sind, etwas mehr als die berechnete Menge Kaliumchlorid
unter ständigem Umrühren zu, filtriert das Kaliumcalcium-Doppelsalz auf gewöhnlichen Filtern ab und wäscht es mit etwas Wasser
nach. Die Ablaugen sind noch ferrocyanhaltig und werden zweckmäßig mit Eisensalzen gefällt. Das gewaschene Doppelsalz bringt
man mit der berechneten Menge Kaliumkarbonat und Wasser in
einen mit Rührwerk versehenen Kessel und zerlegt das Salz durch
Kochen mit Dampf unter Abscheidung von Calciumkarbonat. Das
letztere läßt man absitzen und bringt die heiße, reine Ferrocyankaliumlösung mit 30 bis 31° Bé in gußeiserne, hohe Behälter, die
von außen gut wärmeisoliert sind und als Kristallisationsgefäße dienen.
Man hängt von oben Fäden in die Kessel ein zur Erzeugung der
bekannten Kristalltrauben und läßt die Laugen mindestens 14 Tage
ruhig stehen. Dann wird die Mutterlauge am Boden abgelassen und
kehrt in den Betrieb zurück. Die Kristalle nimmt man aus dem
Kessel heraus, spült sie mit etwas Wasser ab, trocknet sie mit indirektem Dampf und bringt sie, in papierausgelegten Fässern verpackt, zum Versand.

Anstatt die rohe Ferrocyancalciumlauge mit Chlorkalium zu
fällen, kann man aus ihr auch das schwerlösliche Ammoniumcalcium-
Doppelsalz ausscheiden, sofern die Lauge genügend Ammoniak enthält. Dies ist natürlich stets der Fall, wenn die Masse nicht erst
ausgesüßt, sondern direkt unter Zusatz von Kalk mit Wasser gelaugt
wird. Um aber eine Kontrolle über den Ammoniakgehalt der Lauge
zu haben und nicht unnötig große Mengen desselben in Reaktion
zu bringen, empfiehlt es sich, auf Grund der Analyse Ferrocyan-
calciumlaugen von ausgesüßten und nicht ausgesüßten Massen in
einem solchen Verhältnis zu mischen, daß das vorhandene Ammoniak
gerade zur Bildung des Doppelsalzes genügt, oder ausgesüßte und
nicht ausgesüßte Massen in geeignetem Verhältnis gemischt zusammen
zu extrahieren.

Die auf die eine oder andere Weise erhaltene ammoniakalische
Ferrocyancalciumlauge läßt man in eine mit Rührwerk versehene
Wanne fließen und neutralisiert das Ammoniak mit roher Salzsäure.
Sobald dies geschehen ist, wird das neutrale Gemisch durch direkten
Dampf erhitzt. Bei 75° beginnt dann die Bildung des Doppelsalzes
$Ca(NH_4)_2Fe(CN)_6$ und ist bei ca. 80° vollendet. Nun läßt man
absitzen, zieht die überstehende, klare Lösung ab, wäscht noch ein-
bis zweimal mit etwas Wasser und filtriert das Salz mit Hilfe von
Filterpressen. Ein Teil bleibt übrigens gelöst und muß durch Aus-

fällen als Ferrocyaneisen gewonnen werden. Das abgepreßte Doppelsalz zersetzt man darauf durch Kochen mit Kalk im Rührwerk und
behandelt die reine Ferrocyancalciumlösung mit Chlorkalium und
Pottasche wie schon beschrieben.

Der Vorteil dieser Methode liegt in der Erzielung reineren Salzes,
doch ist sie natürlich komplizierter als die ersterwähnte und führt
infolge der zweimaligen Ausfällung zu größeren Verlusten. Aus diesen
Gründen wird meistens die Chlorkaliummethode bevorzugt.

Wenn es sich darum handelt, aus den Rohlaugen Ferrocyannatrium darzustellen, so kann man kein Fällungsverfahren anwenden,
da das Natriumcalcium-Doppelsalz leicht löslich in Wasser ist. In
diesem Falle wird aus den Rohlaugen der Kalk durch Sodazusatz
als Karbonat ausgeschieden und das Ferrocyannatrium nach dem
Eindicken der Lösung durch Kristallisation gewonnen. Es fällt
jedoch nicht so rein aus wie das Kaliumsalz und muß daher einige
Male umkristallisiert werden.

Als letztes Produkt der Masseverarbeitung kann man noch das
Rhodan gewinnen, welches in den von Ammoniak befreiten Aussüß-
laugen als Rhodancalcium enthalten ist. Die Ablaugen werden zu
diesem Zwecke konzentriert, der Kalk durch Pottasche oder Ammoniumkarbonat gefällt und das Rhodankalium oder Rhodanammonium aus der filtrierten Lösung durch Kristallisation gewonnen.
Will man das Eindampfen vermeiden, so mischt man der Ablauge
Kupfersulfatlösung zu, filtriert vom ausgefällten Gips ab und scheidet
durch Einleiten von Schwefeldioxyd Kupferrhodanür aus. Dieses wird
gut gewaschen und filtriert, mit einem geeigneten Sulfid, z. B. Schwefelnatrium o. dgl., zerlegt, vom Schwefelkupfer abfiltriert und das erzeugte
Rhodansalz zur Kristallisation gebracht. Meistens verzichtet man jedoch
auf die Verarbeitung der Rhodancalciumlaugen und macht sie auf irgend
eine Weise unschädlich, denn die Fabrikation von Rhodanverbindungen ist, wie schon öfters betont, heute nicht mehr gewinnbringend.

Die vorstehend geschilderten Methoden sind absichtlich nur
allgemein besprochen worden, da sich keine für die Verarbeitung
aller Massen gleichmäßig gültigen Regeln aufstellen lassen und die
Erfahrung hierbei das wichtigste ist.

F. Die Absorption des Cyanwasserstoffs auf nassem Wege.

Bei der trockenen Reinigung des Leuchtgases ist die Aufnahme
des Cyans durch das Rasenerz lediglich die Folge einer zwar willkommenen, immerhin aber doch unbeabsichtigten Nebenreaktion und

besitzt auch alle Mängel einer solchen. Ein nicht unwesentlicher
Teil des Cyans bleibt im Gase und das erzielte Cyanrohprodukt, die
ausgebrauchte Reinigungsmasse, ist verhältnismäßig geringwertig,
weil es nicht besonders viel Cyan und neben diesem große Mengen
anderer Substanzen enthält, welche die Verarbeitung sehr erschweren.
Aus diesen Gründen hat man schon bald nach Einführung der Eisenreinigung versucht, die Absorption des Schwefelwasserstoffs von der
des Cyans zu trennen und letzteres in konzentrierter Form zu gewinnen. Die Ausarbeitung und Einführung brauchbarer Methoden
geschah aber erst im Laufe des letzten Jahrzehnts; die Ursachen
dieser auffallenden Verzögerung sind jedoch wohl mehr in der Marktlage als in technischen Umständen zu suchen. Heute existieren
jedenfalls viele Verfahren zur gesonderten Absorption des Cyans
aus dem Gase, und einige von ihnen haben zum Teil recht ausgedehnte Anwendung in der Praxis gefunden.

Man kann die Methoden zur Cyangewinnung auf nassem Wege
in drei Klassen einteilen, die sich sowohl durch die Art der Absorptionsmittel als auch durch die Natur der resultierenden Cyanverbindungen voneinander unterscheiden.

Zur ersten Klasse gehören diejenigen Verfahren, bei welchen
das Leuchtgas mit Aufschwemmungen von Hydraten oder Sulfiden
des Eisens oder Zinks bei Gegenwart von Ammoniak, Alkalien oder
Erdalkalien gewaschen wird. Als Cyanrohprodukt erhält man lösliche und unlösliche Ferrocyanide oder Cyanzink-Doppelsalze.

Die Methoden der zweiten Klasse beruhen auf der Behandlung
des Gases mit Polysulfiden des Ammoniaks, der Alkalien oder des
Magnesiums und ergeben Rhodanidlösungen.

Die dritte Klasse erfreut sich bis jetzt nur eines einzigen Repräsentanten. Es ist das Verfahren von Feld, nach welchem das
von Kohlendioxyd und Schwefelwasserstoff befreite Gas mit neutralen oder basischen Karbonaten oder Hydraten des Magnesiums,
Aluminiums o. dgl. in wäßriger Lösung gewaschen wird. Als Resultat
ergeben sich Laugen, die man direkt auf Cyankalium verarbeitet.

a) Absorption des Cyanwasserstoffs in Form von Ferrocyanverbindungen.

Als Vorläufer der Methoden dieser Gruppe ist das schon erwähnte Verfahren zur Gewinnung des Cyans bei der Destillation
tierischer Abfälle anzusehen, welches von Brunnquell (S. 125) im
Jahre 1856 empfohlen wurde. Dieser wollte die cyanwasserstoff- und

ammoniakhaltigen Destillationsgase mit Eisenvitriollösung waschen, das entstandene Eisencyanür abfiltrieren und es durch Kochen mit Pottasche in Ferrocyankalium verwandeln. Auf tierische Abfälle angewandt konnte der Vorschlag aus mehreren Gründen keinen Erfolg haben und geriet bald wieder in Vergessenheit.

Im Jahre 1875 versuchte Vernon Harcourt[1]), Cyanverbindungen durch Waschen ammoniakhaltigen Leuchtgases mit Suspensionen von Eisenoxydhydrat zu gewinnen, doch verliefen seine Bemühungen resultatlos, weil, wie schon früher dargelegt (S. 190 ff.), das Eisenoxydhydrat nur langsam und unvollständig reduziert wird und die Aufnahme des Cyanwasserstoffs daher zu viel Zeit braucht, ohne den gewünschten Umfang anzunehmen.

Dagegen waren die schon erwähnten Versuche der Société anonyme de Croix vom Jahre 1880 (S. 150), Cyanwasserstoff aus den Gasen von der Zersetzung der Trimethylamindämpfe durch Absorption mit alkalischen Suspensionen von Eisenoxydulhydrat zu gewinnen, viel erfolgreicher und führten zu einer fabrikmäßigen Ausbeutung des Verfahrens.

Trotzdem es nun nahe lag, dasselbe auch zur Gewinnung des Cyanwasserstoffs aus Leuchtgas zu benutzen, vergingen doch noch mehrere Jahre, ehe man dahin gelangte, und Knublauch gebührt das Verdienst, die Methode für diesen Zweck in geeigneter Weise ausgestaltet zu haben, wenn ihm auch ihre Einführung in die Praxis nicht gelang.

Nach Knublauchs Verfahren, D. R. P. Nr. 41 930 vom Jahre 1886, wird das Gas mit einer wäßrigen Flüssigkeit gewaschen, welche ein Hydrat oder Karbonat des Ammoniums, der Alkalien, Erdalkalien oder des Magnesiums und ein Oxyd oder Hydrat des Eisens, Mangans oder Zinks enthält. Man wählt das Verhältnis der Substanzen zueinander derartig, daß auf ein Molekül Cyanwasserstoff ein Molekül der Base und weniger als ein Molekül des Schwermetalls entfällt, und soll infolgedessen nur wasserlösliche Cyanverbindungen erhalten.

Bei der praktischen Ausführung wurden stets Eisenoxydulsalze, Eisenvitriol, meistens mit Soda gefällt, angewendet, doch gelang es nicht, die Gesamtmenge des Cyans in wasserlöslicher Form zu gewinnen, ein Teil blieb immer unlöslich als Schlamm neben Schwefeleisen zurück, so daß man zwei Rohprodukte aufzuarbeiten hatte. Knublauch sagt zwar selbst in seiner Patentschrift, man könne

[1]) Journal für Gasbeleuchtung 1875, 678.

durch Vermehrung des Eisenzusatzes alles Cyan in fester Form gewinnen, doch machte er keinen Gebrauch davon, sondern bestand hartnäckig auf der Darstellung löslicher Ferrocyansalze. Das Absorptionsmittel wurde aber vor dem Einbringen in die Wäscher nicht genügend vor Oxydation geschützt, und daher trat stets eine mehr oder weniger umfangreiche Bildung von Berlinerblau ein, so daß man immer lösliche und unlösliche Cyanverbindungen nebeneinander erhielt. Trotz der hierdurch eintretenden Erschwerung der Aufarbeitung kann dieses nicht das einzige gewesen sein, was die Einführung des an sich durchaus richtigen Verfahrens hintanhielt, denn die meisten der heute üblichen Methoden liefern gleichfalls verschieden lösliche Rohprodukte nebeneinander. Die zu jener Zeit für Cyanverbindungen ungünstige Marktlage wird wohl das schwerwiegendste Hindernis gewesen sein.

Einen Beweis für die gesunde Basis des Knublauchschen Verfahrens kann man in der Tatsache erblicken, daß es mehrere Jahre später Foulis gelang, eine Modifikation desselben mit Erfolg in die Praxis einzuführen. Nach dieser Modifikation, dem englischen Patent Nr. 9474 vom Jahre 1892, stellt man aus Eisenchlorürlösung durch Fällen mit Soda Eisenkarbonat dar, zieht die überstehende Chlornatriumlösung ab, wäscht den Niederschlag einige Male mit Wasser und schwemmt ihn mit Soda- oder Pottaschelösung auf. Diese Suspension benutzt man nun, um mit ihr den Cyanwasserstoff aus ammoniakfreiem Leuchtgas in Glockenwäschern als Ferrocyannatrium oder -kalium zu absorbieren.

Zur Ausführung des Verfahrens werden 25 l einer Eisenchlorürlösung, die im Liter 150 g Eisen enthält, mit einer Lösung von 7,5 kg kalzinierter 98prozentiger Soda in 150 l Wasser versetzt. Nach gutem Umrühren der Mischung läßt man absitzen und entfernt die überstehende, klare Lösung von Chlornatrium. Den Niederschlag mischt man darauf mit einer Lösung von 13,5 kg kalzinierter Soda oder 17,5 kg Pottasche, bringt das Volumen der Suspension durch Wasserzusatz auf 200 l und führt das Ganze in die Absorptionsapparate ein.

Ursprünglich wandte Foulis Glockenwäscher zur Absorption des Cyans an, später empfahl er jedoch in seinem mit Holmes zusammen entnommenen, englischen Patent Nr. 15168 vom Jahre 1895, Wäscher mit mechanisch bewegter Füllung zu benutzen, die sich viel besser zum Betriebe mit schlammigen Flüssigkeiten eignen.

Ein solcher Wäscher, wie er von der Kölnischen Maschinen-bau-Aktiengesellschaft, Köln-Bayenthal, gebaut wird, ist in den Fig. 19 und 20 dargestellt. (Ich möchte mir erlauben, der genannten Firma, welche mir die Zeichnungen freundlichst überließ, auch an dieser Stelle verbindlichsten Dank zu sagen.)

Nach Fig. 19, die einen Längsschnitt des Wäschers zeigt, besteht letzterer aus einem gußeisernen, feststehenden Gehäuse, das durch starke Bleche in 5 bis 7 Kammern geteilt ist. Diese Bleche haben zentrale Öffnungen, um das Gas von einer Kammer zur anderen gelangen zu lassen, und je eines von jedem Paar ist am Boden durchbrochen, damit die Absorptionsflüssigkeit von unten in die Kammer eintreten kann. Durch den ganzen Wäscher geht der Länge nach eine kräftige Welle, die mit Stopfbuchsen in die Stirnwände eingedichtet ist und in jeder Kammer ein Scheibenrad trägt, an welchem Holzstabpackete befestigt sind.

Das Gas tritt durch einen Stutzen in der Stirnwand (rechts im Bilde) ein und passiert den Wäscher derart, daß es in jeder Kammer von der Mitte aus auf der einen Seite zum Rande aufsteigt und auf der anderen wieder zur Mittelöffnung geht, wobei es die Holzstab-packete durchstreicht. Die Waschflüssigkeit tritt am entgegengesetzten Ende in den Wäscher ein, gelangt von unten in die erste Kammer, fließt nahe der Mitte zur zweiten über und beschreibt auf diese Weise den umgekehrten Zickzackweg wie das Gas. Durch die Drehung der Welle werden die Scheibenräder mit ihren Holzstab-packeten stets benetzt gehalten und bieten dem Gase das Absorptionsmittel in sehr großer Oberfläche dar. An der Stirnseite des Gaseintritts verläßt die Waschflüssigkeit gesättigt den Apparat und kommt zur Verarbeitung.

Der Antrieb des Wäschers geschieht durch eine Dampfmaschine mit Schneckenvorgelege, wie die Ansicht in Fig. 20 zeigt.

Wie sich das Verfahren von Foulis in der praktischen Ausführung stellt, geht am besten aus einem Berichte hervor, den Rutten[1]) im Jahre 1902 über den Betrieb der Cyangewinnungs-anlage des Gaswerks im Haag (Holland) veröffentlichte. Zur Darstellung der Waschflüssigkeit löst man dort 600 kg Eisenvitriol in heißem Wasser und versetzt diese Lösung in einem eisernen Gefäße mit einer heißen Sodalösung, die im ganzen 275 kg kalzinierter Soda enthält. Darauf läßt man den weißlich-grünen Niederschlag von

---

[1]) Het Gas 1902, 182, und Journal of Gaslight 1902, Vol. 80, 879.

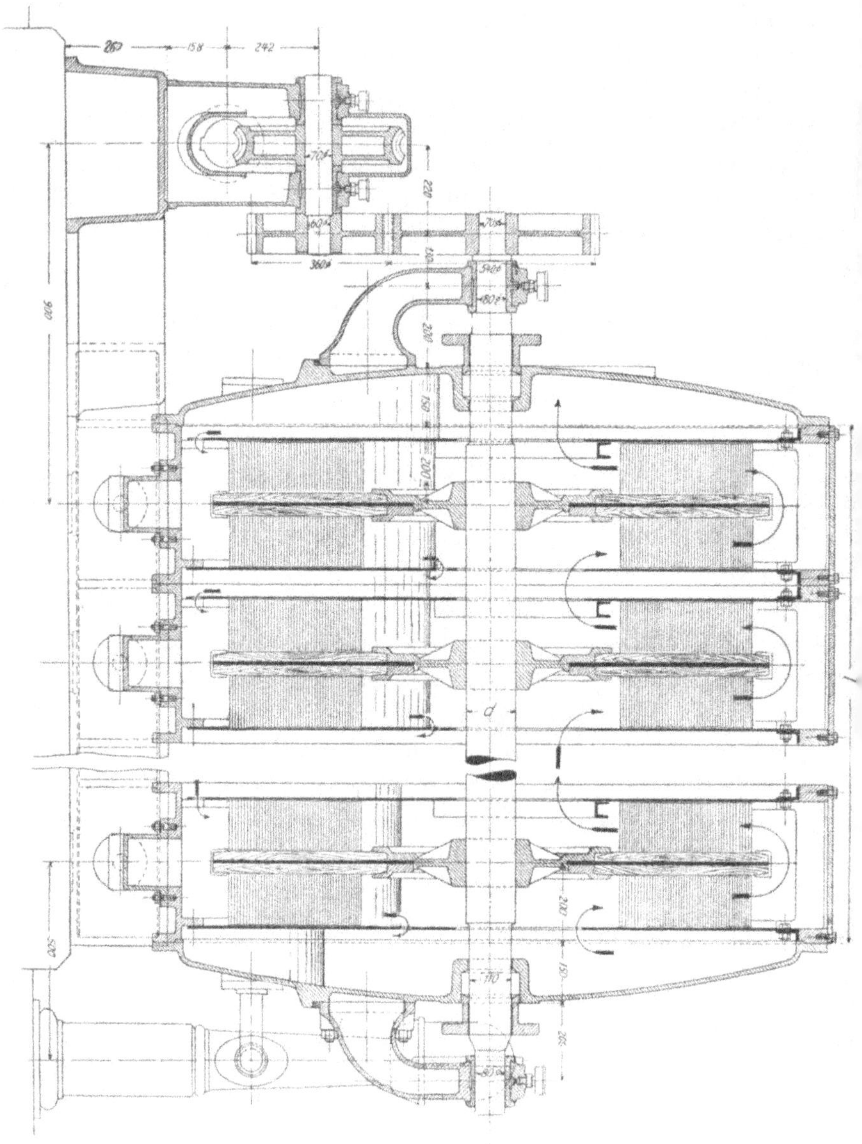

Fig. 19. Cyanwäscher nach Holmes (Längsschnitt).

basischem Eisenkarbonat absitzen, entfernt die überstehende, heiße Glaubersalzlösung und wäscht den Niederschlag so lange mit kaltem Wasser, bis er völlig von Natriumsulfat befreit ist. Nun gibt man 300 bis 600 kg Pottasche und so viel Wasser hinzu, daß 3 bis 6 cbm Absorptionsflüssigkeit entstehen.

Als Absorptionsapparat dient ein Kirkham-Wäscher, dessen erste Kammern zur Beseitigung des Naphthalins aus dem Gase mit

Fig. 20. **Cyanwäscher nach Holmes** (Ansicht).

schwerem Teeröl beschickt werden. Während nun Knublauch sowohl als auch Foulis, V. B. Lewis u. A. vorschreiben, den Cyanwasserstoff nur aus dem ammoniakfreien Gase zu absorbieren, hat man auf dem Gaswerk im Haag gefunden, daß die Cyanausbeute um ca. 20% steigt, wenn das rohe, stark ammoniakhaltige Gas der Absorption unterworfen wird. Aus diesem Grunde ist dort der Cyanwäscher nicht hinter den Ammoniakskrubbern, sondern vor diesen und hinter dem Teerscheider eingeschaltet.

15*

Der Betrieb gestaltet sich nun derart, daß zunächst alle nicht mit Öl gefüllten Kammern des Wäschers mit der Cyanabsorptionsflüssigkeit beschickt werden. Man läßt darauf das Gas durch den Wäscher streichen, bis die Flüssigkeit in der ersten Kammer mit Cyan gesättigt ist. Diese wird dann abgelassen und durch die Flüssigkeit aus der zweiten Kammer ersetzt. Der Inhalt der dritten Kammer wird in die zweite gepumpt und so fort, während man die letzte Abteilung mit neuer Lösung beschickt. Dieser Prozeß wiederholt sich jedesmal, wenn die erste Kammer entleert ist, das Gegenstromprinzip wird also stets innegehalten und dadurch erzielt man eine fast quantitative Absorption des Cyanwasserstoffs.

Die gesättigten Lösungen fließen zunächst in asphaltierte Betongruben und setzen dort ihren Niederschlag ab. Von da gelangen sie in Filterpressen, die eine sorgfältige Scheidung der Lösung vom Niederschlag herbeiführen. Die klare Lösung wird in modifizierten Feldmannschen Destillierkolonnen mit Dampf von Ammoniak befreit und scheidet dabei eine kleine Menge unlöslichen Ammonium- und Kalium-Ferroferricyanides aus, die man durch Abnutschen entfernt. Darauf wird die ammoniakfreie, klare Ferrocyankaliumlösung in Vakuum durch Kochen mit indirektem Dampf konzentriert und gelangt nunmehr in üblicher Weise zur Kristallisation.

Die Filterpreßkuchen enthalten wie bei dem ursprünglichen Knublauchschen Verfahren ebenfalls nicht unbedeutende Mengen Cyan und müssen zusammen mit dem abgenutschten Niederschlag verarbeitet werden. Man bringt sie zu diesem Zwecke in einen mit Dampfmantel und Rührwerk versehenen Kessel und erhitzt sie darin mit konzentrierter Kalilauge, wobei Ammoniak entweicht, das in üblicher Weise gewonnen wird. Die extrahierten Preßkuchen kehren wieder in den Absorptionsbetrieb zurück, während die Lösung durch öfteres Kochen mit frischem Preßgut angereichert wird und schließlich mit der ersten Ferrocyankaliumlösung zusammen zur Kristallisation gelangt.

Eigentliche Abfallaugen entstehen bei dem Prozesse nicht, da die Mutterlaugen von der Kristallisation des Ferrocyankaliums wieder zum Waschen des Gases dienen. Von Zeit zu Zeit müssen sie jedoch durch fraktionierte Kristallisation von Kaliumsulfat, das sich allmählich darin ansammelt, befreit werden, und außerdem reinigt man sie jährlich einmal gänzlich von denjenigen Bestandteilen, die in den angewandten Chemikalien von vornherein als Verunreinigungen vorhanden waren.

Das Ferrocyankalium fällt bei der ersten Kristallisation nicht
ganz rein und muß noch einmal umkristallisiert werden, dann erhält
man aber 99prozentige Ware. Die Aufwendungen an Chemikalien
stellen sich in dem Haager Gaswerke für 1 kg reinen Ferrocyankaliums folgendermaßen:

Eisenvitriol	2 kg
Soda	0,9 »
Pottasche	0,67 »
Kaliumhydrat . . .	0,45 »

und die Unkosten an Arbeitslohn betragen für 1 kg Ferrocyankalium
3 Pf., wofür drei Arbeiter mit einem Schichtlohn von ca. 4 M. beschäftigt werden. Danach scheint der Prozeß sich ganz gut zu ren-
tieren, doch eignet er sich nach Ruttens Ansicht nur für Gaswerke, die mindestens 7000 cbm Gas täglich erzeugen.

Jorissen und Rutten[1]) haben die bei dem Haager Verfahren in Frage kommenden Reaktionen sorgfältig studiert und durch
viele Laboratoriumsversuche ergänzt; die Resultate, zu welchen sie
gelangt sind, bieten des Interessanten genug, um hier kurz wiedergegeben zu werden.

Bei der ersten Operation, der Fällung des Eisensulfats mit Sodalösung, entsteht bei Luftabschluß unter Kohlendioxydentwicklung
basisches Ferrokarbonat der Formel $FeCO_3 \cdot Fe(OH)_2$. Der in die
Wäscher gelangende Niederschlag ist jedoch stets teilweise oxydiert,
der Umfang dieser Oxydation wurde in einem Falle zu 15%, in
einem anderen zu 33% gefunden. Es ergab sich dabei, daß zunächst
das Eisenoxydulhydrat oxydiert wird, während das Ferrokarbonat
viel widerstandsfähiger ist. Das Entsprechende ergab sich für die
Einwirkung von Schwefelwasserstoff auf basisches Ferrokarbonat,
auch dabei wurde zunächst das Hydrat in Sulfid übergeführt, die
Reaktion zwischen Schwefelwasserstoff und Ferrokarbonat ging erst
nach Verbrauch des Hydrats, und zwar langsamer, unter Abscheidung von Kohlendioxyd vor sich.

Das in den Cyanwäscher eintretende Rohgas enthielt durchschnittlich in 100 cbm:

Cyanwasserstoff	185 g
Ammoniak	325 »
Kohlendioxyd	4000—6000 g
Schwefelwasserstoff . .	1500 g

[1]) Journal für Gasbeleuchtung 1903, 716 ff.

Wurde es mit einer Suspension des basischen Ferrokarbonats gewaschen, so entstand ein Cyanschlamm, der je nach dem Grade der Oxydation des Karbonats mehr oder weniger Berlinerblau und außerdem eine unlösliche Ammoniumferrocyaneisenverbindung enthielt. Bei Anwendung eines wenig oxydierten Präparats fanden sich im Schlamm 8,5 % NH_3 und 37,67 % CN, was auf die Formel $(NH_4)_2 Fe \cdot Fe (CN)_6$ schließen läßt. Wurde Ferrocyanammoniumlösung mit basischem Ferrokarbonat, Einfachschwefeleisen oder einem Gemisch von Schwefeleisen und Ferrokarbonat erwärmt, so entstanden stets cyanhaltige Schlämme, ebenso wenn Ferrocyankaliumlösung in dieser Weise behandelt wurde. Bei Gegenwart überschüssiger Pottaschelösung ging die Bildung unlöslicher Doppelsalze zurück und trat nicht ein, wenn Kaliumhydroxyd oder Ammoniak allein zugegen waren. Daraus geht hervor, daß man, um nur lösliche Ferrocyanverbindungen zu erzeugen, mit kohlensäurefreiem Gase und großem Überschuß an Alkali arbeiten muß, was sich jedoch in der Praxis aus naheliegenden Gründen nicht durchführen läßt. Dies erklärt auch die Mißerfolge, welche Knublauch bei seinen Versuchen zur Gewinnung des Cyans in ausschließlich wasserlöslicher Form hatte.

Eine Untersuchung des Cyanschlammes der Haager Werke zeigte, daß an unlöslichen Verbindungen sowohl Berlinerblau als auch Kaliumferrocyaneisen, $K_2 Fe Fe (CN)_6$, vorhanden waren. Das letztere läßt sich durch Pottaschelösung nur schwer aufschließen, ebenso wie das entsprechende Ammoniumsalz, aus diesem Grunde werden die Schlämme auf den Haager Werken mit konzentrierter Kalilauge behandelt.

Endlich studierten Jorissen und Rutten auch noch den Einfluß des Ammoniaks in bezug auf eine etwaige Beförderung der Rhodanbildung und gelangten dabei zu einem durchaus negativen Resultat. Diese Beobachtung deckt sich also mit meinen früheren Ausführungen bei Besprechung der Cyanabsorption durch Reinigungsmasse und bestätigt die dort aufgestellte Behauptung, daß das Ammoniak an sich die Rhodanbildung nicht veranlaßt, sondern sie nur bei Gegenwart von Sauerstoff unterstützt.

Im Laufe der Zeit sind noch einige Verfahren zur Absorption des Cyanwasserstoffs mit Hilfe von Eisenverbindungen bei Gegenwart von Alkalien angegeben worden, die jedoch nur unwesentliche Modifikationen des Knublauchschen Verfahrens darstellen und daher eingehender Besprechung nicht bedürfen.

So wollen Farmer und Somerville nach dem englischen Patent Nr. 4410 vom Jahre 1898 das Cyan vor der Kühlung und vor der Abscheidung des Teers aus dem Gase absorbieren, indem sie das letztere mit einer Flüssigkeit waschen, die auf 14 Teile Wasser $1\frac{1}{2}$ Teile eines Eisensalzes und 1 Teil Natriumkarbonat enthält und durch Einleiten von Dampf dauernd auf 60° C erhalten wird. Die Absorption soll quantitativ vonstatten gehen, ohne daß die übrigen Destillationsprodukte beeinflußt werden.

G. P. Lewis[1]) empfiehlt, Eisensalzlösungen durch Einleiten der Abgase aus den Ammoniak-Saturationskästen zu fällen und das gebildete Einfachschwefeleisen mit Alkalikarbonatlösung aufgeschwemmt zur Absorption des Cyanwasserstoffs zu benutzen. Das Gas soll aber frei von Ammoniak sein, weil dessen fixe Salze (?) die Lösung verunreinigen würden. Nach vollendeter Absorption wird die Lösung filtriert, mit Dampf zur Trockne gebracht, der Rückstand in Wasser gelöst, wieder filtriert und abermals zur Trockne eingedampft, bis auch das Kristallwasser entfernt ist. Nun setzt man Pottasche und Kohle zu und schmilzt das Gemisch in geschlossenen Gefäßen nieder, um Cyankalium zu gewinnen.

Godwin und Keil endlich wollen, nach ihrem englischen Patent Nr. 2456 vom Jahre 1902, die Abgase aus den Ammoniak-Saturationskästen mit Eisenchlorür- oder Eisenvitriollösung und Alkali waschen, um den Cyanwasserstoff zu gewinnen, ein Vorschlag, der wohl in keiner Beziehung eines Kommentars bedarf.

Die bisher besprochenen Verfahren basieren alle darauf, daß das cyanwasserstoffhaltige Gas mit einer Waschflüssigkeit behandelt wird, die neben suspendierten Eisenverbindungen fixe Alkalien in Lösung enthält. Dabei soll das Ammoniak vorher sorgfältig entfernt werden, weil man ihm einen rhodanbildenden Einfluß zuschreibt. Es wurde nun schon gezeigt, daß diese Befürchtung des Grundes entbehrt, und das geht noch deutlicher aus den Erfolgen hervor, welche man mit alleiniger Anwendung des im Gase enthaltenen Ammoniaks neben Eisenverbindungen erzielt hat.

Schon Knublauch hatte darauf hingewiesen, daß man bei seinem Verfahren das fixe Alkali durch das im Gase vorhandene Ammoniak ersetzen könne, hielt diese Modifikation jedoch für nicht besonders günstig. Dennoch sind viele Versuche in dieser Richtung angestellt worden, und daraus haben sich mehrere Verfahren entwickelt, die teilweise praktische Anwendung gefunden haben.

---

[1]) Journal of Gaslight 1897, Vol. 69, 1049.

Die erste Methode dieser Art ist Gegenstand des amerikanischen Patents Nr. 465600 von Rowland aus dem Jahre 1892. Zur Ausführung derselben wird dem zur Berieselung der Skrubber dienenden Wasser so viel eines löslichen Eisensalzes zugesetzt, daß unter Mitwirkung des im Gase enthaltenen Ammoniaks nur lösliches Ferrocyanammonium entsteht. Die Lösung des letzteren wird mit Kalkmilch behandelt zur Erzeugung von Ferrocyancalcium, und dieses verwandelt man mit Chlorkalium in das schwerlösliche Calcium-Kalium-Doppelsalz, welches dann durch Pottasche in Ferrocyankalium übergeführt wird.

Ähnliche Verfahren sind von Schröder (französisches Patent Nr. 281456) und von Teichmann (englisches Patent Nr. 12485 von 1899) angegeben worden. Da sie jedoch der Originalität entbehren und überdies nur Komplikationen einfacherer Methoden darstellen, kann auf ihre Wiedergabe verzichtet werden.

Die Absorption des Cyanwasserstoffs nach Art des Rowlandschen Vorschlages ist von Wilton[1] im Jahre 1893 auf dem Gaswerke zu Beckton eingeführt worden und soll sich dort gut bewähren, doch liegen genauere Angaben darüber nicht vor.

Bei diesen Verfahren wird der Eisenzusatz stets so gewählt, daß nur lösliche Ferrocyanverbindungen entstehen sollen. In Wirklichkeit bilden sich jedoch, wie wir schon früher sahen, nebenher nicht unwesentliche Mengen unlöslicher Doppelsalze, so daß Lösung und Schlamm auf Cyan verarbeitet werden müssen, was eine Erschwerung des Betriebes mit sich bringt.

Bueb hat nun versucht, die Bildung löslicher Salze völlig zu umgehen und das Cyan nur in Form unlöslicher Ferrocyanide zu gewinnen. Um dies zu erreichen, wäscht er das von Ammoniak nicht befreite, rohe Gas mit einer Eisenlösung von solcher Konzentration, daß das Wasser derselben zur Absorption des Ammoniaks nicht ausreicht und die Eisenmenge im Verhältnis zum Ammoniak sehr groß ist. Die Gesamtmenge des Cyanwasserstoffs soll dann in Form einer unlöslichen Ammoniumferrocyanverbindung abgeschieden werden.

Zur Ausführung von Buebs Verfahren, das als D. R. P. Nr. 112459 geschützt ist, stellt man eine kaltgesättigte Eisenvitriollösung her, die ca. 280 g Sulfat im Liter enthält, und beschickt damit mechanisch bewegte, liegende Waschmaschinen. Diese sind zwischen dem Teerscheider und den Ammoniakskrubbern eingebaut,

---

[1] The Incorporated Institute of Gas Engineers, Transactions 1893.

also an einer Stelle, wo das Gas noch den größten Teil seines Ammoniaks und fast allen Cyanwasserstoff enthält.

Wenn alle Kammern eines Wäschers mit Eisenvitriollösung gefüllt sind und das Durchleiten des Gases begonnen hat, wirken in der ersten Kammer zunächst Ammoniak und Schwefelwasserstoff auf das Eisensulfat ein und bilden daraus Einfachschwefeleisen und Ammoniumsulfat. Nach erfolgter Umwandlung beginnt dann die Absorption des Cyanwasserstoffs unter Mitwirkung des Ammoniaks, wie früher schon mehrfach dargelegt wurde; der Prozeß der Schwefeleisenfällung geht dann in der zweiten Kammer vor sich. Ist die Füllung der ersten Kammer mit Cyan gesättigt, so wird sie abgelassen und die Füllungen der übrigen Kammern werden um je eine Kammer weitergepumpt, während die letzte frische Eisenvitriollösung erhält.

Der gewonnene Cyanschlamm stellt eine braungelbe Flüssigkeit von teerartiger Konsistenz dar und enthält nach Buebs[1]) Angaben so viel Cyan, wie 18 bis 20% Ferrocyankalium oder 12,2 bis 13,5% Berlinerblau entspricht. Daneben sind noch 6 bis 7% Ammoniak vorhanden. Dieses Ammoniak ist teils als Ammoniumsulfat, teils als Ferrocyanammonium $(NH_4)_4 Fe (CN)_6$ in dem flüssigen Anteile des Schlamms gelöst, der Rest befindet sich gebunden in dem unlöslichen Anteile. Diese unlösliche Ferrocyanammoniumverbindung hat jedoch nicht wie bei dem Verfahren von Foulis die Zusammensetzung $(NH_4)_2 Fe Fe (CN)_6$, sondern entspricht der Formel $2 NH_4 CN + Fe (CN)_2$ oder $(NH_4)_6 Fe [Fe(CN)_6]_2$, wie die Untersuchungen von Hand[2]) und von Ost und Kirschten[3]) übereinstimmend ergeben haben.

Um auch das lösliche Ferrocyanammonium in die unlösliche Form überzuführen, bringt man die schlammige Flüssigkeit in geschlossene, eiserne Gefäße, die mit Kondensationsvorrichtungen verbunden sind, gibt noch etwas Eisenvitriollösung hinzu und kocht sie mit direktem Dampf, bis alles freie Ammoniak abgetrieben ist. Dann schickt man den nunmehr leichter filtrierbaren Schlamm, der alles Cyan in unlöslicher Form enthält, durch Filterpressen und schafft die cyanfreie, von den Pressen ablaufende Ammoniumsulfatlösung zu den Ammoniak-Sättigungskästen, woselbst sie auf festes Sulfat verarbeitet wird.

---

[1]) Journal für Gasbeleuchtung 1900, 747.
[2]) Zeitschrift für angewandte Chemie 1905, 1098.
[3]) Ebenda, 1905, Heft 33; beides zit. nach Journal f. Gasbel. 1905, 878.

Das Preßgut enthält ca. 30 % Berlinerblau, entsprechend 44 % Ferrocyankalium. Zur Verarbeitung wird es gewöhnlich mit Kalkhydrat aufgeschlossen und das erzielte Ferrocyancalcium nach Kunheim und Zimmermann (S. 213) in Ferrocyankalium verwandelt.

Da nach dem ursprünglichen Verfahren sehr leicht teerhaltige Schlämme erzielt werden, hat Bueb in einem späteren Patent Nr. 122 280 vorgeschlagen, die ersten beiden Kammern des Cyanwäschers mit schweren Teerölen zu füllen, die ca. 3 % Benzol enthalten. Hierdurch werden sowohl Teer als auch Naphthalin beseitigt, das letztere jedoch nicht vollständig. Ohne diese vorhergehende Ölwaschung wendet man die Cyanwäscher heute gar nicht mehr an, das Patent auf das Verfahren Nr. 122 280 ist allerdings im Juni 1905 für nichtig erklärt worden.

Die Ausführung der Cyangewinnungsanlagen nach Bueb hat die Berlin-Anhaltische Maschinenbau-Aktiengesellschaft übernommen, von der ich die Originale zu den Fig. 21 bis 27 erhielt. Es sei mir gestattet, der Firma den verbindlichsten Dank für ihr freundliches Entgegenkommen auszusprechen.

Die Fig. 21 zeigt einen kombinierten Naphthalin- und Cyanwäscher im Längsschnitt. Das zylindrische Gehäuse desselben besteht aus Gußeisen und ist durch Zwischenwände mit zentralen Aussparungen in sechs gleichgroße Kammern geteilt. Die zwei ersten dieser Kammern, als N-Wäscher bezeichnet, sind von den übrigen durch eine schmale Gaskammer mit zentraler Scheidewand getrennt und dienen zur Absorption des Naphthalins aus dem Gase, während in den anderen vier, dem C-Wäscher, die Cyanwaschung vorgenommen wird. Durch die Mitte des Wäschers geht eine starke Welle, die mit Stopfbuchsen am Ein- und Austritt abgedichtet ist und durch eine Schnecke mit Schneckenrad in Drehung versetzt wird. Auf dieser Welle ist in jeder Kammer ein Kreisscheibenpaar aus starkem Blech angebracht, dessen eine am Gaseintritt befindliche Scheibe zentrale Aussparungen besitzt und derart am Gehäuse schleift, daß das Gas gezwungen ist, zwischen den Blechscheiben aufzusteigen, wie die Pfeile andeuten. In den zur Naphthalinabsorption dienenden Kammern ist der Raum zwischen diesen Blechscheiben mit Holzstabpaketen ausgefüllt, durch welche das Gas hindurchtreten muß, in den Cyankammern sind statt dieser Pakete mehrere parallele, mit Aussparungen versehene Blechscheiben angebracht. Wie aus der Zeichnung hervorgeht, sind die Kammern ungefähr zu einem Drittel mit der Waschflüssigkeit gefüllt, beim Drehen der Welle tauchen also die Holzpakete resp. Scheiben in die Flüssigkeit ein, werden ausgiebig benetzt und bieten nach dem Auftauchen dem hindurchstreichenden Gase das Absorptionsmittel in sehr großer Oberfläche dar. Das rohe Gas tritt links im Bilde in den Wäscher ein, passiert zunächst die beiden mit Öl beschickten Kammern, durchstreicht dann der Reihe nach die vier Cyankammern, stets auf- und absteigend, und verläßt den Wäscher von Naphthalin und Cyanwasserstoff befreit am anderen Ende durch den oberen Abgangsstutzen.

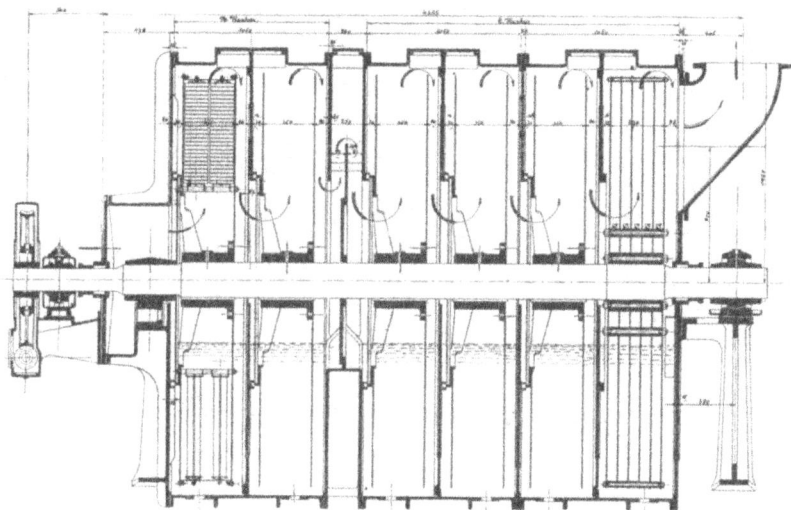

Fig. 21. Cyanwäscher nach Bueb (Längsschnitt).

Die Waschflüssigkeiten, das Teeröl und die Eisenvitriollösung, durchfließen die Kammern des Wäschers nicht kontinuierlich, sondern werden in die einzelnen Kammern eingepumpt und verbleiben darin so lange, bis sie den erforderlichen Grad der Anreicherung erlangt haben. Von Zeit zu Zeit, z. B. nach je 9 Stunden, wird der Inhalt der dem Gaseintritt zunächst liegenden Öl- und Cyankammer in die Behälter für gesättigte Absorptionsflüssigkeiten entleert, die übrigen Füllungen rücken um je eine Kammer weiter und die letzte Öl- resp. Cyankammer wird mit frischem Öl resp. Eisenvitriollösung beschickt. Um dies zu ermöglichen, ist, wie Fig. 22 zeigt, längs dem Wäscher ein System von Leitungen und Hähnen angebracht, das durch zwei Pumpen bedient wird. Diese Pumpen sind rechts und links in Fig. 23 sichtbar. Sie werden nebst der Hauptwelle durch eine Wanddampfmaschine angetrieben, die am Wäscher selbst, und zwar an der Stirnwand des Gaseintritts, angebracht ist.

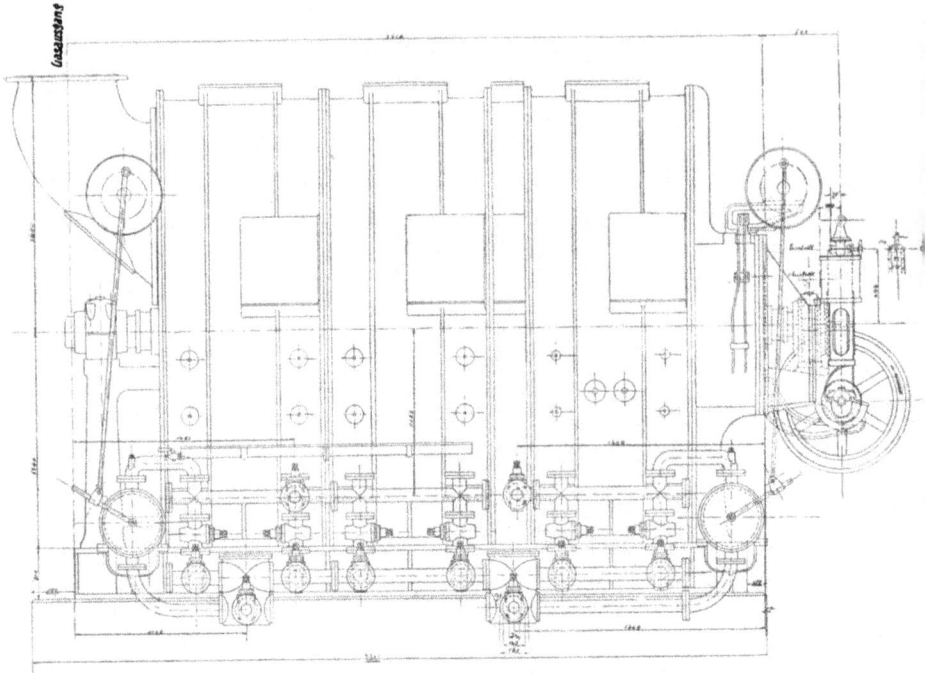

Fig. 22. **Cyanwäscher nach Bueb (Seitenansicht).**

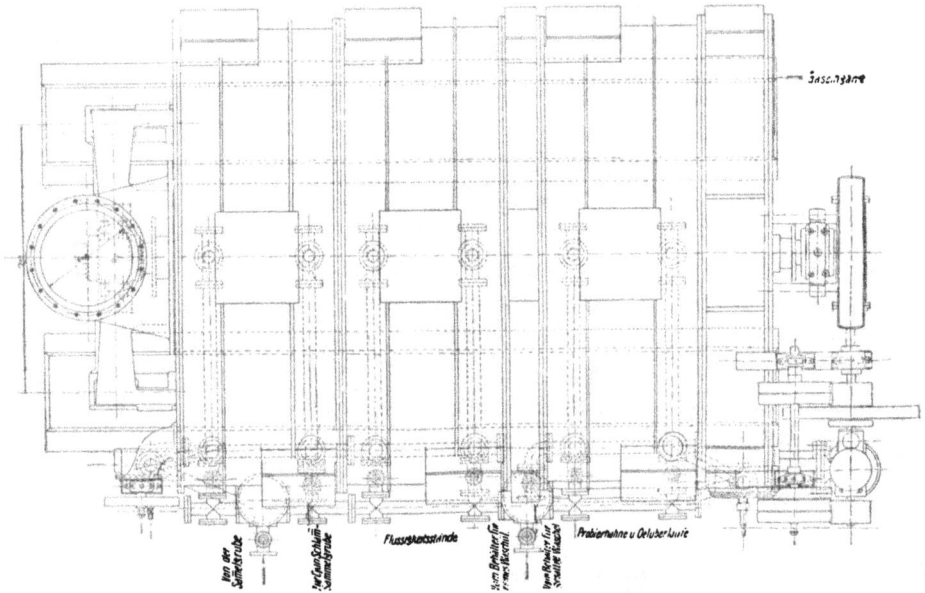

Fig. 23. **Cyanwäscher nach Bueb (Ansicht von oben).**

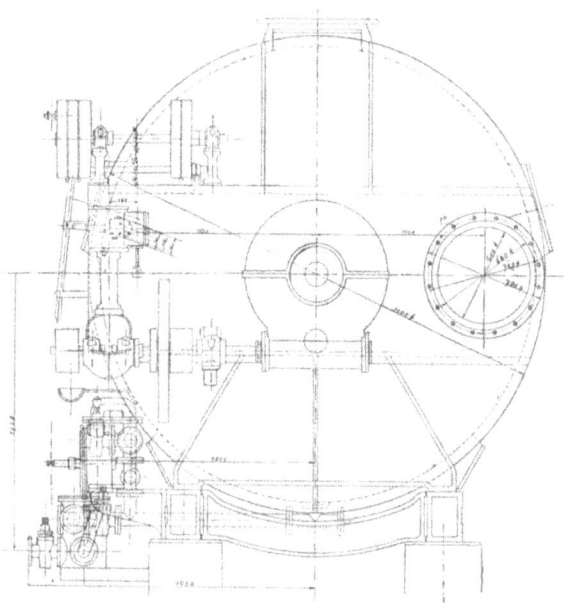

Fig. 24. **Cyanwäscher nach Bueb** (Stirnansicht).

Während Fig. 22 eine Seitenansicht des Wäschers bietet, zeigt Fig. 23 eine Ansicht von oben und Fig. 24 eine solche der Stirnwand am Gaseintritt.

Der fertige Cyanschlamm wird in Gruben gesammelt und von hier zur Cyanfabrik geschafft, die meistens mit der Ammoniakfabrik vereinigt wird und in Fig. 25 im Grundriß, in Fig. 26 im Querschnitt und in Fig. 27 im Längsschnitt dargestellt ist.

Zur Verarbeitung pumpt man den Schlamm in den Hochbehälter *19*, führt einen Teil in das Mischgefäß *20* über und läßt ihn von da zum Kocher *21* fließen. Hier wird er unter stetem Rühren durch Kochen mit Dampf von Ammoniak befreit, mittels Preßluft zur Filterpresse *24* gedrückt und dort in festen Blaukuchen und Ammoniumsulfatlösung geschieden. Die Blaukuchen kommen direkt zum Versand, da die Gaswerke sich meistens nicht mit ihrer Weiterverarbeitung auf Ferrocyankalium abgeben können. Die Preßlauge läßt man im Klärbassin *25* absitzen und dampft sie dann in Pfannen *26* soweit ein, daß sie in die Salzkästen gegeben werden kann. Der Abdampf vom Cyankocher wird im Kühler *15* kondensiert, dessen Ablauf mit dem Ammoniakwasser vereint auf Sulfat verarbeitet wird.

Buebs Verfahren hat sich sehr schnell eingebürgert, obgleich
Bueb selbst jeden direkten, größeren finanziellen Erfolg bestreitet
und den Wert seiner Methode vorwiegend in der Beseitigung des
Cyans aus dem Gase und der dadurch erzielten Entlastung der

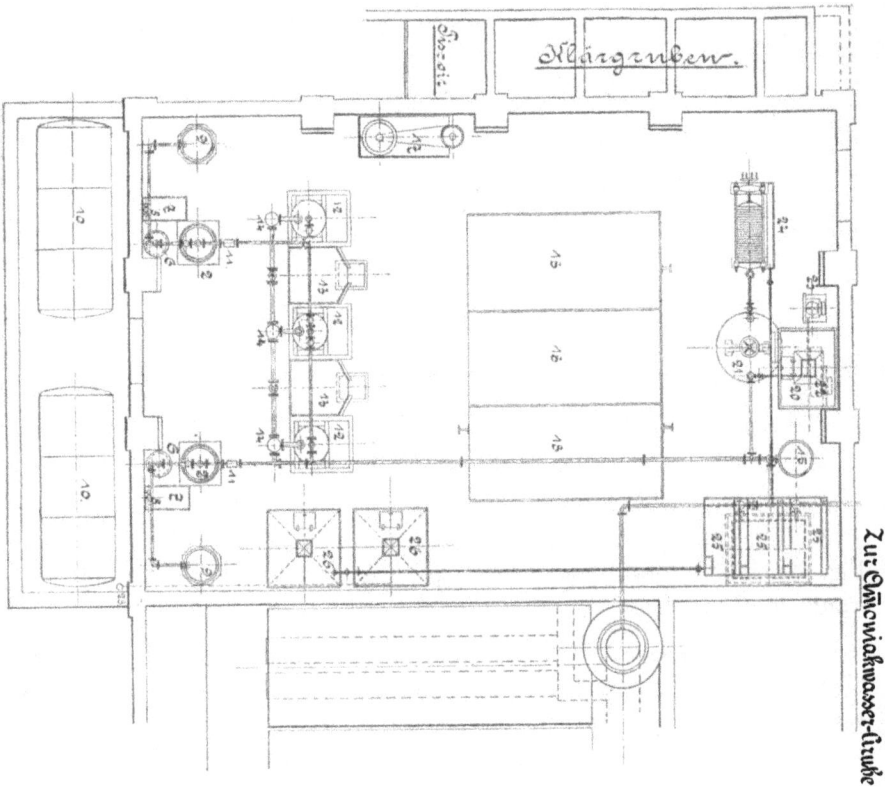

Fig. 25. Cyanfabrik nach Bueb (Grundriß).

1. Sammelbehälter für rohes Ammoniakwasser, 10 cbm.	11. Wasserabscheider.	22. Dampfmaschine.
2. Abtreibeapparat.	12. Sättigungskasten.	23. Luftkompressor mit Riemenbetrieb.
3. Rückflußkühler.	13. Abtropfbühne.	24. Cyankuchenpresse.
4. Vorwärmerkolonne.	14. Kondenstopf.	25. Klärbassin für Preßlauge.
5. Selbstregelndes Ablaßventil.	15. Kühler für Abgase.	26. Eindampfpfannen.
6. Kohlensäureausscheider.	16. Reiniger für Abgase.	27. Abzugsschlot.
7. Kalkmilchkasten.	17. Salzzentrifuge mit Maschine.	23. Kondenstopf.
8. Dampfpumpe.	18. Tropfbühne für Salz.	29. Schwefelsäure-Ausgleichbehälter, 500 l.
9. Kolonnenkühler.	19. Sammelbehälter für Cyanschlamm, 10 cbm.	
10. Sammelbehälter für verdichtetes Ammoniakwasser, 10 cbm.	20. Mischgefäß, 3 cbm.	
	21. Cyankocher mit Rührwerk, 5 cbm.	

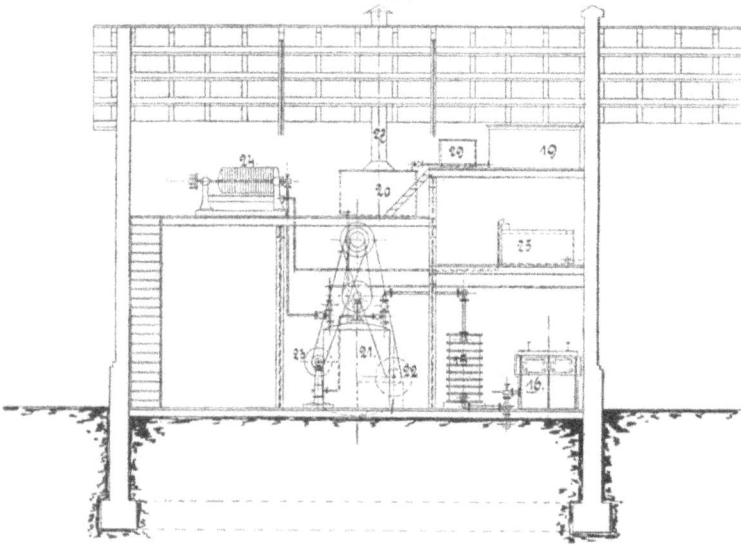

Fig. 26. **Cyanfabrik nach Bueb** (Querschnitt).

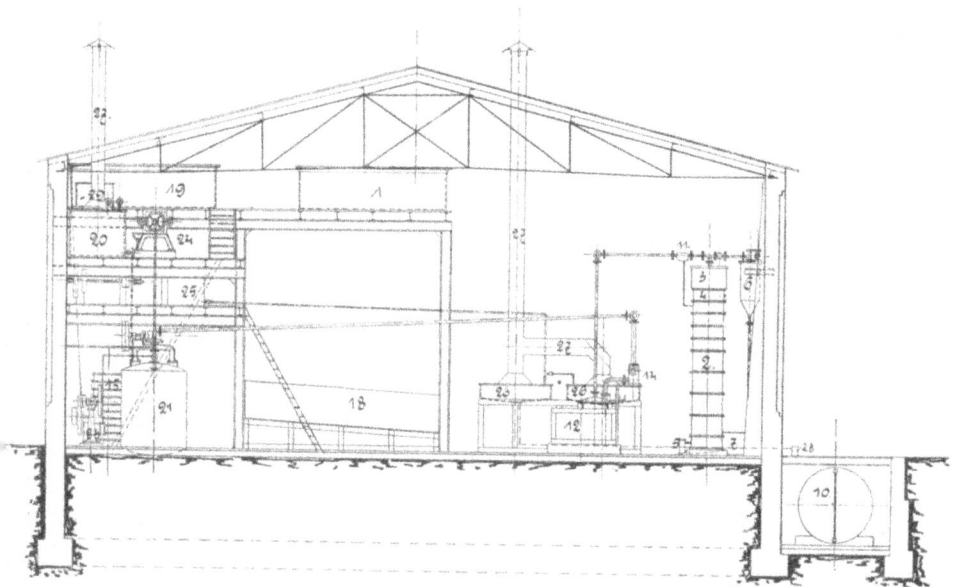

Fig. 27. **Cyanfabrik nach Bueb** (Längsschnitt).

Trockenreinigung erblickt. Laut einer freundlichen Privatmitteilung
der chemischen Fabrik Residua, der Besitzerin von Buebs Patent,
arbeiten zurzeit (1905) 28 Gaswerke nach demselben, und es liegen
schon mehrere Berichte über Betriebsergebnisse vor, die im allgemeinen günstig lauten.

So teilt Drory[1]) bezüglich der Cyanabsorptionsanlage des Gaswerks Mariendorf bei Berlin ungefähr folgendes mit: Neben der
Absicht, die Cyanausbeute zu erhöhen, bezweckte man mit der Einführung der Cyanwäsche eine möglichst vollkommene Reinigung des
Gases von Cyanwasserstoff, da dieser einen sehr schädlichen Einfluß
auf die Regler, Gasbehälter und vornehmlich auf die Gasmesser aus-
übt. Die Apparate sind in Mariendorf der Reihe nach folgendermaßen
angeordnet: Gassauger, Drory-Teerwäscher, Naphthalin-Standard-
wäscher, Cyan-Standardwäscher, Reutterkühler, Ammoniak-Standard-
wäscher. Während der ersten 11 Betriebsmonate wurden durchschnittlich 3,56 kg Berlinerblau, entsprechend 5,25 kg Ferrocyankalium, pro 1000 cbm Gas gewonnen, und die Cyanausbeute betrug
96 % der Gesamtmenge. An Ammoniak nahm der Schlamm 28,1 %
der ganzen Ammoniakerzeugung und an Schwefelwasserstoff 10 %
auf. Infolge der großen Apparatenoberfläche und der intensiven
Absorption des Ammoniaks ergab sich eine derartige Entlastung der
Kühler und Ammoniakwäscher, daß die Anschaffungskosten des
Cyanwäschers dadurch ungefähr ausgeglichen wurden. Die Bedienung
des Cyanwäschers erforderte einen Arbeiter. Für das Kilogramm Blau
im Schlamm wurde der gleiche Preis bezahlt wie in der Reinigungsmasse, doch wurde auch das Ammoniak vergütet.

Den Hauptvorteil von Buebs Verfahren erblickt Drory in der
vollständigen Absorption des Cyanwasserstoffs aus dem Gase und
führt als Nebenvorteile an: 1. die bessere Ausnutzung der trockenen
Reinigungsmasse für Schwefelwasserstoff, 2. die Möglichkeit, daß
schwefelreiche, cyanfreie Massen mit Nutzen als Rohmaterial für
Schwefelsäurefabrikation benutzt werden können, 3. die Wahrschein-
lichkeit, daß zahlreiche, früher durch cyanhaltige Gase stark an-
gegriffene Apparate eine längere Lebensdauer haben werden.

Welch große Wichtigkeit dem Orte, den der Cyanwäscher im
Betriebe hat, zukommt, geht aus einem Berichte Ritzingers[2]) über
die Anlage auf dem Gaswerke Kaiserslautern hervor. Dort konnte
man der ursprünglichen Apparatenanordnung halber den Wäscher

---

[1]) Journal für Gasbeleuchtung 1903, 143.
[2]) Journal für Gasbeleuchtung 1903, 45.

nicht vor die Wasserkühler stellen, sondern mußte ihn hinter diesen in die Gasleitung einschalten. Vor den Kühlern enthält das Gas Cyanwasserstoff entsprechend 7,1 g Ferrocyankalium, hinter ihnen nur noch 4,3 g pro 1 cbm, die Differenz von 2,8 g geht also mit den Kondensationswässern verloren. Sonst decken sich die dort erzielten Resultate mit den vorerwähnten, doch wird der Ansicht Ausdruck verliehen, daß nach Wegfall der Patentlizenzkosten direkte, finanzielle Vorteile durch den Verkauf des Cyanschlamms zu erwarten seien.

Über den Verlauf der Absorption im Cyanwäscher hat Keppeler[1]) auf dem Darmstädter Gaswerke eingehende Versuche angestellt, deren Resultate wichtig und interessant genug sind, um hier auszugsweise wiedergegeben zu werden. Der untersuchte Wäscher hatte wie üblich vier Cyanabsorptionskammern, die im folgenden mit I, II, III und IV bezeichnet sind, wobei I die dem Gaseintritt und IV die dem Gasausgang zunächst liegende Kammer darstellt.

Für die in der Waschflüssigkeit der verschiedenen Kammern enthaltenen Mengen an Cyan, gebundenem und flüchtigem Ammoniak fand Keppeler folgende Werte:

1. Cyan.

Nr. der Probe	Gasdurchgang in cbm	Blaugehalt in %				Blauaufnahme	
		Kammer				kg im ganzen	g pro cbm
		I	II	III	IV		
1	21500 <	13,83	11,06	3,32	0,47	39,36	1,8
2	17150 <	14,10	11,34	2,35	0,18	29,70	2,0
3	18000 <	13,69	9,27	2,21	0,04	57,39	3,2
4	17850 <	13,97	12,45	4,15	0,08	21,90	1,2
5	17850 <	12,86	10,51	0,55	0,06	40,95	2,3
6		13,42	10,51	0,76	0,08		
	Mittel:	13,65	10,86	2,22	0,15		2,3

2. Gebundenes Ammoniak.

Nr. der Probe	Gasdurchgang in cbm	Gehalt an gebundenem Ammoniak in %				Ammoniakaufnahme	
		Kammer				kg im ganzen	g pro cbm
		I	II	III	IV		
1	21500 <	5,02	4,83	4,46	2,98 ?	17,78	0,73
2	17150 <	5,24	5,01	3,91	3,37	16,02	0,93
3	18000 <	5,44	4,93	3,94	3,32	16,68	0,93
4	17850 <	5,49	4,88	3,91	3,47	14,01	0,80
5	17850 <	5,30	4,78	3,31 ?	3,38	13,38	0,75
6		5,37	4,77	3,91	2,86		
	Mittel:	5,31	4,87	3,91	3,25		0,83

[1]) Journal für Gasbeleuchtung 1904, 245.

3. Flüchtiges Ammoniak.

Nr. der Probe	Gas- durchgang in cbm	Gehalt an flüchtigem Ammoniak in %				Ammoniak- aufnahme	
		Kammer				kg im ganzen	g pro cbm
		I	II	III	IV		
1	21500 <	1,94	1,65	1,40	1,16	4,08	0,19
2	17150 <	1,57!	1,44	1,34	1,22	2,55	0,15
3	18000 <	1,26!	1,58	1,28	0,73	7,80	0,43
4	17850 <	1,94	1,67	1,51	1,07	4,50	0,26
5	17850 <	1,68!	1,78	1,22	1,07	6,48	0,37
6		1,80!	1,35	1,45	1,13		
	Mittel:	1,83	1,66	1,37	1,06		0,28

Aus diesen Zahlen geht nun zunächst hervor, daß die Cyanabsorption in der Kammer IV fast gleich Null ist, in Kammer III
etwas an Umfang zunimmt und am energischesten in Kammer II
vonstatten geht. Mit dieser Cyanabsorption geht die Aufnahme
unlöslichen Ammoniaks Hand in Hand, da die entstehende Eisen-
cyanverbindung ja Ammoniak bindet. Während die Füllung in
Kammer IV durchschnittlich nur 3,25 % enthält, also diejenige Menge,
welche bei der Zerlegung des Eisenvitriols als Ammoniumsulfat in
Lösung bleibt, steigt der Ammoniakgehalt mit jeder weiteren Kammer und erreicht in Kammer I den höchsten Betrag, 5,31 % im Mittel.
Auch der Gehalt an flüchtigem Ammoniak steigt in gleichem Sinne,
aber bei weitem nicht im gleichen Maße, und in Kammer I findet
sogar manchmal wieder ein Zurückgehen desselben statt. Keppeler
schließt daraus, daß das zur Bildung der Ferrocyaneisen-Ammonium-
verbindung nötige Ammoniak der Flüssigkeit und nicht dem Gase
direkt entnommen werde. Um diesen Vorgang möglichst zu unterstützen, empfiehlt er, sich mit dem Umpumpen der Kammerinhalte
nicht nach der Ausfällung des Eisens in Kammer IV zu richten,
sondern der Waschflüssigkeit Zeit zur Aufnahme flüchtigen Ammoniaks zu lassen. Am zweckmäßigsten richtet man sich nach dem
Inhalte von Kammer I und beginnt mit dem Umpumpen, wenn
dieser 14 % Blau enthält, dann hat die Waschflüssigkeit in den
anderen Kammern auch genügend Ammoniak aufgenommen. Es ist
nicht nötig, zu diesem Zwecke jedesmal eine Blaubestimmung zu
machen, da der Cyangehalt des Gases sehr gleichmäßig ist. Daher
genügt die einmalige Bestimmung der Gasmenge, welche zur Sätti-
gung nötig ist, und diese wird dann stets zugrunde gelegt. In Darm-

stadt, wo das Gas nur ca. 2 g Blau pro cbm enthält, muß man nach 18000 cbm Gasdurchgang umpumpen, während Ritzinger (l.c.) für Kaiserslautern 9750 cbm angibt, da dort das Gas pro cbm 4,3 g Ferrocyankalium = 2,9 g Berlinerblau enthält.

Keppelers Versuche zeigen recht gut den Verlauf der Absorption und lassen auch gewisse Schlüsse auf die Art der letzteren zu, einen tieferen Einblick in die Chemie des Verfahrens gewähren sie jedoch nicht. Da dasselbe aber eine große, industrielle Wichtigkeit erlangt hat, ist das Interesse an den chemischen Vorgängen dabei ebenfalls gesteigert worden, weil durch deren Kenntnis etwaige Verbesserungen ermöglicht werden. Aus diesem Grunde verdient noch eine sehr sorgfältige Untersuchung Felds[1]), die speziell den Chemismus des Buebschen Verfahrens zum Gegenstande hat, hier, und zwar als Schluß der Besprechung, erwähnt zu werden.

Diese Untersuchung hatte zum Zwecke, darzulegen, inwieweit Buebs eigene Anschauungen über das Wesen seines Prozesses richtig seien, für welche Werke das Verfahren in Betracht komme und welche Form die geeignetste sei. Die Versuche erstreckten sich auf die Vorgänge bei der Cyanabsorption, auf die Verarbeitung des Ammoniakcyanschlammes und auf die Rhodanbildung bei der Gewinnung des Cyans als Ammoniumferrocyanid.

Um die Vorgänge bei der Absorption kennen zu lernen, entnahm Feld aus den vier Kammern eines Cyanwäschers, der auf einem Gaswerke in Betrieb war, zu gleicher Zeit je drei Proben, und zwar je eine Probe $\frac{1}{2}$ Stunde, 10 Stunden und 21 Stunden nach Füllung der Kammern. In diesen Proben wurde nun nach Felds Methode (S. 50, 209) ermittelt: der Gehalt an Schwefeleisen, der Gehalt an löslichen und unlöslichen Ferrocyanverbindungen (berechnet als Berlinerblau $Fe_7(CN)_{18}$), der Gehalt an löslichem und unlöslichem Ammoniak und der Gehalt an verunreinigenden Schwefelverbindungen, nämlich Schwefelammonium, Ammoniumthiosulfat und Ammoniumrhodanid.

Dabei ergab sich, daß in denjenigen Proben, welche $\frac{1}{2}$ Stunde nach dem Überpumpen entnommen waren, der Gehalt an unlöslichen Cyanverbindungen von Kammer I (zunächst dem Gasausgang) bis Kammer IV (zunächst dem Gaseingang) stetig zunahm und in der letzteren mit 9,42% den Höhepunkt erreichte bei gleichzeitigem, beinahe völligem Verschwinden des Schwefeleisens, während die Menge

---

[1]) Journal für Gasbeleuchtung 1904, 132 ff.

16*

der löslichen Ferrocyanverbindungen nur ca. 0,5% des Gesamtcyans betrug. Bei längerem Verweilen in Kammer IV stieg der Gehalt an löslichem Ammoniumferrocyanid, und zwar in viel stärkerem Maße, als der Abnahme des unlöslichen Cyans entsprach. Hatte der Schlamm in Kammer IV $\frac{1}{2}$ Stunde nach dem Überpumpen 0,48% $Fe_7 (CN)_{18}$ in löslicher und 9,42% $Fe_7 (CN)_{18}$ in unlöslicher Form enthalten, so fanden sich darin nach 10 Stunden 4,11% resp. 8,61%, und Feld schließt daraus, daß sich das lösliche Ammoniumferro-cyanid $(NH_4)_4 Fe (CN)_6$ aus Eisencyanür $Fe (CN)_2$ und Ammonium-ferrocyaneisen $(NH_4)_2 Fe \cdot Fe (CN)_6$ durch Addition von Cyanammo-nium $(NH_4) CN$ bilde. Der Gehalt an unlöslichem Ammoniak blieb mit Ausnahme eines einzigen Falles beträchtlich hinter der für die Verbindung $(NH_4)_2 Fe Fe (CN)_6$ berechneten Menge zurück und er-reichte sein Maximum, 77% der Theorie, zugleich mit dem Maximal-gehalt an unlöslichem Ferrocyan, im allgemeinen war er sehr un-regelmäßig und schien von äußeren Umständen abhängig zu sein. Auf Grund dieser Resultate nimmt Feld an, daß die Absorption in drei Stadien verlaufe:

Erstes Stadium: Bildung von Schwefeleisen:

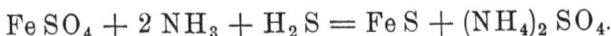

$$Fe SO_4 + 2 NH_3 + H_2 S = Fe S + (NH_4)_2 SO_4.$$

Zweites Stadium: Bildung von Eisencyanür und un-löslichem Ammoniumferrocyanid:

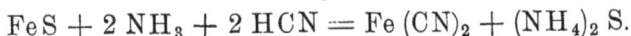

$$FeS + 2 NH_3 + 2 HCN = Fe (CN)_2 + (NH_4)_2 S.$$

Daneben findet im Anfang in untergeordnetem Maße, später reichlicher, folgende Nebenreaktion statt:

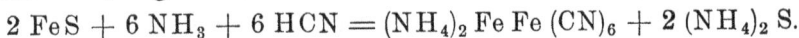

$$2 FeS + 6 NH_3 + 6 HCN = (NH_4)_2 Fe Fe (CN)_6 + 2 (NH_4)_2 S.$$

Drittes Stadium: Bildung von löslichem Ammonium-ferrocyanid:

$$Fe (CN)_2 + 4 NH_3 + 4 HCN = (NH_4)_4 Fe (CN)_6$$

mit der Nebenreaktion

$$(NH_4)_2 Fe Fe (CN)_6 + 6 NH_3 + 6 HCN = 2 (NH_4)_4 Fe (CN)_6.$$

Als Endprodukt der Cyanabsorption ergibt sich ein Schlamm, welcher zu einem Drittel bis zur Hälfte aus löslichem Ferrocyan-ammonium $(NH_4)_4 Fe (CN)_6$, zu einem Viertel bis einem Drittel aus unlöslichem Eisencyanür $Fe_2 Fe (CN)_6$ und zu einem Viertel bis einem Drittel aus unlöslichem Ammoniumferrocyaneisen $(NH_4)_2 Fe Fe (CN)_6$ besteht (siehe dazu die Untersuchungen von Hand sowie Ost und Kirschten S. 233).

Da man also, wie übrigens auch von anderer Seite mehrfach bewiesen worden ist, bei B u e b s Verfahren stets ein Gemisch unlöslicher und löslicher Verbindungen erhält und da ferner die beste Ausnutzung des Eisens bei ausschließlicher Bildung löslichen Ammoniumferrocyanides stattfindet, so empfiehlt F e l d, die letztere besonders zu begünstigen, und zwar der Natur der Sache nach dadurch, daß man den Schlamm recht lange im Wäscher beläßt. Bei der von B u e b gewählten Konzentration der Eisenvitriollösung wird jedoch der Schlamm zu steif, und daher schlägt F e l d die Anwendung verdünnter Lösungen vor, bei denen auf 1 cbm Wasser nicht mehr als 200 kg $Fe\,SO_4 + 7\,H_2O$ kommen. Der Erfolg soll sowohl in einer Entlastung des Cyanwäschers, als auch in der Erzielung eines cyanreicheren Rohprodukts bestehen.

Für die erste Verarbeitung des Cyanschlamms schreibt B u e b[1]) vor, denselben zu kochen, um das flüchtige Ammoniak zu gewinnen und die Gesamtmenge des Ferrocyans quantitativ unlöslich zu machen. F e l d hat nun mit verschiedenen Schlämmen teils für sich allein, teils unter Zusatz von Eisenverbindungen Kochversuche angestellt und kommt dabei ungefähr zu folgenden Resultaten: Beim Kochen von Schlämmen, die außer Ferrocyansalzen keine Eisenverbindungen enthalten, treten durch Freiwerden und Verflüchtigung von Cyanwasserstoff Cyanverluste ein, die bis zu 10% und höher steigen können, ohne daß die Gesamtmenge des im Rückstande verbliebenen Ferrocyans unlöslich wird, im Gegenteil sind noch bis zu 25% des Cyans in Form löslicher Doppelsalze im gekochten Schlamm vorhanden. Kochen des Schlamms bei Gegenwart von Schwefeleisen vermindert zwar die Cyanverluste, hebt sie aber nicht ganz auf und macht auch nicht alles Cyan im Schlamm unlöslich. Setzt man dagegen dem Schlamm vor dem Kochen Eisenvitriollösung im Überschuß zu, so werden die Verluste vermieden, und man erhält nicht nur alles Cyan in unlöslicher Form, sondern kann durch Wahl der richtigen Verhältnisse und Bedingungen sogar völlig ammoniakfreie, unlösliche Ferrocyanverbindungen gewinnen. Die Reaktionen verlaufen dann nach folgenden Gleichungen:

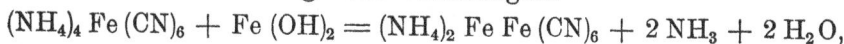

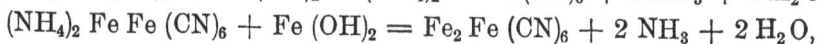

$$(NH_4)_4\,Fe\,(CN)_6 + Fe\,(OH)_2 = (NH_4)_2\,Fe\,Fe\,(CN)_6 + 2\,NH_3 + 2\,H_2O,$$
$$(NH_4)_2\,Fe\,Fe\,(CN)_6 + Fe\,(OH)_2 = Fe_2\,Fe\,(CN)_6 + 2\,NH_3 + 2\,H_2O,$$

wobei man diesen Gleichungen entsprechend an Stelle des Eisenvitriols auch direkt Eisenoxydulhydrat anwenden kann.

---

[1]) Journal für Gasbeleuchtung 1900, 748.

Die Rhodanbildung bei der Cyanabsorption nach Buebs Verfahren tritt nach Felds Versuchen hauptsächlich in Kammer I (zunächst dem Gasausgange) ein, weil dort die größte Menge Schwefeleisen vorhanden ist und daher etwa im Gase vorhandener Sauerstoff leicht Gelegenheit findet, nach der Gleichung

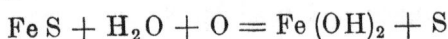

$$FeS + H_2O + O = Fe(OH)_2 + S$$

freien Schwefel abzuscheiden, der dann wie folgt zur Reaktion kommt:

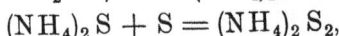

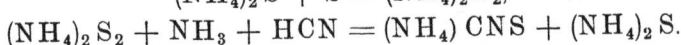

$$2 NH_3 + 2 H_2S + O = (NH_4)_2S + H_2O + S,$$
$$(NH_4)_2S + S = (NH_4)_2S_2,$$
$$(NH_4)_2S_2 + NH_3 + HCN = (NH_4)CNS + (NH_4)_2S.$$

Daraus geht hervor, daß sich für jedes Atom Sauerstoff ein Molekül Rhodanammonium bilden kann.

In den Kammern II bis IV pflegt der Rhodangehalt nicht mehr zuzunehmen und erreicht wahrscheinlich unter normalen Verhältnissen bei einem Blaugehalte von 14 % im fertigen Schlamm nicht mehr als 0,6 % des Gesamtcyans. Feld meint jedoch, daß diese normalen Verhältnisse schwierig zu erzielen seien, und konstatiert in acht fertigen Schlämmen als Grenzen des Rhodangehalts 0,60 bis 3,56 % des Gesamtcyans und im Durchschnitt 1,90 %. Wenn auch der Rhodangehalt des Schlammes in den Kammern II bis IV nicht mehr zunimmt, so tritt nach Felds Ansicht in diesen dennoch eine Rhodanbildung auf, nur wird das entstandene Rhodanammonium durch die sehr großen Mengen von Schwefelwasserstoff und Kohlensäure zerlegt und der Rhodanwasserstoff vom Gase mit fortgeführt. Als Beleg bringt Feld die Analyse des hinter dem Cyanwäscher gewonnenen Gaswassers, wonach dasselbe im Liter 0,21 g Rhodanammonium und 0,40 g Ferrocyan als $Fe_7(CN)_{18}$ berechnet enthielt. Dieser Beweis erscheint jedoch nicht als einwandfrei, da die Waschwässer meistens Sauerstoff gelöst enthalten, welcher sehr leicht die Bildung von Rhodan aus anderen Cyanverbindungen bewirken kann, und solche Cyanverbindungen waren nach der Analyse tatsächlich vorhanden. Dennoch ist Felds Schlußfolgerung durchaus berechtigt, daß man nämlich bei dem Ammoniakcyan-Waschverfahren auf sauerstofffreies Gas halten solle und daß aus diesem Grunde das Verfahren für Kokereigase nicht geeignet sei.

Gut geleitete Gaswerke produzieren übrigens sauerstoffarmes Gas und können daher unbedenklich das Ammoniakcyan-Waschverfahren anwenden. Sofern aber bei der Schwefelreinigung die Masse durch

Luftzusatz zum Gase in den Reinigern regeneriert wird, darf der Luftzusatz allerdings erst hinter dem Cyanwäscher erfolgen, sonst ist eine weitgehende Rhodanbildung unvermeidlich.

Feld hat die beiden hauptsächlichen Cyanabsorptionsverfahren, dasjenige von Foulis und das Buebs in einer recht originellen Weise kombiniert, wobei er sich auf die Vorgänge bei dem Ammoniaksodaprozeß stützt. Sein Verfahren bezweckt, Ammoniak und Cyanwasserstoff gleichzeitig unter Umgehung jeglicher Rhodanbildung aus Destillationsgasen auszuwaschen, auch wenn diese Gase, wie z. B. bei Koksöfen, sauerstoffhaltig sind. Nach seinem D. R. P. Nr. 151 820 vom Jahre 1904 benutzt er als Absorptionsflüssigkeit Lösungen von Salzen, deren Oxyde, Hydrate, Sulfide oder Karbonate Ammoniak aus seinen Salzen auszutreiben vermögen, und setzt diesen so viel einer Eisenoxydulverbindung zu, daß auf ein Atom Eisen mindestens vier Moleküle des Salzes eines einwertigen oder zwei Moleküle des Salzes eines zweiwertigen Metalles kommen. Das Gas muß eine hinreichende Menge Ammoniak enthalten; ist das nicht der Fall, so wendet man ammoniakalische Lösungen der Salze oder Ammoniumsalzlösungen in Verbindung mit den entsprechenden Oxyden, Hydraten, Sulfiden oder Karbonaten neben der Eisenoxydulverbindung an.

Auf die Salzlösung, z. B. Chlormagnesiumlösung, wirkt nun das Ammoniak und Kohlendioxyd des Gases unter Bildung von Chlorammonium und Magnesiumkarbonat ein:

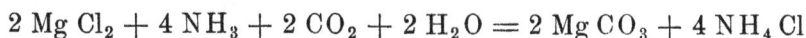

$$2 \, MgCl_2 + 4 \, NH_3 + 2 \, CO_2 + 2 \, H_2O = 2 \, MgCO_3 + 4 \, NH_4Cl$$

und das Magnesiumkarbonat reagiert mit Eisenoxydulhydrat und Cyanwasserstoff unter Bildung von Ferrocyanmagnesium:

$$2 \, MgCO_3 + Fe(OH)_2 + 6 \, HCN = Mg_2Fe(CN)_6 + 2 \, CO_2 + 4 \, H_2O.$$

Zur Ausführung des Verfahrens wird das Gas durch Waschen mit Teer, durch Stoßkondensation und Waschen mit Teeröl zunächst von Teer befreit. Darauf behandelt man es mit Ammoniakwasser aus den Vorlagen, dessen Ammoniak durch Kalkmilch in Freiheit gesetzt ist, reichert das Gas dadurch an Ammoniak an und entfernt gleichzeitig den Wasserdampf. Nunmehr gelangt das Gas, reichlich mit Ammoniak beladen, in den Ammoniakcyanwäscher.

Dieser wird mit einer Waschlauge berieselt, deren Zusammensetzung von den besonderen Verhältnissen des Werkes abhängt. (Ich folge hierbei der Ausführung von Felds Prospekt.) Verarbeitet das betreffende Gaswerk sein Ammoniak selbst und verkauft das Cyan oder verkauft beide getrennt, so wäscht man mit solchen Salzen, die unlösliche Cyanverbindungen geben. Werden aber Ammoniak und Cyan zusammen verkauft, so benutzt man Salze, bei denen das Cyan in löslicher Form gewonnen wird.

Als Waschlauge kann man z. B. eine Lösung von Natriumsulfat und Eisenvitriol in den geeigneten Verhältnissen verwenden und soll dann Ammoniumsulfat und Ferrocyannatrium erhalten. Wie beim Ammoniaksodaprozeß wirken Ammoniak und Kohlendioxyd gleichzeitig auf das Natriumsulfat unter Bildung von Ammoniumsulfat und Natriumkarbonat, das letztere setzt sich dann mit dem ausgeschiedenen Eisenoxydulhydrat und Cyanwasserstoff in Ferrocyannatrium um.

Feld hat sein Verfahren auf dem Gaswerk Hamburg-Billwärder probeweise eingeführt und dabei nach seinen eigenen Angaben sehr gute qualitative und quantitative Resultate erzielt. Unverständlich bleibt es nur, warum man dort trotzdem wieder davon abgegangen ist und ein anderes Verfahren eingeführt hat.

Feld stellt allerdings die heutige Methode der Ammoniak- und Cyangewinnung als außerordentlich mangelhaft und verbesserungsbedürftig hin, und das ist bei Empfehlung eines neuen Verfahrens immerhin verdächtig. Er sagt z. B., es sei ein Nachteil, daß bei der üblichen Manier das Ammoniak nur unvollkommen aus dem Gase gewonnen werde, ein nicht unerheblicher Teil bleibe stets darin. Das ist jedoch wohl großenteils Absicht, da Ammoniak die Absorption des Schwefelwasserstoffs in der trockenen Reinigung ungemein befördert. Man muß sich vorläufig eines Urteils über Felds Verfahren noch enthalten, bis Resultate von unparteiischer Seite vorliegen. Felds eigene Zahlen allein können dafür keinesfalls genügen.

b) Absorption des Cyanwasserstoffs in Form von Rhodanverbindungen.

Obgleich die Rhodansalze sich keiner besonderen Nachfrage erfreuen, haben doch verschiedene, übrigens nur englische Fachmänner vorgeschlagen, das Cyan in Form von Rhodansalzen zu gewinnen, allerdings mit Rücksicht auf die spätere Umwandlung des Rhodanids in Alkalicyanid. Die Methoden haben alle viel Ähnlichkeit miteinander und beruhen auf der Behandlung des Gases mit freiem Schwefel bei Gegenwart einer starken Base.

Nach dem englischen Patent Nr. 13653 des Jahres 1901 von Smith, Gidden, Salamon und Albright wird das gekühlte, teerfreie Rohgas mit einer wäßrigen Suspension freien Schwefels

gewaschen, die im Liter 100 g pulverisierten Schwefel oder Schwefelblumen enthält. Unter dem Einflusse des im Gase vorhandenen
Ammoniaks geht die Bildung von Rhodanammonium vor sich, und
man beläßt die Flüssigkeit so lange im Standardwäscher, bis ihr
Gehalt an Rhodanammonium ca. 200 g pro Liter beträgt. Darauf
wird sie in Kolonnenapparaten vom freien Ammoniak befreit und
zur Kristallisation eingedampft.

Carpenter empfiehlt in dem englischen Patent Nr. 22710 vom
Jahre 1902, zum Waschen des Gases Kalkmilch und suspendierten
Schwefel anzuwenden. In Gemeinschaft mit Somerville hat er
nach dem englischen Patent Nr. 8166 von 1903 sein Verfahren
später dahin abgeändert, daß statt das Kalks Magnesia benutzt wird.
Zur Ausführung dieser Methode behandelt man Magnesiamilch und
Schwefelblumen in der Kälte mit Schwefelwasserstoff oder schwefelwasserstoffhaltigen, kohlendioxydfreien Gasen und wäscht das cyanhaltige Gas mit der so präparierten Flüssigkeit, bis alles Schwefel-
magnesium in Rhodanmagnesium übergeführt ist, was man an dem
Farbloswerden der gelblichen Lösung erkennt. Darauf filtriert man
die überschüssigen Schwefelblumen ab und dampft das Filtrat zur
Kristallisation ein oder verarbeitet es in bekannter Weise auf andere
geeignete Rhodansalze.

Das Verfahren der Cyanabsorption mit Schwefel unter Zuhilfenahme des im Gase vorhandenen Ammoniaks hat sich auch The
British Cyanides Company, Limited, in Deutschland unter
Nr. 136397 patentieren lassen, doch scheint es nach den Angaben
des Patentes, als wenn es sich nur um eine Übertragung des englischen Patents von Smith, Gidden etc. handelte. Dieses Verfahren ist auf dem Gaswerke der Wallsall Gas Company in
Betrieb, und Pleck[1]) teilt in bezug darauf mit, daß ungefähr 90%
des im Gase enthaltenen Cyanwasserstoffs als Rhodanammonium
gewonnen würden. Als nachteilig für die Absorption habe sich ein
hoher Gehalt des Gases an Kohlendioxyd erwiesen, während reichliche Mengen Ammoniak und Schwefelwasserstoff sehr günstig seien
und den schädlichen Einfluß des Kohlendioxyds aufheben könnten.
Die Ausbeute an Rhodanid betrage pro ton Kohle 4,5 lbs (2,04 kg).

Lewis (l. c.) hat zwar schon 1897 die Gewinnung des Cyanwasserstoffs in Form von Rhodansalzen als am besten geeignet zur
späteren Erzeugung von Alkalicyaniden empfohlen (er schlägt zu

---

[1]) Journal of Gaslight 1903, Vol. 84, 218.

diesem Zwecke die Waschung mit Schwefelnatriumlösung vor, die
durch Behandeln von Alkalilaugen mit Saturationsgasen der Ammoniakfabriken hergestellt werden), sie hat sich jedoch bis heute
aus naheliegenden Gründen nicht recht einzubürgern vermocht, und
die oben erwähnte Anwendung auf den Wallsall-Gaswerken dürfte
wohl einen Ausnahmefall darstellen.

c) Absorption des Cyanwasserstoffs in Form von Cyaniden.

Eines der schwierigsten Probleme der Cyanindustrie bildet die
Gewinnung des Cyanwasserstoffs aus Leuchtgas und Koksofengas in
Form von Cyaniden der Alkali- oder Erdalkalimetalle oder des Magnesiums, und viele Forscher haben sich schon vergeblich bemüht,
dasselbe zu lösen.

Neuerdings hat nun Feld ein Verfahren angegeben und sich
als D. R. P. Nr. 141624 schützen lassen, nach welchem der Cyanwasserstoff als einfaches Cyanid absorbiert und darauf wieder in
Freiheit gesetzt und durch Kali- oder Natronlauge aufgenommen
werden soll.

Das rohe Steinkohlengas wird zunächst von Teer und Wasser
befreit und dann mit der heißen Lösung eines basischen Magnesium-
salzes gewaschen, welche das Kohlendioxyd absorbiert. Darauf folgt
eine Waschung mit heißen, sauren Lösungen oder Suspensionen von
Eisenoxyd, Manganoxyd oder Bleiverbindungen, oder mit heißen,
neutralen oder basischen Lösungen oder Suspensionen von Mangan-,
Blei- oder Zinkverbindungen, wodurch der Schwefelwasserstoff beseitigt wird.

Zur Absorption des Cyanwasserstoffs wäscht man schließlich das
nunmehr gereinigte Gas mit kalten Lösungen, die neutrale oder
basische Karbonate, Hydrate oder Oxyde von Magnesium, Zink,
Aluminium, Mangan oder Blei entweder für sich oder gemischt oder
in Mischung mit Oxyden, Hydraten oder Karbonaten der Alkali-
oder Erdalkalimetalle enthalten.

Hat sich die Lösung mit Cyanwasserstoff (als Cyanid) gesättigt,
so wird sie entweder für sich oder nach Zusatz eines Salzes des
Magnesiums, Aluminiums, Bleis, Zinks oder des Mangans gekocht
und gibt dabei die Gesamtmenge des absorbierten Cyanwasserstoffs
ab. Da dieser rein ist, kann man ihn direkt in eventuell alkoholischen Alkalilaugen absorbieren und als Alkalicyanid gewinnen.

Bis jetzt hat das Verfahren nur als Analysenmethode Verwendung gefunden, wie schon erwähnt wurde, wenigstens ist noch nichts darüber in die Öffentlichkeit gedrungen, daß man auch zur Darstellung von Cyaniden davon Gebrauch gemacht hat. Daher ist es zurzeit unmöglich, ein Urteil über den Wert des Verfahrens zu gewinnen.

6. Die Verarbeitung der Rhodansalze.

Es wurde schon mehrfach erwähnt, daß die Rhodanverbindungen keinen begehrten Handelsartikel darstellen und in der Industrie eine nur bescheidene Verwendung finden. Da sie aber bei manchen Cyangewinnungsprozessen in nicht unbedeutenden Mengen als Nebenprodukt abfallen, bei anderen sogar als Hauptprodukt gewonnen werden, so hat man sich bemüht, sie durch Umwandlung in andere, wertvollere Cyanverbindungen nutzbar zu machen. Diese Bestrebungen reichen ziemlich weit zurück, was am besten daraus hervorgeht, daß schon im Jahre 1877 der Verein zur Beförderung des Gewerbefleißes[1]) einen Preis von 1000 Mark und die silberne Denkmünze für ein einfaches Verfahren zur Umwandlung von Rhodankalium in Cyankalium aussetzte. Der Preis ist nicht zur Verteilung gekommen, doch haben sich im Laufe der Zeit viele Methoden entwickelt, die teils die Erzeugung von Ferrocyaniden, teils diejenige von Cyaniden aus Rhodansalzen zum Gegenstand haben.

a) Darstellung von Ferrocyaniden aus Rhodanverbindungen.

Die meisten der hierauf bezüglichen Verfahren haben große Ähnlichkeit miteinander und beruhen auf der Entschwefelung der Rhodanide durch Erhitzen mit metallischem Eisen. Es entsteht dabei also Cyanid neben Schwefeleisen, und die Bildung von Ferrocyanid geht erst beim Behandeln des Reaktionsprodukts mit Wasser vor sich.

Einer der ältesten Vorschläge stammt aus dem Jahre 1878 und ist von Alander[2]) (Alexander?) angegeben worden. Nach demselben wird Rhodanammonium mit seinem doppelten Äquivalente an Kaliumkarbonat, Kohle und Eisenfeile gemischt, mit Öl zu einer Paste angemengt und darauf in bedeckten Eisentiegeln zur Rotglut erhitzt. Das Reaktionsprodukt laugt man mit einer wäßrigen Suspension frisch gefällten Eisenoxydulhydrats aus, filtriert vom Niederschlage ab und bringt das Filtrat zur Kristallisation. Dabei sollen

---

[1]) Journal für Gasbeleuchtung 1877, 51.
[2]) Ebenda 1878, 20.

40 bis 60% des angewandten Rhodanammoniums als Ferrocyankalium gewonnen werden, die Ausbeute ist also nicht sehr hoch. Hierzu kommt noch der große Verlust an Ammoniak, der wohl schon allein den Wert des Vorschlages aufhebt.

In ähnlicher Weise, jedoch mit Kalium- oder Natriumrhodanid, wollen auch Hetherington und Muspratt nach dem englischen Patent Nr. 5830 vom Jahre 1894 arbeiten. Sie erhitzen zunächst Eisendrehspäne o. dgl. mit Pech zur Rotglut, um etwa anhaftenden Rost zu reduzieren, schmelzen darauf 100 Teile Rhodankalium in einem mit Rührwerk versehenen, geschlossenen Eisengefäß oder einem rotierenden Zylinder, fügen 70 bis 80 Teile der reduzierten Eisenspäne und 20 bis 40 Teile Pech hinzu und erhitzen das Ganze auf 700 bis 800 F (370 bis 430° C), wobei etwa entweichende Rhodanverbindungen in einer mit Wasser beschickten Vorlage aufgefangen werden. Das Reaktionsprodukt besteht aus Ferrocyankalium (?), Schwefelkalium, Schwefeleisen und etwas unverändertem Rhodankalium. Es wird in Wasser gelöst und filtriert, das Schwefelkalium durch Einleiten von Kohlendioxyd in Kaliumkarbonat verwandelt und darauf das Ferrocyankalium zur Kristallisation gebracht. Bei Darstellung des Natriumsalzes soll man die Zersetzung des Schwefelnatriums erst nach erfolgter Kristallisation des Ferrocyannatriums bewirken, der Löslichkeitsverhältnisse wegen, das erscheint aber nicht angebracht, weil beim längeren Erhitzen von Ferrocyaniden mit Schwefelalkalien eine Rückbildung von Rhodanid in gewissem Umfange statthat.

Crowther, Rossiter, Hood und Albright empfehlen in dem englischen Patent Nr. 8305 (1895), Rhodanalkalien in einem Stickstoff- oder Kohlendioxydstrom bei 450 bis 500 F (ca. 230 bis 320° C) zu trocknen und in Rührwerken bei Luftabschluß nur mit reinen Eisenspänen auf Rotglut zu erhitzen. Die Schmelze wird wie vorstehend angegeben verarbeitet.

Nach Goerlich und Wichmann, D. R. P. Nr. 82081, soll man die Reaktionsprodukte nicht direkt auslaugen, da der Rückstand sonst wertlos sei. Das Verfahren verläuft ja nach der Gleichung:

$$6\,KCNS + 6\,Fe = 6\,KCN + 6\,FeS.$$

Laugt man nun die Schmelze aus, so geht folgendes vor sich:

$$6\,KCN + 6\,FeS + 3\,H_2O = [K_4Fe(CN)_6 + 3\,H_2O] + K_2S + 5\,FeS.$$

Man erhält also Schwefeleisen und Schwefelkalium. Nach dem Patent läßt man die Schmelze dagegen zunächst an der Luft oxydieren und erhält dann, da die Luft stets kohlendioxyd- und wasserhaltig ist, folgenden Verlauf:

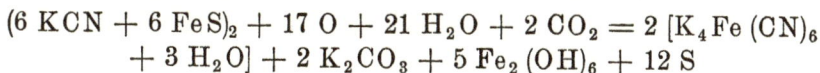

$$(6 \ KCN + 6 \ FeS)_2 + 17 \ O + 21 \ H_2O + 2 \ CO_2 = 2 \ [K_4Fe \ (CN)_6$$
$$+ 3 \ H_2O] + 2 \ K_2CO_3 + 5 \ Fe_2(OH)_6 + 12 \ S$$

dessen Produkte sämtlich ausgewertet werden können.

Während bei den genannten Verfahren stets verhältnismäßig hohe Temperaturen angewandt werden und die Prozesse im Schmelzfluß verlaufen, sind auch Methoden angegeben, bei denen die Reaktionen in wäßrigen Lösungen vor sich gehen.

Sternberg empfiehlt im D. R. P. Nr. 32 892, Rhodansalzlösungen mit dem doppelten Gewichte der zur Schwefeleisenbildung notwendigen Menge Eisenfeile und dem doppelten Gewichte der zur Ferrocyanbildung nötigen Menge Eisenoxydulhydrat in einem mit Rührwerk versehenen Autoklaven auf 110 bis 120° C zu erhitzen. Er gibt an, daß nach 12 stündiger Einwirkung 80% des Rhodansalzes in Ferrocyanid umgewandelt seien.

Conroy[1]) hat das Verfahren dahin abgeändert, daß er Rhodancalcium in Lösung mit Eisenchlorür und molekularem Eisen bei 140 bis 150° C und 3,5 bis 4,2 Atm. Druck im Autoklaven mit Rührwerk behandelt. Nach 5½ stündigem Erhitzen soll die Ausbeute fast quantitativ sein nach der Gleichung:

$$Ca \ (CNS)_2 + 2 \ Fe + FeCl_2 = CaCl_2 + Fe \ (CN)_2 + 2 \ FeS.$$

Das Reaktionsprodukt wird mit Salzsäure aufgenommen, der unlösliche Cyaneisenrückstand von der Lösung getrennt, sorgfältig gewaschen und dann in üblicher Weise auf Ferrocyankalium verarbeitet.

Ob eines der genannten Verfahren Eingang in die Praxis gefunden hat, konnte nicht ermittelt werden, viel Aussicht auf Erfolg ist aber wohl keinem zuzusprechen, da Ferrocyankalium, wie wir sahen, aus anderen Quellen in fast beliebigen Mengen zu einem Preise geliefert werden kann, mit welchem die Rhodanverfahren nur dann zu konkurrieren vermögen, wenn die fertigen Rhodansalze fast kostenlos zur Verfügung stehen.

---

[1]) Journ. of the Soc. of Chem. Ind. 17, 98.

b) Darstellung von Cyaniden aus Rhodansalzen.

Anstatt die Entschwefelung der Rhodanide mit metallischem Eisen vorzunehmen, hat Playfair in dem englischen Patent Nr. 6333 vom Jahre 1890 empfohlen, Zink oder Blei anzuwenden, wie es schon vor ihm Warren[1]) vorgeschlagen hatte. Die Reaktion verläuft dann nach der Gleichung:

$$Na\,CNS + Zn = Na\,CN + Zn\,S.$$

Zu ihrer Ausführung schmilzt man Zink mit etwas Kohlepulver im Graphittiegel nieder und fügt Rhodannatrium, am besten in flüssigem Zustande und in geringem Überschusse, hinzu. Die Masse beginnt zu erglühen und wird dickflüssig, sobald die Reaktion vollendet ist. Man läßt sie im Tiegel erkalten, entnimmt sie aus demselben und laugt sie darauf mit kaltem Wasser systematisch aus. Die filtrierte Lösung, welche im Liter ca. 240 g Cyannatrium enthält, wird nun im Vakuum zur Syrupkonsistenz eingedampft und durch Abkühlen zur Kristallisation gebracht. Nach Playfairs Mitteilung[2]) zeigte das kristallisierte Produkt in einem Falle folgende Zusammensetzung:

Cyannatrium	54,70 %	
Natriumcyanat und -formiat . .	9,45	»
Zinknatriumcyanid	3,90	»
Rhodannatrium	4,30	»
Natriumkarbonat	1,65	»
Wasser	26,00	»

und die Ausbeute an Cyannatrium betrug 70% der theoretischen.

Man sieht daraus, daß ein ziemlich unreines Cyannatrium erhalten wird, dessen Reinigung vornehmlich von Zink wohl einige Schwierigkeiten machen dürfte.

Lüttke hat in seinem D. R. P. Nr. 89607 vorgeschlagen, statt des kompakten Zinks Zinkstaub anzuwenden. Er mischt 97 kg Rhodankalium mit 65 kg Zinkstaub und erhitzt die Masse bis zum Beginn der Reaktion. Der Tiegel wird, sobald das Erglühen einsetzt, vom Feuer entfernt, da nunmehr durch die Reduktion genügend Wärme zur Vollendung entwickelt wird. Durch Zugabe von 1 bis 2% freien Alkalis kann man die Reaktionstemperatur herabsetzen und die Ausbeute erhöhen. Diese soll ca. 90% der theoreti-

---

[1]) Chem. News 62, 252.
[2]) Journ. of the Soc. of Chem. Ind. 11 (1892), 14.

schen betragen. Das Reaktionsprodukt wird wie bei Playfair durch Auslaugen aufbereitet.

Nach Raschen, Davidson und Brock, englisches Patent Nr. 24814 vom Jahre 1894, soll man die Entschwefelung der Rhodansalze durch Erhitzen mit Kalk und Kohle vornehmen. Das trockene Rhodankalium wird mit Kalk, Kohlepulver und einem pechartigen Bindemittel, Teer, Harz o. dgl. gemischt und unter Umrühren schnell und heftig erhitzt. Man läßt das Reaktionsprodukt erkalten, laugt es mit Wasser aus, fällt den Kalk mit Kaliumkarbonat und dampft das Filtrat ein. Es erscheint jedoch sehr fraglich, ob man nach diesem Verfahren irgendwie nennenswerte Ausbeuten an Cyankalium erzielen kann.

Neben den Versuchen, Rhodanide durch Metalle zu entschwefeln, hat man sich auch bemüht, die Reduktion mit Wasserstoff auszuführen. Schon Playfair war in dieser Richtung tätig, ohne jedoch brauchbare Resultate zu erzielen, während Sestini und Tunaro[1]) gefunden hatten, daß sich Rhodansalze durch naszierenden Wasserstoff reduzieren lassen. Conroy, Heslop und Shores[2]) nahmen nun Playfairs Versuche im Jahre 1901 wieder auf und kamen zu recht günstigen Ergebnissen. Sie schmolzen Rhodansalze in Röhren, leiteten bei 600° Wasserstoff hindurch und analysierten die erhaltenen Produkte. Die Resultate dieser Versuche waren folgende:

Versuch Nr.	Dauer in Minuten	Prozente des zersetzten Rhodankaliums	Produkte der Reduktion in Prozenten des zersetzten Rhodankaliums				
			KCN	H_2S	HCN	K_2S	NH_3
1	10	16	69	67	18	21	10
2	30	32,5	69	74	21	23	9
3	90	89,5	74	75	20	28	5
4	120	94	73	69	18	23	5
5	120	94	70	73	17	24	4
6	150	97	73	69	17	24	6
Im Mittel:			71	71	18	24	6,5

Danach kann also Rhodankalium durch Wasserstoff völlig zerlegt werden, und liefert dabei ca. 70% des Cyans als Cyankalium

---

[1]) Berliner Berichte 1882, 2223; nach Gazeta chim.
[2]) Journ. of the Soc. of Chem. Ind. 20 (1901), 320.

und ca. 20% als Cyanwasserstoff. Die Reaktion verläuft zunächst wahrscheinlich folgendermaßen:

$$KCNS + H_2 = KCN + H_2S,$$

während durch die Sekundärreaktion

$$2 KCN + H_2S = 2 HCN + K_2S$$

das Auftreten freien Cyanwasserstoffs zu erklären ist. Das Ammoniak verdankt seinen Ursprung offenbar der Gegenwart geringer Mengen Wasser im Rhodankalium, da dieses sich nur sehr schwer völlig trocknen läßt. Beim Erhitzen schmilzt das Rhodankalium und seine Farbe geht dabei über Rosa und Rot in Blau über, während infolge der Feuchtigkeit sich 1,5 bis 2% unter Bildung von Ammoniak und Schwefelwasserstoff zersetzen.

Rhodannatrium verhielt sich bei den Versuchen ähnlich wie das Kaliumsalz. Doch wurde noch mehr Ammoniak gebildet infolge des höheren Feuchtigkeitsgehalts. Die Erdalkalirhodanide zerfielen beim Behandeln mit Wasserstoff teils vollständig, teils ergaben sie nur Cyanwasserstoff, aber kein Cyanid. Kupferrhodanür lieferte ebenfalls nur Cyanwasserstoff neben Schwefelkupfer und etwas Metall; außerdem entstand Schwefelwasserstoff, Schwefelkohlenstoff und ein rotes Sublimat, das für sich erhitzt Ammoniak und Cyanwasserstoff entwickelt.

Die Anwendung des Kupferrhodanürs ist, wohl infolge von Conroys Versuchen, Gegenstand des D. R. P. Nr. 132294 der British Cyanides Company. Nach diesem mischt man Rhodankupfer mit der gleichen Menge fein verteilten, metallischen Kupfers und erhitzt das Ganze im Wasserstoffstrom auf ca. 500°. Die Reaktion verläuft dann wie folgt:

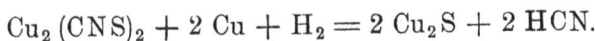

$$Cu_2(CNS)_2 + 2 Cu + H_2 = 2 Cu_2S + 2 HCN.$$

Die Gesamtmenge des Schwefels bleibt also als Kupfersulfür zurück und der Gasstrom enthält nur Cyanwasserstoff und Wasserstoff. Den ersteren absorbiert man durch Kali- oder Natronlauge und läßt den Wasserstoff wieder in den Betrieb zurückkehren.

Die Reduktion ist nun nicht die einzige Methode, um Rhodanverbindungen zu entschwefeln. Wir sahen vielmehr schon früher (S. 39 und 55), daß man den Schwefel der Rhodanwasserstoffsäure quantitativ zu Schwefelsäure oxydieren kann, wobei sich Cyanwasserstoff bildet. Ursprünglich bediente man sich dieser Reaktion zu analytischen Zwecken, doch wurde auch mehrfach versucht, sie fabrikmäßig zur Umwandlung von Rhodanwasserstoff in Cyanwasserstoff anzuwenden.

So empfahlen Parker und Robinson in dem englischen Patent Nr. 2383 vom Jahre 1890, Kupferrhodanür mit Kohlendioxyd und Schwefelwasserstoff unter Druck zu zerlegen und die entstandene Rhodanwasserstoffsäure in schwefelsaurer Lösung zu elektrolysieren. Der sich bildende Cyanwasserstoff sollte in Kalilauge absorbiert und als Cyankalium gewonnen werden. Der Vorschlag fand jedoch keine praktische Anwendung.

Wesentlich erfolgreicher waren dagegen Untersuchungen, die Raschen und Brock anstellten, um Rhodanwasserstoff nach Alts Vorgang (S. 55) mit verdünnter Salpetersäure zu oxydieren. Aus diesen entwickelte sich ein technisches Verfahren, das Gegenstand des D. R. P. Nr. 97896 ist und sich im Besitze der United Alkali Company befindet. Da es vor vielen anderen den großen Vorzug besitzt, praktisch ausgeführt zu werden, so wird es am besten sein, unter Vernachlässigung der Patentbeschreibung selbst eine Beschreibung des Arbeitsvorganges zu geben, wie ihn Conroy[1]) im Jahre 1899 mitgeteilt hat.

Die Apparatur zur Vornahme der Oxydation des Rhodanides besteht aus einer Anzahl säurefester, irdener Krüge, die derartig miteinander verbunden sind, daß der Inhalt von der Mitte des einen Kruges zum Boden des folgenden fließen und auf diese Weise die ganze Reihe passieren kann. Jeder Krug besitzt ein Gasabzugsrohr zur gemeinsamen Abgasleitung und ein Einlaßrohr für Dampf, der zum Auskochen und Rühren dient. An dem ersten Krug sind überdies noch Einlässe für Rhodanidlösung, Salpeterlösung, Schwefelsäure und regenerierte Salpetersäure angebracht.

Zur Inbetriebsetzung werden zunächst sämtliche Krüge mit verdünnter Schwefelsäure beschickt und diese durch Einleiten von Dampf fast zum Sieden gebracht. Nun führt man in den ersten Krug Rhodanidlösung, die im Liter ca. 170 g Rhodannatrium enthält, ein gleichzeitig mit einer Lösung von Natriumnitrat und reguliert den Zufluß der Lösungen und die Dampfzufuhr derart, daß der Ablauf des ersten Kruges kein Rhodan und der Ablauf des letzten keinen Cyanwasserstoff mehr enthält. Die Oxydation des Rhodanides wird also schon im ersten Gefäß vollendet, während die anderen nur zum Auskochen der Lösung dienen. Es muß darauf geachtet werden, daß bei der Oxydation stets ein geringer Überschuß an Salpetersäure

---

[1]) Journal of the Soc. of Chem. Ind. 18, 432; nach Zeitschrift für angewandte Chemie 1899, 745.

vorhanden sei, weil sonst Verluste durch Bildung von Persulfocyansäure auftreten. Hält man diese Vorsichtsmaßregel inne, so erreicht
der Verlust noch nicht 1 %.

Die Reaktionsgase bestehen dem Volumen nach zu einem Drittel
aus Cyanwasserstoff und zu zwei Dritteln aus Stickoxyd NO, daneben
sind noch Spuren von Kohlendioxyd und Salpetrigsäureanhydrid
N_2O_3 vorhanden. Man hat es dabei also mit einem außerordentlich
giftigen Gasgemenge zu tun und muß, um ein Entweichen der Gase
aus undichten Stellen der Apparate zu vermeiden, stets mit Unter-
druck arbeiten, der gewöhnlich durch Körtingsche Dampfstrahl-
sauger erzeugt wird. Die Gase werden zunächst in einem mit Kieseln
gefüllten Skrubber mit Wasser gewaschen, um an dieses ihr Salpetrigsäureanhydrid abzugeben, die Temperatur muß jedoch so hoch gehalten werden, daß kein Cyanwasserstoff in Lösung geht. Darauf
kühlt man das Gasgemisch in Kondensatoren und scheidet dadurch
den Wasserdampf ab. Der Kondensatorablauf enthält jedoch ca. 30 %
des gesamten Cyanwasserstoffs gelöst, und um diese zu gewinnen,
führt man das Kondensat entweder zum zweiten Krug zurück, daß
es von neuem ausgekocht werde, oder man neutralisiert es mit Alkali
und verarbeitet die Lösung zusammen mit dem Hauptprodukt. Haben
nämlich die gekühlten Gase den Kondensator (mit 24 bis 29° C)
verlassen, so werden sie mit Kalilauge gewaschen, welche sich in
gekühlten, eisernen Absorptionsgefäßen befindet und nur den Cyanwasserstoff aufnimmt. Die vereinigten Cyankaliumlösungen dampft
man schließlich unter stetem Rühren im Vakuum ein und gewinnt
dadurch das Cyankalium in Pulverform. Es ist zwar nicht vollkommen chemisch rein, aber doch für die meisten technischen
Zwecke, z. B. für die Goldextraktion, durchaus geeignet.

Die von Cyanwasserstoff befreiten, fast nur aus Stickoxyd bestehenden Gase läßt man natürlich nicht in die Luft entweichen,
sondern mischt sie mit Luft im Überschuß, führt sie darauf in
Gay-Lussac-Türme und gewinnt die Stickstoffverbindungen durch
Waschen mit Wasser wieder. Die erhaltene Lösung von Salpetersäure und salpetriger Säure kehrt in den ersten Krug zurück und
dient von neuem zur Oxydation von Rhodanwasserstoff. Auf dieser
Regeneration des Oxydationsmittels durch Luft beruht überhaupt die
Möglichkeit eines rentablen Betriebes, denn wenn auch, wie bei der
Schwefelsäurefabrikation, stets ein gewisser Teil der Stickoxyde
durch Oxydulbildung verloren geht und ersetzt werden muß, so
macht doch die Hauptmenge einen Kreislauf durch die Apparatur.

Neben den genannten Produkten bilden sich bei Ausführung des Verfahrens noch kleine Mengen einer Substanz, die Cyan, Stickoxyd und Kohlenstoff enthält und durch Reibung an Metallteilen leicht zur Explosion gebracht werden kann. Man darf daher beim Aufbau der Apparatur keine Metallhähne verwenden, sondern bedient sich statt dessen der Kautschukschläuche mit Schlauchquetschern.

Die betriebsmäßige Ausbeute an Cyanid soll 96 bis 99% der theoretischen betragen, so daß, wenn das zutrifft, das Verfahren wohl das ökonomischeste zur Umwandlung von Rhodaniden in Cyaniden sein dürfte.

7. Die Darstellung von Cyaniden aus Ferrocyaniden.

Das Ferrocyankalium stellt zwar eines der Endprodukte der Cyanindustrie dar und findet als solches ausgedehnte Anwendung in der Technik, doch werden auch, besonders in England, gewisse Mengen auf Cyankalium verarbeitet, trotz der synthetischen Verfahren, welche direkt Cyanide liefern.

Man verwendet zur Cyankaliumfabrikation gewöhnlich nicht das großkristallinische Ferrocyankalium, weil dieses teurer ist und sich nicht so leicht entwässern läßt wie kleinkristallinisches. Die Feinlaugen der Ferrocyankaliumfabrikation werden soweit wie möglich eingedampft und unter Umrühren und Kühlen zur schnellen Kristallisation gebracht. Der gewonnene Kristallbrei wird darauf geschleudert, mit etwas Wasser gedeckt und getrocknet.

Die Methoden zur Darstellung von Cyanalkalien aus Ferrocyanalkalien zerfallen in zwei Gruppen, deren erste auf der direkten Erzeugung der Cyanide beruht, während nach der zweiten zunächst Cyanwasserstoff und erst aus diesem Cyanalkali hergestellt wird.

a) Direkte Darstellung von Alkalimetallcyaniden.

Das älteste Verfahren zur Darstellung von Cyankalium aus Ferrocyankalium stammt von Berzelius und besteht im Niederschmelzen des entwässerten Salzes im geschlossenen Eisentiegel bei gelinder Rotglut. Die dabei sich vollziehende Reaktion ist folgende:

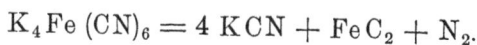

$$K_4 Fe (CN)_6 = 4 KCN + FeC_2 + N_2.$$

Von den sechs Molekülen Cyan werden also nur vier gewonnen, während zwei in Kohlenstoffeisen und freien Stickstoff zerfallen. Robiquet[1]) hat empfohlen, die Masse eine zeitlang in Fluß zu

---

[1]) Journ. Pharm. 17, 653.

halten, damit sich das Kohlenstoffeisen absetzen könne, darauf erstarren zu lassen und das reine Cyankalium mechanisch von der unteren, durch Kohlenstoffeisen verunreinigten Schicht zu trennen. Andere wollen die Schmelze zerkleinern, mit Wasser extrahieren, filtrieren und das Filtrat im Vakuum eindampfen, doch ist hierbei nur schwer die Bildung von Ammoniak und Kaliumformiat zu vermeiden. Nach Liebig endlich wird die gepulverte Schmelze mit 60 prozentigem Weingeist in der Siedehitze ausgezogen, aus der heiß filtrierten Lösung scheidet sich dann der größte Teil des Cyankaliums ab.

Das Verfahren wird in der Praxis des Cyanverlustes halber nur noch selten geübt. Zu seiner Ausführung befreit man reines, vor allem sulfatfreies Ferrocyankalium durch vorsichtiges Erhitzen in eisernen Schalen völlig von seinem Kristallwasser und beschickt mit dem weißlichen, trockenen Pulver schmiedeeiserne Tiegel, die 80 bis 100 kg fassen und zu mehreren (bis zu sechs) in einer Feuerung vereinigt sind. Die bedeckten Tiegel werden nun langsam erhitzt. Sobald sich die Masse in Fluß befindet, steigert man ihre Temperatur bis zur beginnenden Rotglut und erhält sie darin, bis eine entnommene Probe rein weiß mit matter Oberfläche erstarrt. Darauf gießt man die Masse durch ein Filter.

Dieses Filter besteht aus einem eisernen Tiegel mit Deckel, der unten durch einen Rost verschlossen, bis zu einem Drittel mit reinen Eisendrehspänen gefüllt ist und mit dem Schmelztiegel zusammen in derselben Feuerung auf Rotglut erhalten wird. Der Schmelzfluß wird mit Eisenkellen auf das Filter gefüllt und solange wieder in den Schmelztiegel zurückgegeben, bis das abfließende Filtrat ganz rein ist. Dann fängt man es in polierten Eisenformen auf, läßt es darin erstarren und gibt es als Handelsprodukt ab.

Die Extraktion der Schmelze mit Wasser oder Alkohol pflegt man weniger gern auszuführen, da sie kompliziert ist und leicht Verluste mit sich bringt.

Kommt es nicht darauf an, reines Cyankalium zu erzeugen, so kann man die Cyanverluste dadurch vermeiden, daß man nach F. und E. Rodgers[1]) Vorschlage aus dem Jahre 1834 dem Ferrocyankalium vor dem Niederschmelzen auf je ein Molekül ein Molekül reinen Kaliumkarbonats zusetzt. Die Reaktion verläuft dann wie folgt:

$$K_4Fe(CN)_6 + K_2CO_3 = 5\,KCN + KCNO + Fe + CO_2.$$

---

[1]) Phil. Mag. 1834, 4, 93.

Nach Liebigs[1]) Vorschrift zerreibt man 8 Teile reinen Ferrocyankaliums und entwässert sie durch vorsichtiges Erhitzen in einer
Eisenschale. Das getrocknete Salz wird darauf mit 3 Teilen reinen,
kohlensauren Kaliums oder 2,3 Teilen reiner, wasserfreier Soda gemischt und portionsweise in einen schwach rotwarmen, eisernen Tiegel
eingetragen. Das Ganze erhält man nun bei schwacher Rotglut im
Fluß, bis eine herausgenommene Probe rein weiß erstarrt, und behandelt das Schmelzgut sonst wie oben beschrieben.

Um das Kaliumcyanat zu reduzieren, setzt Fleck[2]) dem Salzgemisch 1 bis 2 Teile tierischer Kohle oder 3 Teile Hornspäne zu,
doch tritt hierdurch eine Verunreinigung der Schmelze mit den
Aschebestandteilen des Zusatzes ein. Wagner hat daher pulveri-
sierte Holzkohle als Reduktionsmittel empfohlen.

Ähnlich ist auch ein Vorschlag Chasters in dem englischen
Patent Nr. 15941 vom Jahre 1894. Danach werden 65 bis 72 Teile
wasserfreien Ferrocyankaliums mit 20 Teilen Alkali- (oder Erdalkali-)
karbonat und 5 Teilen Holzkohle vermahlen. Das Gemisch rührt
man dann mit Teer, Pech o. dgl. zu einer plastischen Masse an und
formt daraus Briketts. Diese werden in der reduzierenden Atmosphäre eines Flammofens geglüht und nach dem Erkalten extrahiert.

Nach Alder bieten diese Verfahren wenig Aussicht auf Erfolg,
weil, wie übrigens auch Rößler (S. 109) betont, die Reduktionstemperatur für Cyanat und Kohle viel zu hoch liegt und ersteres
daher vor der Reduktion zerfällt. Alder empfiehlt dagegen, die Reduktion mit Ferrocyankalium nach folgenden Gleichungen auszuführen:

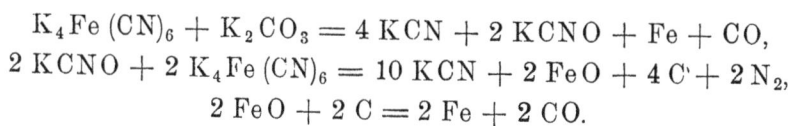

$$K_4Fe(CN)_6 + K_2CO_3 = 4\,KCN + 2\,KCNO + Fe + CO,$$
$$2\,KCNO + 2\,K_4Fe(CN)_6 = 10\,KCN + 2\,FeO + 4\,C + 2\,N_2,$$
$$2\,FeO + 2\,C = 2\,Fe + 2\,CO.$$

Man schmilzt zunächst ein Gemisch von 368 kg entwässerten
Ferrocyankaliums mit 138 kg reinen Kaliumkarbonats, bis die erste
Reaktion vollendet ist. Dann trägt man portionsweise 736 kg entwässerten Ferrocyankaliums ein, wobei die Masse stark aufschäumt,
wartet, bis die Schmelze wieder ruhig fließt und verarbeitet sie dann
wie üblich durch Dekantation und Filtration auf Handelscyankalium.

---

[1]) Fleck, Die Fabrikation chemischer Produkte etc., 127.
[2]) Ebenda.

Étard[1]) will die Entschwefelung der Rhodansalze mit der Verarbeitung des Ferrocyankaliums auf Cyankalium vereinigen, indem er ein Gemisch beider niederschmilzt:

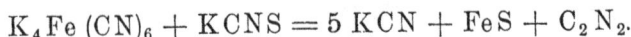

$$K_4 Fe(CN)_6 + KCNS = 5 KCN + FeS + C_2 N_2.$$

Es gehen dabei, wie man sieht, nicht unwesentliche Mengen Cyan verloren. Étard will diese zwar durch Absorption in Alkalilösung wiedergewinnen, das erscheint aber aussichtslos, weil wäßrige Alkalien Cyan in Ammoniak, Oxalsäure u. dgl. überführen. Der Verlust soll jedoch völlig vermieden werden, wenn man dem Gemisch noch Kaliumkarbonat zufügt, und zwar in dem Verhältnis von 368 Teilen Ferrocyankalium zu 97 Teilen Rhodankalium und 138 Teilen Kaliumkarbonat. Die Reaktion soll dann wie folgt verlaufen:

$$K_4 Fe(CN)_6 + KCNS + K_2 CO_3 = 7 KCN + FeS + 3 CO.$$

Das kommt aber nicht aus, es ist wohl eher folgendes anzunehmen:

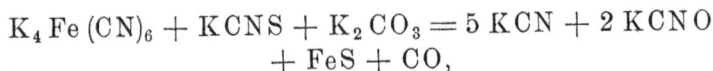

$$K_4 Fe(CN)_6 + KCNS + K_2 CO_3 = 5 KCN + 2 KCNO \\ + FeS + CO,$$

was den Prozeß wesentlich ungünstiger erscheinen läßt.

Keines der bisher genannten Verfahren liefert wirklich gute Resultate, weil stets Verluste entweder durch direkten Zerfall von Cyan oder durch Bildung cyansaurer Salze eintreten. Beides läßt sich aber vermeiden, wenn man nach Erlenmeyers Vorschlag aus dem Jahre 1876 Ferrocyankalium mit metallischem Natrium niederschmilzt:

$$K_4 Fe(CN)_6 + 2 Na = 4 KCN + 2 NaCN + Fe.$$

Dieser Prozeß ist lange Zeit unbeachtet geblieben, wohl infolge der hohen Natriumpreise und der geringen Nachfrage nach Alkalicyaniden. Erst gegen Ende der achtziger Jahre des vorigen Jahrhunderts begann man sich seiner zu erinnern und 1894 wurden nach Rößler[2]) allein in Deutschland ca. 750000 kg Cyanid mit Hilfe von metallischem Natrium hergestellt.

Zur Ausführung des Verfahrens schmilzt man die Reagentien nach Maßgabe ihrer durch die Formel gegebenen Verhältnisse zusammen, filtriert den Schmelzfluß mit Hilfe komprimierter Luft,

---

[1]) Robine et Lenglen, L'industrie des cyanures, 129.
[2]) Cyan mit besonderer Berücksichtigung der syn. Verfahren, Berlin 1904, 2.

preßt das in dem schwammigen Eisen zurückgebliebene Cyanid mechanisch aus und erhält direkt rein weißes Handelsprodukt, das infolge seines Cyannatriumgehalts reicher an Cyanid ist als chemisch reines Cyankalium. Der Prozeß wird heute wohl am meisten von allen zur Darstellung von Alkalicyaniden aus Ferrocyankalium angewandt.

Statt reinen Natriums hat Vautin[1]) die Anwendung einer Natrium-Bleilegierung vorgeschlagen, welche man bei der Elektrolyse von Chlornatrium mit Blei als Kathode erhält. Die sehr spröde Legierung wird pulverisiert, mit entwässertem Ferrocyankalium innig gemischt und bei möglichst niedriger Temperatur im bedeckten Eisentiegel niedergeschmolzen. Nach vollendeter Reaktion gewinnt man aus der Schmelze das Cyanid wie beschrieben und gibt das am Boden abgeschiedene Gemisch von Blei und Eisen wieder in das Bleibad zurück, woselbst man dann das obenauf schwimmende Eisen abschöpfen kann.

Hetherington, Hurter und Muspratt empfehlen in dem englischen Patent Nr. 5832 vom Jahre 1894, die Natrium-Bleilegierung unter einer Decke von Alkalicyanid zu schmelzen und das wasserfreie Alkaliferrocyanid portionsweise in solcher Menge einzutragen, daß auf 13 Teile Natrium 100 Teile Ferrocyanid kommen. Die Reaktionsprodukte trennen sich in drei Schichten, obenauf befindet sich flüssiges Cyanid, darunter geschmolzenes Blei und zwischen beiden schwimmt das Eisen in Pulverform, so daß man die Produkte leicht trennen kann.

Endlich ist noch von Crowther und Rossiter im englischen Patent Nr. 9275 von 1894 vorgeschlagen worden, das Ferrocyankalium mit Zink zu schmelzen, wobei Cyankalium und Cyanzink entstehen. Die Schmelze wird in Wasser gelöst, das Zink durch Zusatz von Kaliumkarbonat oder Schwefelkalium gefällt und das Cyankalium aus der filtrierten Lösung durch Eindampfen eventuell im Vakuum gewonnen.

Trotzdem hierbei das teure Natriummetall durch das viel billigere Zink ersetzt wird, kann man das Verfahren nicht als eine Verbesserung ansehen, da die Entfernung des Zinks Schwierigkeiten macht und bei der wäßrigen Extraktion des Schmelzgutes Verluste durch Zersetzung des Cyankaliums nicht zu vermeiden sind.

---

[1]) Chem. Ind. 1894, 448.

b) Darstellung von Alkalimetallcyaniden mit Hilfe anderer Cyanide oder Cyanwasserstoff.

Den vorstehend besprochenen Verfahren ist der Grundzug gemeinsam, daß dabei aus Ferrocyanalkalien durch Reduktion im Schmelzflusse direkt Cyanalkalien entstehen. Daneben existieren aber noch einige andere Methoden, bei denen auf nassem Wege zunächst ein Cyanid oder Cyanwasserstoff und daraus erst das Cyanalkali hergestellt wird.

Nach Bergmanns D. R. P. Nr. 55 152 setzen sich Ferrocyan- alkalien in wäßriger Lösung mit Silbersalzen folgendermaßen um:

$$K_4 Fe (CN)_6 + 6 AgNO_3 = 6 AgCN + 4 KNO_3 + Fe (NO_3)_2$$

und reagieren mit Kupfersalzen bei Gegenwart von Reduktions- mitteln nach der Gleichung:

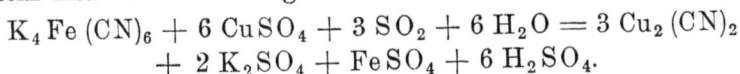

$$K_4 Fe (CN)_6 + 6 CuSO_4 + 3 SO_2 + 6 H_2O = 3 Cu_2 (CN)_2$$
$$+ 2 K_2 SO_4 + FeSO_4 + 6 H_2 SO_4.$$

Der im letzten Falle zunächst gebildete Niederschlag von Ferro- cyankupfer geht beim Erwärmen in Kupfercyanür über und läßt sich durch Behandeln mit Alkali- oder Erdalkalisulfiden in Doppel- salze verwandeln, z. B.:

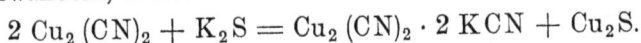

$$2 Cu_2 (CN)_2 + K_2 S = Cu_2 (CN)_2 \cdot 2 KCN + Cu_2 S.$$

Es ist jedoch nicht recht einzusehen, welchen Zweck Berg- mann mit diesem Verfahren verfolgt, da er die Bildung reiner Cyan- alkalimetalle gar nicht anstrebt, und auf diese kommt es doch gerade an.

Eine gewisse Ähnlichkeit mit Bergmanns Vorschlag hat das Verfahren von Feld, D. R. P. Nr. 141 024, insofern man nach dem- selben aus den Eisencyanverbindungen erst Quecksilbercyanid erzeugt, doch wird aus diesem sogleich nach vollendeter Reaktion der Cyan- wasserstoff in Freiheit gesetzt und durch Alkalien absorbiert.

Das Verfahren beruht darauf, daß Eisencyanverbindungen irgend welcher Art beim Erwärmen mit Quecksilberchloridlösung Queck- silbercyanid liefern, welches sich bei Zugabe starker Säuren unter Freiwerden von Cyanwasserstoff zersetzt. Die Reaktionen verlaufen folgendermaßen:

1. Für Ferrocyankalium:

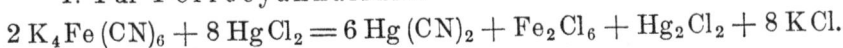

$$2 K_4 Fe (CN)_6 + 8 HgCl_2 = 6 Hg (CN)_2 + Fe_2 Cl_6 + Hg_2 Cl_2 + 8 KCl.$$

2. Für Ferricyankalium:

$$2 K_3 Fe (CN)_6 + 6 HgCl_2 = 6 Hg (CN)_2 + Fe_2 Cl_6 + 6 KCl.$$

3. Für Berlinerblau:

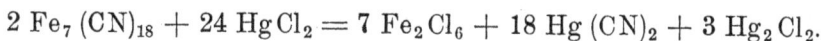

$$2 Fe_7 (CN)_{18} + 24 HgCl_2 = 7 Fe_2Cl_6 + 18 Hg (CN)_2 + 3 Hg_2Cl_2.$$

Im letzteren Falle wie überhaupt bei der Behandlung unlöslicher Eisencyanverbindungen verläuft die Reaktion nur langsam, so daß es zweckmäßiger ist, diese Verbindungen zunächst mit Alkalien oder Erdalkalien in lösliche Ferrocyansalze überzuführen. Alkalische Massen muß man vor der Verarbeitung erst ansäuern, besser ist es aber, statt dessen solche Salze im Überschuß zuzugeben, deren Oxyde, Hydrate oder Karbonate aus der Quecksilberchloridlösung weder metallisches Quecksilber noch unlösliche Quecksilberverbindungen ausscheiden, z. B. die Salze des Magnesiums, Zinks, Aluminiums und Mangans.

Diese Salze werden bei Ausführung des Verfahrens den Eisencyanverbindungen oder der Quecksilberchloridlösung in solcher Menge zugesetzt, daß die freien Oxyde, Hydrate oder Karbonate der Alkalien oder Erdalkalien dadurch gebunden werden. Der Prozeß verläuft dann nach folgenden Gleichungen:

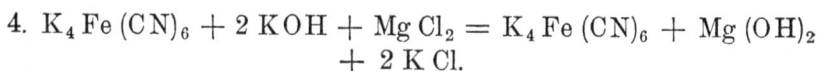

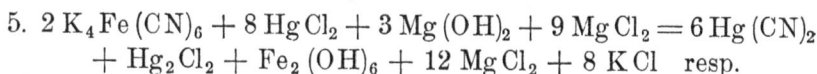

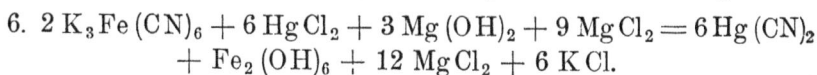

4. $K_4 Fe (CN)_6 + 2 KOH + MgCl_2 = K_4 Fe (CN)_6 + Mg (OH)_2$
$+ 2 KCl.$

5. $2 K_4 Fe (CN)_6 + 8 HgCl_2 + 3 Mg (OH)_2 + 9 MgCl_2 = 6 Hg (CN)_2$
$+ Hg_2Cl_2 + Fe_2 (OH)_6 + 12 MgCl_2 + 8 KCl$ resp.

6. $2 K_3 Fe (CN)_6 + 6 HgCl_2 + 3 Mg (OH)_2 + 9 MgCl_2 = 6 Hg (CN)_2$
$+ Fe_2 (OH)_6 + 12 MgCl_2 + 6 KCl.$

Das Gemisch der verschiedenen Substanzen wird zum Sieden erhitzt und nach vollendeter Reaktion mit der berechneten Menge Säure versetzt, die das entstandene Quecksilbercyanid wieder zerlegt.

Die durch Kochen von Cyanwasserstoff befreite Reaktionsflüssigkeit enthält, falls Salzsäure zur Zersetzung des Quecksilbercyanids angewandt wurde, Quecksilberchlorid, Quecksilberchlorür, bei schwefelhaltigem Rohmaterial auch Quecksilbersulfid, ferner Eisenchlorid, Magnesiumchlorid und Chlorkalium. Sie wird zur Regeneration des Quecksilberchlorids mit einem Oxydationsmittel, z. B. Chlorkalk, behandelt, darauf scheidet man durch Zusatz von Hydraten, Oxyden oder Karbonaten des Calciums oder Magnesiums das Eisen ab und läßt die quecksilberchloridhaltige Lösung wieder in den Betrieb zurückkehren. Die Abscheidung von Quecksilberchlorür kann man auch überhaupt vermeiden, indem man die Ferrocyansalze vor der Behandlung mit Quecksilberchlorid oxydiert.

Bei Verarbeitung von Ferrocyanalkalien reichert sich die Queck-
silbersalzlösung allmählich so stark mit Alkalisalzen an, daß diese
zeitweise abgeschieden werden müssen. Feld empfiehlt daher in
einem Zusatzpatent Nr. 147 579, Eisencyanerdalkalisalze anzuwenden,
deren Base mit der zur Destillation verwendeten Säure unlösliche
Salze bildet.

Das letzte, hierher gehörende Verfahren ist Gegenstand der
englischen Patente von Großmann Nr. 36 und Nr. 4513 vom
Jahre 1903 und des D. R. P. Nr. 150 551 im Besitze des Großmanns
Cyanide Patents Syndicate und beruht, wie das vorhergehende,
ebenfalls auf der intermediären Darstellung von Cyanwasserstoff, den
man jedoch direkt aus Ferrocyannatrium erzeugt.

Das Ferrocyansalz wird in Wasser gelöst und mit Schwefelsäure
oder sauren Sulfaten erhitzt, dabei zerfällt es nach der Gleichung:

$$2\,Na_4\,Fe\,(CN)_6 + 3\,H_2SO_4 = 6\,HCN + Na_2Fe_2\,(CN)_6 + 3\,Na_2SO_4$$

unter Bildung von Cyanwasserstoff und Natriumferrocyaneisen, dem
sog. Everittssalz. Den Cyanwasserstoff absorbiert man durch
Natronlauge oder ein Gemisch von Kalkmilch und Natriumsulfat
und gewinnt das Cyannatrium nach eventueller Filtration der Lösung
durch Eindampfen. Das unlösliche Natriumferrocyaneisen könnte
man nun nach Erlenmeyer durch Erhitzen mit Natronlauge wieder
in Ferrocyannatrium überführen, jedoch werden dabei nach Großmanns Versuchen nur 70 bis 80% umgewandelt. Nach dem Patent
soll dagegen eine quantitative Umsetzung erfolgen, wenn das Everittssalz mit Natronlauge unter Durchblasen eines Luftstromes
erhitzt wird. Man kann es statt dessen auch mit verdünnter Schwefelsäure und Eisenvitriol unter Durchleiten von Luft erhitzen zur Erzeugung von Berlinerblau, das mit Alkalien wieder in Ferrocyanalkali umgewandelt wird. Nach dem Zusatzpatent Nr. 153 358 soll
übrigens an Stelle der Natronlauge zum Kochen des unlöslichen
Niederschlags Alkalikarbonat verwendet werden.

Zur Zersetzung des Ferrocyannatriums läßt man nach Großmanns Mitteilung[1]) 20prozentige Schwefelsäure im Überschuß zu der
Ferrocyannatriumlösung fließen und destilliert den Cyanwasserstoff
unter Luftverdünnung ab, damit nichts davon ins Freie treten und
Vergiftungen verursachen kann. Der Cyanwasserstoff wird in konzentrierter Natronlauge absorbiert, die gesättigte Lösung im Vakuum
eingedampft und das Cyanid als leichtlöslicher Kristallkuchen in den

---

[1]) Journ. of Gaslight. 1904, Vol. 85, 90.

Handel gebracht. Durch Anwendung der besonders geschützten Behandlung des unlöslichen Ferrocyansalzes mit Alkalikarbonat und Luft soll es gelingen, 99% des Gesamtcyans teils als Cyannatrium, teils als Ferrocyannatrium zu gewinnen. Es erscheint nur fraglich, ob der Aufwand an Alkali nicht unverhältnismäßig hoch sein wird. Ersetzt man dieses durch Natriumsulfat und Kalkmilch, so tritt wahrscheinlich leicht eine Verunreinigung des Cyanids mit Calciumsulfat ein. Überdies liegt stets der Übelstand vor, daß wäßrige Cyanidlösungen eingedampft werden müssen, und dieser wird durch die Leichtlöslichkeit des Produktes nicht ausgeglichen.

R o e d e r und G r ü n w a l d schlagen dagegen im D. R. P. Nr. 134102 vor, den Cyanwasserstoff durch festes Alkalikarbonat bei Rotglut zu absorbieren. Sie erhitzen Kaliumkarbonat in schrägliegenden Retorten auf ca. 900⁰ C und leiten einen Strom von Cyanwasserstoff darüber. Das Kaliumkarbonat ist bei dieser Temperatur noch fest, während das im Laufe der Reaktion entstehende Cyankalium schmilzt und aus den Retorten ausfließt. Man filtriert es über glühenden Koks und gießt es dann in Formen. Soll Cyannatrium erzeugt werden, so verfährt man in gleicher Weise mit entwässertem Natriumkarbonat, doch braucht die Temperatur der Retorte dabei nur auf ca. 700⁰ C gehalten werden, was nicht nur in bezug auf den Brennstoffverbrauch, sondern auch hinsichtlich des Apparatenverschleißes und der Cyanidproduktion von großem Vorteil ist.

T s c h e r n i a k hält bei seinem schon erwähnten Verfahren Nr. 145748 zum gleichen Zweck die Temperatur noch weit niedriger und wendet für Natriumkarbonat nur 450⁰ C an. Er verzichtet dafür aber auf das Aussaigern des Cyanids und läßt letzteres so lange in der Retorte, bis alles Karbonat in Cyanid verwandelt ist. Die naheliegende Befürchtung, daß ein Teil des Cyanids durch den meistens dem Cyanwasserstoff beigemengten Sauerstoff in Cyanat verwandelt werde, ist nach T s c h e r n i a k s Versuchen unbegründet. Das Reaktionsprodukt enthält nur sehr wenig Cyanat und besteht aus 98 bis 99prozentigem, leicht löslichem Cyanid.

8. Reinigung der Cyanide.

Bei den meisten Verfahren zur Darstellung von Cyaniden gewinnt man nicht direkt Handelsware, sondern erhält zunächst mehr oder weniger verunreinigte Rohprodukte, die notwendigerweise einem Reinigungsprozeß unterworfen werden müssen. In welcher Weise diese Reinigung zu geschehen hat, richtet sich natürlich durchaus nach der Art der Rohprodukte, ihrem Gehalt an Cyanid und der Natur ihrer Verunreinigungen. In manchen Fällen wird die direkte Beseitigung der Verunreinigungen möglich sein, in anderen dagegen gelangt man nur dadurch zum Ziel, daß man aus den Cyaniden den Cyanwasserstoff abscheidet und ihn nach früher erörterten Methoden wieder an Alkalimetall bindet. In diesem Sinne zerfallen die Reinigungsverfahren in zwei scharf getrennte Gruppen.

a) Reinigung durch Zerlegung.

Die erste dieser Gruppen umschließt die Verfahren zur Reinigung stark verunreinigter Cyanide und setzt stets eine Zerlegung der Cyanide voraus. Die Repräsentanten derselben werden zwar nicht immer von ihren Urhebern als Reinigungsprozesse bezeichnet, können jedoch als solche aufgefaßt werden, da sie von vorhandenem Cyanid ausgehen.

Zur Gewinnung reinen Cyanids aus Cyanidschmelzen, z. B. aus Cyanbaryum, empfiehlt Mehner nach D. R. P. Nr. 91 814, das Rohprodukt niederzuschmelzen und zu elektrolysieren. Der Querschnitt der Kohlekathode wird dabei so stark mit Strom belastet, daß die Kathode glüht, gleichzeitig leitet man an dieser Stelle reinen Stickstoff ein. Das Cyanbaryum zerfällt in Cyan C_2N_2, das zur Anode wandert, und in Baryum, welches an der Kathode mit deren Kohlenstoff und dem zugeführten Stickstoff neue Mengen von Cyanbaryum bildet. Die Anode wird nach dem Zusatzpatent Nr. 94 493 mit Kochsalz umgeben, und dieses soll unter Chlorentwicklung in Cyannatrium übergehen. Das Verfahren stellt also eine Synthese und Reinigung des Cyanids dar. Ob es jemals in der Praxis ausgeführt wurde, konnte nicht ermittelt werden.

Eine andere Methode zur Reinigung ähnlicher Cyanverbindungen wurde schon früher erwähnt, das D. R. P. Nr. 132 294 der British Cyanides Company Lim. Nach diesem behandelt man Cyanide anfänglich bei 200° C unter allmählicher Erhöhung der Temperatur auf 350°, endlich auf 500° C mit trockenem Wasserstoff und setzt dadurch die Gesamtmenge des Cyans als Cyanwasserstoff in Freiheit, der darauf mittels Alkalien wieder gebunden wird. Falls Rhodan- oder Schwefelverbindungen dem Cyanid beigemischt sind, muß man der Masse ein fein zerteiltes Metall, am besten Kupfer, zusetzen; das Verfahren ist hauptsächlich zur Verwertung der Cyanide des

Kupfers, Zinks und Eisens bestimmt und soll sich sogar auf Berlinerblau anwenden lassen, doch muß man in diesem Falle die Temperatur bis auf 600° C steigern.

Feld bedient sich nach dem D. R. P. Nr. 146847 zur Gewinnung reiner Blausäure aus Cyaniden eines Verfahrens, das seiner
Analysenmethode teilweise nachgebildet ist; er erhitzt die Cyanide
mit der Lösung eines geeigneten Salzes des Magnesiums, Bleis, Aluminiums, Zinks oder Mangans. Nach der Gleichung

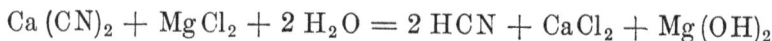

$$Ca\,(CN)_2 + Mg\,Cl_2 + 2\,H_2O = 2\,HCN + CaCl_2 + Mg\,(OH)_2$$

entsteht dabei quantitativ reiner Cyanwasserstoff, welcher in üblicher
Weise durch Alkalien absorbiert werden kann.

Das letzte Verfahren dieser Art ist Gegenstand des französischen
Patents Nr. 347373 (1904) der Badischen Anilin- und Sodafabrik und soll zur Gewinnung reiner Cyanide aus Rohcyankalium
oder Rohcyanbaryum, dargestellt nach dem Verfahren von Margueritte und Sourdeval oder einem ähnlichen, dienen. Zu seiner
Ausführung destilliert man das Rohcyanprodukt unter vermindertem
Druck mit Wasser und Ammoniumsalzen und fängt das übergehende
Cyanammonium in konzentrierter Natronlauge o. dgl. auf. Um etwa
mitdestillierende Schwefelverbindungen (jedoch nicht Rhodanverbindungen) zu beseitigen, führt man die Gase über geeignete Schwer-
metalloxyde und scheidet überdies noch in Kondensatoren den
größten Teil des Wasserdampfes aus den Gasen ab. Von einem
Rohcyankalium mit 76% KCN und 24% KCNO löst man z. B.
125 kg nebst 90 kg Chlorammonium in Wasser, destilliert und leitet
die gereinigten Dämpfe in 40° warme Natronlauge, welche eine
dem zu erwartenden Cyanwasserstoff entsprechende Menge NaOH
enthält. Die erzielte Cyannatriumlösung wird im Vakuum eingedampft
und das Ammoniak dabei wie üblich gewonnen. Zur Verarbeitung
von Rohcyanbaryum suspendiert man 1000 kg des Materials in 8000 l
Wasser, behandelt dann mit Kohlendioxyd bis zur Neutralisation des
Baryts und setzt eine dem Gehalt an Cyanid entsprechende Menge
Chlorammonium zu. Im übrigen wird dann das Gemisch wie oben
behandelt.

b) Eigentliche Reinigungsverfahren.

Hochwertigere Rohprodukte, die nur wenig verunreinigt sind,
braucht man natürlich keinen Zerlegungsprozessen zu unterwerfen,
sondern kann sich bei ihnen auf die direkte Entfernung der Verunreinigungen unter Erhaltung der ursprünglichen Cyanide beschränken.

Liegt das Alkalicyanid z. B. in Form einer porösen Schmelze vor, so kann man es nach Goerlich und Wichmanns D. R. P. Nr. 87 724 dadurch in reiner Form gewinnen, daß man die heiße Schmelze mit flüssigem Blei überschichtet und darauf in Zentrifugen schleudert. Durch den hohen Druck wird das flüssige Cyanid dann aus der Schmelze herausgequetscht. Das erzielte Produkt ist aber noch nicht in allen Fällen so rein, wie man es wünscht, und muß daher oft noch in anderer Weise, chemisch oder mechanisch, gereinigt werden.

Enthält das Cyanid Sulfide und Karbonate, so soll man es nach dem Vorschlage von Crowther und Rossiter, D. R. P. Nr. 83 320, mit Zinkcyanid schmelzen, wobei Zinkkarbonat und Zinksulfid entsteht. Zur Zersetzung etwa vorhandener Rhodanverbindungen wird der Schmelze auch noch etwas metallisches Zink beigefügt.

Ein sehr sinnreiches Verfahren zur Reinigung unreiner Alkalicyanide ist von Wilton im D. R. P. Nr. 113 675 angegeben worden und beruht auf der verschiedenen Löslichkeit verschiedener Cyanide in verflüssigtem Ammoniak unter einem Drucke, der genügt, das Ammoniak flüssig zu erhalten.

Der zur Ausführung des Verfahrens benutzte Apparat ist dem zur Schwefelextraktion dienenden nachgebildet und besteht aus drei geschlossenen Gefäßen, die terrassenförmig übereinander angeordnet sind. Das mittlere derselben besitzt einen Siebboden, auf dem das zu extrahierende Material ruht, einen oberen Ammoniakeinlauf und unter dem Siebboden ein Ablaufrohr für die Cyanidlösung. Diese fließt in das unterste Gefäß, woselbst man das Ammoniak durch Erwärmen mittels einer Heizschlange verdunstet, während das Cyanid in reiner Form zurückbleibt. Das Ammoniakgas steigt durch eine Rohrleitung zum obersten Gefäß, einem Röhrenkondensator, auf, wird hier wieder verflüssigt und fließt von neuem zum Extraktionsgefäß zurück. Auf diese Weise erzielt man einen durchaus kontinuierlichen Betrieb. Besteht das zu extrahierende Material aus Rohcyankalium oder Rohcyannatrium, das Metalloxyde, Alkali o. dgl. enthält, so wird das Cyanid herausgelöst und die Verunreinigungen bleiben im Extraktionsgefäß zurück. Wenn man dagegen Gemische von Cyankalium und Cyannatrium der Behandlung mit flüssigem Ammoniak unterwirft, so wird nur das Cyannatrium gelöst und das Cyankalium bleibt im Rückstande.

Bei manchen Rohcyanalkalien, die nur ein lösliches Salz als Verunreinigung enthalten, kommt man auch durch Ausnutzung der Löslichkeitsunterschiede in Wasser zum Ziele, wie das D. R. P. Nr. 111154 der Deutschen Gold- und Silberscheideanstalt zeigt, das sich auf die Reinigung sodahaltigen Cyannatriums bezieht. Danach behandelt man das unreine Cyanid bei einer Temperatur von 33° C mit einer cyanidarmen Sodalösung, die einer späteren Operation entstammt. Es geht dann Cyannatrium in Lösung, während Soda ausgeschieden wird. Statt dessen kann man das Rohsalz in Wasser lösen und die Soda durch Zusatz von Cyannatrium bei 33° abscheiden. Endlich ist es auch möglich, die Lösung des Rohsalzes im Vakuum einzuengen und die Soda durch fraktionierte Kristallisation bei 33° C zu entfernen.

Das vorstehend kurz geschilderte Verfahren soll nur die Art und Weise kennzeichnen, in welcher man unreine Cyanide behandeln kann. Es sind daneben noch manche spezielle Methoden bekannt, die sich auf die Löslichkeitsunterschiede stützen. Einige derselben lernten wir schon früher (S. 110) kennen. Sie alle im einzelnen hier wiederzugeben und zu erörtern, dürfte aber wohl zu weit führen.

9. Die Fabrikation des Ferricyankaliums.

Von löslichen Ferricyansalzen wird nur das Ferricyankalium im großen dargestellt, und zwar gewinnt man es nie auf synthetischem Wege oder aus Cyanrohprodukten, sondern erzeugt es stets durch Oxydation von reinem Ferrocyankalium, das man am besten in der durch Kristallisation in Bewegung gewonnenen, kleinkristallinischen Form anwendet.

Die älteste und verbreitetste Methode zur Umwandlung des Ferrocyankaliums in das Ferricyansalz besteht in der Oxydation des ersteren mit Chlor, welche nach folgender Gleichung verläuft

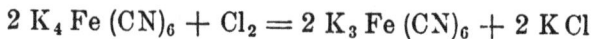

$$2\,K_4\,Fe\,(CN)_6 + Cl_2 = 2\,K_3\,Fe\,(CN)_6 + 2\,K\,Cl$$

und sowohl mit dem trockenen Salze als auch mit seiner wäßrigen Lösung vorgenommen werden kann.

Zur Ausführung des nassen Verfahrens löst man 10 Teile Ferrocyankalium in 100 Teilen Wasser, führt die Lösung in einen Holzbottich über und leitet in der Kälte einen Strom gewaschenen Chlorgases ein, während man die Flüssigkeit durch Umrühren in steter Bewegung erhält. Nach einer sich durch die Erfahrung ergebenden Zeit ist der größte Teil des Ferrocyankaliums oxydiert, und man muß nun in kurzen Zwischenräumen Proben entnehmen, die auf einer weißen Porzellanplatte mit Eisenchlorid auf Ferrocyankalium geprüft werden. Sobald letzteres nicht mehr vorhanden ist, unterbricht man die Zuleitung des Chlors. Auf die Erkennung des Zeitpunktes, in welchem die Oxydation gerade vollendet ist, muß man großes Gewicht legen, weil sonst ein Teil des Ferricyankaliums durch überschüssiges Chlor in Berlinergrün, $Fe_{13}(CN)_{36}$, übergeht, das sich nur schwer entfernen läßt und den später erzielten Kristallen des Ferricyankaliums hartnäckig anhaftet. Ebenso ist auch eine unvollständige Oxydation zu vermeiden, da sie ein mit Ferrocyankalium verunreinigtes Produkt ergibt.

Bei richtig geführter Behandlung enthält die oxydierte Lösung einen ganz geringen Überschuß an Chlor, welchen man durch Zusatz von etwas Kalilauge neutralisiert, damit nicht beim Eindampfen der Lösung Berlinergrün entstehe. Posselt[1]) hat zwar empfohlen, die Lösung erst einzuengen und dann das gebildete Berlinergrün durch Alkali zu zerlegen, das ist aber nicht vorteilhaft, weil dabei Ferrocyankalium entstehen würde. Die neutralisierte Lösung des Ferricyankaliums und Chlorkaliums bringt man in einen kupfernen Kocher, dessen Ränder man stark einfettet, weil das Salz ähnlich wie Salmiak klettert, und dampft sie auf 27° Bé, heiß gespindelt, ein. Darauf läßt man sie in hölzerne Kristallisierbottiche fließen und 5 bis 6 Tage lang ruhig stehen, nach welcher Zeit die Kristallisation vollendet ist. Man zieht dann die Mutterlauge ab, löst die Kristalle von den Wänden des Bottichs durch kräftiges Anklopfen von außen, spült sie mit Wasser ab und trocknet sie möglichst schnell im Dunkeln an der Luft oder bei mäßiger Wärme. Eine gar zu lange Berührung mit der Luft, besonders in der Wärme oder im Licht, muß man vermeiden, da das Ferricyankalium zu Zersetzungen neigt.

Die Mutterlauge dampft man weiter ein, bis sie heiß 29° Bé zeigt, und läßt sie kristallisieren. Das erzielte Produkt ist aber nicht ganz rein, sondern muß umkristallisiert werden. Die von der zweiten Kristallisation abgezogene Chlorkaliumlösung dient zum Lösen neuer Ferricyankaliummengen. Ist sie zweimal gebraucht, dann wird sie soweit eingedampft, daß sich schon bei Siedetemperatur Chlorkalium neben Ferricyankalium abzuscheiden beginnt. Aus dem nach dem Erkalten resultierenden Kristallgemenge löst man dann nach Entfernung der nur Chlorkalium enthaltenden Mutterlauge mit kaltem Wasser das Chlorkalium heraus und kristallisiert das im Rückstand

---

[1]) Ann. Pharm. 42, 170.

bleibende Ferricyankalium zusammen mit früher gewonnenem, unreinem Produkt um. Die Ausbeute an Ferricyankalium stellt sich nach diesem Verfahren auf 85 bis 90% der theoretischen.

Zur Ausführung der Oxydation auf trockenem Wege wird das Ferrocyankalium zunächst gut getrocknet, um die Zerkleinerung zu erleichtern, dann wird es vermahlen und in bleigefütterten Holzkammern auf Horden ausgebreitet. Nun leitet man möglichst trockenes Chlor ein und entnimmt von Zeit zu Zeit von verschiedenen Stellen der Kammern Proben, die mit Eisenchlorid auf Ferrocyankalium geprüft werden. Ist die Reaktion vollendet, so unterbricht man den Chlorstrom und nimmt das Gemisch von Ferricyankalium und Chlorkalium aus den Kammern. Man kann dasselbe natürlich durch Auflösen und fraktionierte Kristallisation trennen, doch wird es gewöhnlich direkt unter der Bezeichnung »Blaupulver« zur Darstellung von Turnbullsblau abgegeben.

Für die Oxydation mit Chlor sind im Laufe der Zeit verschiedene Abänderungsvorschläge gemacht worden. So empfiehlt Riehn[1]), zu einer salzsauren Ferrocyankaliumlösung so viel einer Chlorkalkauflösung zu geben, bis kein Ferrocyanid mehr nachzuweisen ist. Man neutralisiert darauf die Salzsäure durch Calciumkarbonat, filtriert die Lösung und gewinnt das Ferricyankalium durch fraktionierte Kristallisation.

Statt des Ferrocyankaliums will Kramer[2]) Berlinerblau oxydieren, indem er dasselbe mit Kaliumhypochlorit mäßig erhitzt und das Filtrat zur Gewinnung von Ferricyankalium eindampft.

Ferner hat Reichardt empfohlen, das Chlor durch Brom zu ersetzen, ohne daß er dafür aber wirkliche Vorteile angeben könnte. Überhaupt ist wohl keiner der genannten Vorschläge in Aufnahme gekommen.

Da bei der Oxydation des Ferrocyankaliums mit Chlor Kaliumchlorid entsteht und dieses leicht das Ferricyankalium verunreinigt, so hat Schönbein angegeben, die Oxydation mit Bleisuperoxyd, PbO_2, oder Wismuthpentoxyd, Bi_2O_5, auszuführen, sie verläuft dann z. B. folgendermaßen:

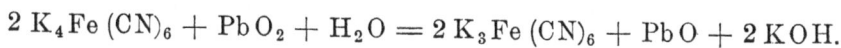

$$2\,K_4Fe\,(CN)_6 + PbO_2 + H_2O = 2\,K_3Fe\,(CN)_6 + PbO + 2\,KOH.$$

Man stellt sich zunächst eine Lösung von gelbem Blutlaugensalz her, erhitzt diese zum Sieden und trägt nun das Oxydationsmittel,

[1]) Polyt. Notizblatt 27, 261.
[2]) Journ. Pharm. 15, 98.

am zweckmäßigsten Bleisuperoxyd, ein. Es bildet sich dann Ferricyankalium, und Bleioxyd scheidet sich ab. Da aber gleichzeitig freies Kaliumhydrat entsteht und dieses auf das Ferricyankalium unter Rückbildung von Ferrocyankalium einwirken würde, so muß man während der Reaktion Kohlendioxyd in die Flüssigkeit einleiten, welches das entstehende Ätzkali sogleich in Kaliumkarbonat verwandelt. Nach Fleck erzielt man dabei eine Ausbeute von 74 bis 75 % des angewandten Ferrocyankaliums.

Beim Einleiten von Kohlendioxyd geht natürlich das Bleioxyd ebenfalls in Karbonat über, doch tut dies seiner Aufbereitung keinen Abbruch. Sowohl das Oxyd als auch das Karbonat lassen sich durch Behandlung mit Chlorkalk leicht wieder in Bleisuperoxyd umwandeln.

Im Grunde wird also bei Schönbeins Verfahren ebenfalls die Oxydation mit Chlor ausgeführt, nur bedient man sich des Bleisuperoxyds als Energieüberträger und vermeidet die Verunreinigung der Lösung durch Chloride. Der Vorteil liegt in der großen Löslichkeit des Kaliumkarbonats, das sich viel leichter vom Ferricyankalium trennen läßt als das Chlorid, dafür muß man aber die Lösung durch Dekantation und Filtration vom Bleikarbonat trennen und das Bleikarbonat wieder in Superoxyd verwandeln. Es erscheint daher fraglich, ob die Vorteile, welche die reinere Lösung bietet, die Komplikationen des Verfahrens gegenüber dem Chlorprozesse überwiegen.

Kaßner[1]) hat im Jahre 1890 Schönbeins Verfahren dadurch abgeändert, daß er an Stelle des Bleisuperoxyds Calciumplumbat bei Gegenwart von Kohlensäure zur Oxydation des Ferrocyankaliums verwendet nach der Gleichung:

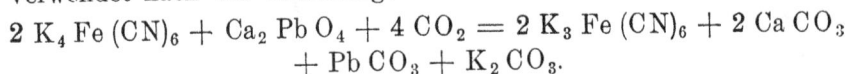

$$2 \, K_4 \, Fe \, (CN)_6 + Ca_2 \, Pb \, O_4 + 4 \, CO_2 = 2 \, K_3 \, Fe \, (CN)_6 + 2 \, Ca \, CO_3$$
$$+ \, Pb \, CO_3 + K_2 \, CO_3.$$

Er beschränkt sich jedoch nicht darauf, das in der Reaktionsflüssigkeit enthaltene Ferricyankalium durch fraktionierte Kristallisation vom Kaliumkarbonat zu trennen, sondern stellt außerdem durch Behandeln von Ferrocyancalcium mit Calciumplumbat Ferricyancalcium dar und fügt dessen Lösung in geeignetem Verhältnis zu der kaliumkarbonathaltigen Ferricyankaliumlösung. Ferricyancalcium und Kaliumkarbonat setzen sich dann unter Abscheidung von kohlensaurem Calcium um, und es resultiert eine technisch reine Lösung von Ferricyankalium, die sich sehr leicht verarbeiten läßt.

---

[1]) Chemisch-technischer Zentral-Anzeiger 8, 511.

Da man das Calciumplumbat durch Glühen von Bleioxyd und kohlensaurem Kalk im Luftstrom erzeugen kann, so stellt Kaßners Methode eine Oxydation des Ferrocyankaliums durch den Sauerstoff der Luft vermittelst eines Überträgers dar und ist mithin dem alten Schönbeinschen Verfahren vom theoretischen Standpunkte aus wesentlich überlegen. Ob sie sich jedoch in der Praxis bewährt und Anwendung gefunden hat, konnte nicht ermittelt werden.

Ein ebenso sinnreiches wie einfaches Verfahren zur Darstellung von Ferricyankalium ist schon im Jahre 1845 von Williamson[1]) angegeben worden, aber scheinbar völlig in Vergessenheit geraten. Fällt man die Lösung eines Eisenoxydsalzes mit einem Überschusse von Ferrocyankalium, so erhält man das sog. Williamsonsblau, welches sich nach dem Auswaschen in Wasser löst. Wenn dieses in Lösung mit einer nicht ganz zureichenden Menge von Ferrocyankalium behandelt wird, dann wirkt es auf das letztere oxydierend nach der Gleichung:

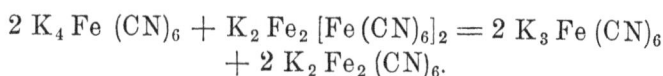

$$2 \, K_4 Fe \, (CN)_6 + K_2 Fe_2 \, [Fe \, (CN)_6]_2 = 2 \, K_3 Fe \, (CN)_6 + 2 \, K_2 Fe_2 \, (CN)_6.$$

Man erhält also eine Lösung von Ferricyankalium und einen Niederschlag von Kaliumferrocyaneisen. Beide werden durch Filtration getrennt und die reine Lösung zur Kristallisation eingedampft. Da der Niederschlag sich leicht wieder zu Williamsonsblau oxydieren läßt, so kann man ihn beliebig oft zur Oxydation von Ferrocyankalium benutzen.

Ein anderer Weg zur Darstellung von Ferricyankalium ist in der Elektrolyse wäßriger Ferrocyankaliumlösungen gegeben, wobei folgende Reaktion statthat:

$$2 \, K_4 Fe \, (CN)_6 + 2 \, H_2 O = 2 \, K_3 Fe \, (CN)_6 + 2 \, KOH + H_2.$$

Schon Smee[2]) zeigte, daß man auf diese Weise ein sehr reines Produkt erhalten könne, die Ausbeute wurde aber durch die Umkehrbarkeit der Reaktion begrenzt.

In den achtziger und neunziger Jahren des vorigen Jahrhunderts wandte man diesem Vorgange wieder einige Aufmerksamkeit zu, und es wurden darauf verschiedene englische, französische und deutsche Patente entnommen, z. B. von den Minen zu Buchsweiler 1886, von Petri 1887 und von Dubosq 1890.

---

[1]) Journ. Pharm. 57, 231.
[2]) Jahresberichte 17, 193; nach Gmelin-Kraut.

Viel Unterschiede voneinander zeigen diese nicht, so daß sich
ihre Wiedergabe im einzelnen erübrigt. Der Grundzug derselben
liegt in der Vermeidung der Rückbildung von Ferrocyankalium, und
dieses wird dadurch erreicht, daß man die Elektroden in getrennte,
poröse Zellen bringt. Das Ferricyankalium scheidet sich in sehr
reiner Lösung am positiven Pol ab, während am negativen Kaliumhydrat und Wasserstoff auftreten. Auch hier ist das Streben auf
die Erzielung sehr reiner Lösungen gerichtet, die Ausbeute an Ferricyankalium übertrifft diejenige bei anderen Prozessen nicht.

Den gleichen Zweck verfolgt ein Verfahren der Deutschen
Gold- und Silberscheideanstalt, das Gegenstand des D. R. P.
Nr. 69014 ist. Die Urheber desselben nehmen dabei an, daß man
bei allen Methoden, auch bei den elektrolytischen, verunreinigte
Lösungen erhalte, sofern man nur mit Alkaliferrocyaniden arbeite.
Sie schlagen daher vor, einen Teil des letzteren durch Ferrocyan-
calcium zu ersetzen. Außer dem entstandenen Ferricyankalium gehe
dann alles in den unlöslichen Niederschlag, und etwa gelösten Ätz-
kalk könne man durch Kohlendioxyd fällen. Als Beispiel wird die
Oxydation mit Kaliumpermanganat angeführt:

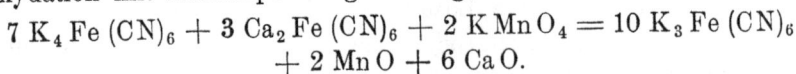

$$7 \, K_4 Fe \, (CN)_6 + 3 \, Ca_2 Fe \, (CN)_6 + 2 \, K Mn O_4 = 10 \, K_3 Fe \, (CN)_6$$
$$+ 2 \, Mn O + 6 \, Ca O.$$

Auch der Chlorprozeß soll bei Gegenwart von Ferrocyancalcium
glatter verlaufen, doch erhält man dabei natürlich Lösungen, die
nicht nur Ferricyankalium und Kaliumchlorid, sondern überdies
noch Chlorcalcium enthalten, so daß das Verfahren trotz der höheren
Ausbeute, die man damit erzielen soll, doch nicht sehr vorteilhaft
erscheint.

Schließlich sind noch Verfahren zu erwähnen, die auf der Oxydation von Ferrocyankalium mit Persulfaten beruhen und den
deutschen Reichspatenten Nr. 81927 und 83966 von Beck zugrunde
liegen. Die hierauf bezügliche Reaktion verläuft bei Anwendung von
Ammoniumpersulfat nach folgender Gleichung:

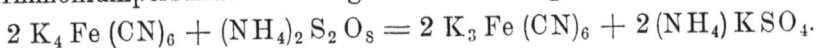

$$2 \, K_4 Fe \, (CN)_6 + (NH_4)_2 S_2 O_8 = 2 \, K_3 Fe \, (CN)_6 + 2 \, (NH_4) K SO_4.$$

Zur Ausführung des Verfahrens löst man Ferrocyankalium in
heißem Wasser im Verhältnis 1 : 1, kühlt die Lösung auf 60⁰ ab
und fügt für jedes Kilogramm Ferrocyankalium eine kalte Lösung
von 270 g Ammoniumpersulfat in 500 g Wasser hinzu. Die nach
obiger Gleichung eintretende Reaktion verläuft unter starker Wärmeentwicklung und die Lösung muß daher gekühlt werden. Nach

vollendeter Umsetzung läßt man die Lösung erkalten, wobei das Doppelsalz $(NH_4) K S O_4$ auskristallisiert. Das in Lösung gebliebene Ferricyankalium wird darauf ebenfalls durch Kristallisation gewonnen.

Bei Anwendung von Natriumpersulfat löst man Ferrocyankalium in Wasser im Verhältnis 1 : 1,5 und setzt bei 50° C für jedes Kilogramm Ferrocyankalium 282 g Natriumpersulfat entweder in Form eines feinen Pulvers oder als konzentrierte, wäßrige Lösung zu. Der Reaktionsverlauf und die Behandlung des Produkts decken sich mit dem oben beschriebenen.

10. Die Fabrikation der Cyanfarbstoffe.

Nächst dem Cyankalium sind die Cyanfarbstoffe, vor allem das Berlinerblau und seine zahlreichen Abarten, die begehrtesten und in größter Menge erzeugten Cyanverbindungen. Wurde doch bis zur Einführung der Cyankaliumlaugerei zur Goldgewinnung der größte Teil der Weltproduktion an Ferrocyankalium, mehr als 90%, derselben, auf Berlinerblau und ähnliche Farbstoffe verarbeitet.

Wie schon früher gezeigt wurde, reicht die Kenntnis des Berlinerblaus bis zum Anfang des 18. Jahrhunderts zurück. Da man nun sehr bald seine Eigenschaften als Farbstoff schätzen lernte, so ist es erklärlich, daß sich auch in kurzer Zeit gewisse Methoden zu seiner Darstellung in größerem Maßstabe herausbildeten, die allerdings teilweise einen etwas alchimistischen Anstrich hatten, immerhin aber den Anforderungen jener Zeit genügten.

Mit der Erweiterung der chemischen Kenntnisse und der Einführung der Wage bei den chemischen Untersuchungen stiegen jedoch die Ansprüche an die Ökonomie der Fabrikationsmethoden und an die Reinheit der erzielten Produkte. Man legte daher auch an den alten Berlinerblauprozeß den kritischen Maßstab und gab ihm durch Anwendung der stöchiometrischen Gesetze eine gesunde, zeitgemäße Basis. Hierzu kam noch die Entdeckung des Turnbullblaus, des violettstichigen Monthiersblaus, des Hatchettbrauns, des löslichen Berlinerblaus und anderer ähnlicher Verbindungen, so daß die Industrie der Cyanfarbstoffe allmählich eine gewisse Vielseitigkeit annahm.

In den siebziger Jahren des vorigen Jahrhunderts gelangte die Erfindertätigkeit jedoch zum Abschluß, und seit dieser Zeit sind keine nennenswerten Abänderungen und Verbesserungen der Fabrikationsmethoden mehr gemacht worden. Die Vorschläge aus neuerer Zeit beziehen sich meist auf die Darstellung wasserlöslicher Farbstoffe in kleinem Maßstabe, die zum Färben mikroskopischer und anatomischer Präparate dienen sollen. Es wurde ihrer schon an anderer Stelle gedacht und sie können daher hier übergangen werden.

a) Das Berlinerblau und seine Abarten.

Der einfachste Prozeß zur Darstellung reinen Ferriferrocyanids vollzieht sich durch Vermischung einer verdünnten, wäßrigen Ferrocyankaliumlösung mit der Lösung eines reinen Eisenoxydsalzes im geringen Überschuß nach der Gleichung:

$$3 \, K_4 \, Fe \, (CN)_6 + 2 \, Fe_2 \, Cl_6 = Fe_4 \, [Fe \, (CN)_6]_3 + 12 \, K \, Cl.$$

Er läßt sich jedoch im Großbetriebe nicht allgemein anwenden, da reine Eisenoxydsalze verhältnismäßig kostspielig sind und das Produkt, besonders wenn es nicht in so großer Reinheit verlangt wird, unnötig verteuern würden.

Man bedient sich dieses Verfahrens nur zur Erzeugung der feinsten Sorte von sog. Pariserblau und fällt zu seiner Ausführung eine Lösung von Ferrocyankalium mit einer Lösung von Eisenoxydnitrat in derartigem Verhältnis, daß das Eisensalz schließlich noch in ganz geringem Überschuß vorhanden ist. Den Niederschlag läßt man in hohen Holzbottichen absitzen, zieht die überstehende, klare Flüssigkeit ab und wäscht durch wiederholtes Suspendieren und Dekantieren das Blau, bis bei der letzten Operation das Wasser rein abläuft. Nun wird der Niederschlag abgepreßt, in feuchtem Zustande in Würfel geschnitten und sorgfältig bei 30° C getrocknet. Sobald die Stücke hart geworden sind, steigert man die Temperatur allmählich und vollendet das Trocknen endlich bei 100° C. Hierdurch erhält der Farbstoff den satten, tiefblauen Ton und den prächtigen Kupferglanz, welche der Farbe auch bei feinster Verteilung eigen sind und ihren Handelswert bedingen.

Während so das Pariserblau in einer Operation dargestellt wird, zerfällt die gewöhnliche Arbeitsmethode in zwei Operationen; man wendet dabei zur Fällung der Ferrocyankaliumlösung ein Eisenoxydulsalz, meistens Eisenvitriol, seltener Eisenchlorür, an und oxydiert den entstandenen Niederschlag zu Berlinerblau. Man kann jedoch auch zunächst das Eisenoxydulsalz oxydieren und mit diesem direkt Berlinerblau fällen.

Zur Ausführung des ersten Verfahrens löst man nach Fleck völlig kupferfreien, kristallisierten Eisenvitriol in kaltem Wasser im Verhältnis 1 : 8, gibt dazu 1 bis 1,5% Schwefelsäure von 60° Bé, um etwa vorhandene Karbonate zu zersetzen, und läßt zu diesem Gemisch unter Umrühren eine heiße Lösung von 1 Teil Ferrocyankalium in 4 Teilen Wasser fließen, bis nur noch ein ganz geringer Überschuß an unzersetztem Eisenvitriol vorhanden ist. Es fällt sogleich ein schmutzig graugrüner Niederschlag, der bei Anwendung oxydhaltigen Vitriols hellblau gefärbt ist. Diesen läßt man absitzen, entfernt die überstehende, klare Lösung mittels eines Hebers und rührt den Niederschlag noch einmal mit Wasser auf. Nach dem Absitzen wird das Waschwasser ebenfalls abgezogen und darauf der Niederschlag oxydiert.

Das Absitzen des voluminösen Niederschlags nimmt ziemlich lange Zeit in Anspruch, so daß man, um dauernd arbeiten zu können, vieler Fällungsbottiche bedarf. Dies läßt sich jedoch dadurch umgehen, daß man die Flüssigkeit kurze Zeit nach der Fällung durch Leinentücher (Koliertücher) gießt und den auf diese Weise gesammelten Niederschlag mit Wasser, das 1% Eisenvitriol und 0,5% Schwefelsäure enthält, etwas auswäscht. Infolge der Berührung mit Luft oxydiert sich dabei schon ein Teil zu Berlinerblau, und man spart dadurch an Oxydationsmittel. Starkes Auswaschen des Niederschlags ist übrigens zwecklos, weil derselbe nach der Oxydation doch wieder ausgewaschen werden muß und die Anwesenheit von Kaliumsulfat die Oxydation nicht beeinflußt.

Die Umwandlung des Niederschlags in Berlinerblau kann auf verschiedene Weise vorgenommen werden, doch ist am meisten die Oxydation mit konzentrierter Salpetersäure bei Gegenwart von Schwefelsäure üblich. Sie soll besonders dann gut verlaufen, wenn man den zu oxydierenden Niederschlag mit einer Eisenvitriollösung aufschwemmt, die ein Drittel des zur Fällung verwendeten Vitriols enthält. Die Mengenverhältnisse stellen sich dann folgendermaßen:

1. Zur Fällung: 100 kg Ferrocyankalium, 60 bis 70 kg Eisenvitriol.
2. Zur Oxydation: 22 bis 23 kg Eisenvitriol, 21 kg rohe Salpetersäure, 21 kg Schwefelsäure von 66° Bé.

Um die Oxydation mit Salpetersäure auszuführen, gibt man einen Teil des mit Eisenvitriollösung aufgeschwemmten Niederschlags in einen kupfernen Kessel, fügt 0,5 bis 1 kg der Salpetersäure und ebensoviel Schwefelsäure, die jedoch zuvor mit dem gleichen Gewicht Wasser verdünnt wird, hinzu und erwärmt vorsichtig durch Einleiten von Dampf, bis keine nitrosen Dämpfe mehr entweichen. Darauf bringt man neue Mengen zur Oxydation ein und fährt in der beschriebenen Weise fort, bis alles verarbeitet ist.

Nach vollendeter Oxydation läßt man die Flüssigkeit in einem hölzernen Klärbottich absitzen, zieht die saure Lösung ab und wäscht unter Dekantation so lange mit Wasser aus, bis dieses nicht mehr sauer reagiert. Nun preßt man den Farbstoff ab und behandelt ihn, wie bei der Fabrikation des Pariserblaus beschrieben wurde.

Anstatt mit Salpetersäure zu oxydieren, kann man nach Hochstätter u. A. auch den Niederschlag mit klarer Chlorkalklösung und Salzsäure in solcher Menge übergießen, daß die Flüssigkeit deutlich nach Chlor riecht. Die Einwirkung muß aber in der Kälte geschehen und erfordert zu ihrer Vollendung einige Tage. Will man auf reines Blau arbeiten, so empfiehlt sich, bei der Oxydation mit Chlorkalk die vorhergehende Fällung mit Eisenchlorür auszuführen, da sich sonst Calciumsulfat bildet, das mit in den Niederschlag geht.

Wagner[1]) hat vorgeschlagen, die Oxydation mit Brom zu bewirken, doch ist nicht einzusehen, welche Vorteile das bietet. Brom ist ein sehr unangenehmer Körper, der die Arbeiter viel stärker belästigt als Salpetersäure, es hat daher auch keine Anwendung zum vorliegenden Zweck gefunden.

Endlich ist auch verschiedentlich versucht worden, die Oxydation durch den Sauerstoff der Luft zu bewirken. Man streicht den gut ausgewaschenen Niederschlag auf dünne Brettchen und setzt ihn der Luft aus, bis er durch und durch gleichmäßig tiefblau geworden ist. Der Niederschlag muß dabei aber in recht dünnflüssiger Form angewendet werden, da er sonst zu schnell trocknet und dadurch die Oxydation verlangsamt. Diese Methode erfreut sich jedoch keiner Beliebtheit, da sie sehr viel Raum voraussetzt und kein besonders schönes Produkt liefert.

Empfehlenswerter als das vorstehend beschriebene Fällungsverfahren ist die vorhergehende Oxydation des Eisenoxydulsalzes mit darauffolgender, direkter Erzeugung des Berlinerblaus, da man Produkte von einer gleichmäßigeren Nuance erhält.

Zur Ausführung dieser Modifikation stellt man sich ebenfalls zunächst eine Lösung von 100 kg Eisenvitriol in 800 l kalten Wassers her und mischt dieser unter Umrühren vorsichtig 18 bis 20 kg Schwefelsäure von 66° Bé bei. Darauf erwärmt man mit direktem

---

¹) Wagners Jahresberichte der chemischen Technologie 1877, 408.

Dampf und setzt so lange rohe Salpetersäure portionsweise zu, bis eine Probe der Flüssigkeit mit Ferricyankaliumlösung keinen Niederschlag von Turnbullsblau mehr gibt; hierzu sind etwa 12 bis 18 kg Salpetersäure von 41° Bé nötig. Ist die Lösung durch Auskochen mit Dampf gänzlich von nitrosen Verbindungen befreit, so läßt man sie erkalten und mischt sie unter Umrühren mit einer heißen Lösung von 114 kg Ferrocyankalium in 500 l Wasser. Den Niederschlag von Berlinerblau läßt man absitzen, zieht die überstehende, klare Lösung ab, wäscht den Niederschlag mit Wasser bis zur neutralen Reaktion und behandelt ihn sonst wie Pariserblau.

Die Oxydation läßt sich auch überhaupt vermeiden oder wenigstens ganz bedeutend verbilligen, sofern man in der Lage ist, reiche, hydratische Eisenoxyderze ohne große Frachtunkosten zu beziehen. Diese werden durch starke, rohe Salzsäure aufgeschlossen und ergeben eine Eisenchloridlösung, die oft ohne weiteres zur Blaufällung benutzt werden kann. Enthält sie noch Eisenchlorür, so muß man sie mit etwas Salpetersäure oxydieren, bis sie nicht mehr mit Ferricyankalium reagiert, und verwendet sie darauf in der beschriebenen Weise. Diese Arbeitsmethode ist jedenfalls die billigste, hängt jedoch von den lokalen Verhältnissen ab.

Das eigentliche Berlinerblau des Handels ist geringwertiger als das Pariserblau und wird meistens nicht aus reinem Ferrocyankalium, sondern aus dem Rohsalz oder sog. Schmiersalz der Ferrocyankaliumfabrikation hergestellt. Man verwendet dabei zur Fällung ein Gemisch von Eisenvitriol und Alaun, um das im Rohsalz vorhandene Kaliumkarbonat zu neutralisieren und durch das sich abscheidende Tonerdehydrat eine größere Menge von Berlinerblau zu erzielen. Dieses ist dann heller gefärbt als das Pariserblau.

Das zu Mischungszwecken bestimmte Pariserblau kommt gewöhnlich in Pastenform in den Handel und wird dadurch hergestellt, daß man den sorgfältig gewaschenen Blauniederschlag nur so lange abpreßt, bis er noch ca. 16% Wasser enthält. In diesem Zustande pflegt man zur Erzeugung minderwertiger Produkte Zusätze von Gips, Stärke o. dgl. zu machen, mit denen die Paste naß vermahlen wird. Geht man mit diesen Zusätzen nicht über 25%, so behält das Produkt noch seinen Kupferglanz, allerdings in bedeutend geringerer Intensität.

Das geringwertigste Erzeugnis ist das Mineralblau, welches oft durch Fällen der rohen Ferrocyankaliumlaugen dargestellt wird und meist nicht mehr als 10% wirkliches Berlinerblau enthält.

Bezüglich der Zusätze muß man übrigens den Verwendungszweck des Farbstoffs berücksichtigen. Soll das Blau zur Herstellung
von Anstrichfarben in Öl dienen, so darf man es nicht mit Stärke
versetzen, sondern wendet besser Gips, eventuell auch Schwerspat
oder weißen Ton an, die letzteren beiden sind jedoch nicht zu
empfehlen, da sie die Farbe sehr hart und schwer, obgleich gut
deckend machen (Fleck). Am meisten soll ein Gemisch von 50%
Gips und je 25% Kartoffel- und Weizenstärke beliebt sein. Zur Herstellung von Waschblau bedient man sich ausschließlich der Kar-
toffel- und Weizenstärke, die damit erzeugten Produkte dürfen aber
weder zu lange naß vermahlen, noch beim Trocknen zu hoch erhitzt
werden, weil die Stärke sonst kleistert und die Farbe hart und
schwer zerreiblich macht.

Ein violettstichiges, sehr widerstandsfähiges Berlinerblau wird
durch Behandeln des gewaschenen Niederschlags mit 1% Salmiakgeist (auf Trockensubstanz bezogen) hergestellt und kommt unter
der Bezeichnung »Monthiersblau, Luisenblau oder Bleu de
France« in den Handel. Man kann es auch auf der Faser erzeugen,
indem man das noch nasse, blaugefärbte Zeug so lange Ammoniak-
dämpfen aussetzt, bis es den verlangten, blauvioletten Ton angenommen hat.

Eine sehr beliebte, grüne Anstrichfarbe stellt man durch Mischen
von Berlinerblau in Pastenform mit Chromgelb (Bleichromat $PbCrO_4$)
dar. Sie wird im Handel als Chromgrün oder grüner Zinnober
bezeichnet.

Wasserlösliches Berlinerblau entsteht, wie schon an
anderer Stelle ausgeführt wurde, wenn man Ferrocyankaliumlösung
mit einer zur vollständigen Fällung ungenügenden Menge einer Eisen-
salzlösung versetzt. Brücke gibt zu seiner Darstellung folgende
Vorschrift:

2,17 kg Ferrocyankalium werden in 10 l Wasser gelöst und mit
einer Lösung von 200 g Eisenchlorid in 2 l Wasser vermischt. Man
läßt den Niederschlag absitzen, gießt die überstehende Salzlösung
ab, bringt das übrige auf ein Koliertuch und läßt es abtropfen.
Darauf wäscht man mit etwas Wasser, bis dieses stark gefärbt abläuft, und preßt den Niederschlag im Tuch zwischen Fließpapier
scharf aus. Dann löst man ihn in Wasser, filtriert etwa vorhandenes,
unlösliches Blau ab, salzt das lösliche Blau mit konzentrierter Natriumsulfatlösung aus und koliert es in derselben Weise wie zuvor. Das
Produkt wird schließlich an der Luft getrocknet und stellt eine

leicht zerreibliche, tiefblaue Masse dar, die sich in Wasser schnell und vollständig löst.

Früher verwandte man das lösliche Berlinerblau viel zur Herstellung von Tinten, besonders in Oxalsäurelösung. Heute ist es aber völlig durch die Alizarintinten verdrängt worden, da diese besser und billiger sind und die Stahlfedern nicht angreifen, was bei Oxalsäurelösungen unvermeidlich ist.

b) Turnbullsblau.

Durch Fällen einer Lösung von Ferricyankalium mit einem Eisenoxydulsalz erhält man das sog. Turnbullsblau, welches dem Pariserblau im Äußern sehr ähnlich ist. Da bei seiner Darstellung der Oxydationsprozeß wegfällt, gestaltet sie sich scheinbar einfacher als diejenige des Pariserblaus, dafür muß aber zuvor das Ferrocyankalium oxydiert werden. Da dieser letztere Prozeß jedoch ziemlich kostspielig ist, stellt sich das Turnbullsblau auch teurer als das Pariserblau und wird daher fabrikmäßig nur selten produziert. Seine Fabrikation deckt sich im übrigen völlig mit der des Pariserblaus unter sinngemäßem Wegfall der unnötigen Operationen.

c) Braune Farbstoffe.

Wird Berlinerblau durch vorsichtiges Erhitzen auf ca. 250° C zum Verglimmen gebracht, so erhält man einen braunen Rückstand, der als Berlinerbraun bezeichnet wird. Zu der Darstellung desselben darf man nur ganz reines Blau anwenden, da sonst das Produkt ungleichmäßig in der Nuance ausfällt.

Einen anderen braunen Farbstoff bildet das Hatchettsbraun, erzeugt durch Fällen einer Ferrocyankaliumlösung mit Kupfervitriollösung. Es findet verschiedentlich als braune Anstrichfarbe Verwendung.[1]

---

[1] Nach Feuerbach, Cyanverbindungen 1896, 228.

Dritter Teil.

I. Die Cyanverbindungen in der Industrie und im Gewerbe.

Von den vielen Verbindungen des Cyans werden, wie wir sahen, nur sehr wenige in großem Maßstabe dargestellt, und die Mengen, in denen sie erzeugt werden, richten sich naturgemäß nach der Anwendung, welche sie im täglichen Leben finden. Diese Anwendung hat nun im Laufe der Zeit manche Wandlungen erfahren.

Das erste Gebiet, auf dem Cyanverbindungen eine gewisse Rolle spielten, ist die Medizin, welche sich des blausäurehaltigen Bittermandel- und Kirschlorbeerwassers zu Heilzwecken bediente, allerdings ohne die wirksame Substanz, die Blausäure, zu kennen. Weit auffallender traten die Cyanverbindungen durch die Entdeckung des Berlinerblaus in die Erscheinung, da dieses einen willkommenen Ersatz für das damals noch sehr teure Ultramarin bot und sich infolge seiner Schönheit und Billigkeit bald einen bevorzugten Platz als Malfarbe eroberte. Nachdem man dann gelernt hatte, lösliche Ferrocyansalze darzustellen, erschloß sich dem Berlinerblau auch das Gebiet der Zeugfärberei, auf dem es sich lange Zeit behauptete, bis es durch die viel schöneren und teilweise widerstandsfähigeren Teerfarbstoffe mehr und mehr in den Hintergrund gedrängt wurde.

Hatten die Cyanverbindungen auf diese Weise als Farbstoffe an Bedeutung verloren, so fanden sie dafür als Hilfsmittel in der Färberei ein neues Verwendungsgebiet, das sich auch auf die Rhodanverbindungen erstreckte und letztere eine Zeitlang zu einem recht begehrten Handelsartikel machte. Das hielt jedoch nicht lange vor, da man bald geeignetere Hilfsmittel ausfindig machte, und die Rhodanverbindungen als solche sind seitdem Stiefkinder der Industrie geblieben, für die man keine rechte Verwendung weiß, während die Eisencyanverbindungen in mehreren anderen Zweigen der Technik mit Vorteil benutzt werden.

Von den einfachen Cyanmetallen haben von jeher nur die Alkalicyanide, vornehmlich das Cyankalium, in der Industrie eine Rolle
gespielt. Ursprünglich bediente man sich des letzteren in der Photographie, später auch in der Galvanoplastik, doch war der Verbrauch
nicht besonders groß. Erst im Anfang der neunziger Jahre des
vorigen Jahrhunderts, als die Cyanidprozesse zur Goldgewinnung in
Aufnahme kamen, stieg die Bedeutung der Cyanalkalien mehr und
mehr, und heute stehen sie im Vordergrunde des Interesses und
haben alle anderen Cyanverbindungen weit überholt.

1. Der Cyanwasserstoff.

Die außerordentliche Giftigkeit, verbunden mit einer hohen
Dampftension, hat der an sich wohl denkbaren Verwendung des
Cyanwasserstoffs als solchen sehr enge Grenzen gezogen. Die verdünnte, wäßrige Lösung wird, wie schon angedeutet, in der Arznei-
kunde benutzt, und der konzentrierten, wäßrigen Blausäure bedient
man sich auf Grund ihrer sehr schnellen Wirkung häufig zum Töten
von Tieren, denen man eine geringe Dosis davon unter die Haut
spritzt oder seltener innerlich mit dem Futter vermischt gibt.

Eine Anwendung der Blausäure in großem Maßstabe zu finden,
blieb dem Lande der unbegrenzten Möglichkeiten, Amerika, vor-
behalten. Nach Mitteilung von Walter F. Reid[1]) bedient man
sich in den Südstaaten Nordamerikas und in Kalifornien
mit gutem Erfolge des gasförmigen Cyanwasserstoffs, um Parasiten
auf den Obstbäumen, besonders in den Orangenpflanzungen, zu ver-
nichten. Die Bäume werden streckenweise mit Zelten überspannt,
und dann unter den letzteren in primitivster Weise Cyanwasserstoff
entwickelt. Darauf überläßt man das Ganze sich selbst, bis die
Gefahr vorüber ist, und nimmt die Zelte wieder ab. Die Vernich-
tung der Schädlinge soll eine vollständige sein, ohne daß die Bäume
und das Obst Schaden leiden.

In Viktoria, Australien, benutzt man nach H. Schmidt[2])
gasförmigen Cyanwasserstoff zum Konservieren von Früchten. Wird
der Cyanwasserstoff aber so konzentriert angewandt, wie es der
Zweck erfordert, so verändern sich die Früchte doch bedeutend.
Schmidt hat experimentell nachgewiesen, daß alle Obstsorten Blausäure aufnehmen, er hält daher die Gefahr der Vergiftung beim Genuß
von derartig behandeltem Obst durchaus nicht für ausgeschlossen.

---

[1]) Journ. of Gaslighting 1904, Nr. 2122.
[2]) Arbeiten aus dem Kaiserl. Gesundheitsamt 18, 490 ff.

2. Cyanmetalle und Halogencyanide.

Die Eigenschaft der Cyanalkalimetalle, in wäßriger Lösung manche Metalle und deren in Wasser unlösliche Salze, besonders die der edlen Metalle, aufzunehmen, hat schon früh die Aufmerksamkeit der Chemiker auf sich gezogen. Sie führte zunächst zur Anwendung von Cyankaliumlösungen als Fixiermittel in der Photographie, als man jedoch in dem Natriumthiosulfat ein gutes Lösungsmittel für Halogensilber erkannte, verzichtete man gern auf das giftige Cyankalium, und die Photographen bedienten sich seiner nur noch gelegentlich zur Entfernung von Silberflecken.

Eine weit umfassendere und noch heute andauernde Verwendung hat das Cyankalium dagegen zur Herstellung schützender und verzierender Metallüberzüge auf elektrolytischem Wege gefunden. Anfänglich benutzte man zum Überziehen unedler Metalle mit anderen, z. B. Silber, Gold, Nickel o. dgl., saure Lösungen der Metallsalze, doch wurde dabei das unedle Metall angegriffen, die Metallbäder wurden verunreinigt und überdies hafteten die Überzüge sehr schlecht auf den Metallgegenständen. Man mußte also versuchen, neutrale oder alkalische Bäder herzustellen, und hier bot sich in dem Cyankalium ein vortreffliches Lösungsmittel. Heute werden allgemein Lösungen der Chloride oder Cyanide der betreffenden Metalle in Cyankaliumlösung zur Herstellung der Metallbäder angewendet, und man erzielt mit denselben sehr schöne, fest haftende Niederschläge. Meist enthalten diese Bäder nur 1 bis 2,5 % Cyankalium und können verhältnismäßig lange benutzt werden. Da aber die Industrie einen sehr umfangreichen Gebrauch davon macht, Gegenständen aus unedlen Metallen durch Überziehen mit edlen Metallen o. dgl. ein ansprechenderes Aussehen und größere Widerstandsfähigkeit gegen die Atmosphärilien zu verleihen, so ist der Cyankaliumverbrauch für diese Zwecke doch ziemlich hoch und hat im Handel eine nicht zu unterschätzende Bedeutung.

Der wichtigste Industriezweig, welcher die größten Mengen an Cyanverbindungen aufnimmt, ist jedoch die Cyanidlaugerei der Golderze, und sie verdient daher eine eingehendere Besprechung, obgleich natürlich im Rahmen dieser Arbeit von einer einigermaßen erschöpfenden Darstellung des Gegenstands keine Rede sein kann.

Die früher vielfach durch Tagebau, heute fast ausschließlich durch Tiefbau gewonnenen Golderze können in ihrem ursprünglichen Zustande nicht mit Cyankaliumlösung behandelt werden, da

sie gröbere Goldteilchen enthalten, welche sich nur langsam lösen
würden. Aus diesem Grunde werden die Erze zunächst einer Aufbereitung und der Amalgamation mit Quecksilber unterworfen.

Nachdem das rohe Erz zutage gefördert ist, breitet man es aus
und bespritzt es mit Wasser, um das taube Gestein sichtbar zu
machen. Dieses wird von Hand ausgelesen und das übrigbleibende,
eigentliche Erz auf Schüttelsieben in feines und grobes Gut geschieden.
Das letztere zerkleinert man darauf in Steinbrechern und vereinigt
es wieder mit dem Feinerz. Das Gemisch beider gelangt dann zusammen mit Wasser in Naßpochwerke und wird hier unter Zugabe
von metallischem Quecksilber so fein gepocht, daß es durch ein Sieb
mit 64 bis 160 Maschen pro Quadratzentimeter hindurchfließt. Bei
dieser Arbeit amalgamiert sich der größte Teil des freien Goldes
mit dem Quecksilber und setzt sich an Kupferplatten fest, die in
das Pochwerk lösbar eingebaut sind. Der Rest des Amalgams scheidet
sich auf dem Amalgamiertische aus, über den das Pochgut nach
Verlassen des Pochwerks hinfließt.

Der Amalgamationsrückstand enthält noch große Mengen Gold
und wird zunächst einer Konzentration unterworfen. Man führt ihn
zu diesem Zwecke über Stoßherde oder ähnliche Vorrichtungen, auf
denen sich die schwersten Mineralteile, die sog. Concentrates,
ausscheiden. Die ablaufende, trübe Flüssigkeit passiert darauf Spitz-
kästensysteme oder andere Schlämmapparate, in denen sich die Sande,
Tailings genannt, absetzen. Endlich gelangt sie in Klärteiche und
gibt hier die feinsten, lettigen und tonigen Anteile ab, welche man
als Slimes bezeichnet.

Diese Tailings und Slimes sind nun das Hauptrohmaterial
für die Cyanidlaugerei; die Concentrates, welche meistens sehr
pyrithaltig sind, wurden früher ausschließlich mit Chlor behandelt,
doch unterwirft man sie heute oft ebenfalls dem Cyanidprozesse.
Nach v. Uslar[1]) rechnet man im allgemeinen darauf, aus dem
Mineralgehalt der Pochtrübe 10% Concentrates, 20 bis 30% Tailings
und 60 bis 70% Slimes zu erhalten. Wie groß die zu verarbeitenden
Mengen Erz sind, zeigt als Beispiel die Produktion Transvaals im
Jahre 1895, welche an Concentrates 41 626 tons und an Tailings
3 209 242 tons[2]) mit einem Goldausbringen im ungefähren Werte
von 52 Millionen Mark betrug.

---

[1]) v. Uslar, Cyanidprozesse. Halle 1903.
[2]) Nach Ahrens, Die Goldindustrie der südafrik. Republik. Stuttgart 1898.

Früher wanderten die Tailings und Slimes auf die Halde, da man kein Verfahren hatte, so geringwertige Golderze zu verarbeiten. Zwar war die goldlösende Eigenschaft des Cyankaliums wohl bekannt, und es wurden auch mehrfach Versuche zu ihrer praktischen Ausnutzung gemacht, die aber gänzlich erfolglos blieben, bis endlich um das Jahr 1887 von Mac Arthur und Forrest, sowie von Siemens & Halske fast gleichzeitig und unabhängig voneinander Verfahren zur Auslaugung des Goldes durch Cyanidlösungen ausgearbeitet wurden, die bald eine ungeahnte Bedeutung gewannen.

Beide Verfahren haben zur gemeinsamen Grundlage die Auslaugung neutraler oder alkalischer Amalgamationsrückstände mit einer sehr verdünnten Cyankaliumlösung, die noch nicht 1 % Cyankalium enthält. Sie unterscheiden sich voneinander hauptsächlich durch die Art und Weise, in der das Gold aus der Cyanidlösung gewonnen wird.

Da sich bei der Auflösung metallischen Goldes in Cyankaliumlösung das Doppelsalz $KAu(CN)_2$ bildet, so kann man den Verlauf des Prozesses auf zweierlei Art erklären. Nach Mac Arthurs und Janins Ansicht[1]) geht die Lösung unter Wasserstoffentwicklung nach folgender Gleichung vor sich:

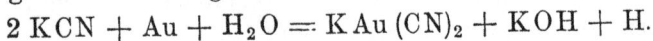

$$2\,KCN + Au + H_2O = KAu(CN)_2 + KOH + H.$$

Maclaurin[2]) u. A. halten dagegen die Anwesenheit von Sauerstoff für unbedingt erforderlich und setzen folgenden Verlauf voraus:

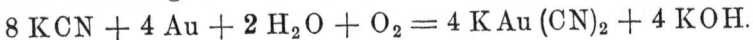

$$8\,KCN + 4\,Au + 2\,H_2O + O_2 = 4\,KAu(CN)_2 + 4\,KOH.$$

Maclaurin schließt die Richtigkeit seiner Ansicht u. a. daraus, daß mit steigender Konzentration der Cyankaliumlösung die Löslichkeit des Goldes bis zu einem Maximum steige. Wenn man die Konzentration der Cyankaliumlösung dann noch weiter treibe, so falle die Menge des gelösten Goldes wieder, weil mit steigendem Cyankaliumgehalt die Sauerstofflöslichkeit der Lauge abnehme.

Die Anwesenheit von Sauerstoff wird heute allgemein als unbedingt nötig angenommen; übrigens hat schon Elsner[3]) 1846 nachgewiesen, daß bei der Lösung des Goldes in Cyankalium Sauerstoff verbraucht wird, und dadurch war Mac Arthurs Erklärung von vornherein hinfällig. Die Menge des nötigen Sauerstoffs ist allerdings sehr gering und kann leicht übersehen werden, wenn man nicht mit

---

[1]) Engin. and Min. Journ.; nach Zeitschr. des Ver. d. Ingenieure 1893, 901.

[2]) Journ. of the Soc. of Chem. Ind. 1893, 724.

[3]) Journal für praktische Chemie 37, 441.

ausgekochtem Wasser unter sorgfältigem Ausschluß der Luft arbeitet. Dixon[1]) nimmt an, daß der Sauerstoff nur durch das lufthaltige Lösungswasser geliefert werde und führt darauf ähnlich wie Mac-laurin die guten Eigenschaften sehr verdünnter Lösungen zurück.

Die sorgfältigste Prüfung der Frage verdanken wir Bodländer[2]), der auch die einzelnen Phasen des Prozesses genau studierte. Er wies zuerst nach, daß beim Lösen des Goldes kein Wasserstoff frei werde, und zeigte ferner, daß zunächst folgende Reaktion eintritt:

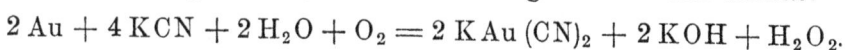

$$2\,Au + 4\,KCN + 2\,H_2O + O_2 = 2\,KAu\,(CN)_2 + 2\,KOH + H_2O_2.$$

Das Wasserstoffsuperoxyd bleibt aber nicht erhalten, sondern dient dazu, weitere Goldmengen ohne Aufnahme von Sauerstoff zu lösen:

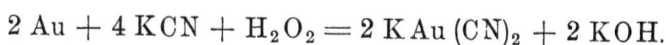

$$2\,Au + 4\,KCN + H_2O_2 = 2\,KAu\,(CN)_2 + 2\,KOH.$$

Eine Ansammlung größerer Mengen an Wasserstoffsuperoxyd findet daher nicht statt. Mit Bodländers experimenteller Arbeit ist die Frage der Aufnahme des Goldes durch Cyankaliumlaugen endgültig gelöst und die Unrichtigkeit von Mac Arthurs und Janins Erklärung ausreichend dargetan worden.

Zur praktischen Ausführung der Cyanidlaugerei bedient man sich bei der Verarbeitung von Concentrates und Tailings großer, kreisrunder Behälter, die aus Holz, Schmiedeeisen oder armiertem Beton hergestellt werden. Früher baute man sie so groß, daß man im einzelnen Behälter 30 bis 40 tons Erz laugen konnte, doch ging man allmählich immer weiter, und heute sind Behälter in Betrieb, welche die Auslaugung von 500 bis 600 tons auf einmal ermöglichen. Man vermeidet dabei allzugroße Tiefen der Bottiche, um die Arbeit nicht zu sehr zu erschweren und zieht es vor, lieber große Durchmesser zu wählen. Dadurch erzielt man auch eine recht lockere Lagerung des Erzes und eine große Oberfläche, die in Anbetracht der Notwendigkeit des Sauerstoffs zur schnellen Lösung des Goldes viel beiträgt, obgleich sie anderseits auch den Verbrauch an Cyankalium durch Oxydation und Karbonatbildung erhöhen wird.

Über dem eigentlichen Boden des Behälters ist ein starker Lattenboden angebracht, den man mit Kokosmatten dicht belegt und mit einer Schicht groben Filtersandes beschüttet. Oft bringt man auch zunächst eine Reisigschicht auf den falschen Boden und hierauf erst die Kokosmatten.

---

[1]) Chemical Trade Journal 21, 327.
[2]) Zeitschrift für angewandte Chemie 1896, 583.

Der auf diese Weise vorbereitete Behälter wird mit den auszulaugenden Tailings beschickt. Sind diese infolge der Zersetzung von Pyriten an der Luft, z. B. beim Lagern auf der Halde, sauer, so dürfen sie nicht sogleich mit Cyanidlösung behandelt werden, da man sonst große Verluste an Cyanid erleiden würde. Bei hohem Gehalt an Eisen- und Kupfersulfat laugt man sie erst mit Wasser aus und wäscht darauf mit dünner, alkalischer Lauge oder mit Kalkwasser nach. Meistens genügt es jedoch, sie nur mit der basischen Waschlauge zu behandeln.

Nach erfolgter Neutralisation füllt man den Behälter mit sog. starker Cyanidlauge, von der man pro 1 ton Erz ca. 0,5 cbm aufbringt, und läßt diese je nach dem Goldgehalt der Beschickung 12 bis 48 Stunden lang einwirken. (Bei goldreichen Concentrates erstreckt sich diese erste Laugung oft über 1 bis 3 Wochen.) Darauf zieht man die starke, güldische Lauge ab, behandelt noch einmal ebenso lange Zeit mit der gleichen Menge schwacher Lösung und wäscht endlich die Beschickung mit Wasser aus.

Die Konzentration der Cyanidlaugen ist je nach dem angewandten Verfahren verschieden. Bei dem Mac Arthur-Forrest-Prozeß enthält die starke Lösung 0,6 bis 0,8 % KCN und die schwache 0,2 bis 0,4 %, die Tailings werden das erstemal ca. 12 Stunden, das zweitemal 8 bis 10 Stunden mit der Lauge in Berührung gelassen. Nach dem Verfahren von Siemens & Halske laugt man anfangs ca. 36 Stunden lang mit einer Lösung von 0,04 bis 0,08 % KCN und darauf ebenfalls 36 Stunden lang mit Lauge von 0,01 bis 0,03 % KCN. In neuerer Zeit ist man übrigens auch beim Mac Arthur-Forrest-Prozeß mit der Konzentration heruntergegangen und wendet 0,25 prozentige Lösungen als starke und 0,03 bis 0,06 prozentige Lösungen als schwache an, doch müssen sie bei der nachfolgenden Ausfällung des Goldes gewöhnlich noch an Cyankalium angereichert werden.

Anstatt die mehrmalige Behandlung der Tailings in ein und demselben Laugenbottich vorzunehmen, sucht man die Einwirkung der Cyanidlösung manchmal durch Lüftung des Laugegutes zu verstärken. Zu diesem Zwecke wird das eventuell vorher neutralisierte Erz mit starker Lauge gut durchfeuchtet und darauf in einen zweiten Bottich hinübergeschaufelt, in welchem dann die Laugung vollendet wird. Durch diese als »double treatment« bekannte Arbeitsweise soll eine bedeutend schnellere Lösung des Goldes erzielt werden so daß sich die Mehrarbeit bezahlt macht.

Wesentlich schwieriger als die Laugung der immerhin noch groben Tailings gestaltet sich die Verarbeitung der feinsten Schlämme, der Slimes, da das Material infolge seines Ton- und Lettengehalts bei Wasserzusatz direkt undurchlässig wird und keine Extraktion im üblichen Sinne gestattet. Die Slimes enthalten jedoch noch genug Gold, um dessen Gewinnung erstrebenswert zu machen, und man hat daher keine Mühe gescheut, Methoden zu ihrer Verarbeitung aufzusuchen. Es gelang aber erst im Jahre 1896, praktisch brauchbare Verfahren dafür einzuführen.

Anfänglich versuchte man, durch kräftige Rührwerke Schlamm und Flüssigkeit zu mischen, kam davon jedoch zurück, da der Kraftverbrauch sich als zu groß herausstellte. Bessere Resultate erzielte man dadurch, daß man die Schlämme mit Cyankaliumlösung übergoß und das Rührwerk dicht über der Schlammoberfläche arbeiten und sich allmählich senken ließ, so daß ein langsam aber stetig fortschreitendes Aufrühren der Masse stattfand, bis endlich alles in Bewegung war. Wenn das auch ziemlich lange dauerte, so stellte sich der Kraftverbrauch dafür um so niedriger, der Zeit bedurfte es ja sowieso, um die Lösung des Goldes zu vollenden.

Nach erfolgtem Aufrühren wurde das Rührwerk wieder gehoben, man ließ absitzen, zog die güldische Lauge ab, laugte in gleicher Weise noch ein zweites Mal mit schwacher Lösung und wusch schließlich die extrahierten Schlämme ebenfalls durch Rühren mit Wasser aus.

Nach einer anderen, von der Rand Central Ore Reduction Company herrührenden Methode unterwarf man die Schlämme erst einem ziemlich komplizierten Schlämmprozeß und trennte mit Hilfe großer Wassermengen die tonigen Anteile vom eigentlichen Erz, auf diese Weise wurde das letztere in einer solchen Beschaffenheit gewonnen, daß es ebenso wie die Tailings gelaugt werden konnte. Beide Verfahren vermochten sich jedoch auf die Dauer nicht zu halten.

Später führte man eine andere Methode mit gutem Erfolg ein. Der Ablauf von den Spitzkästen, in denen sich die Tailings absetzen, wird mit Kalk vermischt, um den Schlämmen die schleimige Beschaffenheit zu nehmen und sie schnell zum Absitzen zu bringen. Darauf wird das Wasser abgezogen, Cyankaliumlauge aufgebracht und der ganze Kasteninhalt mit kräftigen Kreiselpumpen in Absetzbottiche gepumpt. Hierdurch erzielt man eine gute Durchmischung und schnelle Lösung des Goldes. Man läßt die Slimes wieder absitzen und zieht die Lauge ab, die dann zur Fällung kommt.

19*

In Westaustralien[1]) wendet man seit 1898 vielfach Filterpressen bei der Laugung der Schlämme an. Die letzteren werden entweder mit Cyanidlauge gemischt, abgepreßt und in der Presse mit Wasser ausgewaschen, oder sie werden im ursprünglichen Zustande abgepreßt und erst in der Presse ausgelaugt.

Während man gewöhnlich nur die Tailings und Slimes der Cyanidextraktion unterzieht, schlagen Pape und Henneberg nach D. R. P. Nr. 129584 vor, die nicht klassierten Erze direkt mit Cyanidlösung zu behandeln. Sie bereiten zu diesem Zwecke die Erze in besonderen Naßpochwerken auf, bei denen dem Erze statt des Wassers Cyanidlösung zugeführt wird.

Für sehr arme Erze, welche die Förderung kaum lohnen, hat Frasch[2]) empfohlen, die Lagerstätten durch Einpumpen von Cyanidlösung in die Schächte auszulaugen, und dieselbe Methode bildet den Gegenstand des Procédé Stoop de Gelder[3]). Ein solches Vorgehen erscheint aber doch recht gewagt und wird wohl kaum jemals zur praktischen Ausführung gekommen sein.

Die aus den Extraktionsgefäßen kommenden Cyanidlaugen, welche pro Kubikmeter 20 g Gold und mehr enthalten, werden gewöhnlich zunächst in Zwischenbehälter geschafft und gelangen von hier zur Entgoldung.

Nach dem Mac Arthur-Forrest-Prozeß geschieht diese Entgoldung durch Fällung mit metallischem Zink nach der Gleichung:

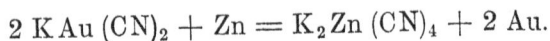

$$2\,K\,Au\,(CN)_2 + Zn = K_2\,Zn\,(CN)_4 + 2\,Au.$$

Man verwendet dazu lange Kästen von rechteckigem oder quadratischem Querschnitt, die 10% Steigung besitzen und durch Querwände in mehrere Abteilungen geteilt sind. In jeder dieser Abteilungen befindet sich ein auswechselbarer Zinkbehälter mit Siebboden, der mit frisch hergestellten Zinkspänen gefüllt ist. Die goldhaltige Cyanidlösung tritt unten in die oberste Abteilung ein, füllt diese an und fließt über die Scheidewand zur nächsten Abteilung. Aus der letzten gelangt sie dann in die Ablaufrinne und zu Laugebehältern, in welchen sie durch Zusatz neuer Mengen von Cyankalium wieder zur Behandlung frischer Erze tauglich gemacht wird.

Bei der Ausfällung scheidet sich das Gold nebst den Verunreinigungen, wie Silber, Kupfer, Blei, Arsen etc., in Schlammform auf

---

[1]) Nach Pape, Zeitschrift des Vereins deutscher Ingenieure 1902, 1473.

[2]) Génie civil 1897, 172.

[3]) Nach Rehwagen, Berg- und Hüttenzeitung 1902, 477

dem Zink aus und wird von Zeit zu Zeit mit Wasser abgespült und als Schlamm gewonnen. Man trocknet diesen Schlamm und röstet ihn vorsichtig, um die Cyanverbindungen zu zersetzen und die unedlen Metalle zu oxydieren. Schließlich wird er mit Borax, Flußspat, Soda und Sand verschmolzen und ergibt einen Goldregulus von 650 bis 800 Feingehalt.

Der Verbrauch an Zink ist bei diesem Verfahren sehr hoch und beträgt das 40 bis 60fache des theoretisch notwendigen. Die Ursache dieser Erscheinung ist in elektrolytischen Vorgängen zu suchen. Reines Zink löst sich in reinem, wäßrigem Cyankalium nur langsam unter schwacher Wasserstoffentwicklung; ist das Zink dagegen mit einer wenn auch nur schwachen Goldhaut überzogen, so entstehen galvanische Elemente, welche das Wasser zersetzen:

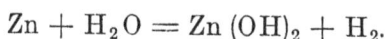

$$Zn + H_2O = Zn(OH)_2 + H_2.$$

Zwischen dem Cyankalium und dem entstandenen Zinkhydrat findet dann die Reaktion statt:

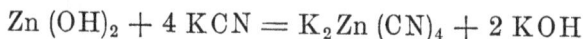

$$Zn(OH)_2 + 4KCN = K_2Zn(CN)_4 + 2KOH$$

und nun können neue Mengen Zink gelöst werden nach der Gleichung:

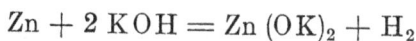

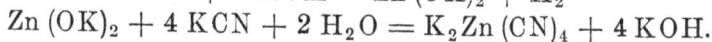

$$Zn + 2KOH = Zn(OK)_2 + H_2$$
$$Zn(OK)_2 + 4KCN + 2H_2O = K_2Zn(CN)_4 + 4KOH.$$

Früher verwandte man das Zink in Form von Abfällen und erzielte damit recht schlechte Resultate, weil die Metallstücke so wenig dicht lagen, daß ein großer Teil der Laugen gar nicht mit dem Zink in Berührung kam. Daher stellt man jetzt Zinkscheiben her, die zusammen auf eine Drehbank gespannt und in dünnem Span abgedreht werden. Die Späne muß man sofort verbrauchen, da sie sonst ihre frische, metallische Oberfläche verlieren. James[1]) hat empfohlen, statt der Späne dünne Zinkdrähte zu verwenden, die eine viel größere Oberfläche haben.

Der Zinkfällungsprozeß ist sehr einfach in der Ausführung und erfordert kein besonders geschultes Personal. Er wird aber teuer durch den hohen Zink- und Cyanidverbrauch und liefert ein stark verunreinigtes Gold, meistens ist die Entgoldung der Laugen schwankend und unvollständig und man erhält selten mehr als 65 bis 70% des in den Laugen enthaltenen Goldes.

---

[1]) Österreichische Berg- und Hüttenzeitung 1897, 382.

Viel beliebter als der Mac Arthur-Forrest-Prozeß ist das Verfahren von Siemens & Halske, welches auf elektrolytischer Ausscheidung des Goldes beruht. Zur Ausführung des Verfahrens bedient man sich ebenfalls langer, aber nur schwach geneigter Holzkästen mit einzelnen Abteilungen, deren Fassungsraum jedoch größer als bei der Zinkfällung ist. Als Anoden dienen Eisenplatten von 2 bis 3 mm Dicke, die man in Tuchsäcke einnäht, zum Auffangen des Anodenschlammes. Als Kathoden benutzt man Bleistreifen von 2 bis 3 mm Breite, welche schraubenartig geformt und an Rahmen aus verzinktem Eisendraht befestigt sind.

Die anzuwendende Stromdichte muß recht niedrig gehalten werden zur Erzielung eines fest haftenden, zusammenhängenden Goldüberzuges. Man geht daher mit der Spannung auf 2 bis 3 Volt, selten höher, und wendet pro 1 qm nur 0,5 bis 0,6 Ampere an, so daß der Kraftverbrauch recht gering ist.

Der elektrische Strom spaltet nun zunächst das Kaliumgoldcyanür in Kaliumionen, die zur Kathode gehen und in Goldcyanidionen, die nach der Anode wandern. Die Kaliumionen zerlegen darauf unzersetztes Kaliumgoldcyanür nach der Gleichung:

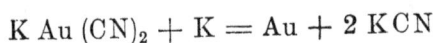

$$K \, Au \, (CN)_2 + K = Au + 2 \, KCN$$

und das Gold scheidet sich dabei als fester Überzug auf dem Bleistreifen der Kathode ab. Das Goldcyanid wirkt auf die Anode unter Bildung von Cyaneisenverbindungen, die als Berlinerblau den Anodenschlamm darstellen. Auch hier wird etwas Gold abgeschieden und der Schlamm nebst den Segeltuchbeuteln (verascht) enthält infolgedessen (nach Butters) 0,15 bis 1,5 kg Gold pro ton.

Die mit Gold überzogenen Bleistreifen werden einmal im Monat aus dem Bade entfernt und durch neue ersetzt. Man wäscht sie mit Wasser, trocknet sie darauf und treibt sie in üblicher Weise ab. Das gewonnene Gold ist viel reiner als beim Zinkfällungsprozeß und hat mindestens $^{800}/_{1000}$ Feingehalt.

Das Verfahren von Siemens & Halske gibt sowohl bei der Laugung als auch bei der Entgoldung gleichmäßigere Resultate und höhere Ausbeuten als der Mac Arthur-Forrest-Prozeß. Je nach der Natur der angewandten Erze werden 70 bis 95% des Gesamtgoldgehalts gewonnen. Wenn auch das Verfahren teurer in der Anlage ist und geschultes Personal erfordert, so werden die Mehrkosten doch durch die hohe Ausbeute und die Reinheit der erzielten Ware reichlich aufgewogen.

Für die beiden vorstehend kurz geschilderten Verfahren sind im Laufe der Zeit viele Abänderungen vorgeschlagen worden, von denen einige, die sich direkt auf die Verwendung von Cyanverbindungen beziehen, hier Erwähnung verdienen.

Nachdem man erkannt hatte, welch große Rolle der Sauerstoff bei der Goldlösung spielte, richtete man zunächst das Hauptaugenmerk darauf, den Einfluß desselben zu verstärken, und suchte dies durch Laugung bei Gegenwart von Oxydationsmitteln herbeizuführen.

Die Deutsche Gold- und Silberscheideanstalt zu Frankfurt a. M. empfiehlt hierfür die Anwendung von Cyankaliumlösung mit einem Zusatze von Ferricyankalium, wobei der Lösungsvorgang ohne Mitwirkung des Luftsauerstoffs nach folgender Gleichung verlaufe:

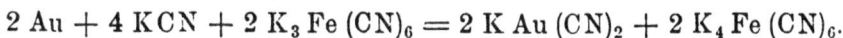

$$2 \, Au + 4 \, KCN + 2 \, K_3 Fe \, (CN)_6 = 2 \, K \, Au \, (CN)_2 + 2 \, K_4 Fe \, (CN)_6.$$

Es soll dadurch bedeutend an Cyankalium gespart werden.

Der gleiche Vorschlag wird von Moldenhauer im D. R. P. Nr. 66764 gemacht, doch will dieser an Stelle des Ferricyankaliums auch Kaliumpermanganat, mangan- oder chromsaure Salze benutzen.

Nach James' englischem Patent Nr. 15656 (1895) wird der Cyankaliumlösung Wasserstoffsuperoxyd zugesetzt, und derselbe empfiehlt zusammen mit Norris im englischen Patent Nr. 23492 (1895) neben Cyankalium Salze der Halogensäuren anzuwenden.

Crawford will nach seinem D. R. P. Nr. 86075 die Erze mit Lösungen von Cyankalium und Kaliumcyanat laugen und verspricht sich davon sehr viel, ohne zu berücksichtigen, daß bei der üblichen Laugung meistens schon Bildung von Cyanat stattfindet.

Von der Chemischen Fabrik auf Aktien vorm. E. Schering wird in dem D. R. P. Nr. 85239 und 85243 Persulfat zur Erhöhung der Laugefähigkeit des Cyankaliums vorgeschlagen, und Goerlich und Wichmann wollen nach dem D. R. P. Nr. 88201 außer dem Persulfat noch Halogensalze anwenden, um im besonderen den nachteiligen Einfluß etwa vorhandener Eisencyanverbindungen auszugleichen. Obige chemische Fabrik will die Oxydation nach dem D. R. P. Nr. 85244 übrigens auch durch Zusatz organischer Nitro- oder Nitrosoverbindungen bewirken.

Ferner sind Superoxyde, Natriumsuperoxyd, Baryumsuperoxyd und andere mehrfach empfohlen worden, so daß kaum ein Sauerstoffüberträger existiert, der nicht für den vorliegenden Zweck vorgeschlagen worden wäre. Allen diesen Abänderungen ist jedoch das gemeinsam, daß sie keinen oder doch keinen dauernden Eingang in die Praxis gefunden haben, ebensowenig wie die Prozesse, nach denen neben dem Cyankalium Cyanquecksilber (Crookes) oder andere Quecksilbersalze (Keith) zur Auslaugung der Golderze angewendet werden sollen.

Anders steht es dagegen mit einigen Verfahren, die gemeinsam die Extraktion der Erze mit Cyankalium bei Gegenwart von Halogencyaniden, speziell Bromcyanid, zum Gegenstand haben. Der Zweck des Zusatzes von Cyanbrom ist derselbe wie der der Oxydationsmittel, das Cyanbrom hat vor den letzteren aber den Vorzug, sehr kräftig zu wirken und die Lösung der Edelmetalle zu beschleunigen, ohne daß die wertlosen Bestandteile des Erzes angegriffen werden.

Das ursprüngliche Verfahren stammt von Sulman und Teed und ist Gegenstand des D. R. P. Nr. 83292. Nach demselben laugt man die Erze mit Cyankaliumlösung, welcher fertiges Halogencyanid in geeigneter Menge zugesetzt wird. Die Lösung des Goldes erfolgt dann nach der Gleichung:

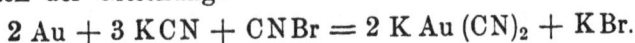

$$2\,Au + 3\,KCN + CNBr = 2\,K\,Au\,(CN)_2 + KBr.$$

Der Extraktionsprozeß vollzieht sich gerade so wie bei der üblichen Methode, auch die Zinkfällung kann in der gewöhnlichen Weise durchgeführt werden, doch ziehen Sulman und Teed es vor, das Gold nicht mit Zinkspänen, sondern mit Zinkstaub zu fällen. Nach eigener Mitteilung der Erfinder[1]) war das Verfahren im Jahre 1897 auf zwei Minen in Betrieb, nämlich in Day Dawn (Westaustralien) und in Deloro (Kanada). Man wandte dort Lösungen von Cyankalium an, denen ein Viertel ihres Cyankaliumgewichts an Cyanbrom zugesetzt war. Die Extraktionsdauer betrug in Day Dawn 14 bis 15 Stunden und in Deloro 30 bis 40 Stunden. Das Gold wurde mit Zinkstaub ausgefällt und der Schlamm mit Kohle destilliert, wobei das Gold im Rückstand blieb und der Zinkstaub als solcher wiedergewonnen wurde.

Mulholland[2]) modifizierte das Verfahren insofern, als er statt des Cyanbromids freies Brom und Cyankalium anwendete. Die Reaktion verläuft dann folgendermaßen:

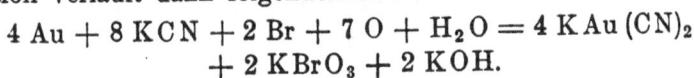

$$4\,Au + 8\,KCN + 2\,Br + 7\,O + H_2O = 4\,K\,Au\,(CN)_2$$
$$+ 2\,KBrO_3 + 2\,KOH.$$

Das Brom soll in flüssiger Form dem Erze während der Laugung zugesetzt werden, doch kann man das mit Cyankaliumlösung ver-

---

[1]) Journ. of the Soc. of Chem. Ind. 16 (1897), 961.
[2]) Eng. and Min. Journ. 1895, 1. Juni.

mischte Erz auch mit Bromdampf oder Bromdampf und Luft behandeln. Der Erfinder will das Brom nach erfolgter Entgoldung durch Zusatz von Salzsäure und Abdestillation wiedergewinnen.

Die Anwendung des Bromcyans eignet sich besonders für Tellurerze, aus denen auf anderem Wege das Gold nur schwer zu gewinnen ist. Elementares Brom sowohl wie Bromcyan sind jedoch höchst unangenehme Körper, deren Transport über See stets auf Schwierigkeiten von Seiten der Schiffseigner stößt. Aus diesem Grunde empfiehlt Göpner[1]), das Bromcyan nicht nach Schalls Verfahren aus Cyanalkalilösung und gekühltem Brom darzustellen, sondern sich statt des letzteren geeigneter Bromsalze zu bedienen. Seine Methode besteht in der Behandlung einer wäßrigen Lösung von Bromnatrium, Natriumbromat und Cyannatrium mit verdünnter Schwefelsäure bei 70° C, es tritt dabei folgende Reaktion ein:

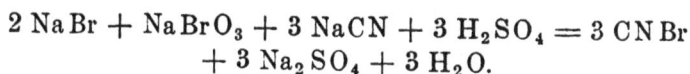

$$2\,NaBr + NaBrO_3 + 3\,NaCN + 3\,H_2SO_4 = 3\,CNBr$$
$$+ 3\,Na_2SO_4 + 3\,H_2O.$$

Auf diese Weise vermeidet man völlig die Anwendung freien Broms und umgeht damit alle Transportschwierigkeiten.

Das Verfahren wird in Verbindung mit der schon erwähnten Modifikation des Cyanidprozesses von Pape und Henneberg ausgeführt und als Pape-Diehl- oder Göpner-Diehl-Prozeß bezeichnet. Nach Blömecke[2]) stand es im Jahre 1899 auf Hannans Brownhill (Westaustralien) in Anwendung. Das Golderz wurde mit der Cyankalium-Cyanbromlauge zusammen sehr fein vermahlen und während der Laugung stark gelüftet. Nach erfolgter Lösung des Goldes preßte man das Laugegut in Filterpressen ab und entgoldete die Lösung erst mit Zinkstaub und darauf mit Zinkschnitzeln.

Für die Fällung des Goldes sind ebenfalls viele Abänderungsvorschläge gemacht worden, die teils eine Erhöhung der Goldausbeute, teils eine Verminderung des Cyankaliumverbrauchs zum Gegenstand haben. Von den auf das letztere bezüglichen Prozessen, die uns hier vor allem interessieren, mögen einige Erwähnung finden.

Die Deutsche Gold- und Silberscheideanstalt empfiehlt, bei der Entgoldung der Laugen statt des Zinks Aluminium anzuwenden, weil dann kein Doppelcyanid, sondern neben Cyankalium nur Tonerdehydrat nach folgender Gleichung entsteht:

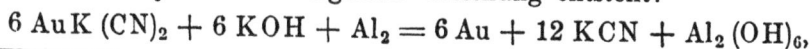

$$6\,AuK(CN)_2 + 6\,KOH + Al_2 = 6\,Au + 12\,KCN + Al_2(OH)_6,$$

---

[1]) Zeitschrift für angewandte Chemie 1901, 355.
[2]) Österreichische Berg- und Hüttenzeitung 1899, 489.

so daß die von Gold befreite Lösung direkt wieder zur Extraktion
von Erzen dienen kann. Dieses Verfahren ist auch Gegenstand des
D. R. P. Nr. 74532 von Moldenhauer und in der Anwendung auf
saure Lösungen (die jedoch in der Praxis nicht in Frage kommen)
des D. R. P. Nr. 77392 von demselben. Die Vorzüge des Verfahrens
sollen darin liegen, daß neben dem viel geringeren Cyankaliumverbrauch auch der Aluminiumverbrauch infolge des niedrigen Atom-
gewichts nur gering ist. Doch macht man dagegen geltend, daß der
Tonerdeniederschlag die Laugen verunreinige und das Metall über-
ziehe, ferner mische er sich dem Goldschlamm bei und erschwere
die Aufbereitung des letzteren. Das Verfahren scheint auch keinen
Eingang in die Praxis gefunden zu haben.

Nach Johnston und dem D. R. P. Nr. 87005 der International
Chemical Reduction Company entgoldet man Cyanidlaugen durch
Filtration über geglühte Holzkohle, die gegebenenfalls vor dem Glühen
mit Tonerdesulfat getränkt wird. Das Verfahren mit reiner Holzkohle ist auf der South German Mine, Mooldon (Victoria)[1] eingeführt und soll sich dort ganz gut bewähren, ohne daß dabei jedoch
über eine besondere Ersparnis an Cyanid berichtet wird.

Netto will nach dem D. R. P. Nr. 88957 aus güldischen Cyanidlaugen durch Ansäuern mit Salzsäure zunächst das Silber als Chlorid
ausscheiden, darauf das Gold elektrolytisch gewinnen und die von
Gold befreite Lösung durch Zusatz von Alkali wieder zum Laugen
geeignet machen. Der Cyanverlust beträgt bei jeder Operation
15 bis 20% der Gesamtmenge und ist nach Uslar auf Verflüchtigung von Cyanwasserstoff zurückzuführen. Da die Cyanidlösung
0,2 bis 0,6% Cyankalium enthalten soll, so kann man den Verlust
nicht als gering bezeichnen. Hierzu kommt noch die Schwierigkeit
in der Wahl der Kathoden, wofür Netto selbst Gold, Platin oder
Kohle als Material angegeben hat. Die beiden ersteren erhöhen das
Anlagekapital in unvorteilhafter Weise, während Kohle stark angegriffen wird und als feiner Schlamm die Lösungen verunreinigt,
so daß Uslars ziemlich abfällige Kritik des Verfahrens berechtigt
erscheint.

Nach de Wilde soll man aus den goldhaltigen Cyanidlösungen
zunächst das überschüssige Cyankalium durch Eisenvitriol fällen,
den Niederschlag abpressen und wieder auf Cyankalium verarbeiten.
Die Lösung wird dann mit schwefliger Säure und Kupfersulfat

---

[1] Nach v. Uslar. Cyanidprozesse, 72.

behandelt, wobei Cyangold und Cyankupfer ausfallen; der Schlamm wird entweder direkt oder nach vorhergegangener Calcination im Flammofen mit verdünnter Schwefelsäure von Kupfer befreit oder das Gold durch Kochen mit konzentrierter Schwefelsäure in Schwammform gewonnen.

Bei den beiden Hauptverfahren zur Cyanidlaugerei ist übrigens auch an eine teilweise Wiedergewinnung des Cyanids gedacht worden. So erwähnt Kroupa[1]), daß man auf den Worcester Works am Witwatersrand versucht habe, den beim Siemens & Halske-Prozeß fallenden Anodenschlamm durch Behandlung mit Ätzalkalien in Ferrocyanalkalien überzuführen und diese durch Schmelzen in Cyanalkalien zu verwandeln. Die Versuche seien auch von Erfolg begleitet gewesen.

Beim Mac Arthur-Forrest-Prozeß will Crosse[2]) aus den zinkhaltigen Laugen das Zink durch Zusatz von Schwefelnatrium ausfällen nach der Reaktion:

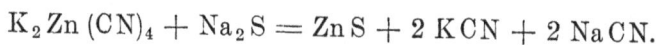

$$K_2 Zn (CN)_4 + Na_2 S = ZnS + 2 KCN + 2 NaCN.$$

Jedoch verzichtet man gewöhnlich auf die Einführung solcher Verfahren, da Cyankalium und Cyannatrium so billig angeboten werden, daß besondere Anstrengungen zu ihrer Wiedergewinnung nicht lohnend erscheinen.

Es ist viel vorteilhafter, von vornherein auf eine Verminderung des Cyanidverbrauchs hinzuarbeiten, und darin hat man im Laufe der Zeit große Fortschritte gemacht. Anfänglich wurde das Cyankalium geradezu vergeudet, und es war durchaus nichts Unerhörtes, wenn man für die Tonne Erz 1 kg Cyanid oder gar weit mehr anwandte. Durch die Einführung verdünnterer Laugen ging aber der Verbrauch bedeutend zurück und im Jahre 1899 gab Schnabel den Cyankaliumverbrauch pro Tonne Erz bei dem elektrolytischen Prozeß zu 136 g, bei dem Zinkfällungsprozeß zu 225 g im Durchschnitt an. Hierzu hat jedoch auch die Qualität des Cyanids viel beigetragen. Betrug doch dessen Gehalt an KCN im Jahre 1894 (Schnabel) nur 75 bis 78%, während heute 100prozentige Ware verlangt und auch geliefert wird. Hierdurch sind natürlich die Kosten der Goldgewinnung allmählig wesentlich geringer geworden und dies geht besonders deutlich aus folgenden Zahlen (nach v. Uslar, Cyanidprozesse) hervor:

---

[1]) Österreichische Berg- und Hüttenzeitung 1895, 583.
[2]) Eng. and Min. Journ. 75, 815.

Die Kosten der Gesamtbehandlung von 1 ton Erz betrugen am Rand:

Jahr	1892	1893	1894	1895	1896	1897	1898	1899
Mark	35,50	37,30	39,00	33,20	32,00	29,20	28,20	28,40

Diese Aufstellung ist natürlich durchaus nicht allgemein maß-
gebend, denn die Natur der zu entgoldenden Erze beeinflußt den
Cyanidverbrauch ganz bedeutend. Immerhin ist aber ein großer
Fortschritt nicht zu verkennen, doch kommt dieser ausschließlich
der Goldindustrie zugute, während der Cyanidindustrie dadurch nur
Abbruch geschieht.

Die hauptsächlichsten Verwendungsarten der einfachen Cyanide
dürften nunmehr wohl erschöpft sein. Früher machte die Medizin
noch mehrfach Gebrauch von Cyanverbindungen, unsere Pharma-
kopöe bringt heute neben dem Kirschlorbeer- und Bittermandelwasser
als schwache Narkotika nur noch das Quecksilbercyanid, welches bei
Diphterie Verwendung findet. Nach Nothnagel ist der therapeu-
tische Wert der Cyanverbindungen jedoch so gering, daß man sie
besser überhaupt aus dem deutschen Arzneischatz streichen sollte.

3. Die Eisencyanverbindungen.

Ein großer Teil des erzeugten Ferrocyankaliums wird in Cyankalium und Cyannatrium verwandelt, um zur Extraktion der Golderze zu dienen. Bedeutende Mengen verwendet man zur Darstellung
der verschiedenen Sorten von Berlinerblau, das je nach Qualität als
Malfarbe, zum Tapetendruck oder als Anstrichfarbe benutzt wird.
Auch in der Färberei bedient man sich des Ferrocyankaliums teils
zur Erzeugung von Berlinerblau auf der Faser, teils als Hilfsmittel
beim Färben mit Teerfarbstoffen. So empfiehlt Reber[1] das Blutlaugensalz zum Fixieren einiger aminartig konstituierter Farbstoffe,
wie Anilinviolett, Fuchsin, Methylenblau u. dgl., auf Pflanzenfaser,
und in der Anilinschwarzfärberei findet es ebenfalls Verwendung.[2]

Wie schon früher erwähnt wurde, zersetzen sich Cyanverbindungen beim Glühen mit metallischem Eisen, wobei der abgeschiedene Kohlenstoff in das Eisen wandert. Hiervon macht man in der
Eisenindustrie Gebrauch, indem man Stahl durch Glühen in sog.
Härtepulvern, deren Hauptbestandteil Ferrocyankalium ist, zementiert.

---

[1] Bull. de Rouen 1884, 768; nach Dinglers Polyt. Journal 256, 43.
[2] Österreichische Wollenindustrie 1893, 7, 386, 1089, 1142.

Die Zusammensetzung dieser Härtepulver ist meistens Fabrikgeheimnis,
doch bestehen sie gewöhnlich aus Holzkohle, Knochenkohle, Blutlaugensalz und kohlensauren Alkalien oder Erdalkalien, besonders
Baryumkarbonat in wechselnden Verhältnissen. Die zu härtenden
Gegenstände werden mit Härtepulver umgeben, in Kisten aus feuerfestem Material oder aus Eisen, das innen mit Lehm beschlagen ist,
verpackt und im Zementierofen 6 bis 12 Stunden lang auf heller
Rotglut erhalten. Man überzeugt sich von Zeit zu Zeit durch Ent-
nahme einer Probe, wie weit die Härtung vorgeschritten ist und läßt
die Gegenstände nach vollendeter Zementierung an der Luft erkalten
oder schreckt sie, wenn sie sehr hart werden sollen, im Wasser ab.
Der ganze Prozeß dauert 12 bis 18 Stunden. Nach Ledebur[1]) ist
man jedoch neuerdings mehr und mehr von der Zementation mit
Ferrocyankalium o. dgl. abgekommen und bedient sich statt dessen
nur reiner Holzkohle, doch werden in vielen Fabriken immer noch
Härtepulver verwendet. Für kleine Maschinenteile und besonders
zum Härten von Werkzeug werden dagegen Ferrocyankalium-Härte-
pulver noch stets angewendet, wobei man sich meist recht primitiver
Methoden bedient. Die Gegenstände werden auf helle Rotglut erhitzt,
darauf einige Minuten in das Härtepulver eingetaucht und, nachdem
sie genügend verkühlt sind, in kaltem Wasser abgelöscht. Die Härtung ist in diesen Fällen zwar nur eine oberflächliche, reicht aber
für den gewollten Zweck völlig hin. Neuerdings hat das Ferrocyankalium auf diesem Gebiete in dem Kalkstickstoff, den wir schon
früher kennen lernten, einen scharfen Konkurrenten bekommen.
Nach sorgfältigen Untersuchungen soll sich dies Cyanpräparat ganz
vorzüglich zu Härtungszwecken eignen, und eine bekannte deutsche
Gewehrfabrik hat davon schon in ausgedehntem Maße Gebrauch
gemacht.

Kurze Zeit hat das Ferrocyankalium im Gemisch mit Zucker
und Kaliumchlorat auch als Schießpulver Verwendung gefunden,
doch ging man bald wieder davon ab, da die Geschützrohre von
den Gasen zu sehr angegriffen wurden.

Wäßrige Lösungen von Ferro- oder Ferricyanwasserstoff sollen
nach dem D. R. P. Nr. 82886 von Bayer & Co. in Verbindung mit
einer starken Mineralsäure als Rostschutzanstrich für Eisenteile angewendet werden. Nach dem Zusatzpatent Nr. 86672 eignen sich
alkoholische oder wäßrig-alkoholische Lösungen eventuell mit einem

---

[1]) Ledebur, Handbuch der Eisenhüttenkunde.

Ölzusatz noch besser zu diesem Zweck. Ob dieser Rostschutz Eingang in die Praxis gefunden hat, konnte nicht ermittelt werden.

Das rote Blutlaugensalz wird wie das gelbe ebenfalls in der
Färberei zur Blaufärbung besonders beim Zeugdruck benutzt, dient
jedoch infolge seiner oxydierenden Eigenschaften mehr noch zur
Herstellung von Ätzpappen. Sein Hauptverwendungsgebiet ist aber
die Erzeugung lichtempfindlicher Papiere, welche die bekannten
blauen oder braunen Lichtpausen liefern.

Eisenoxydsalze, z. B. Eisenchlorid, Eisenoxydnitrat, zitronen-
oder oxalsaures Eisenoxyd u. a., werden unter dem Einflusse des
Lichts zu Oxydulsalzen reduziert. Tränkt man nun Papier mit der
Lösung eines solchen Eisenoxydsalzes und Ferricyankalium und setzt
es dem Licht aus, so entsteht an den belichteten Stellen zunächst
das entsprechende Oxydulsalz, und dieses verbindet sich mit dem
Ferricyankalium zu Turnbullblau. Wenn man nach erfolgter Belichtung das Papier gut auswäscht, so werden die unzersetzten Salze
an den nicht belichteten Stellen gelöst und die belichteten treten in
blauer Färbung auf weißem Grunde klar hervor. Von diesem Prozeß
hat zuerst Herschel im Jahre 1840 Gebrauch gemacht, um Bilder
zu vervielfältigen, und durch Vogel[1]) u. A. ist das Verfahren bedeutend vervollkommnet worden.

Für die Bereitung der lichtempfindlichen Lösungen existieren
viele Vorschriften, deren Einzelheiten hier jedoch kaum Interesse
haben. Die verwendeten Präparate bestehen meistens aus zwei Teilen,
der Ferricyankaliumlösung und der Lösung des Eisensalzes, als
welches man gewöhnlich Eisenoxyd-Ammoniumzitrat, Eisenoxyd-
Ammoniumoxalat oder Gemische von Eisenchlorid(nitrat) und Ammoniumoxalat anwendet. Man mischt die Lösungen miteinander oft
unter Zusatz von Gummi arabicum oder Dextrin und bestreicht damit
die Papiere oder läßt sie mit aufgebogenen Rändern kurze Zeit darauf
schwimmen. Im großen Maßstabe bedient man sich zur Präparation
des Papiers geeigneter Streichmaschinen, wie solche z. B. beim Gum-
mieren des Papiers angewandt werden. Nach der Sensibilisierung
wird das Papier künstlich getrocknet und ist dann gebrauchsfertig.
Die Operationen des Mischens, Streichens und Trocknens dürfen
natürlich nicht bei Tageslicht geschehen, doch genügt es, orange-
farbenes Licht anzuwenden, da die Lichtempfindlichkeit der Papiere
nicht so groß wie die der Silberpapiere ist.

---

[1]) Photographische Mitteilungen 1871, 273.

Zur Herstellung einer Lichtpause wird in der Dunkelkammer das auf Pausleinwand gezeichnete Original auf eine lose eingerahmte Spiegelglasplatte gelegt, darüber breitet man das präparierte Papier mit der lichtempfindlichen Schicht nach unten, dann folgt eine Filzplatte und endlich der Holzdeckel, welcher mit Leisten in den Rahmen eingeklemmt wird. Nun dreht man den Rahmen um und setzt das Bild solange dem Lichte aus, bis ein gleichfalls eingelegter Probestreifen beim Auswaschen die gewünschte Intensität der Blaufärbung zeigt. Nach vollendeter Belichtung nimmt man den Apparat in der Dunkelkammer wieder auseinander und wäscht die Blaupause sehr sorgfältig in fließendem Wasser aus. Tritt die Zeichnung in scharfen, weißen Linien auf rein blauem Grunde hervor, so ist das Auswaschen beendet und die Pause zum Trocknen fertig, ohne daß sie noch einer Fixierung bedarf.

Zur Vornahme von Korrekturen in solchen Kopien bedient man sich der Löslichkeit des Turnbullblaus in Oxalsäure oder oxalsauren Salzen, indem man die zu korrigierenden Stellen mit Kaliumoxalatlösung bestreicht oder beschreibt. Diese Stellen treten dann ebenfalls weiß auf blauem Grunde hervor.

Die Blaudrucke lassen sich durch Behandlung mit Kalilauge oder Soda und Tannin in Schwarzdrucke überführen.

4. Die Rhodanverbindungen.

Einige Glieder dieser Gruppe, besonders das Rhodanaluminium und Rhodanzinn, haben längere Zeit eine ziemlich ausgedehnte Verwendung in der Färberei gefunden. So empfehlen Storck und Strobel[1]) Rhodansalze als Schutzpappen für Anilinschwarz und andere Farbstoffe, und Glenk[2]) berichtet über ihre Verwendung beim Zeugdruck. Welche Rolle die Rhodansalze früher in der Färberei spielten, geht am besten daraus hervor, daß die Compagnie générale des Cyanures à Paris im Jahre 1881 eine besondere Broschüre herausgab, in welcher die Eigenschaften der Rhodanverbindungen und ihre Anwendung in der Färberei ausführlich besprochen wurden. Die Hoffnungen, welche man bezüglich dieses Absatzgebietes hegte, haben sich jedoch nicht erfüllt und die Bedeutung der Rhodansalze für die Färberei und den Zeugdruck ist heute nur noch gering.

---

[1]) Chem. Ind. 1879, 408.
[2]) Dinglers Polyt. Journal 241, 399.

Man hat auch Versuche gemacht, das Kanarin, welches durch Oxydation von Rhodankalium mit Kaliumchlorat und Salzsäure entsteht und zuerst von Miller 1884 im D. R. P. Nr. 32256 beschrieben wurde, als gelben bis orangefarbenen Farbstoff zu verwenden. So färbte v. Goppelsronder[1]) Zeug mit Kanarin aus, indem er es bei der Elektrolyse von Rhodankaliumlösung an die Kathode brachte, und nach Pawlewski[2]) kann man Wolle kanariengelb färben, wenn man sie erst in Ammoniumpersulfatlösung und darauf in Rhodanammoniumlösung taucht. Doch hat keiner dieser Vorschläge praktische Verwendung gefunden.

Schwarz und Pojatzki stellen nach dem D. R. P. Nr. 18656 eine Zündmasse für phosphorfreie Zündhölzer aus Rhodanblei, Schwefelantimon, Kaliumchlorat, Glaspulver und einem Klebemittel her.

Rhodanquecksilber verwandte man früher zur Herstellung der sog. Pharaoschlangen, eines Kinderspielzeugs, durch Mischen mit Kalisalpeter. Beim Abbrennen dieser Mischung entwickeln sich große Mengen von Stickstoff, Stickstoffverbindungen und anderen Gasen, welche die weiche Asche stark aufblähen und ihr die Gestalt einer Schlange verleihen. Dieses Spielzeug ist aber nichts weniger als ungefährlich, da erhebliche Mengen von Quecksilberdämpfen dabei auftreten. Es ist heute völlig durch die Körper verdrängt, welche man beim Nitrieren der Säureteere aus der Braunkohlenschwelerei erhält und die viel schönere und mannigfaltigere Aschengebilde beim Abbrennen hinterlassen.

Das Rhodanammonium wird in der Photographie oft zum Fixieren benutzt und schließlich hat auch noch das Rhodankupfer Anwendung gefunden, es soll nach dem D. R. P. Nr. 118395 von Ragg im Gemisch mit Arsenik und Quecksilbersalzen zum Anstrich von Schiffsböden dienen, um infolge seiner Giftigkeit das Ansetzen von Muscheln und anderen Seetieren zu verhindern.

---

[1]) Dinglers Polyt. Journal 254, 83.
[2]) Berliner Berichte 33, 3164.

II. Die Cyanverbindungen im Handel.

Will man über die Bedeutung eines Industriezweiges ein klares und einigermaßen vollständiges Bild gewinnen, so genügt es nicht, seine Produkte, Fabrikationsmethoden und technischen Absatzgebiete kennen zu lernen, sondern es ist auch erforderlich, die handelstechnische Seite zu studieren, da sich aus ihr die wirtschaftliche Lage ergibt.

Wie wir schon früher sahen, erzeugt die Cyanindustrie von den vielen verschiedenen Cyanverbindungen nur sehr wenige in fabrikatorischem Maßstabe, und auch diese sind durchaus nicht alle Handelsartikel mit gängigem Marktwert. Als solche kann man nur diejenigen betrachten, welche stets und in größeren Mengen gehandelt werden. Ihre Preise finden sich regelmäßig in den Handelsberichten aufgeführt und die ein- und ausgeführten Mengen werden von den Behörden der in Frage kommenden Länder bei den statistischen Nachweisen als besondere Posten berücksichtigt. Von diesen Gesichtspunkten aus sind als Handelsartikel nur folgende Cyanverbindungen anzusehen:

1. Cyankalium, unter welcher Bezeichnung sowohl reines Cyankalium als auch Cyannatrium und Gemische beider geführt werden,
2. Ferrocyankalium,
3. Ferrocyannatrium,
4. Pariserblau, Berlinerblau und die mit verdünnenden Zusätzen gemischten, blauen Farbstoffe, wie Mineralblau u. a.

Die den Weltmarkt wirklich beeinflussenden Cyanidfabriken konzentrieren sich auf einige wenige Länder. An erster Stelle stehen Deutschland und England, darauf folgen Frankreich, Belgien, Österreich-Ungarn und die Niederlande in Europa, während von außereuropäischen Ländern die Vereinigten Staaten Cyanverbindungen, jedoch nur in bescheidenem Umfange, produzieren. Die amerikanischen Fabriken sind übrigens zum größten Teil Tochterfabriken deutscher und englischer Werke.

Das wichtigste Cyanprodukt war bis zum Anfang der neunziger Jahre des vorigen Jahrhunderts unstreitig das Ferrocyankalium. Mit der Einführung der Cyanidprozesse zur Goldextraktion stieg seine Bedeutung zunächst sehr wesentlich, da die Gesamtmenge des Cyankaliums daraus hergestellt wurde. Dann kamen aber die synthetischen Prozesse zur Erzeugung von Cyanalkalien auf, und mit deren Vervollkommnung trat das Ferrocyankalium immer mehr in den Hintergrund.

Im Jahre 1894 wurde bereits ein Viertel der deutschen Cyankaliumproduktion nach dem Verfahren von Siepermann hergestellt und 1899 erzeugte man schon ungefähr die Hälfte der Produktion Europas nach Siepermanns und Beilbys Prozessen. Zu diesen gesellte sich noch das Verfahren von Castner und in neuerer Zeit Buebs und Reichardts Schlempeprozeß. Diese vier Methoden wurden im Laufe der Zeit in ökonomischer Hinsicht so durchgebildet, daß das alte Verfahren von Erlenmeyer nicht mehr mit ihnen konkurrieren konnte. In Deutschland wird es wohl gar nicht mehr geübt, hat sich dagegen noch in England erhalten, woselbst jährlich ungefähr 1000 Tonnen Ferrocyankalium mittels Natrium in Cyankalium verwandelt werden.

Die Weltproduktion an Cyankalium betrug bis zur Mitte der achtziger Jahre des vorigen Jahrhunderts höchstens 100 Tonnen und wurde hauptsächlich zur Herstellung schützender und verzierender Metallüberzüge auf elektrolytischem Wege verbraucht. Um 1888 hatte sie 450 Tonnen erreicht und stieg bis 1890 auf 750 Tonnen. Während dieser Zeit wurden die Cyanidprozesse zur Goldgewinnung eingeführt und ihr Einfluß auf den Verbrauch an Cyanalkalien machte sich in auffallender Weise geltend. In wenigen Jahren, von 1891 bis 1895, ging die Produktion von 750 auf 3500 Tonnen und nahm von da ab jährlich um 1000 Tonnen zu, so daß sie im Jahre 1900 ca. 8500 Tonnen erreicht hatte. Nun erfolgte ein ziemlich empfindlicher Rückschlag.

Wie wir an früherer Stelle sahen, griff man in Transvaal nach der Einführung der Cyanidprozesse naturgemäß zunächst die zu Halden gehäuften Tailings und Slimes an. Diese hatten jedoch durch das lange Lagern an der Luft und infolge ihres Pyritgehalts meistens einen sauren Charakter angenommen und verbrauchten bei der Laugung weit mehr Cyanid, als normalerweise nötig gewesen wäre. Allmählich lernte man jedoch, die Tailings für die Laugung geeigneter zu machen und sparte dadurch große Mengen Cyankalium. Außerdem wurden mit der Zeit die Halden aufgearbeitet, so daß mehr und mehr frische Tailings von neutralem Charakter zur Laugung gelangten, die an sich schon weniger Cyanid erforderten. Die Minen wollten sich aber das für sie unentbehrlich gewordene Cyanid sichern und hatten viel davon gekauft, infolge der mittlerweile eingetretenen Ökonomie der Prozesse war nun der Verbrauch nicht so groß wie man erwartet hatte, und man ging daher mit großen Lagerbeständen ins neue Jahrhundert. Hierzu kam noch der Burenkrieg, welcher viele Werke auf Jahre hinaus zerstörte, und diese verschiedenen Einflüsse bewirkten zusammen einen Rückgang der Produktion um 1500 Tonnen. Allein Deutschlands Cyankaliumausfuhr nach Transvaal fiel im Jahre 1900 auf 194 Tonnen gegen 1013 Tonnen im Jahre vorher. Der Rückschlag würde noch viel heftiger empfunden worden sein, wenn nicht um die gleiche Zeit der Cyanidverbrauch von Amerika und Australien bedeutend gestiegen wäre. Man wird daher wohl nicht fehlgehen, wenn man den Minderverbrauch Transvaals im Jahre 1900 zu ca. 2500 Tonnen annimmt.

Dank dem wachsenden amerikanischen und australischen Verbrauche erholte sich jedoch die Industrie bald wieder und die Produktion überschritt 1903 zum erstenmal 10 000 Tonnen. Sie hat sich dann langsam weiterentwickelt und wird vielleicht in den nächsten Jahren etwas schneller fortschreiten, sobald die Schäden des Burenkrieges ausgeglichen sind. Die zurzeit bestehenden Cyanidfabriken haben sich übrigens so eingerichtet, daß sie dem Weltbedarfe auf lange Zeit hinaus noch entsprechen können. Neuerrichtungen erscheinen daher nicht lohnend, zumal die Preise recht gedrückt sind.

Für uns ist es natürlich am interessantesten und wichtigsten zu wissen, wie stark Deutschland an der Deckung des Weltbedarfs beteiligt ist. Zahlen über die deutsche Produktion an Cyanalkalien stehen mir nun leider nicht zur Verfügung, sie sind aber auch nicht so wichtig, da die Cyanalkalien hauptsächlich Ausfuhrartikel sind. Die im Inland verbrauchten Mengen unterliegen keinen großen Schwankungen und sind überhaupt nicht so bedeutend, daß sie der Ausfuhr gegenüber sehr in Frage kämen. Die Ausfuhr Deutschlands entstammt übrigens nicht ganz deutscher Produktion, weil gewisse Mengen eingeführt werden. Sie sind allerdings gering, doch muß man sie berücksichtigen. Diese Einfuhr kommt, soweit sie stetig ist, aus Österreich-Ungarn und Frankreich, gelegentlich liefern auch Belgien, Italien, Rußland, die Schweiz, Großbritannien, die Niederlande und Amerika kleine Mengen von

Cyaniden nach Deutschland, doch können diese kaum in Betracht kommen.

In der Tabelle I sind nun die Zahlen für die Ein- und Ausfuhr Deutschlands an Cyankalium in der Zeit von 1885 bis 1903 nach den Mitteilungen des kaiserlichen statistischen Amts wiedergegeben:

Tabelle I.

Ein- und Ausfuhr an Cyankalium von 1885 bis 1903 in 100 kg.

Jahr	Einfuhr	Ausfuhr	Ausfuhr abzüglich der Einfuhr	Jahr	Einfuhr	Ausfuhr	Ausfuhr abzüglich der Einfuhr
1885	10	170	160	1895	50	11 210	11 160
1886	10	180	170	1896	30	6 570	6 540
1887	10	310	300	1897	70	10 688	10 618
1888	10	450	440	1898	19	19 065	19 046
1889	20	870	850	1899	30	16 453	16 423
1890	10	750	740	1900	16	13 382	13 366
1891	—	410	410	1901	22	20 888	20 866
1892	—	1 640	1 640	1902	28	32 573	32 545
1893	10	7 200	7 190	1903	29	20 172	20 143
1894	10	10 480	10 470				

Sie zeigen deutlich den ganz auffallenden Einfluß, den die Einführung der Cyanidprozesse zur Goldextraktion auf den Cyanidverbrauch ausübte, während der vorbesprochene Rückgang des Konsums um die Jahrhundertwende nicht so klar erkennbar ist. Da dieser sich vorwiegend auf Transvaal bezog, ist er aus Tabelle II besser ersichtlich.

Nach Beilbys Schätzung betrug der Cyankaliumexport Europas im Jahre 1902 rund 5500 Tonnen; im gleichen Jahre führte Deutschland ca. 3260 Tonnen aus, so daß seine Beteiligung an der europäischen Ausfuhr größer als 50% war. Diese Zahl ist die höchste, welche bis jetzt erreicht wurde, im allgemeinen übersteigt Deutschlands Ausfuhr selten 40% derjenigen Europas.

Die für Cyankalium gezahlten Preise sind im Laufe der Zeit erheblich heruntergegangen, eine Erscheinung, die bei allen Chemikalien zu beobachten ist. Anfangs der neunziger Jahre des vorigen Jahrhunderts zahlte man für 100 kg Cyankalium 340 bis 350 Mark, so daß die Fabrikanten sehr gute Geschäfte machten, obgleich sie zu jener Zeit das Cyanid ausschließlich aus Ferrocyankalium erzeugten.

Tabelle II.

Deutschlands Ausfuhr an Cyankalium in 100 kg.

Bestimmungsland	1897	1898	1899	1900	1901	1902	1903
Belgien	184	77	155	33	81	35	134
Italien	46	26	52	41	45	47	39
Österreich-Ungarn . . .	73	106	89	258	228	132	134
Rußland	303	390	497	473	470	444	695
Finnland	4	5	3	2	—	2	—
Schweiz	26	20	19	21	37	35	29
Dänemark.	8	8	3	11	9	19	7
Norwegen	7	6	4	4	12	7	20
Schweden	27	20	21	18	20	25	38
Frankreich	41	27	6	39	25	12	21
Großbritannien	240	351	526	94	1448	1920	1980
Niederlande	63	165	48	55	75	892	172
Portugal	—	1	4	2	1	1	2
Spanien	16	8	10	19	14	13	17
Freihäfen Hamburg-Kux- haven	2	—	—	—	517	—	—
Britisch-Südafrika . . .	915	5220	889	805	610	4331	2327
Transvaal	6137	8756	10126	1939	325	5503	518
Portugiesisch-Ostafrika .	343	21	269	71	698	1621	82
Britisch-Indien	11	67	19	17	270	13	10
China	16	13	36	13	98	18	63
Japan	30	50	1	134	193	1170	1201
Niederländisch-Indien .	12	11	10	9	480	343	550
Argentinien	13	12	9	16	10	15	19
Chile	168	12	6	13	18	44	40
Brasilien	53	4	10	9	5	9	8
Ver. Staaten von Amerika	558	636	2515	6265	11699	12202	9991
Mexiko.	252	83	17	30	21	334	557
Britisch-Australien . . .	1054	2745	1090	2931	3432	3335	1463
Andere Länder	86	225	21	60	47	51	55
Gesamtausfuhr	10688	19065	16453	13382	20888	32573	20172

Infolge des wachsenden Angebots wichen jedoch die Preise immer mehr und waren Anfang 1898 um 100 Mark zurückgegangen. Während der Jahre 1899 und 1900 schwankten sie zwischen 210 und 240 Mark, fielen dann aber im Jahre 1901 und später unaufhaltsam, wohl infolge schon besprochener Ursachen. 1901 eröffnete mit 197 Mark und endigte mit 178 Mark, im Jahre 1904 waren die Preise schon auf 140 Mark angelangt, auf demselben Betrage, den man 1899 noch für Ferrocyankalium zahlte. Durch diesen Preissturz

wurde die Umwandlung von Ferrocyanalkalien in Cyanalkalien un-
rentabel und schied, wie wir schon sahen, aus dem Wettbewerb fast
völlig aus.

Auf eine wesentliche Besserung der Preise wird kaum zu rechnen
sein, da die Konkurrenz auf dem Weltmarkte zu groß ist, es müßte
denn ein Ring gebildet werden, der sich über alle Länder mit
chemischer Industrie erstreckte.

Das Ferrocyankalium und Ferrocyannatrium nehmen im Handel
keinen so breiten Raum ein wie das Cyankalium, sondern treten
wesentlich hinter das letztere zurück. Bezüglich der Produktion
stehen auch hier wieder Deutschland und Großbritannien
an erster Stelle, während Frankreich, Belgien, Österreich-
Ungarn, die Niederlande und die Vereinigten Staaten viel
geringere Mengen an Ferrocyanalkalien auf den Markt bringen. Die
übrigen Länder kommen kaum in Frage.

Zahlen über die Weltproduktion an Ferrocyankalium stehen mir
nicht zu Gebote, daher ich mich auf Deutschlands Verhältnisse
allein beschränken muß. Die deutsche Produktion in den letzten
17 Jahren ist in Tabelle III wiedergegeben, in der der vorübergehende
Einfluß der Cyanidprozesse zu Anfang der neunziger Jahre deutlich
erkennbar ist.

Tabelle III.

**Deutschlands Produktion an Ferrocyankalium in der Zeit
von 1888 bis 1905. In 100 kg.**

Jahr	Produktion	Jahr	Produktion	Jahr	Produktion
1888	17 000	1894	18 000	1900	16 000
1889	19 000	1895	22 000	1901	18 000
1890	18 000	1896	21 000	1902	23 000
1891	19 500	1897	20 000	1903	22 000
1892	23 000	1898	19 000	1904	22 000
1893	23 000	1899	17 000	1905 *)	25 000

*) Voraussichtlich

Im allgemeinen schwanken die Mengen nicht bedeutend und
nehmen erst in den letzten vier Jahren etwas zu.

Deutschland verbraucht von seiner Produktion meist etwas
mehr als die Hälfte, während der Rest ausgeführt wird. Wie sich
diese Ausfuhr auf die verschiedenen Länder verteilt, zeigt Tabelle IV
für Ferrocyankalium und Tabelle V für Ferrocyannatrium während
des Zeitraums von 1897 bis 1903.

Tabelle IV.

Ausfuhr Deutschlands an Ferrocyankalium in 100 kg.

Bestimmungsland	1897	1898	1899	1900	1901	1902	1903
Belgien	121	30	26	166	160	402	822
Italien	69	55	67	188	354	732	607
Österreich-Ungarn	285	310	179	245	169	138	216
Rußland	924	285	628	407	821	1787	585
Finnland	—	12	16	—	3	17	16
Schweiz	285	179	267	150	193	342	346
Dänemark	17	17	19	32	13	22	14
Norwegen	13	10	1	12	4	8	2
Schweden	123	101	58	136	82	179	131
Frankreich	465	121	118	68	125	82	291
Großbritannien	202	400	512	737	2846	2691	2005
Niederlande	399	86	119	119	119	218	351
Portugal	1	—	1	37	35	55	65
Spanien	105	150	120	358	573	219	441
Britisch-Indien	—	—	—	12	6	—	1
China	—	—	—	—	1	2	24
Japan	40	30	35	114	17	119	275
Argentinien	1	2	3	13	30	1	21
Brasilien	—	6	2	1	2	17	44
Ver. Staaten von Amerika .	3273	2836	4339	947	284	1041	5671
Mexiko	8	30	31	150	21	132	197
Andere Länder	99	59	32	247	2227	1564	149
Gesamtausfuhr	6430	4719	6572	4139	8085	9768	12274

Die Preise für beide Artikel stehen zueinander ungefähr in dem Verhältnis wie die Preise der Kalium- zu denjenigen der Natriumsalze und schwanken gewöhnlich mit den Cyankaliumpreisen. Wie diese sind sie im Laufe der Zeit ebenfalls bedeutend heruntergegangen, was am besten aus der Preistabelle am Schluß hervorgeht, die die monatlichen Schwankungen der Preise von Cyankalium, Ferrocyankalium und Ferrocyannatrium in deutschen und englischen Werten für den Zeitraum von Januar 1898 bis Dezember 1904 nach den Angaben des Daily Commercial Reporter wiedergibt.

Über die letzte Gruppe von Cyanprodukten, die Farbstoffe, läßt sich wenig sagen, da man es bei ihnen nicht mit einheitlichen Körpern, sondern sehr häufig mit Gemischen von wechselnder Zusammensetzung zu tun hat. Zahlen über die Produktion sind nur sehr schwierig zu ermitteln und geben auch dann noch keinen Anhaltspunkt, weil man den Prozentgehalt der gemischten Farben an Ferrocyaneisen nicht kennt und weil nicht unwesentliche Mengen an Blau, deren Beträge sich nicht schätzen lassen, auf der Faser erzeugt werden. Es mag daher genügen, die deutsche Ausfuhr kennen zu lernen, wie sie in Tabelle VI angegeben ist.

Tabelle V.

Deutschlands Ausfuhr an Ferrocyannatrium in 100 kg.

Nach	1897	1898	1899	1900	1901	1902	1903
Belgien	1731	1301	697	95	69	2	—
Italien	5	1	—	—	—	11	4
Österreich-Ungarn	11	5	11	5	8	5	19
Rußland	41	3	171	70	19	19	56
Schweiz	32	7	58	75	100	220	4
Frankreich	—	6	14	7	5	13	6
Großbritannien	57	606	1091	99	328	169	126
Niederlande	115	7	13	18	4	29	202
Spanien	—	—	—	2	1	—	—
Britisch-Südafrika	—	—	—	—	—	336	92
Portugiesisch-Ostafrika . .	—	—	—	—	—	305	489
Britisch-Indien	—	—	—	—	—	122	—
Japan	1	2	—	3	5	5	1
Niederländisch-Indien . . .	—	—	62	—	—	—	—
Brasilien	—	—	—	1	30	213	—
Ver. Staaten von Amerika .	1526	1311	2270	1201	1173	1207	641
Mexiko	—	—	—	—	—	1	593
Britisch-Australien	—	1	—	1	267	152	—
Andere Länder	29	134	7	4	7	565	617
Gesamtausfuhr	3548	3384	4394	1581	2016	3373	2850

Tabelle VI.

Deutschlands Ausfuhr an Pariser-, Berliner- und gemischtem Blau in 100 kg.

Bestimmungsland	1897	1898	1899	1900	1901	1902	1903
Belgien	1445	863	234	303	309	687	414
Italien	163	148	184	215	223	228	205
Österreich-Ungarn	260	237	192	213	233	259	271
Rußland	357	405	480	386	516	536	617
Schweiz	76	94	70	77	61	74	90
Dänemark	13	8	7	14	14	11	10
Norwegen	4	4	6	5	6	7	8
Summa	2318	1759	1173	1213	1362	1802	1615

Bestimmungsland	1897	1898	1899	1900	1901	1902	1903
Übertrag	2318	1759	1173	1213	1362	1802	1615
Schweden	32	37	39	40	32	63	43
Frankreich	321	265	224	233	225	289	286
Großbritannien	1083	1312	2180	2488	2218	2274	2408
Niederlande	217	127	193	193	228	653	146
Portugal	13	19	33	62	32	32	39
Spanien	17	24	63	21	33	41	41
Britisch-Indien	467	605	784	606	685	756	604
China	523	73	457	298	333	615	556
Japan	192	224	102	481	100	196	266
Niederländisch-Indien . . .	73	62	75	128	104	57	82
Argentinien	129	398	52	6	101	69	29
Chile	—	5	6	89	158	23	13
Brasilien	315	315	309	283	245	381	292
Ver. Staaten von Amerika .	383	352	620	649	571	507	474
Mexiko	36	63	58	44	52	59	65
Kuba, Portoriko	57	29	149	84	19	40	29
Britisch-Australien	12	8	36	12	12	9	17
Andere Länder	373	358	130	263	230	257	334
Gesamtausfuhr	6567	6035	6683	7193	6740	8123	7339

Einheitliche Preise kann man für die Cyanfarbstoffe natürlich nicht anführen, da die einzelnen Arten viel zu verschieden voneinander sind. Doch ist auch hier ein Preisrückgang eingetreten, der sich aber nicht so bemerklich macht wie bei den anderen Cyanverbindungen.

Um nun ein Bild über den Umfang der deutschen Cyanindustrie zu geben, sind schließlich noch die Werte der Ausfuhr der hauptsächlichsten Cyanprodukte nach Bestimmungsländern geordnet für die Jahre 1897 bis 1903 in den Tabellen VII bis X zusammengestellt. Vergleicht man deren Endsummen miteinander, so ergibt sich folgendes:

Wert der Ausfuhr an Cyanprodukten in 1000 Mark.

	1897	1898	1899	1900	1901	1902	1903
Cyankalium	2084	3908	3291	2610	3655	5537	2824
Ferrocyankalium . .	707	562	907	555	800	928	1141
Ferrocyannatrium . .	319	332	429	157	173	201	200
Pariserblau etc.	1118	1026	1203	946	884	933	808
Wert der Gesamtausfuhr	4228	5828	5830	4268	5512	7599	4973

Man sieht daraus, daß die deutsche Cyanindustrie zwar keinen mächtigen Faktor im Wirtschaftsleben darstellt, doch hat sie sich im Laufe der Zeit zu einem kräftigen Zweige der chemischen Industrie ausgebildet, der das Seinige zur Erhöhung des Nationalvermögens beiträgt.

Tabelle VII.

Wert der deutschen Ausfuhr an Cyankalium in 1000 Mark.

Bestimmungsland	1897	1898	1899	1900	1901	1902	1903
Belgien	36	16	31	6	14	6	19
Italien	9	5	11	8	8	8	6
Österreich-Ungarn	15	22	18	50	40	22	19
Rußland	59	80	100	92	82	76	97
Finnland	1	1	1	—	—	—	—
Schweiz	5	4	4	4	6	6	4
Dänemark	2	2	1	2	2	3	1
Norwegen	1	1	1	1	2	1	3
Schweden	5	4	4	3	4	4	5
Frankreich	8	6	1	8	4	2	3
Großbritannien	47	72	105	18	253	326	277
Niederlande	12	34	10	11	13	152	24
Portugal	—	—	1	—	—	—	—
Spanien	3	2	2	4	2	2	2
Freihäfen Hamburg-Kuxhaven	—	—	—	—	90	—	—
Britisch-Südafrika	178	1070	178	157	107	736	326
Transvaal	1197	1795	2025	378	57	936	73
Portugiesisch-Ostafrika	67	4	54	14	122	276	12
Britisch-Indien	2	16	4	1	47	2	1
China	3	3	8	—	34	199	168
Japan	6	10	—	26	84	58	77
Niederländisch-Indien	2	2	2	2	2	3	3
Argentinien	3	3	2	3	2	3	6
Chile	33	2	1	3	3	8	1
Brasilien	10	1	2	2	1	2	1
Ver. Staaten von Amerika	109	130	503	1222	2047	2074	1399
Mexiko	49	17	3	6	4	57	78
Britisch-Australien	206	563	218	572	601	567	205
Andere Länder	16	43	1	24	9	8	6
Wert der Gesamtausfuhr	2084	3908	3291	2610	3655	5537	2824

Tabelle VIII.

Wert der deutschen Ausfuhr an Ferrocyankalium in 1000 Mark.

Bestimmungsland	1897	1898	1899	1900	1901	1902	1903
Belgien	13	4	4	22	17	38	76
Italien	8	7	9	24	37	70	56
Österreich-Ungarn	31	37	24	32	18	13	20
Rußland	102	34	85	53	86	170	54
Finnland	—	1	2	—	—	2	2
Schweiz	31	22	36	20	20	33	32
Dänemark	2	2	3	4	2	2	1
Norwegen	1	1	—	2	1	1	—
Schweden	14	12	8	18	9	17	12
Frankreich	51	15	16	9	13	8	27
Großbritannien	22	48	69	96	299	256	186
Niederlande	44	10	16	15	13	21	33
Portugal	—	—	—	5	4	5	6
Spanien	12	18	16	47	60	21	41
Britisch-Indien	—	—	—	2	1	—	—
China	—	—	—	—	—	—	2
Japan	4	4	5	15	2	11	25
Argentinien	—	—	1	2	3	—	2
Brasilien	—	—	1	—	—	2	4
Ver. Staaten von Amerika .	360	340	586	123	30	99	525
Mexiko	1	4	4	19	2	12	18
Andere Länder	11	3	22	47	183	147	19
Wert der Gesamtausfuhr	707	562	907	555	800	928	1141

Tabelle IX.

Wert der deutschen Ausfuhr an Ferrocyannatrium in 1000 Mark.

Bestimmungsland	1897	1898	1899	1900	1901	1902	1903
Belgien	156	128	68	9	6	—	—
Italien	1	—	—	—	—	1	—
Österreich-Ungarn	1	1	1	1	1	—	1
Rußland	4	—	16	7	2	1	4
Schweiz	3	1	6	7	8	17	—
Frankreich	—	1	2	1	—	1	1
Großbritannien	5	59	107	10	28	13	9
Niederlande	10	1	1	2	—	2	14
Britisch-Südafrika	—	—	—	—	—	25	7
Portugiesisch-Ostafrika . . .	—	—	—	—	—	23	34
Summa	180	191	201	37	45	83	70

Bestimmungsland	1897	1898	1899	1900	1901	1902	1903
Übertrag	180	191	201	37	45	83	70
Niederländisch-Indien . . .	—	—	5	—	—	—	—
Brasilien	—	—	—	3	2	16	—
Ver. Staaten von Amerika .	137	128	223	118	100	91	45
Mexiko	—	—	—	—	—	—	42
Britisch-Australien	—	—	—	23	—	11	—
Andere Länder	2	13	—	2	—	52	43
Wert der Gesamtausfuhr	319	332	429	183	147	253	200

Tabelle X.

Wert der deutschen Ausfuhr an Pariser-, Berliner- und gemischtem Blau in 1000 Mark.

Bestimmungsland	1897	1898	1899	1900	1901	1902	1903
Belgien	246	147	42	50	57	74	65
Italien	28	25	33	25	35	31	28
Österreich-Ungarn	44	40	35	42	46	47	43
Rußland	61	69	86	54	82	75	75
Schweiz	13	16	13	14	12	13	13
Dänemark	2	1	1	2	2	2	1
Norwegen	1	1	1	—	1	1	1
Schweden	5	6	7	7	6	9	6
Frankreich	55	45	40	37	27	38	35
Großbritannien	184	223	392	318	273	258	243
Niederlande	37	22	35	25	26	72	15
Portugal	3	3	6	7	3	4	4
Spanien	3	4	11	4	4	5	5
Britisch-Indien	79	103	141	79	83	73	62
China	89	12	82	30	46	68	50
Japan	33	38	18	59	12	22	33
Niederländisch-Indien . . .	12	11	14	13	12	5	7
Argentinien	22	68	9	1	10	6	2
Chile	—	1	1	9	16	2	2
Brasilien	54	54	56	45	36	41	28
Ver. Staaten von Amerika .	65	60	112	71	64	46	46
Mexiko	6	11	11	7	7	7	7
Kuba, Portoriko	10	5	27	14	3	3	3
Britisch-Australien	2	1	7	2	2	2	3
Andere Länder	64	161	21	31	19	129	31
Wert der Gesamtausfuhr	1118	1026	1203	946	884	933	808

Übersicht über die Preisschwankungen der wichtigsten Cyanverbindungen in der Zeit von 1898 bis 1905.

Monat	Ferrocyankalium		Ferrocyannatrium		Cyankalium	
	1 lb d	100 kg ℳ	1 lb d	100 kg ℳ	1 lb d	100 kg ℳ
Im Jahre 1898						
Januar	$6^7/_{32}$	116,78	$5^1/_8$	95,95	13	243,37
Februar	6	112,33	$4^5/_8$	86,59	12	224,66
März	$6^1/_4$	117,01	$5^3/_{40}$	95,02	$12^1/_2$	234,02
April	$6^1/_4$	117,01	$4^5/_6$	90,48	$13^5/_8$	255,08
Mai	$6^1/_4$	117,01	5	93,61	14	262,10
Juni	$6^1/_2$	121,69	$5^1/_8$	95,95	$14^1/_8$	264,45
Juli	$6^3/_4$	126,37	$5^1/_4$	98,29	$12^1/_2$	234,02
August	$6^1/_4$	117,01	$4^{15}/_{16}$	92,44	$12^1/_2$	234,02
September	$6^1/_4$	117,01	5	93,61	12	224,66
Oktober	$6^1/_{16}$	113,50	$4^3/_4$	88,93	$11^1/_2$	215,30
November	$6^3/_8$	119,85	5	93,61	$11^1/_4$	210,62
Dezember	7	131,05	$5^1/_2$	102,97	$11^3/_4$	219,62
Im Durchschnitt		118,89		93,96		235,19
Im Jahre 1899						
Januar	7	131,05	$5^1/_2$	102,97	$11^3/_4$	219,98
Februar	7	131,05	$5^1/_2$	102,97	$11^3/_4$	219,98
März	7	131,05	$5^1/_2$	102,97	$11^3/_4$	219,98
April	$7^1/_2$	140,41	$5^{11}/_{16}$	106,46	$11^3/_4$	219,98
Mai	$7^{37}/_{40}$	148,36	$6^3/_{20}$	115,14	$11^{15}/_{16}$	223,49
Juni	$7^{13}/_{16}$	146,16	$6^1/_8$	114,67	$12^1/_4$	229,34
Juli	$7^3/_4$	145,09	6	112,33	$12^1/_4$	229,34
August	$7^7/_{10}$	144,16	6	112,33	$12^1/_5$	228,41
September	$7^{19}/_{20}$	142,10	6	112,33	$12^1/_8$	227,00
Oktober	$7^2/_7$	136,39	$5^7/_9$	108,17	12	224,66
November	7	131,05	$5^5/_8$	105,31	$11^5/_8$	217,64
Dezember	$6^7/_8$	128,71	$5^1/_3$	96,85	$11^5/_8$	217,64
Im Durchschnitt		137,97		107,71		223,64
Im Jahre 1900						
Januar	$7^1/_{40}$	131,52	$5^1/_4$	98,29	$11^1/_4$	210,62
Februar	$7^1/_8$	133,39	$5^1/_4$	98,29	$11^1/_4$	210,62
März	$7^5/_9$	141,45	$5^7/_{12}$	104,53	$11^1/_4$	210,62
April	$7^1/_2$	140,41	$5^1/_2$	102,97	$11^3/_8$	218,42
Mai	$7^1/_2$	140,41	$5^1/_2$	102,97	$12^1/_2$	234,02
Juni	$7^5/_8$	142,75	$5^1/_2$	102,97	13	243,38
Juli	$7^7/_{16}$	139,24	$5^1/_4$	98,29	13	243,38
August	$7^1/_4$	135,73	$5^1/_8$	95,95	$12^1/_2$	234,02
September	7	131,05	5	93,61	$11^1/_2$	215,30
Oktober	$6^7/_8$	128,71	5	93,61	$11^1/_2$	215,30
November	$6^5/_8$	124,03	$4^{13}/_{16}$	90,10	$11^1/_2$	215,30
Dezember	$6^1/_2$	121,69	$4^5/_8$	86,59	$11^1/_2$	215,30
Im Durchschnitt		134,20		97,36		222,19

Monat	Ferrocyankalium		Ferrocyannatrium		Cyankalium		Cyannatrium 100 proz.	
	1 lb d	100 kg ℳ	1 lb d	100 kg ℳ	1 lb d	100 kg ℳ	1 lb d	100 kg ℳ
Im Jahre 1901								
Januar	6	112,33	$4^1/_4$	79,57	$10^1/_2$	196,58		
Februar.	$5^5/_8$	105,31	4	74,89	10	187,22		
März.	$5^7/_{16}$	101,80	$3^{15}/_{16}$	73,72	10	187,22		
April.	$5^1/_4$	98,29	$3^7/_8$	72,55	10	187,22		
Mai	$5^7/_{32}$	97,74	$3^7/_8$	72,55	10	187,22		
Juni	$5^1/_8$	95,95	$3^7/_8$	72,55	10	187,22		
Juli	$5^1/_{24}$	94,39	$3^7/_8$	72,55	10	187,22		
August	5	93,61	$3^7/_8$	72,55	10	187,22		
September. . . .	5	93,61	$3^{15}/_{16}$	73,72	10	187,22		
Oktober.	$5^5/_{32}$	96,56	$4^5/_{32}$	77,84	$9^4/_5$	183,50		
November	$5^1/_4$	98,29	$4^1/_4$	79,57	$9^1/_2$	177,84		
Dezember	$5^1/_4$	98,29	$4^1/_4$	79,57	$9^1/_2$	177,84		
Im Durchschnitt		98,85		75,14		186,13		
Im Jahre 1902								
Januar	$5^3/_7$	101,62	$4^1/_4$	79,57	$9^1/_2$	177,84		
Februar. . . .	$5^1/_5$	97,36	$4^1/_5$	78,64	$9^1/_2$	177,84		
März.	$5^1/_{16}$	94,78	$4^1/_{16}$	76,06	$9^1/_2$	177,84		
April.	$4^{31}/_{32}$	93,02	$3^{31}/_{32}$	74,30	$9^1/_2$	177,84		
Mai	5	93,61	4	74,89	$9^1/_2$	177,84		
Juni	5	93,61	4	74,89	$9^1/_2$	177,84		
Juli	5	93,61	$3^{15}/_{16}$	73,72	$9^1/_2$	177,84		
August	5	93,61	$3^7/_8$	72,55	$9^1/_2$	177,84		
September. . . .	5	93,61	$3^7/_8$	72,55	$9^1/_2$	177,84		
Oktober.	5	93,61	$3^7/_8$	72,55	$9^1/_2$	177,84		
November	5	93,61	$3^7/_8$	72,55	$9^1/_2$	177,84		
Dezember	5	93,61	$3^7/_8$	72,55	$9^1/_2$	177,84		
Im Durchschnitt		94,64		74,57		177,84		
Im Jahre 1903								
Januar	$4^{15}/_{16}$	90,10	$3^{11}/_{16}$	69,04	8	149,78		
Februar. . . .	$4^{17}/_{24}$	88,15	$3^7/_{12}$	67,09	$8^5/_{12}$	157,56		
März.	$4^5/_8$	86,59	$3^1/_2$	65,52	$8^3/_8$	156,80		
April.	$4^5/_8$	86,59	$3^1/_2$	65,52	$8^7/_{16}$	157,97		
Mai	$4^5/_8$	86,59	$3^1/_2$	65,52	$8^7/_{16}$	157,97		
Juni	$4^3/_4$	88,93	$3^5/_8$	67,87	$8^5/_{16}$	155,63		
Juli	$4^3/_4$	88,93	$3^3/_4$	70,21	$8^1/_4$	154,46	$7^1/_2$	140,41
August	$4^{51}/_{64}$	90,19	$3^3/_4$	70,21			$7^1/_4$	135,73
September. . . .	$4^7/_8$	91,27	$3^3/_4$	70,21			$7^1/_4$	135,73
Oktober.	$4^7/_8$	91,27	$3^{27}/_{32}$	73,09			$7^1/_{12}$	132,61
November	$4^7/_8$	91,27	$3^7/_8$	72,55			7	131,05
Dezember	$4^7/_8$	91,27	$3^7/_8$	72,55				
Im Durchschnitt		89,26		69,12		155,74		135,11

Monat	Ferrocyan-kalium		Ferrocyan-natrium		Cyankalium		Cyannatrium 100 proz.	
	1 lb d	100 kg ℳ	1 lb d	100 kg ℳ	1 lb d	100 kg ℳ	1 lb d	100 kg ℳ
Januar	$4^7/_8$	91,27	$3^7/_8$	72,55	$7^1/_2$	140,41	7	131,05
Februar	$4^7/_8$	91,27	$3^7/_8$	72,55	$7^1/_2$	140,41	7	131,05
März	$4^{13}/_{16}$	90,10	$3^7/_8$	72,55	$7^1/_2$	140,41	7	131,05
April	$4^7/_8$	91,27	$3^3/_4$	70,21	$7^7/_{12}$	141,97	7	131,05
Mai	$4^7/_8$	91,27	$3^{11}/_{16}$	69,04	$7^7/_8$	147,44	7	131,05
Juni	$4^7/_8$	91,27	$3^5/_8$	67,87	$8^1/_8$	152,12	$7^1/_8$	133,39
Juli	$4^7/_8$	91,27	$3^5/_8$	67,87	$8^1/_8$	152,12	$7^1/_8$	133,39
August	$4^7/_8$	91,27	$3^5/_8$	67,87	$8^1/_8$	152,12	$7^1/_8$	133,39
September	$4^7/_8$	91,27	$3^{17}/_{32}$	66,36	$8^1/_8$	152,12	$7^3/_{32}$	132,82
Oktober	$4^{25}/_{32}$	89,64	$3^1/_2$	65,52	$8^1/_8$	152,12	$7^3/_{32}$	132,82
November	$4^{13}/_{16}$	90,10	$3^{17}/_{32}$	66,36	$8^1/_8$	152,12	$7^3/_{32}$	132,82
Dezember	$4^7/_8$	91,27	$3^3/_4$	70,21	$8^1/_{16}$	150,95	7	131,05
Im Durchschnitt		90,94		69,08		147,84		132,08

Im Jahre 1904

Autoren- und Sachregister.

A.

Adler 90.
Ahrens 287.
Alander 251.
Albright 145, 248, 252.
Alder 261.
Alexejew 156.
Allen 53.
Alt 55.
Amagat 5.
Armengaud 87.
Aufschläger 20.

Alkalimetalle zur Cyanidsynthese 131.
Ammoniak, Fabrikation von Cyanver-
    bindungen aus 104.
— mit Alkalimetallen 131.
    nach Castner 131.
    » der Deutschen Gold- und
      Silberscheideanstalt 134.
    » Hornig 137.
    » Jacobs, Witherspoon und
      Thurlow 139.
    » Schneider 138.
— mit Kohlenstoff und anorganischen
    Basen 104.
    nach Barr und Macfarlane 119.
    » Beilby 112.
    » Chaster 116.
    » der Deutschen Gold- und
      Silberscheideanstalt 118.
    » Glock 120.

Ammoniak, Fabrikation von Cyanver-
    bindungen aus, mit Kohlenstoff
    und anorganischen Basen
    nach Großmann 120.
    » Hood und Salamon 117.
    » Lambilly de 118.
    » Moïse 120.
    › Pfleger 115.
    » Riepe 117.
    » Roca 118.
— ohne organische Basen 121.
    nach Brunnquell 125.
    » Lambilly de 129.
    » Lance und de Bourgade 128.
    » Mactear 129.
    » Roeder und Grünwald 130.
    » Schulte und Sapp 126.
    » Tscherniac 130.
    » Woltereck 130.
— mit Schwefelkohlenstoff 139.
    nach Albright und Hood 145.
    › British Cyanide Co. 144.
    » Brock, Hetherington, Hurter
      und Raschen 145.
    » Crowther und Rossiter 145.
    » Gélis 140.
    » Goerlich und Wichmann 146.
    » Goldberg u. Siepermann 145.
    » Hood und Salamon 143.
    » Tscherniak u. Günzburg 141.
Ammoniumcyanid 16.
Ammoniumferrocyanid 26.

Ammoniumrhodanid 40.
Analyse der Cyanverbindungen 41.
          qualitative 41.
          quantitative 46.
Äthandinitril 4.
Autokarburation 166.
Azulmsäure 7, 8, 16.

B.

Bader 80.
Badische Anilin- und Sodafabrik 269.
Barr 118, 129.
Baum 167.
Bayer & Co. 301.
Beche de la 156.
Beck 276.
Becker 12.
Beckurts 44.
Beilby 111, 306.
Beilstein 36.
Bémont 24, 26, 33.
Bergmann 61, 121, 168, 264.
Beringer 98.
Berlin - Anhaltische Maschinenbau-
    Aktiengesellschaft 234.
Bernheimer 202.
Berthelot 4, 6, 7, 10, 13, 96, 97, 129.
Berthollet 9, 61.
Berzelius 16, 19, 64, 190, 259.
Bineau 16.
Blackmore 98.
Bleekrode 6, 13.
Bloxam 22, 29, 181.
Bodländer 289.
Boedecker 18.
Böhmer 40.
Bößner 219.
Bohlig 203.
Boillot 10.
Boissiere 86.
Bonenkamp v. d. 9.
Bouchard 64, 183, 216.
Bourgade de 128.
Boussingault 67, 89, 92.
Boutron-Charlars 11.
Bower 178.
Brenemann 168.
Brescius 190.

Brewster 6.
Brin 88.
British Cyanide Co. 144, 249, 256, 268.
Brock 145, 255, 257.
Bromeis 17, 61.
Browning 23, 24.
Brunnquell 74, 76, 79, 125, 222.
Bruylants 39.
Bucholz 64.
Bueb 121, 150, 168, 232, 306.
Buhe 193.
Bunsen 6, 7, 62, 86, 94.
Bunte 156, 177.
Burschell 196, 207.
Butters 294.

Bariumcyanid 19.
Berlinerblau 26, 29, 33.
—, Entdeckung 60.
—, Fabrikation 278.
        nach Hochstätter 280.
        »   Wagner 282.
        des wasserlöslichen 282.
—, Quantitative Analyse 52.
— -Reaktion 41, 42.
Berlinerbraun 283.
Berlinergrün 29.
Blaukali 73, 76.
Blaupulver 273.
Blausäure 8, 9, 16, 24, 35.
—, Anwendung 285.
—, qualitative Analyse 41.
—, quantitative Analyse 46.
Bleu de France 282.
Blutlaugensalz, gelbes 24, s. a. Ferro-
    cyankalium.
—, Fabrikation 66.
—, Ausbeute 78.
—, Verbesserungsvorschläge 79.
—, rotes, s. Ferricyankalium.
Borstickstoff 120.
Bromcyanid 35.
—, Fabrikation 297.
—, Verwendung 297.

C.

Caro 36, 98.
Carpenter 249.
Cassel Gold Extracting Co. 114.

Castner 97, 131, 306.
Chabrier 92.
Chance 144.
Chaster 116, 261.
Chemische Fabriks - Aktiengesellschaft 148.
Chichester 38.
Chrétien 24, 32.
Clark 17, 61.
Claus 144.
Clegg 182.
Clouet 63, 111.
Coffignier 30.
Compagnie générale des Cyanures 303.
Conroy 26, 119, 253, 255, 257.
Cox 173.
Crawford 295.
Cripps 180.
Croix, Société anonyme de 150, 223.
Croll 184.
Crosse 299.
Crowther 145, 252, 263, 270.
Cyanidgesellschaft 101.

Calciumcyanamid 36.
Calciumcyanid 19.
Calciumnitroprussiat 33.
Chlorcyan 35.
Chromgrün 282.
Concentrates 287.
Cyamelid 37.
Cyan 1, 3, 13, 33.
—, Bildung 4.
—, Darstellung 4.
—, Eigenschaften 5.
—, Konstitution 3.
—, Nachweis 8.
—, Verhalten 6.
Cyanamid 35, 36, 82, 110, 118, 134.
— -ofen nach Castner 133.
Cyanammonium 13, 15, 16.
—, Fabrikation 128, s. a. Ammoniak.
Cyanate 37.
—, qualitative Analyse 45.
—, quantitative Analyse 53.
—, Darstellung aus Ammoniak 107.
Cyanbarium 16, 19.
Cyanbromid 35, 297.

Cyancalcium 19.
Cyanchlorid 8, 14, 35.
Cyaneisen 23.
Cyanfabrik nach Bueb 238.
Cyanfarbstoffe, Fabrikation 277.
—, Ausfuhr 311.
Cyangold 22.
Cyanhämoglobin 12.
Cyanide 14.
—, Darstellung aus Ammoniak, s. Ammoniak.
—, Darstellung aus Ferrocyaniden 259.
nach Alder 261.
    » Bergmann 264.
    › Berzelius 259.
    » Chaster 261.
    › Crowther und Rossiter 263.
    › Erlenmeyer 262.
    › Étard 262.
    » Feld 264.
    » Fleck 261.
    » Großmann 266.
    » Hetherington 263.
    » Liebig 260, 261.
    › Robiquet 259.
    » Rodgers 260.
    » Roeder und Grünwald 267.
    » Tscherniak 267.
    › Vautin 263.
    › Wagner 261.
—, Darstellung aus Karbazol 148.
aus Melasseschlempe 150.
    » Phospham 148.
—, Darstellung aus Rhodaniden 254.
nach The British Cyanide Co. 256.
    » Conroy 255.
    › Lüttke 254.
    › Parker und Robinson 257.
    » Playfair 254.
    » Raschen und Brock 257.
    › Raschen, Davidson und Brock 255.
    › Warren 254.
—, Darstellung aus Stickstoff 81.
nach Blackmore 98.
    » Brin 88.
    » Castner 97.
    » Dickson 91.

Cyanide, Darstellung aus Stickstoff
    nach Dziuk 98.
     » Faure 95.
     » Finlay 93.
     » Fogarty 91.
     » Frank und Caro 98.
     » Gilmour 93.
     » Lambilly de und Chabrier 92.
     » Margueritte u. Sourdeval 88.
     » Mc Donnell Mackay 94.
     » Mehner 96.
     » Mond 89.
     » Newton 81.
     » Petschow 95.
     » Pfersee, Chem. Fabrik 98.
     » Pfleger 94.
     » Readman 96.
     » Société générale electro-
       chemical Co. 98.
     » Swan und Kendall 94.
     » Weldon 90.
     » Wolfrum 98.
—, Darstellung aus Trimethylamin 149.
—, qualitative Analyse 42.
—, quantitative Analyse 47.
—, Reinigung 267.
    nach der Badischen Anilin- und
      Sodafabrik 269.
     » the British Cyanide Com-
      pany 268.
     » Crowther und Rossiter 270.
     » der Deutschen Gold- und
      Silberscheideanstalt 271.
     » Feld 269.
     » Goerlich und Wichmann 270.
     » Mehner 268.
     » Wilton 270.
—, Ausfuhr 307.
—, Preise 308.
—, Produktion 306.
—, Verwendung 286.
Cyanjodid 36.
Cyankalium 17, s. a. Cyanide.
Cyankupfer 21.
Cyanmetalle, s. Cyanide.
Cyannatrium 16.
Cyanofen nach Beilby 113.
— nach Bueb 152, 153.

Cyanofen nach Castner 135.
— nach Schulte und Sapp 126.
— nach Siepermann 107.
Cyanplatin 14.
Cyanquecksilber 21.
Cyansäure 37.
Cyanschmelze 70.
—, Flammofen für 71.
—, Muffelofen für 73.
—, Verarbeitung der 74.
Cyanstrontium 19.
Cyantitanstickstoff 8, 15.
Cyanurchlorid 35.
Cyanursäure 37.
Cyanwasserstoff 9.
—, Absorption, nasse 221.
    als Cyanid 250.
    als Ferrocyanid 222.
    nach Brunnquell 125, 222.
     » Bueb 232.
     » Farmer und Somerville 231.
     » Feld 247.
     » Foulis 224.
     » Godwin und Keil 231.
     » Harcourt 223.
     » Knublauch 223.
     » Lewis 231.
     » Rowland 232.
     » Schröder 232.
     » Teichmann 232.
     » Wilton 232.
    als Rhodanid 248.
    nach Carpenter 249.
     » Carpenter u. Somerville 249.
     » Smith, Gidden 248.
—, Absorption, trockene 181.
    mit Eisenhydrat 184.
    mit Kalkhydrat 182.
—, Analyse, qualitative 41.
    quantitative 46.
—, Verwendung 285.
Cyanwäscher nach Bueb 235.
— nach Holmes 226.
Cyanzink 20.

D.

Davidson 255.
Davy 14.

Dawes 61.

Delbrück 62.

Denigès 46, 47, 48.

Desfosses 63.

Dessauer Zuckerraffinerie 154.

Deutsche Gold- und Silberscheideanstalt 116, 118, 134, 271, 276, 295, 297.

Dewar 10.

Dickson 91.

Diehl 297.

Diesbach 29, 60.

Dippel 60.

Dixon 7, 289.

Döbereiner 11.

Donath 173, 178, 202, 214.

Douglas 183.

Drechsel 136.

Drehschmidt 157, 171, 187, 190, 194, 200, 206.

Drory 170, 240.

Dubosq 275.

Dupré 65, 186.

Dyson 174.

Dziuk 98.

Dicyan 1, 3, 8, 15.

Dicyandiamid 36.

E.

Eidmann 15.

Eiloart 18.

Elk v. 9.

Elsner 288.

Engler 80.

Erdmann 38, 62.

Erlenmeyer 17, 262, 266, 306.

Erlwein 36, 102.

Ertel 87.

Esop 214.

Étard 19, 23, 26, 33, 262.

Evan 53.

Evans 182.

Eisencyanür 23.

Eisencyanürcyanide 29.

Eisencyanverbindungen 22.

—, Verwendung 300, s. a. Ferro- und Ferricyanverbindungen und Blutlaugensalz.

Eisenferricyanid 30.

Eisenvitriol 125.

Entgoldung
nach der Deutschen Gold- u. Silberscheideanstalt 297.

» James 293.

» International Chemical Reduction Co. 298.

» Johnston 298.

» Mac Arthur und Forrest 292.

» Moldenhauer 298.

» Netto 298.

» Siemens & Halske 294.

» Wilde de 298.

Erdalkaliferrocyanide 27.

—, Analyse 47.

F.

Faraday 6, 7.

Farmer 231.

Faure 95.

Feld 49, 50, 53, 56, 171, 209, 243, 247, 250, 264, 269.

Fiddes 156.

Figuier 16.

Finkener 47, 48, 206.

Finlay 93.

Fleck 68, 69, 78, 79, 120, 261, 274.

Fleischhauer 170.

Flemming 107.

Florain 40.

Fogarty 91.

Fordos 47.

Forrest 288.

Foster 160.

Foulis 224, 227.

Fownes 62, 85.

Francis 9.

Frank 36, 98.

Frasch 292.

Fresenius 30.

Fröhde 43.

Fröhner 18.

Ferricyanide 27.

—, Analyse qualitativ 45.

» quantitativ 52.

Ferricyankalium 27.

Ferricyankalium, Fabrikation 271.
    nach Beck 276.
      » den Minen zu Buchsweiler
         275.
      » der Deutschen Gold- und
         Silberscheideanstalt 276.
      » Dubosq 275.
      » Kaßner 274.
      » Kramer 273.
      » Petri 275.
      » Posselt 272.
      » Reichardt 273.
      » Riehn 273.
      » Smee 275.
      » Schönbein 273.
      » Williamson 275.
—, Verwendung 302.
Ferricyanwasserstoff 27.
Ferriferrocyanid 30.
Ferrocyanammonium 25.
Ferrocyanide 23.
—, Analyse, qualitativ 44.
      » quantitativ 49.
Ferrocyankalium 24.
    Fabrikation aus:
      Cyanschlamm 237.
      Gasreinigungsmasse 212.
      Gaswasser 178.
      Rhodansalzen 251.
      Stickstoff 85.
      tierischen Abfällen 66.
—, im Handel 310.
—, Verwendung 300.
Ferrocyannatrium 26.
—, im Handel 311.
Ferrocyanwasserstoffsäure 23.
Flammofen nach Fleck 71.
Formamid 119, 129.

G.

Gasch 177, 202.
Gautier 64, 183, 216.
Gay-Lussac 4, 5, 7, 9, 12, 13, 16, 35, 61.
Gedel 190, 195.
Gélis 47, 64, 140.
Gerlach 103, 212.
Geunis v. 19.
Geuther 36.

Gianelli 7.
Gidden 248.
Giles 41.
Gilmour 93.
Gintl 31.
Girard 13.
Gladis v. 212.
Glenk 303.
Glock 120.
Glutz 8.
Gmelin 12.
Gmelin-Kraut 190.
Godwin 231.
Göpner 35, 297.
Goerlich 146, 252, 270, 295.
Goldberg 145.
Goppelsröder v. 41, 304.
Graeger 83.
Graham-Otto 190.
Gréhant 12.
Greshoff 9.
Großmann 120, 266.
Grüneberg 107, 213.
Grünhut 30.
Grünwald 130, 267.
Grundmann 156.
Gruskiewicz 10, 96.
Gscheidlen 39.
Günzburg 64, 141.
Guibourt 147.
Guignet 31.
Guinchant 24.

Gaskalk 182.
Gaskohlen, Zusammensetzung 158.
—, Vergasung 161.
Gasreinigung 181.
Gasreinigungsmasse 181.
—, ausgebrauchte 198.
    Analyse 201.
—, Verarbeitung 202.
    nach Donath 214.
      » Esop 214.
      » Gerlach 212.
      » Gladis v. 212.
      » Grüneberg 213.
      » Harcourt 214.
      » Hempel 214.

Gasreinigungsmasse, Verarbeitung
nach Hölbling 215.
  » Kunheim 213.
  » Marasse 215.
  » O'Neill 213.
  » Spence 212.
  » Valentin 212.
  » Wolfrum 214.
—, frische 186.
  Bewertung 187.
Gasreinigungsprozeß 188.
Gaswasser 173.
—, Analyse 175.
—, Verarbeitung 177.
Glaukoferrocyanid 26.
Goldcyanid 22.
Goldcyanür 22.
Goldextraktion 286.
  nach Crawford 295.
  » der Deutschen Gold- und
    Silberscheideanstalt 295.
  » Frasch 292.
  » Göpner-Diehl 297.
  » Goerlich und Wichmann 295.
  » James 295.
  » Mc Arthur und Forrest 290.
  » Moldenhauer 295.
  » Mulholland 296.
  » Norris 295.
  » Pape und Henneberg 292.
  » der Rand Central Ore Re-
    duction Co. 291.
  » Schering 295.
  » Siemens & Halske 290.
  » Stoop de Gelder 292.
  » Sulman und Teed 296.

H.

Habermann 11.
Haën de 49, 53.
Haeussermann 156.
Hand 233.
Harcourt 65, 214, 223.
Hautefeuille 8.
Havrez 80.
Hawliczek 81.
Hefelmann 156.

Heintz 10.
Hempel 93, 214.
Henneberg 292.
Henry 4.
Herroué 37.
Herschel 302.
Herting 53.
Heslop 255.
Hetherington 145, 252, 263.
Hills 186.
Hofmann 10, 19, 32.
Hochstätter 280.
Hölbling 215.
Holmes 224.
Hood 117, 143, 252.
Hornig 137.
Howitz 65, 185.
Hoyermann 10.
Hunter 56.
d'Hurcourt 184.
Hurter 145, 263.

Halogencyanide 35.
—, Verwendung 286.
Härten 300.
Härtepulver 301.
Hatchettbraun 283.
Hydrodiferropentacyanid 24.

J.

Jacobs 139.
Jacquemin 5, 64.
Jäger 189.
James 293, 295.
Janin 288.
International Chemical Reduction Co.
  298.
Joannis 16, 19, 20.
Johnson 213.
Johnston 298.
Joly 179.
Jorissen 229.
Ittner 61.

Jodcyan 30.
Isocyansäure 37.
Isopurpursäurereaktion 8.

K.

Karmrodt 67, 76, 77, 79.
Kaßner 28, 29, 53, 274.
Keil 231.
Kelling 39.
Kellner 147.
Kemp 5.
Kendall 94.
Keppeler 241.
Kerp 147.
Kielbasinsky 50.
Kipp 29.
Kirkham 227.
Kirschten 233.
Kistjakowsky 50.
Knublauch 160, 195, 197, 203, 223, 227, 230, 231.
Kölnische Maschinenbau - Aktiengesellschaft 225.
Koningh de 202.
Kramer 273.
Krohl 13.
Kroupa 299.
Kuhlmann 11, 84, 123.
Kunheim 65, 186, 195, 213, 216, 234.
Kunz-Krause 8, 169.

Kalium-Bariumeisencyanür 19.
Kaliumcyanat 38.
Kaliumcyanid 17, s. a. Cyankalium.
Kaliumcyanosulfit 19.
Kaliumgoldcyanür 22.
Kaliumkupfercyanür 21.
Kalkhydrat zur Gasreinigung 182.
Kalkstickstoff 102, 301.
Karbazol, Cyanid aus 148.
Karbid, Cyanid aus 97.
Karbimid 37.
Karbonylferrocyaneisen 34.
Karbonylferrocyankalium 34.
Karbonylferrocyankupfer 34.
Karbonylferrocyanwasserstoff 33.
Kokskohle 167.
Koksofengas 171.
Kupfercyanid 21.
Kupfercyanür 21.

L.

Lacombe 80.
Lambilly de 92, 118, 129.
Laming 65, 142, 184.
Lance 123, 128.
Lang 13.
Langlois 16, 62, 63, 84, 121, 123.
Lazarski 12.
Lea 42.
Leblanc 15.
Le Bon 11.
Ledebur 301.
Lenglen 86.
Lenssen 52.
Lescoeur 13.
Leschhorn 202.
Lewes 227.
Lewis 180, 231, 249.
Leybold 171, 174, 192, 194, 197, 202.
Liebig 11, 17, 23, 25, 46, 47, 62, 64, 260.
Liechti 103.
Liesching 52.
Liesegang 40.
Link 43.
Loughlin 18.
Lubberger 207.
Lüdeking 8.
Lührig 203.
Lüttke 254.
Lunge 27, 80, 174.
Lyon 156.

Leuchtgas 171.
Luisenblau 282.

M.

Macfarlane 118, 129, 182.
Maclaurin 288.
Macquer 61.
Mactear 129.
Mann 57.
Marasse 215.
Marchand 62.
Margosches 202.
Margueritte 19, 88, 269.
Marie 33.
Marquis 33.
Marsilly de 156.

Matuschek 26, 31.
Mc Arthur 288.
Mc Donnell Mackay 94.
Mc Dowall 48, 53.
Mehner 96, 268.
Mellor 53.
Mercer 29.
Merck 13.
Meusel 16.
Milbauer 58.
Miller 304.
Mills 118.
Minen zu Buchsweiler 275.
Möckel 41, 43.
Mohr 47, 52.
Moïse 120.
Moissan 98.
Moldenhauer 57, 202, 295, 298.
Mond 89.
Morren 4, 82.
Mulholland 296.
Muspratt 252, 263.
Müller 33, 34, 150.

Melasseschlempe 151.
Metallcyanamide 82.
Metallcyanate 37.
Metallcyanide, s. Cyanide.
Metallrhodanide 39.
Metallüberzüge 286.
Mineralblau 281.
Monthiersblau 282.
Muffelofen 73.

N.

Nafzger 177.
Naschold 156.
Natrium, Chemische Fabrik 137.
Nauß 171, 198, 208.
Neilson 61.
Netto 298.
Newton 85.
Noël 11.
Nöllner 41.
Norris 295.

Natrium zur Cyansynthese 131.
Natriumcyanamid 134.

Natriumcyanid 16, 37.
Nitroprussidcalcium 33.
Nitroprussidkalium 26.
Nitroprussidnatrium 32.
Nitroprussidwasserstoff 29, 32.

O.

Offermann 43.
O'Neill 213.
Ornstein 214.
Ortlieb 150.
Ost 233.
Overbeck 32.

Oxamid 4, 7, 14.

P.

Palmer 182.
Panting 11.
Pape 292.
Parker 179, 257.
Pawlewsky 41, 304.
Payen 67, 141.
Pebal 26.
Pelouze 65, 170, 186.
Perkin 10.
Petri 275.
Petschow 95.
Pfeiffer 176, 210.
Pfersee, Chemische Fabrik 98.
Pfleger 94, 109, 114, 115.
Philips 182, 184.
Phipson 40.
Playfair 62, 156, 254.
Pleck 249.
Pojatzki 304.
Porret 64.
Posselt 272.
Possoz 86.
Proust 61.
Prud'homme 29.

Paracyan 8.
Pariserblau 278.
Persulfocyansäure 39, 41.
Phospham 148.

Q.

Quincke 53.

Quecksilbercyanid 21.
—, Analyse 48.
—, Verwendung 300.
Quecksilberrhodanid 304.

R.

Ragg 304.
Rand Central Ore Reduction Co. 291.
Raschen 145, 255, 257.
Readman 96, 104.
Reber 300.
Redtenbacher 17, 62.
Reichardt 150, 273, 306.
Reid 285.
Residua 240.
Richters 80.
Riehn 273.
Rieken 62.
Riepe 117.
Rigaut 13.
Ritzinger 210.
Robine 86.
Robinson 179, 257.
Robiquet 11, 259.
Roca 118.
Rodgers 260.
Roeder 130, 267.
Rößler 109, 137, 261, 262.
Rogers 16.
Rose 47, 48, 206.
Rossiter 145, 252, 263, 270.
Roussin 147.
Rowland 232.
Rupp 50, 55, 58.
Rutten 225, 229.
Rüdorff 41.

Regeneration 189, 196.
Reinigung, s. Gasreinigung.
Reinigungsmasse, s. Gasreinigungs-
    masse.
Rhodanammonium 40.
— im Gaswasser 174, 175.
Rhodanide 39.
—, Analyse, qualitative 45.
        »   quantitative 55.

Rhodanide, Synthese 139.
—, Verarbeitung auf Cyanide, siehe
    Cyanide.
—, Verarbeitung auf Ferrocyanide 251.
    nach Alander 251.
        »   Conroy 253.
        »   Crowther 252.
        »   Hetherington 252.
        »   Goerlich und Wichmann 252.
        »   Sternberg 253.
—, Verwendung 303.
Rhodankalium 40.
Rhodanreaktion 41, 43.
Rhodanwasserstoff 39.
Rohcyankalium 70.
Rohcyanschmelze 71.
Rohsalz 75.
—, Reinigung 76.

S.

Sage 61.
Salamon 117, 143, 248.
Salm 199.
Sapp 126.
Scheele 9, 61, 63, 104.
Schering 295.
Schiedt 50, 55, 58.
Schiff 25, 28, 202.
Schilling 185, 190.
Schlagdenhauffen 18, 26, 140.
Schmidt 8, 285.
Schnabel 299.
Schneider 138.
Schönbein 12, 273.
Schönfeld 44.
Schoras 30.
Schröder 232.
Schüeßler 183.
Schützenberger 34.
Schulte 126.
Schulz 19.
Schulze 40.
Schwarz 202, 304.
Serullas 8, 47.
Sestini 255.
Seybel 65.
Sharwood 20, 21.

Shores 255.

Siemens & Halske 101, 288.

Siepermann 106, 145, 306.

Sittenet 21.

Smee 275.

Smith, Watson 30.

Smith 248.

Société anonyme de Croix 150, 223.

Société générale électrochemical 98.

Somerville 231, 249.

Sourdeval 19, 88, 269.

Spence 212.

Staßfurter Chemische Fabrik 109, 110, 111.

St. Claire Deville 123.

Sternberg 214, 253.

Stone 49.

Storck 177, 303.

Strobel 177, 303.

Sulman 296.

Suzuki 25.

Swan 94.

Swindell 86.

Schmelze, Herstellung 70.

—, Verarbeitung 74.

Schmiersalz 75.

—, Reinigung 76.

Schwärze 75, 77.

Schwefelcyanverbindungen, s. Rhodan.

Schwefelkohlenstoff, Cyansynthesen mit 139, s. a. Ammoniak.

Senföle 39.

Silbercyanid 22.

Slimes 287.

Steinkohlendestillation 155.

Stickstoff in Steinkohle 150.

— in tierischen Abfällen 67.

— in Tierkohle 69.

—, Synthese von Cyaniden 81, s. auch Cyanide.

—, Verteilung in den Destillationsprodukten 160.

Stickstoffverbindungen, Fabrikation von Cyaniden aus 147.

Strontiumcyanid 19.

Sulfocyanverbindungen, s. Rhodan.

T.

Tarugi 38.

Teed 296.

Teichmann 232.

Tessié du Motay 92.

Thiel 56.

Thompson 85.

Thomsen 4, 5, 7, 13, 25.

Thomson 62.

Thurlow 139.

Trautwein 12.

Treub 9.

Troost 8.

Tscherniak 64, 130, 141, 183, 267.

Tunaro 255.

Turnbull 30.

Tailings 287.

Tetrachlorkohlenstoff 8.

Thiokarbimid 38.

Tierische Abfälle 67.

—, Ausbeute bei der Verkohlung 69.

Tierkohle 69.

Tieröl 60.

Trimethylamin 150.

Turnbullsblau 30.

—, Fabrikation 283.

U.

United Alkali Co. 257.

Uslar v. 287.

V.

Valentin 212.

Vauquelin 12.

Vautin 263.

Verein zur Beförderung des Gewerbefleißes 251.

Vidal 148.

Vigne de 200.

Viktor 54.

Vogel 11, 302.

Volhard 8, 38, 54, 55, 57, 206.

Vortmann 42.

Verkohlung tierischer Abfälle 67.

—, Ausbeute 69.

Verkohlungsofen 68.

W.

Wade 11.
Wagenmann 65.
Wagner 103, 261, 280.
Walker 27.
Wallace 28.
Warren 147, 254.
Weber 125.
Weldon 90.
Weltzien 37.
Wichmann 146, 252, 270, 295.
Wiggers 18.
Wilde de 298.
Williamson 275.
Willson 98.
Wilton 232, 270.
Witherspoon 139.
Witzeck 209.
Wolfrum 98, 214.
Woodword 60.
Woltereck 130.

Wöhler 11, 12, 20, 47, 53.
Würtz 10, 149.
Wyatt 91.
Wyrouboff 30.

Wassergas 166.
Weltausstellung London 64, 183.

Y.

Young 62, 94, 118.

Z.

Zaloziecki 202.
Zeise 64.
Zettel 7, 8.
Zimmermann 213, 216, 234.
Zincken 17, 61.
Zouteveen 40.
Zulkowsky 201.

Zinkcyanid 20.
Zinnober, grüner 282.

Das Vorkommen der „Seltenen Erden" im Mineralreiche. Von Dr. Johannes Schilling. VIII u. 115 Seiten. 4°. Preis M. 12.−.

Dieses wissenschaftlich hochstehende Buch paßt auf den ersten Anblick hin wenig in das Gebiet der Elektrotechnik. Es ist aber die erste gediegene Zusammenstellung über das Vorkommen, die Zusammensetzung und die Bedeutung der seltenen Erden (Edel- oder Leuchterden), die durch die bahnbrechende Erfindung Auers gerade jetzt umsomehr Bedeutung gewinnen, als die Auerpatente abzulaufen beginnen, der Forscher und Industrielle aber bisher nur durch mühsames Studium umfassende Auskünfte über ein wenig zugängliches, mineralogisch und chemisch interessantes Gebiet erhalten konnte. Die in Gruppen geordneten Mineralien werden nach Vorausschicken eines ausführlichen Literaturberichtes analysiert und genau beschrieben, worauf eine erschöpfende Anführung der Fundorte erfolgt. Man hat schon vielfach, wenn auch ziemlich erfolglos, versucht, die seltenen Erden in die elektrische Beleuchtungstechnik einzuführen Vielleicht trägt dieses mühsam zusammengestellte und auf eigene verdienstvolle Untersuchungen aufgebaute Werk dazu bei, durch die Kenntnis der seltenen Erden auch deren Verwertung weiter zu fördern. **Der Elektrotechniker.**

Zur Geschichte der aromatischen Diazoverbindungen. Von Dr. A. Eibner. Privatdozent an der Technischen Hochschule München. X u. 267 S. 8°. Preis M. 6.—.

Der Verfasser hat sich der dankbaren Aufgabe unterzogen, die allmähliche Gestaltung der Ansichten über die Konstitution der Diazoverbindungen zu schildern. Für ein derartiges Unternehmen scheint auch jetzt der richtige Zeitpunkt gekommen zu sein, da die Theorie der Diazoverbindungen von A. Hantzsch eine befriedigende Deutung aller die Diazokörper betreffenden Reaktionen zuläßt. Diese moderne Theorie ist bekanntlich nicht sofort in abgeschlossener Form übermittelt, sondern es hat zu ihrer allseitigen Befestigung langer theoretischer Diskussionen und vieler experimenteller Arbeiten bedurft. Die dem Verf. vorzüglich gelungene Darstellung dieses geradezu dramatischen Aufbaues der modernen Theorie der Diazoverbindungen nimmt, wie zu erwarten, in der Arbeit den breitesten Raum ein. — Die Darstellung ist überall lebendig. Die Lektüre des Buches ist warm zu empfehlen. **Zeitschrift für angewandte Chemie.**

Zinn, Gips und Stahl vom physikalisch - chemischen Standpunkt. Ein Vortrag, gehalten im Berliner Bezirksverein deutscher Ingenieure von Prof. Dr. J. H. van 't Hoff, Mitglied der Akademie der Wissenschaften in Berlin. Mit mehreren Textfiguren und zwei Tafeln. Preis M. 2.—.

Einführung in die mathematische Behandlung der Naturwissenschaften. Kurzgefaßtes Lehrbuch der Differential- und Integralrechnung mit besonderer Berücksichtigung der Chemie. Von Geh. Reg.-Rat Prof. Dr.W. Nernst, Direktor d. Inst f. physikal. Chemie in Berlin und A. Schönfliefs, o. ö. Professor der Mathematik an der Universität Königsberg. Vierte Auflage. XII und 370 Seiten. gr. 8°. Mit 69 Textfiguren. Preis M. 11.—, in Leinwand gebunden Preis M. 12.50.

Das Werk gibt in gedrängter Form die Entwicklung derjenigen Kapitel der höheren Mathematik, deren Kenntnis den Jüngern der Naturwissenschaften unerläfslich ist. Es will indes mehr, als die bereits vorhandenen Lehrbücher dieser Art um ein weiteres vermehren: der lebendige Zusammenhang des behandelten Gegenstandes, der Mathematik, mit einem bestimmten Anwendungsgebiet, den Naturwissenschaften und insbesondere der physikalischen Chemie, soll gegeben werden; von vornherein soll dem Studierenden die Unentbehrlichkeit des mathematischen Rüstzeuges klargemacht und weiter der Nutzen, den er aus dessen Beherrschung und sinngemäfser Anwendung ziehen kann, vor Augen geführt werden. Diese Aufgabe haben die zwei Verfasser unserer Ansicht nach in sehr geschickter Weise gelöst. Wir können den Verfassern nur wünschen, dafs ihr Bestreben vom besten Erfolg begleitet sein, dafs ihr Werk sich die Anerkennung weiter Kreise erobern möge. **Zeitschrift des Vereines Deutscher Ingenieure.**

Die Zymasegärung.

Untersuchungen über den Inhalt der Hefezellen und die biologische Seite des Gärungsproblems.

Aus dem Hygienischen Institut der Kgl. Universität München und dem chemischen Laboratorium der Kgl. landwirtschaftl. Hochschule zu Berlin

von

Eduard Buchner-Berlin **Hans Buchner**-München

und

Martin Hahn-München.

VIII und 416 Seiten gr. 8°. Mit 17 Textfiguren. Preis M. 12.—.

Mit Interesse und Dank wird man den vorliegenden Band in die Hand nehmen, in welchem die Forscher, denen wir die neueste erhebliche Förderung der uralten Gärungsfrage verdanken, selbst über die Ergebnisse ihrer wichtigsten Untersuchungen berichten

Zeitschrift für physikalische Chemie.

Leitfaden für die chemische Untersuchung von Abwasser.

Von

Dr. K. Farnsteiner, Dr. P. Buttenberg, Dr. O. Korn,

Chemiker am Hygienischen Institut zu Hamburg.

VI und 66 Seiten. gr. 8°. Preis M. 3.—.

Das Werkchen bringt die als zulässig am besten bewährten Verfahren zur chemischen Untersuchung von Abwassern, sowohl in rohem Zustande als auch nach erfolgter Reinigung, wobei die Verfasser ihre am Hamburger Hygienischen Institute gesammelten Erfahrungen zugrunde legen. Bei der Bedeutung der englischen Literatur für die Abwasser-Untersuchung ist es zu begrüßen, daß auch einige der hauptsächlichen englischen Untersuchungsmethoden hier den deutschen Fachkreisen näher gebracht werden

Zeitschrift für Untersuchung der Nahrungs- und Genußmittel.

Einrichtung und Betrieb eines Gaswerks. Ein

Leitfaden für Betriebsleiter und Konstrukteure; bearbeitet von **A. Schäfer,** Ingenieur und Direktor des städt. Gaswerkes Ingolstadt. 375 Seiten 8°. Mit 185 Textabbild. und 6 Tafeln. In Leinwand geb. Preis M. 9.—.

(Vergriffen! Neue Auflage Mitte 1906.)

Es bestand in den interessierten Kreisen seit Jahren das Bedürfnis nach einem Werke, das möglichst kurz zusammenfassend, von modernem, alle Neuerungen nach ihrem Werte berücksichtigendem Standpunkte aus das Gesamtgebiet der Gastechnik behandelt und dabei sowohl auf die konstruktive Durchbildung der Apparate eingeht, als auch besonderen Wert auf die betriebstechnischen Fragen legt, bezw. in präziser Form eine Beschreibung der Art einer Betriebskontrolle gibt. Diesem Bedürfnisse soll mit oben angekündigtem Werke entsprochen werden, dessen Verfasser infolge seiner Hochschulbildung als Techniker und Chemiker, sowie seiner Stellung als Leiter des Gaswerkes Ingolstadt hierzu besonders berufen erscheint.

www.ingramcontent.com/pod-product-compliance
Lightning Source LLC
Chambersburg PA
CBHW031433180326
41458CB00002B/534